混凝土结构设计原理

苏　原　沈文爱　编

中国建筑工业出版社

图书在版编目（CIP）数据

混凝土结构设计原理 / 苏原，沈文爱编. —北京 ：
中国建筑工业出版社，2020.11
ISBN 978-7-112-25675-4

Ⅰ.①混… Ⅱ.①苏… ②沈… Ⅲ.①混凝土结构-结构设计-高等学校-教材 Ⅳ.①TU370.4

中国版本图书馆 CIP 数据核字（2020）第 241402 号

本书按最新国家标准《建筑结构可靠性设计统一标准》GB 50068—2018 及《混凝土结构设计规范》GB 50010—2010（2015 年版）编写。全书共分为 10 章，包括：绪论，钢筋和混凝土的材料性能，混凝土结构设计的一般原则和方法，受弯构件正截面承载力，受弯构件斜截面承载力计算，受压构件截面承载力计算，受拉构件正截面承载力计算，受扭构件的扭曲截面承载力，钢筋混凝土构件的变形及裂缝宽度验算，预应力混凝土。在各章节后，提出以学习成果为导向的教学目标，并设置相应的测试题，以检测教学目标的达成度。本书附录给出了混凝土、钢筋的力学指标，钢筋的计算截面面积以及《混凝土结构设计规范》中的有关规定，方便读者查阅使用。

本书既可作为高校土建类专业教材，也可作为广大土建科研人员、技术人员的参考用书。

责任编辑：王砾瑶　王　惠
责任校对：党　蕾

混凝土结构设计原理
苏　原　沈文爱　编
*
中国建筑工业出版社出版、发行（北京海淀三里河路 9 号）
各地新华书店、建筑书店经销
北京鸿文瀚海文化传媒有限公司制版
北京建筑工业印刷厂印刷
*
开本：787 毫米×1092 毫米　1/16　印张：15　字数：371 千字
2021 年 8 月第一版　2021 年 8 月第一次印刷
定价：**45.00** 元
ISBN 978-7-112-25675-4
（35990）

Preface

前　言

在当前大力推行工程教育认证的背景下，符合工程教育认证核心理念“学生中心，成果导向，持续改进”的教材建设相对滞后。钢筋混凝土结构设计原理作为土木工程专业的核心专业基础课程，编写以工程教育认证核心理念为指导的配套教材很有必要。本书通过建立“课程内容-课程目标-毕业要求”的关联，明确课程在“毕业要求支撑矩阵”中的地位和作用。在各章节后，提出以学习成果为导向的教学目标，并设置相应的测试题，以检测教学目标的达成度，根据教学目标达成度的测试，评估教学成果，从而能够从中发现问题，以利于后期教学的持续改进。

本书共 10 章，包括绪论、钢筋和混凝土的材料性能、混凝土结构设计的一般原则和方法、受弯构件正截面承载力、受弯构件斜截面承载力计算、受压构件截面承载力计算、受拉构件正截面承载力计算、受扭构件的扭曲截面承载力、钢筋混凝土构件的变形及裂缝宽度验算、预应力混凝土。本教材按最新国家标准《建筑结构可靠性设计统一标准》GB 50068—2018 以及《混凝土结构设计规范》GB 50010—2010（2015 年版）编写。

教材编写时，在重视结合规范和工程训练的同时，注重基本概念、基本理论和基本方法的讲述，构件截面承载力以试验现象、机理分析、计算假定、截面设计为线索逐层解析，以强化对钢筋混凝土复杂工程问题的分析能力。

本教材第 1、2、4、5、6、7、10 章由华中科技大学苏原编写，第 3、8、9 章由华中科技大学沈文爱编写，部分插图由研究生刘嵩源绘制。在编写过程中参考并借鉴了国内外学者的著作，在此对他们表示衷心的感谢。限于编者水平，书中难免有不妥或疏漏之处，恳请读者批评指正。

Contents

目 录

第1章 绪论

1.1 混凝土结构的一般概念

在讨论混凝土结构的概念之前，首先说明一下“结构”的概念。按照现行国家标准《工程结构设计基本术语标准》GB/T 50083 中的定义，所谓结构指的是：能承受和传递作用并具有适当刚度的由各连接部件组合而成的整体，俗称承重骨架。从这个定义来看，首先，结构是能够承受和传递作用的整体；在这里的“作用”是指能够引起结构内力和变形的各种因素，即结构是一个能够承受各种荷载及变形的空间受力体系。其次，这个受力体系是由各连接部件（构件）组合而成的。即认为这个空间的受力体系是由各种基本构件相互连接而形成的，这样在分析时，可以将这个空间的受力体系分解为一个一个的基本构件，针对构件进行受力分析和截面设计。在给定的荷载作用下，构件的内力可以通过力学分析计算得到，有轴向力 N（拉力或压力）、弯矩 M、剪力 V 和扭矩 T，按构件的受力状态区分，有受弯构件、受压构件（含轴心受压和偏心受压构件）、受拉构件（含轴心受拉和偏心受拉构件）、受扭构件等。例如在常见的多层框架结构体系中（图 1-1），其基本构件有框架柱、框架梁、楼板、基础等，其中楼盖中的板、梁承受弯矩 M 和剪力 V 的共同作用，为受弯构件；框架柱主要承受压力 N，同时受到弯矩 M 和剪力 V 的作用，为偏心受压构件，雨篷梁、挑檐梁等要承受扭矩 T 和弯矩 M、剪力 V 的共同作用，称为受扭构件等。又如在竖向荷载 P 作用下的桁架结构（图 1-2），其中的上弦杆主要承受轴心压力，属于轴心受压构件，下弦杆主要承受轴心拉力，属于轴心受拉构件等。粗略地说，结构设计的内容之一就是选用适当的材料、适当的截面形式和大小，设计出合适的结构构件，用以抵抗荷载产生的内力，以保证结构安全的过程。

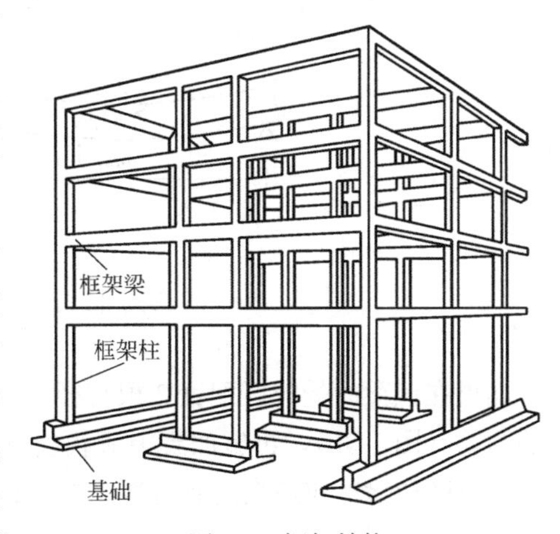

图 1-1　框架结构

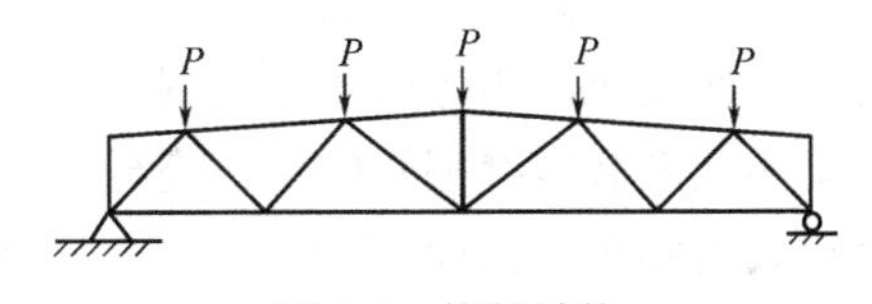

图 1-2　桁架结构

混凝土结构是指受力构件以混凝土为主要材料制成的工程结构，包括无筋和不配置受力钢筋的素混凝土结构（plane concrete structure）、配置受力普通钢筋的钢筋混凝土结构

(reinforced concrete structure) 和配置受力的预应力筋，通过张拉或其他方法建立预加应力的预应力混凝土结构 (prestressed concrete structure)。

混凝土是一种抗压强度较高而抗拉强度很低的脆性材料（抗拉强度一般只有抗压强度的 1/16～1/8）。如图 1-3 (a) 所示的素混凝土简支梁，截面尺寸为 200mm×300mm，跨度 4m，混凝土强度等级为 C20，在梁跨中施加一个集中荷载 P 对其进行破坏性试验。显然，最大弯矩在跨中，横截面中和轴以上部分受压、中和轴以下部分受拉。随着荷载的增加，截面应力增加，当荷载增加到截面受拉边缘的拉应变达到混凝土的极限拉应变时，混凝土裂开，梁即告破坏。此时截面的最大压应力相对混凝土的抗压强度还很低（截面最大压应力与最大拉应力大致相等），混凝土较高的抗压强度没有得到充分利用，破坏荷载值很小，只有 8kN。由于梁的破坏是由很低的抗拉强度控制，并且一开裂就破坏，破坏没有预兆，属于脆性破坏。所以，素混凝土结构的应用很局限，仅限于以受压为主的构件或临时构件，如设备基础、重力坝、素混凝土桩等。

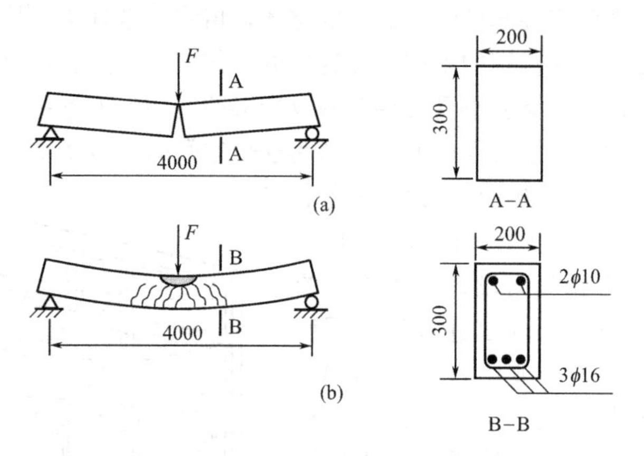

图 1-3　素混凝土和钢筋混凝土梁

如果在该梁的受拉区配置 3 根直径为 16mm 的 HPB300 级钢筋，并配置架立钢筋和适当的箍筋（图 1-3b），再施加集中荷载进行同样的试验，则可以发现，当加荷到一定阶段，截面受拉区边缘的拉应变达到混凝土的极限拉应变时，混凝土仍然会开裂，但裂缝不会沿截面高度迅速开展，混凝土开裂部分原来承担的拉应力转由钢筋承担（混凝土开裂时钢筋的应力仅 20～30MPa，只有其强度的 1/10 左右），梁并不破坏，荷载还能进一步加大。随着荷载的增加，裂缝的数量和宽度以及钢筋拉应力也将增大，当钢筋的拉应力达到其抗拉强度，截面受压区边缘应变达到混凝土的极限压应变时，混凝土被压碎，梁才破坏。破坏前，梁的变形和裂缝都发展得很充分，有明显的破坏特征。虽然梁中的纵向受力钢筋的截面面积只占整个截面面积的 1%左右，但破坏荷载却可以提高到 44kN。与素混凝土梁相比，钢筋混凝土梁的承载能力提高很多，更重要的是，破坏特征由突然发生的脆性破坏变为有明显预兆的延性破坏，这一点对于工程结构有着十分重要的意义。

钢筋和混凝土是两种物理、力学性能截然不同的材料，二者之所以能够有效地结合在一起，共同工作抵抗外力的主要原因是：①混凝土硬化后，钢筋和混凝土产生了良好的粘结力，使二者可以可靠地相互传递应力，从而保证在外荷载作用下，钢筋与相邻混凝土能够共同变形。②钢筋的线膨胀系数为 1.2×10^{-5}/℃，混凝土的线膨胀系数为 1.0×

10^{-5}/℃，二者的数值相近，不会因为温度的变化产生较大的相对变形而使粘结破坏。③混凝土对钢筋的保护作用。呈碱性的混凝土可以保护钢筋不易生锈，使钢筋混凝土结构具有较好的耐久性。

放置钢筋尽管能大幅度提高混凝土梁的承载能力，但无法提高抵抗开裂的能力，构件开裂后只要裂缝宽度不是很大，在通常情况下并不会影响结构的正常使用。如前所述，混凝土开裂时钢筋的应力仅为其强度的 1/10 左右，普通钢筋混凝土结构是带裂缝工作的，而开裂后截面的弯曲刚度下降，使得钢筋混凝土构件不能用于大跨度结构。另外裂缝宽度不能过大而影响到结构的耐久性和外观，为了控制梁的裂缝宽度，使得高强度的钢筋无法应用于普通钢筋混凝土结构中。因为要想充分利用钢筋的高强度，必然要求钢筋有高应变，而高应变会使得混凝土产生较大的裂缝宽度。为了控制混凝土的裂缝宽度或防止混凝土开裂，可以采用预应力混凝土结构。由于混凝土的开裂是由拉应力引起的，所以想避免开裂就要设法消除或减小截面上的拉应力。荷载作用下，受弯构件部分截面存在拉应力，这是无法改变的，如图 1-4（b）所示。不过，我们可以对荷载作用下受拉部分的区域在受荷前施加图 1-4（a）所示的压应力，这样预先施加的压应力就能够减小甚至抵消荷载作用下产生的拉应力，从而达到避免开裂或减小裂缝宽度的目的。这就是预应力混凝土的基本思想。

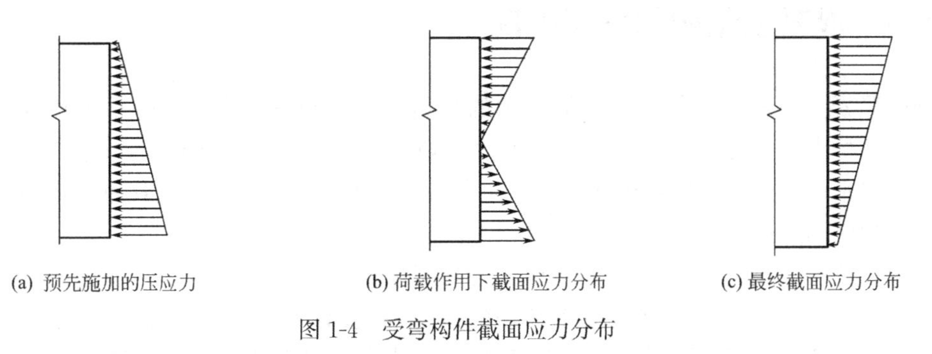

(a) 预先施加的压应力　　(b) 荷载作用下截面应力分布　　(c) 最终截面应力分布

图 1-4　受弯构件截面应力分布

1.2　混凝土结构的优缺点

目前，混凝土结构得到了广泛的应用、成为主导结构材料，主要是因为其具有以下优点：

（1）耐久性和耐火性能好，后期维护费用低。钢筋混凝土结构中，混凝土的强度一般随时间的增加而增长，并且钢筋因有混凝土包裹不易生锈，所以混凝土结构具有良好的耐久性。同样由于钢筋包裹在混凝土中，若有足够的保护层，就不会因火灾使钢材很快达到危险的软化温度而导致整体倒塌。混凝土结构的耐火性优于钢结构和木结构，仅次于砖石（砌体）结构。

（2）用材合理。通过合理配置钢筋，可充分发挥钢筋和混凝土两种材料的性能，强度均得到充分利用，与钢结构相比，结构造价比较低。

（3）可模性好，对复杂结构形状的适应性强。混凝土能够根据设计要求方便地浇筑出各种形状和尺寸，满足不同工程的需要。

（4）取材容易。混凝土所用的原材料砂、石一般易于就地取材。此外还可以有效利用矿渣、粉煤灰等工业废料。

（5）结构整体性好。整浇或装配整体式钢筋混凝土结构具有很好的整体性，有利于抵抗强烈地震、振动和爆炸冲击波的作用。

钢筋混凝土结构也存在一些缺点，主要是：

（1）自重大。根据常用材料强度，普通混凝土的强度与重量比小于钢材和木材，大约是钢材的1/3，相同条件下混凝土结构的自重比钢结构大。自重大对于大跨度结构、高层建筑结构和结构抗震都是不利的，也给运输和施工吊装带来困难。

（2）抗裂差。因混凝土的抗拉强度低，钢筋混凝土受拉、受弯等构件在正常使用时往往是带裂缝工作。纤维混凝土、高延性混凝土可改善抗裂性；采用预应力技术可较好地解决开裂问题。

（3）施工工期长、现场劳动强度大。现浇混凝土结构需要现场搭设脚手架、支模、绑扎钢筋、浇筑混凝土、养护、拆模等工序，工作环境差，劳动强度高。商品混凝土、泵送混凝土、移动模板、成品钢筋焊接骨架的使用以及装配式工业化结构体系的开发，可使现场工作量大为减少。

（4）隔声、隔热性能差。

1.3 混凝土结构的发展概况

钢筋混凝土是现代工程建造中最常用的材料之一。与铁、木材、砖石等传统材料相比，具有取材方便、常温下凝结固化、易于浇筑成型、经济实惠、耐高温性能好、水中生成强度、耐水性能好、维修要求低等优点。在诸多土木工程材料中，现代钢筋混凝土的历史最短，却应用最广泛。

在现代波特兰水泥诞生后，1849年，法国园丁约瑟夫·莫尼尔发明了钢筋混凝土花盆。1872年，世界第一座钢筋混凝土结构的建筑在美国纽约落成，钢筋混凝土开始用于建造一些小跨度的楼板、梁等构件，钢筋混凝土结构的建筑开始出现。1928年，一种新型钢筋混凝土结构形式预应力钢筋混凝土出现。预应力钢筋混凝土技术被认为是混凝土发展过程中最重要的进步之一，钢筋混凝土逐渐被用来建造大跨度结构。第二次世界大战后，高强混凝土、高强钢筋以及泵送混凝土开始出现，超高层建筑及大跨度桥梁等大型建筑开始兴起，混凝土结构建筑开始进入高速发展的阶段。

在计算理论上，从弹性理论计算到按破损阶段计算破坏承载力的方法再到极限状态设计方法，混凝土的计算有了更加合理可靠的基础理论。基于可靠度理论的分析方法也开始用于对结构的分析。随着计算机科学的发展与进步，有限元分析和现代测试技术等其他现代化方法也不断应用到钢筋混凝土结构的理论和试验研究中。

在材料成分上，现代混凝土的发展更是日新月异。通过改变混凝土组分的比例、特性，或者添加其他外加剂，制备出了不同特性的混凝土。例如常用的高强混凝土、抗渗混凝土、微膨胀混凝土、低水化热混凝土、加气混凝土等。

自中华人民共和国成立以来，我国的混凝土事业不断地发展，取得了不小的成就。从相关标准、规范近乎空白，到最新的《混凝土结构设计规范》GB 50010—2010（2015年版），同时我国的混凝土品种逐渐趋于完善，应用领域也更加广泛。混凝土结构不仅广泛地应用于建筑工程、桥梁工程、隧道与地下工程、水利工程、港口工程中，而且扩展到海上的装配式混凝土平台等海洋工程中。建筑的高度和跨度也随着混凝土工艺和结构的不断发展逐渐达到了世界先进水平。天津117大厦结构高度达到596.5m，上海中心大厦建筑高度达到632m，为世界第二高楼，结构高度也达到580m。

现代混凝土自从波特兰水泥发明以来，仅短短两百年历史，却对人类的生活和历史的发展产生了深远的影响。在今后的岁月中，混凝土的发展也将继续推动人类生活和文明的发展。

1.4 本课程的课程目标

混凝土结构设计原理是土木工程专业的核心必修课程，是一门实践性很强的专业基础课，对于培养学生针对混凝土结构复杂工程问题的分析能力、满足土木工程特定需求的混凝土构件的设计能力和工程思维，具有十分重要的作用。针对土木工程专业认证的毕业要求，本课程主要支撑“工程知识、问题分析和设计解决方案”三条毕业要求，具体见表1-1。在教学中采用适当的教学手段，也可以对“使用现代工具”“环境和可持续发展”“终身学习”等项毕业要求起次要的支撑作用。

本课程对毕业要求的支撑关系 表1-1

毕业要求	毕业要求的内涵	课程目标	课程内容
1. 工程知识：能够将数学、自然科学、工程基础和专业知识，用于解决土木工程专业的复杂工程问题	1.1 能够将相关知识和数学模型方法用于推演、分析土木工程专业复杂工程问题	**目标1：**理解和掌握混凝土构件受力性能，用于推演、分析混凝土结构的复杂工程问题	受弯构件正截面、斜截面的基本受力性能；受压、受拉构件受力性能；扭曲截面受力性能
2. 问题分析：能够应用数学、自然科学、工程科学的基本原理，识别、表达、并通过文献研究分析土木工程专业的复杂工程问题，以获得有效的结论	2.2 能基于相关科学原理和数学模型方法正确表达复杂土木工程问题	**目标2：**理解和掌握钢筋混凝土、预应力混凝土的相关概念，以正确地表达混凝土结构的复杂工程问题	钢筋和混凝土的材料性能；混凝土、预应力混凝土构件设计的相关概念
	2.4 能运用基本原理，借助文献研究，分析过程的影响因素，获得有效结论	**目标3：**理解和掌握钢筋混凝土、预应力混凝土设计计算原理以及影响各类构件受力性能的各种因素，能够分析混凝土结构的复杂工程问题，获得有效结论	各类混凝土受力构件承载力计算原理；钢筋混凝土构件的变形及裂缝宽度的影响因素；预应力混凝土受拉、受弯构件的应力分析
3. 设计解决方案：能够设计（开发）满足土木工程特定需求的体系、结构、构件、节点或施工方案，并能够在设计环节中考虑社会、健康、安全、法律、可建造性和可持续发展、文化以及环境等因素。在提出复杂工程问题的解决方案时具有创新意识	3.1 掌握工程设计全周期、全流程的基本设计方法和技术，了解影响设计目标和技术方案的各种因素	**目标4：**掌握结构极限状态设计法，了解影响结构设计的各种因素	结构的功能与可靠度；结构可靠度设计方法；以分项系数表示的极限状态设计法；结构耐久性设计方法
	3.2 能够针对特定需求，完成单元（部件）的设计	**目标5：**掌握各类混凝土基本构件的承载能力及正常使用极限状态计算方法及其基本构造，能够完成混凝土构件的设计	各类混凝土受力构件承载力计算、变形及裂缝宽度验算；预应力轴心受拉构件的计算；混凝土、预应力混凝土构件的基本构造

附：土木工程专业的毕业要求及其内涵

1. 工程知识：能够将数学、自然科学、工程基础和专业知识，用于解决土木工程专业的复杂工程问题。

内涵解释：1）能够将数学、自然科学、工程科学的语言工具用于工程问题的表述；
2）能针对具体的对象建立数学模型并求解；
3）能够将相关知识和数学模型方法用于推演、分析专业复杂工程问题；
4）能够将相关知识和数学模型方法用于复杂工程问题解决方案的比较与综合。

2. 问题分析：能够应用数学、自然科学、工程科学的基本原理，识别、表达、并通过文献研究分析土木工程专业的复杂工程问题，以获得有效的结论。

内涵解释：1）能运用相关科学原理，识别和判断复杂工程问题的关键环节；
2）能基于相关科学原理和数学模型方法正确表达复杂工程问题；
3）能认识到解决问题有多种方案可选择，会通过文献研究寻求可替代的解决方案；
4）能运用基本原理，借助文献研究，分析过程的影响因素，获得有效结论。

3. 设计解决方案：能够设计（开发）满足土木工程特定需求的体系、结构、构件、节点或施工方案，并能够在设计环节中考虑社会、健康、安全、法律、可建造性和可持续发展、文化以及环境等因素。在提出复杂工程问题的解决方案时具有创新意识。

内涵解释：1）掌握工程设计全周期、全流程的基本设计方法和技术，了解影响设计目标和技术方案的各种因素；
2）能够针对特定需求，完成单元（部件）的设计；
3）能够进行系统或工艺流程的设计，在设计中体现创新意识；
4）在设计中考虑安全、健康、法律、文化及环境等制约因素。

4. 研究：能够基于科学原理并采用科学方法对复杂土木工程问题进行研究，包括设计实验、收集、处理、分析与解释数据，通过信息综合得到合理有效的结论并应用于工程实践。

内涵解释：1）能够基于科学原理，通过文献研究，调研和分析解决复杂工程问题的方案；
2）能够根据对象特征，选择研究路线，设计实验方案；
3）能够根据实验方案构建实验系统，安全地开展实验，科学地采集实验数据；
4）能对实验结果进行分析和解释，并通过信息综合得到合理有效结论。

5. 使用现代工具：能够针对复杂工程问题，开发、选择与使用恰当的技术、资源、现代工程工具和信息技术工具，包括对复杂工程问题的预测与模拟，并能够理解其局限性。

内涵解释：1）了解专业常用的现代仪器、信息技术工具、工程工具和模拟软件的使用原理和方法，并理解其局限性；
2）能够选择和使用恰当的仪器、信息资源、工程工具和专业模拟软件，对复杂工程问题进行分析、计算和设计；

3）能够具体对象，开发或选用满足特定需求的现代工具，模拟和预测专业问题，并能够分析其局限性。

6. 工程与社会： 能够基于土木工程相关背景知识和标准，评价土木工程项目的设计、施工和运行方案，以及复杂工程问题解决方案，包括其对社会、健康、安全、法律、文化的影响，并理解土木工程师应承担的责任。

内涵解释：1）了解专业相关领域的技术标准体系，知识产权、产业政策和法律法规，理解不同社会文化对工程活动的影响；

2）能分析和评价专业工程实践对社会、健康、安全、文化的影响，以及这些制约因素对项目实施的影响，并理解应承担的责任。

7. 环境和可持续发展： 能够理解和评价针对土木工程专业的复杂工程问题的工程实践对环境、社会可持续发展的影响。

内涵解释：1）知晓和理解环境保护和可持续发展的理念和内涵；

2）能够站在环境保护和可持续发展的角度思考专业工程实践的可持续性，评价产品周期中可能对人类和环境造成的损害和隐患。

8. 职业规范： 具有人文社会科学素养、社会责任感，能够在工程实践中理解并遵守工程职业道德和行为规范，履行责任。

内涵解释：1）有正确的价值观，理解个人与社会的关系，了解中国国情；

2）理解诚实公正、诚信守则的工程职业道德和规范，并能在工程实践中自觉遵守；

3）理解工程师对公众的安全、健康和福祉，以及环境保护的社会责任，能够在工程实践中自觉履行责任。

9. 个人和团队： 在解决土木工程专业的复杂工程问题时，能够在多学科组成的团队中承担个体、团队成员或负责人的角色。

内涵解释：1）能与其他学科的成员有效沟通，合作共事；

2）能够在团队中独立或合作开展工作；

3）能够组织、协调和指挥团队开展工作。

10. 沟通： 能够就复杂土木工程问题与业界同行及社会公众进行有效沟通和交流，包括撰写报告和设计文稿、陈述发言、清晰表达或回应指令。具备一定的国际视野，能够在跨文化背景下进行沟通和交流。

内涵解释：1）能就专业问题，以口头、文稿、图表等方式，准确表达自己的观点，回应质疑，理解与业界同行和社会公众交流的差异性；

2）关注全球性问题，理解和尊重世界不同文化的差异性和多样性；

3）具备跨文化交流的语言和书面表达能力，能就专业问题，在跨文化背景下进行沟通和交流。

11. 项目管理： 在与土木工程专业相关的多学科环境中理解、掌握、应用土木工程管理原理与经济决策方法，具有一定的组织、管理和领导能力。

内涵解释：1）掌握工程项目中涉及的管理和经济决策方法；

2）了解工程全周期、全流程的成本构成，理解其中涉及的工程管理和经济决策问题；

3）能在多学科环境下，在设计开发解决方案的过程中，正确运用工程管理与经济决策方法。

12. 终身学习：具有自主学习和终身学习的意识，具有提高自主学习和适应土木工程新发展的能力。

内涵解释：1）能在社会发展的大背景下，认识到自主学习和终身学习的必要性；

2）具有自主学习的能力，包括技术能力，凝练综述能力和提出问题的能力。

第2章

钢筋和混凝土的材料性能

混凝土结构涉及混凝土和钢筋两种材料，钢筋和混凝土的物理力学性能以及粘结性能直接影响混凝土结构和构件的特性，也是混凝土结构设计理论和设计方法的基础。掌握钢筋和混凝土的材料性能对于理解和掌握混凝土结构基本设计原理很有帮助。

2.1 钢筋的材料性能

混凝土结构对构件的性能要求包括力学性能和工艺性能，力学性能包括强度、变形和抗疲劳性能；工艺性能包括冷弯性能和焊接性能。

2.1.1 钢筋的品种和级别

钢材根据化学成分可分为碳素钢（carbon steel）和合金钢（alloy steel）两大类。根据含碳量的多少，碳素钢又可以分为低碳钢（含碳量＜0.25%）、中碳钢（含碳量0.25%～0.6%）和高碳钢（含碳量0.6%～1.4%）。含碳量越高，强度越高，但塑性和可焊性会降低。

在碳素钢中加入锰、铬、钒、镍、铌等合金元素可改善钢的性能。根据合金元素的总含量，合金钢可分为：低合金钢（合金总含量＜5%）、中合金钢（合金总含量5%～10%）和高合金钢（合金总含量＞10%）。合金的价格比较贵，混凝土结构中使用的是低合金钢。

根据有害杂质的含量，钢分为：普通钢，含硫量不超过0.05%，含磷量不超过0.045%；优质钢，含硫量不超过0.035%，含磷量不超过0.035%；高级优质钢，含硫量不超过0.025%，含磷量不超过0.025%；特级优质钢，含硫量不超过0.015%，含磷量不超过0.025%。混凝土结构中的钢筋一般采用普通钢。

根据用途，钢筋分为用于钢筋混凝土结构的普通钢筋（steel bar）和用于预应力混凝土结构的预应力筋（prestressing tendon）。

普通钢筋根据制作工艺分为热轧钢筋（hot rolled bars）、细晶粒热轧钢筋（hot rolled bars of finegrains）和余热处理钢筋（remained heat treatment ribbed steel bars），按其屈服强度的标准值作为划分牌号的依据。

热轧钢筋由普通低碳钢和普通低合金钢在高温下轧制、自然冷却而成，有光圆和带肋两种外形。热轧光圆钢筋（hot rolled plain bars）牌号是HPB300（符号Φ），公称直径范围6～14mm；热轧带肋钢筋（俗称螺纹钢）（hot rolled ribbed bars）有三个牌号：HRB335（符号Φ，公称直径范围6～14mm）、HRB400和HRB500（符号分别为Φ和Φ，公称直径范围6～50mm）。细晶粒热轧钢筋在热轧过程中通过控轧和控冷工艺使晶粒变细，从而达到在不增加合金含量的情况下提高强度的目的，有两个牌号，分别是HRBF400（符号$Φ^F$）和HRBF500（符号$Φ^F$）。余热处理钢筋是在热轧后立即穿水，进行表面控制冷却，然后利用芯部余热自身完成回火处理；处理后的强度可以提高，但塑性、可焊性、机械连接性能下降，成本较低，其牌号为 RRB400（符号Φ^R），一般用于对变形性能要求不高的混凝土结构。

预应力筋有中强度钢丝、高强度钢丝、钢绞线和预应力螺纹钢筋等几种，其中中强度钢丝和精轧螺纹钢筋以屈服强度的标准值作为划分牌号的依据；高强度钢丝和钢绞线以极限强度标准值作为划分牌号的依据。中、高强度钢丝由热轧钢筋加工而成，强度比热轧钢筋提高很多，其外形有光圆、螺旋肋等几种；对于采用冷拔工艺生产的高强度钢丝，冷拔后还需经过回火矫直处理，以消除冷拔过程中存在的内应力，称应力消除钢丝。钢绞线是由多根钢丝绞捻在一起经过低温回火处理消除内应力后而制成，有 2 股、3 股和 7 股三种。预应力螺纹钢筋（也称精轧螺纹钢筋）是在整根钢筋上轧有外螺纹的大直径、高强度、高尺寸精度的直条钢筋。该钢筋在任意截面处都可以拧上带有内螺纹的连接器进行连接或拧上带螺纹的螺帽进行锚固。

2.1.2 钢筋的强度和变形

1. 受拉应力-应变曲线

钢筋的强度和变形性能可以用拉伸试验得到的应力-应变曲线来说明。钢筋的应力-应变曲线，有的有明显的流幅，如低碳钢和低合金钢所制成的钢筋；有的没有明显的流幅，如高碳钢制成的钢筋。有流幅钢筋的受拉应力应变曲线见图 2-1。初始阶段，应力与应变成比例关系，卸去荷载后试件沿加载路径恢复到加载前的状态，无残余变形，处于弹性阶段（OA 段），A 点对应的应力称为比例极限。过 A 点后，应变较应力增长为快，到达 B'点后钢筋开始塑流，B'点称为屈服上限。待 B'点降至屈服下限 B 点，这时应力基本不增加而应变急剧增长，曲线接近水平线，曲线延伸至 C 点，B 点到 C 点的水平距离的大小称为流幅或屈服台阶。有明显流幅的热轧钢筋屈服强度（yield strength）是按屈服下限确定的。过 C 点以后，应力又继续上升，随着曲线上升到最高点 D，相应的应力称为钢筋的极限强度（ultimate strength），CD 段称为钢筋的强化阶段。试验表明，过了 D 点，试件薄弱处的截面将会突然显著缩小，发生局部颈缩，变形迅速增加，应力随之下降，达到 E 点时试件被拉断。

对于无屈服点的高强度钢筋（如高强度钢丝、钢绞线等），以残余应变为 0.2%对应的应力值或极限强度 σ_b 的 0.85 倍作为条件屈服强度，见图 2-2。

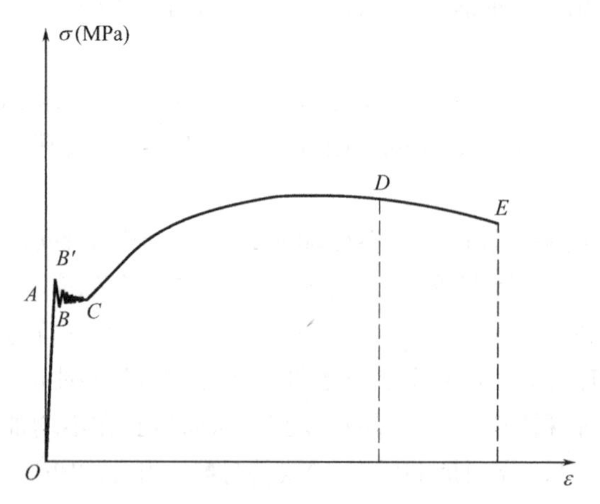

图 2-1　有明显流幅钢筋的应力-应变曲线

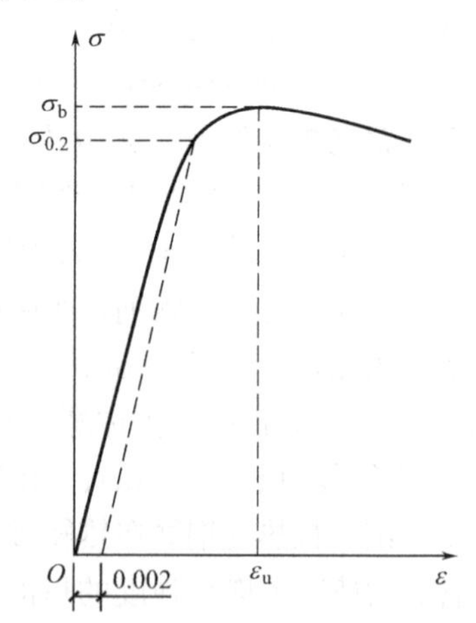

图 2-2　无明显流幅钢筋的应力-应变曲线

2. 钢筋的变形性能

钢筋的变形性能指标有断后伸长率和最大力总伸长率。

钢筋拉断后量测标距的伸长率为断后伸长率，按式（2-1）计算：

$$\delta_{5或10}=\frac{l-l_0}{l_0}\times 100\% \tag{2-1}$$

式中 l_0——试件拉伸前量测标距的长度，一般取 5 倍或 10 倍钢筋直径，量测标距包含颈缩区；

l——试件拉断时量测标距的长度。

断后伸长率只反映钢材的残余变形大小（试件拉断后弹性变形已消失），且包含了颈缩断口区域的残余变形，这一方面使得不同量测标距长度得到的结果不同，另一方面不能反映总体变形情况。目前《混凝土结构设计规范》中使用最大力下总伸长率作为衡量钢筋变形性能的指标。

测量最大力下总伸长率时，要求测量区避开颈缩区，见图 2-3，并且包含极限应力时的弹性变形，所以又称均匀伸长率，按式（2-2）计算：

$$\delta_{gt}=\left(\frac{l-l_0}{l_0}+\frac{\sigma_b}{E_s}\right)\times 100\% \tag{2-2}$$

式中 l_0——试件拉伸前量测区的长度；

l——试件拉断时量测区的长度；

σ_b——试件极限强度，N/mm^2；

E_s——试件弹性模量，$\times 10^5 N/mm^2$。

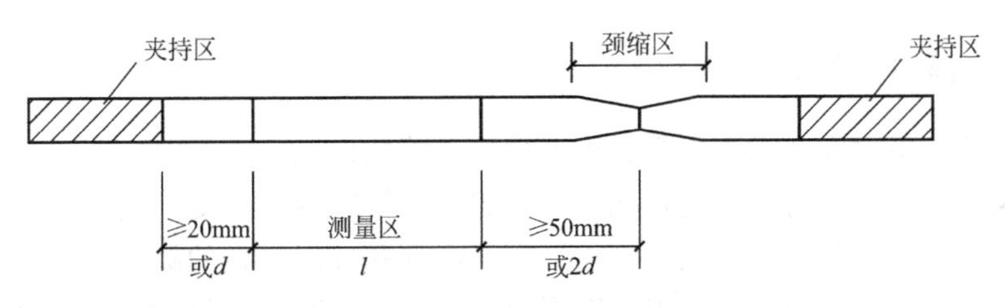

图 2-3 测量最大力下总伸长率时的测区布置

最大力下总伸长率不受断口-颈缩区域局部变形的影响，反映了钢筋拉断前达到最大力（极限强度）时均匀应变，故又称为均匀伸长率。

最大力总伸长率要求：对于热轧光圆钢筋不少于 10%，热轧带肋钢筋和细晶粒热轧钢筋不少于 7.5%，余热处理钢筋不小于 5%。

3. 钢筋应力-应变曲线的数学模型

针对不同种类的钢筋，有三种常用的应力-应变模型。

对于屈服平台较长的低强度钢筋，认为达到强化起始点后（相应应变用 ε_{uy} 表示），变形已很大，不能满足正常使用要求，所以不考虑强化段，采用斜线＋水平线的双直线模型，如图 2-4（a）所示。数学表达式为：

$$\left.\begin{array}{ll}\sigma_s=E_s\varepsilon_s & \varepsilon_s\leqslant\varepsilon_y\\ \sigma_s=\sigma_y & \varepsilon_y<\varepsilon_s\leqslant\varepsilon_{uy}\end{array}\right\} \tag{2-3}$$

对于流幅较短的软钢，用完全弹塑性加硬化的三折线模型可以描述屈服后立即发生应

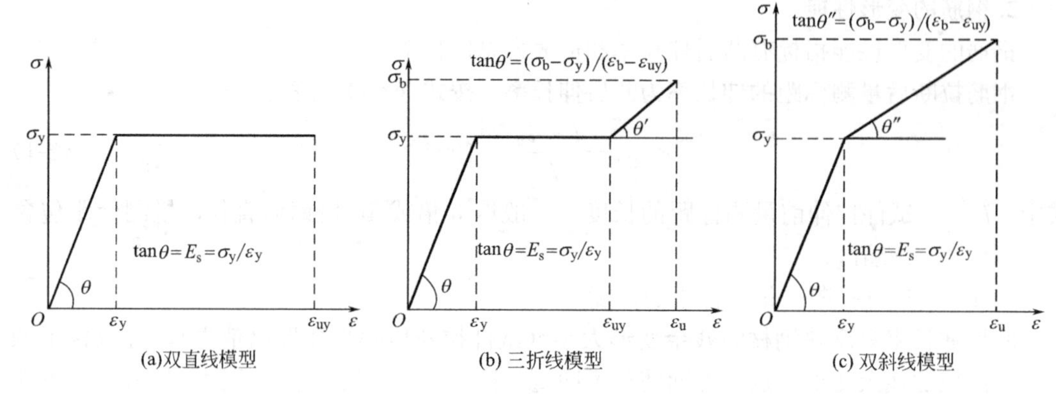

(a)双直线模型 (b) 三折线模型 (c) 双斜线模型

图 2-4 钢筋应力-应变的数学模型

变硬化（应力强化），正确地估计高出屈服应变后的应力。如图 2-4（b）所示，数学表达式为：

$$\left.\begin{array}{ll}\sigma_s=E_s\varepsilon_s & \varepsilon_s\leqslant\varepsilon_y\\ \sigma_s=\sigma_y & \varepsilon_y<\varepsilon_s\leqslant\varepsilon_{uy}\\ \sigma_s=\sigma_y+(\varepsilon-\varepsilon_{uy})\tan\theta' & \varepsilon_{uy}<\varepsilon_s\leqslant\varepsilon_u\end{array}\right\} \tag{2-4}$$

对于无屈服点的高强度钢筋，可以采用双斜线模型，如图 2-4（c）所示，数学表达式为：

$$\left.\begin{array}{ll}\sigma_s=E_s\varepsilon_s & \varepsilon_s\leqslant\varepsilon_y\\ \sigma_s=\sigma_y+(\varepsilon-\varepsilon_y)\tan\theta'' & \varepsilon_y<\varepsilon_s\leqslant\varepsilon_u\end{array}\right\} \tag{2-5}$$

2.1.3 钢筋的疲劳

钢筋的疲劳是指钢筋在承受重复、周期性的动荷载作用下，经过一定次数后，突然脆性断裂的现象。钢筋的疲劳强度是指在某一规定应力幅度内，经受一定次数循环荷载后发生疲劳破坏的最大应力值。一般认为，由于钢筋内部和外部存在的缺陷，在疲劳荷载作用下这些薄弱处容易产生应力集中，引起微裂纹扩展，造成断裂。尽管钢筋在静力荷载作用下的破坏具有很好的塑性，但疲劳破坏是相当脆性的。

在确定钢筋混凝土构件在正常使用期间的疲劳应力幅度限值时，需要确定循环荷载的次数，我国要求满足循环次数为 200 万次，即对不同的疲劳应力比值满足循环次数为 200 万次条件下的钢筋最大应力值为钢筋的疲劳强度。

钢筋的疲劳强度与应力变化的幅值（$\sigma_{min}\sim\sigma_{max}$）有关，试验表明，应力幅值越大，疲劳寿命越短；应力幅值越小，疲劳寿命越长。其他影响因素还有：最小应力值的大小、钢筋外表面几何尺寸和形状、钢筋的直径、钢筋的强度、钢筋的加工和使用环境以及加载的频率等。

2.1.4 钢筋的工艺性能

1. 钢筋的冷弯性能

在混凝土结构中，钢筋需要弯折，所以对钢筋有冷弯性能要求。冷弯性能是指钢材在常温下承受弯曲变形的能力，以弯曲角度 α 和弯芯直径 d 作为衡量指标。测试时将直径为 d 的试件，绕弯芯直径为 D（d 的整数倍）的标准件弯曲到规定的角度 α（180°或 90°）后，检查弯曲处是否存在裂纹、断裂及起层等现象，如没有则认为合格，见图 2-5。弯曲角度越大、弯芯直径试件直径比值 D/d 越小，则冷弯性能越好。

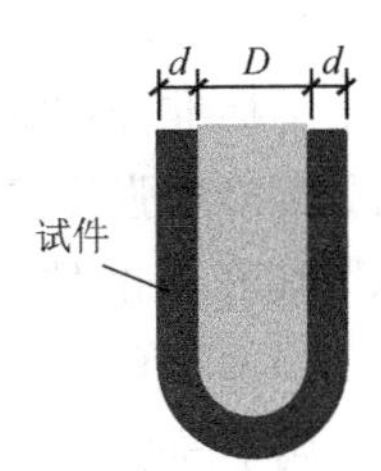

图 2-5　冷弯试验

冷弯性能也是一项反映钢材塑性的综合性指标，与伸长率不同的是，伸长率反映的是钢材在均匀变形下的塑性，而冷弯性能反映的是钢材在不利的弯曲变形下的塑性，可揭示钢材内部组织是否均匀、是否存在杂质等缺陷（表 2-1）。

普通钢筋的冷弯要求　　**表 2-1**

牌号	HPB300	HRB335、HRBF335			HRB400、HRBF400			HRB500、HRBF500		
公称直径	6～14	6～25	8～40	>40～50	6～25	8～40	>40～50	6～25	8～40	>40～50
弯芯直径	d	$3d$	$4d$	$5d$	$4d$	$5d$	$6d$	$6d$	$7d$	$8d$

2. 钢筋的焊接性能

焊接是钢筋的连接方式之一（另两种为搭接绑扎和机械连接）。钢筋的焊接性能受含碳量和合金元素含量的影响。含碳量在 0.12%～0.20%范围内时，碳素钢的焊接性能最好；超过上述范围后，焊缝热影响区容易变脆。合金元素都会影响可焊性，当碳当量 C_{eq} 不超过 0.38%时，可焊性很好；当 C_{eq} 超过 0.38%后可焊性下降。碳当量 C_{eq} 按式（2-6）计算：

$$C_{eq}=C+\frac{Mn}{6}+\frac{Cr+Mo+V}{5}+\frac{Ni+Cu}{15} \tag{2-6}$$

式中，C、Mn、Cr、Mo、V、Ni、Cu 分别为碳、锰、铬、钼、钒、镍和铜的百分含量。HPB300 级钢筋的含碳量要求小于 0.25%；HRB335、HRB400 和 HRB500 级钢筋的碳当量要求分别小于 0.52%、0.54%和 0.55%。

2.2　混凝土的材料性能

2.2.1　混凝土强度等级

普通混凝土是由水泥、砂、石材料用水拌合硬化后形成的人工石材，是多相复合材料。混凝土的性能指标是平均意义上的，一般认为当试件尺寸大于 3 倍的粗骨料最大粒径时可视作均匀材料。

混凝土在结构中主要受压，而立方体试件的抗压强度比较稳定，所以我国把立方体抗压强度作为划分混凝土强度等级（strength grade of concrete）的依据。

混凝土强度除了与混凝土配合比（mix proportioning of concrete）和组成材料的性能有关外，还受养护条件、混凝土龄期（从加水搅拌开始所经历的时间，以“d”计）、试件形状与尺寸、试验方法等的影响。我国国家标准《混凝土物理力学性能试验方法标准》GB/T 50081—2019 对这些条件作了明确规定。

标准试验以边长为150mm的立方体为标准试件，在20±2℃的温度和相对湿度95%以上的标准养护室中养护28d，按照标准试验方法测得的具95%保证率的抗压强度标准值划分混凝土强度等级。立方体抗压强度标准值用符号$f_{cu,k}$表示，下标“cu”代表立方体；“k”代表标准值，它是混凝土强度的基本代表值。混凝土强度分为C15、C20、C25、C30、C35、C40、C45、C50、C55、C60、C65、C70、C75、C80共14个等级，其中C55～C80属于高强度混凝土。C后面的数字即为立方体抗压强度的标准值，单位为N/mm^2，例如C30表示混凝土立方体抗压强度的标准值$f_{cu,k}=30N/mm^2$。

在正常养护条件下，混凝土强度随龄期的增长而增加。最初7～14d内，强度增长较快，28d以后逐渐缓慢（标准龄期取28d），强度增长过程往往要延续几年，在潮湿环境中往往延续更长。

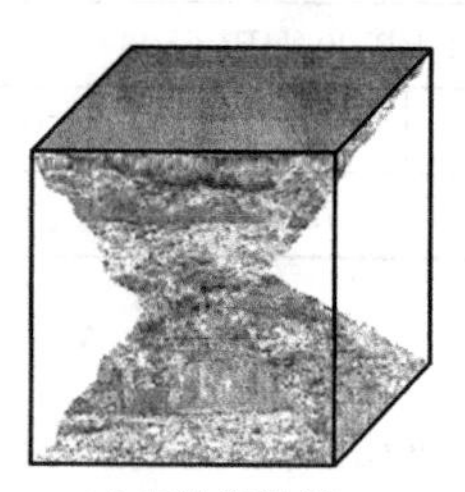

(a) 不涂润滑剂

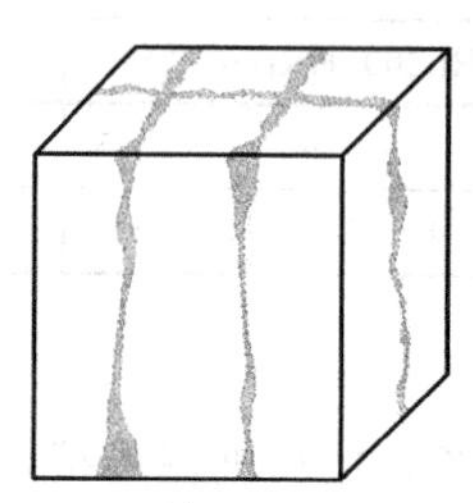

(b) 涂润滑剂

图2-6　混凝土立方体试块的破坏情况

试验方法对测得的混凝土强度值有很大影响。试件在压力机受到压力时，竖向压缩、横向膨胀；压力机加载板与混凝土试件之间的摩擦力会约束混凝土试件的横向变形，使混凝土强度提高，破坏时形成两个对顶四角锥体，如图2-6（a）所示。如果在试件上、下表面涂刷润滑剂，压力机压板与混凝土试件之间的摩擦力大大减小，试件将沿平行于压力方向产生几条裂缝而破坏，如图2-6（b）所示，测得的强度值低些。标准试验方法不涂润滑剂。

试验加载速度对混凝土强度也有影响，加载速度越快，测得的强度值越高。标准试验方法规定的加载速度为：混凝土强度等级小于C30时，每秒钟0.3～0.5N/mm^2；混凝土强度等级大于C30、小于C60时，每秒钟0.5～0.8N/mm^2；混凝土强度等级大于C60时，每秒钟0.8～1.0N/mm^2。

2.2.2　单轴应力状态下的混凝土强度

1. 混凝土轴心抗压强度

实际结构中的构件形状是棱柱体而不是立方体，采用棱柱体试件更能反映混凝土结构的实际抗压能力。棱柱体试件的高度越大，试验机压板与试件之间的摩擦力对试件高度中部的横向变形的约束影响越小，因而强度降低，但当高宽比达到一定值后，高度中间部分基本处于均匀的单向受压状态，“套箍”作用的影响基本消除；若试件高宽比过大，因试件挠曲变形引起的附加偏心使得抗压强度下降。根据试验资料，当试件高宽比在2～3时，上述两种影响可基本消除。《混凝土物理力学性能试验方法标准》以150mm×150mm×300mm的棱柱体作为混凝土轴心抗压强度试验的标准试件，养护条件、试验方法等同立方体标准试件，测得的具有95%保证率的抗压强度标准值用f_{ck}表示，下标“c”表示受压、“k”表示强度标准值，单位为N/mm^2。

根据我国所做的混凝土棱柱体与立方体抗压强度对比试验的结果，轴心抗压强度平均值与立方体抗压强度平均值之间具有很好的线性关系，它们的比值在0.70～0.92的范围内变化，强度大的比值大些。考虑到强度等级较高的混凝土较脆，对C40及以下混凝土脆性折减系数取 1.0；对 C80 混凝土脆性折减系数取 0.87，中间按线性内插法取值。

棱柱体抗压试验的试件制作、养护等都是按标准在试验室进行的，与实际工程的情况存在差异，相同配合比的混凝土实体（实际构件）强度比棱柱体抗压强度低。混凝土实体强度与试件强度的差异系数取 0.88。

考虑上述因素后，《混凝土结构设计规范》（以下简称《规范》）混凝土轴心抗压强度标准值与立方体抗压强度标准值的关系取为：

$$f_{ck}=0.88\alpha_{c1}\alpha_{c2}f_{cu,k} \tag{2-7}$$

式中　α_{c1}——棱柱体强度与立方体强度之比，对混凝土强度等级为 C50 及以下的取 0.76，对 C80 取 0.82，中间按线性插值。

α_{c2}——高强度混凝土的脆性折减系数，对 C40 及以下混凝土脆性取 1.0，对 C80 取 0.87，中间按线性插值。

2. 混凝土的轴心抗拉强度

混凝土轴心抗拉强度可以采用直接轴心受拉的试验方法测定，但由于混凝土内部的不均匀性以及试件制作、安装的偏差等原因很难使试件均匀受拉，所以通常用劈裂受拉试验间接测定混凝土的抗拉强度，见图 2-7。根据弹性理论，试件在上下线荷载作用下，破裂面除上、下与垫条接触面附近产生压应力外，其余部分的拉应力基本均匀分布。当拉应力达到混凝土的轴心抗拉强度时，试件被劈成两半。劈拉强度为：

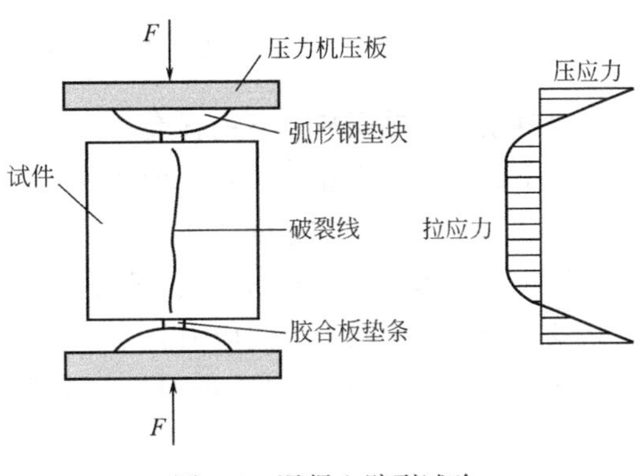

图 2-7　混凝土劈裂试验

$$f_{t,k}=\frac{2F}{\pi A} \tag{2-8}$$

式中　F——破坏荷载；

A——试件破裂面面积。

从轴心抗拉强度试验的结果可以看出，轴心抗拉强度只有立方体抗压强度的 1/17～1/8，混凝土强度等级越高，这个比值越小。如图 2-8 所示。考虑到混凝土实体强度与试件强度的差异系数 0.88，《规范》取混凝土轴心抗拉强度标准值与立方体抗压强度标准值的关系为：

$$f_{tk}=0.88\times0.395f_{cu,k}^{0.55}(1-1.645\delta)^{0.45}\times\alpha_{c2} \tag{2-9}$$

式中，δ 为变异系数；系数 0.395 和指数 0.55 为轴心抗拉强度与立方体抗压强度的折算关系，是根据试验数据进行统计分析以后确定的。

2.2.3　复合应力下的混凝土强度

实际混凝土构件常处于复合应力状态，如框架柱既受到轴向力的作用，又受到弯矩和剪力的作用；楼板在双向弯矩作用下，混凝土处于双轴正应力状态，钢管混凝土柱中的混凝土在轴压力作用下，混凝土处于三向受压状态。

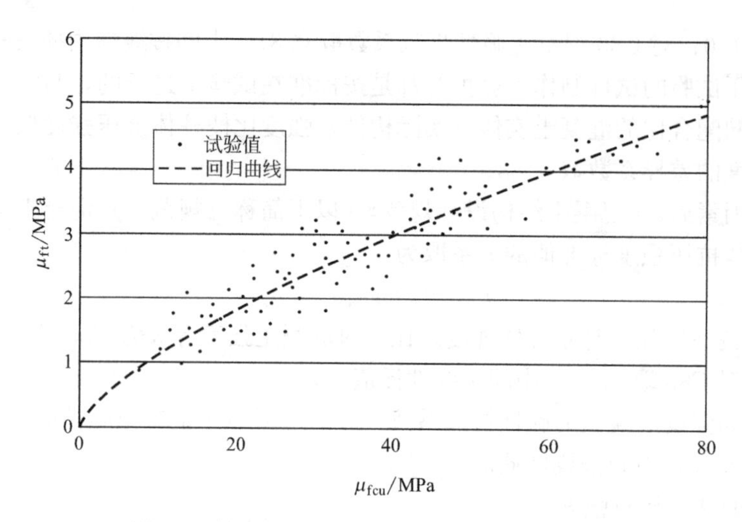

图 2-8　轴心抗拉强度与立方体抗压强度的关系

1. 混凝土在双轴正应力下的强度

混凝土试件在两个相互垂直平面作用正应力（分别为 σ_1、σ_2）、第三个平面应力为零的双轴正应力状态下，其强度曲线见图 2-9，图中 f_c 是单向受压时的混凝土强度。混凝土双向受压时，总体上一个方向的强度随另一个方向压应力的增加而提高，最多可提高 29％左右；双向受拉时，两个方向应力的相互影响不大，受拉强度基本接近单向受拉强度；当一个方向受拉、另一个方向受压时，一个方向的强度随另一个方向应力的增加而线性下降。

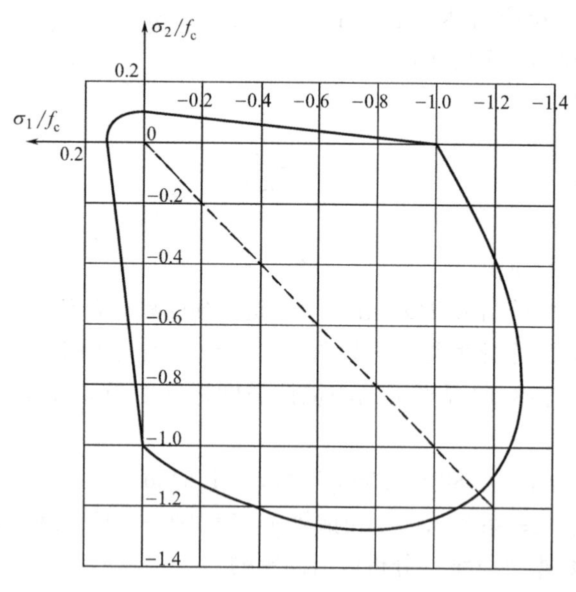

图 2-9　混凝土在双向正应力下强度曲线

2. 混凝土在正应力和剪应力组合下的强度

对于弹性材料，试件在正应力和剪应力共同作用下的强度可通过换算为主应力，按双轴正应力状态处理。但混凝土并非均质弹性材料，需要通过直接试验方法确定其强度。试验结果表明：抗剪强度随着拉应力的增加而减小；随着压应力的增加而提高，当压应力大约达到 $0.3f_c$ 后，提高幅度减缓；超过（0.5～0.7）f_c 后，抗剪强度随压应力的增加而下降，如图 2-10 所示。

从图中也可以看出剪应力对混凝土抗拉抗压强度的影响，即剪应力的存在，混凝土的抗拉和抗压强度均低于单向抗拉和抗压强度。这个结果也说明，梁在弯矩和剪力、柱在轴力、弯矩和剪力共同作用时，结构中的剪应力会影响受压区混凝土的抗压强度。

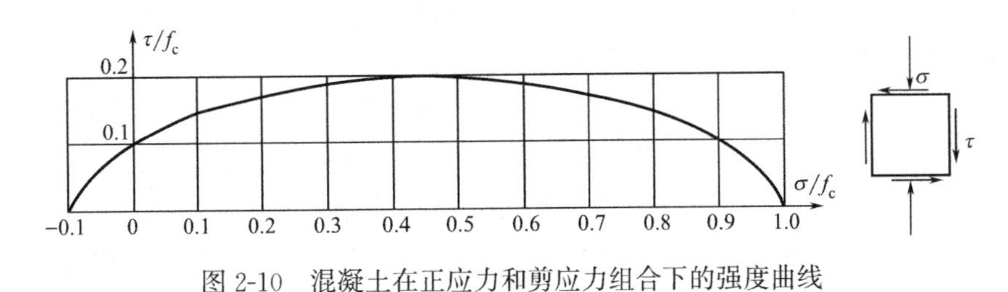

图 2-10　混凝土在正应力和剪应力组合下的强度曲线

3. 混凝土在三向受压下的强度

混凝土在三向受压的情况下，由于受到侧向压力的约束，延迟和限制了混凝土内部微裂缝的发生和发展，最大主压应力轴的抗压强度 $f_{cc}(\sigma_1)$ 有较大程度的增长，其变化规律随两侧向压应力（σ_2，σ_3）的比值和大小的不同而不同。常规的三轴受压是在圆柱体周围加液压，在两侧向等压（$\sigma_2=\sigma_3=\sigma_L>0$）的情况下进行的。试验表明，当侧向液压值不很大时，最大主压应力轴的抗压强度 f_{cc} 随侧向应力的增大而提高，由试验得到的经验公式为：

$$f_{cc}=f_c+4.1\sigma_L \tag{2-10}$$

式中　f_{cc}——有侧向压力约束时的混凝土轴心抗压强度；

f_c——无侧向压力约束时的混凝土轴心抗压强度；

σ_L——侧向约束应力值。

在实际工程中，受压构件的侧向约束应力可以来自间接钢筋（如密排的箍筋）的约束、局部受压时周边混凝土对受压混凝土的约束，或钢管混凝土柱的钢管对钢管中的混凝土产生的约束等。

2.2.4　混凝土的变形

混凝土的变形分为受力变形和非受力变形两大类。受力变形指混凝土在一次短期加载、多次重复加载下和荷载长期作用下产生的变形；非受力变形主要指混凝土在硬化过程中以及温度湿度变化所产生的变形。

1. 一次短期加载下混凝土单轴受压应力-应变关系

（1）混凝土的应力-应变曲线

混凝土棱柱体试件在一次短期加载下轴心受压应力-应变的典型试验曲线见图 2-11。整条曲线包括上升段和下降段两部分。上升段又可以分为三段，从加载至应力为（0.3～0.4）f_c 的 A 点为第 1 段，此时应力较小，混凝土变形主要是骨料和水泥结晶体产生的弹性变形，应力-应变曲线基本呈直线，A 点称为比例极限；此时如卸载到零，混凝土残余应变可忽略。应力超过比例极限后，进入到裂缝稳定发展的第 2 阶段，直到应力为（0.75～0.9）f_c 的临界点 B。此时由于混凝土内部微裂缝的发展，应变的增长速度快于应力的增长速度，呈现明显的塑性性能；应变包括弹性应变和塑性应变两部分，前者卸载后可以恢复，后者卸载后不可恢复，成为残余应变；裂缝扩张处于稳定阶段，如果应力停止增加、维持不变，裂缝不会持续扩张。临界点应力可以作为长期抗压强度的依据。应力超过临界点直至峰值点 C 为第 3 阶段，此时裂缝连成通缝、快速扩张，处于不稳定阶段，即使应力维持不变、裂缝会持续扩张。峰值点 C 的应力通常作为混凝土棱柱体的抗压强度 f_c，相应的应变为峰值应变，其值在 0.0015～0.0025 之间波动，通常取为 0.002。

在峰值应力以后，曲线进入下降段。此时裂缝迅速发展，内部结构的整体受到愈来愈严重的破坏，赖以传递荷载的传力路线不断减少，试件的平均应力强度下降，所以应力应变曲线向下弯曲，直到凹向发生改变，曲线出现“拐点”。超过“拐点”，曲线开始凸向应变轴，这时，只靠骨料间的咬合力及摩擦力与残余承压面来承受荷载。随着变形的增加，应力-应变曲线逐渐凸向水平轴方向发展，此段曲线中曲率最大的一点 E 称为“收敛点”。从收敛点 E 开始以后的曲线称为收敛段，这时贯通的主裂缝已很宽，内聚力几乎耗尽，对无侧向约束的混凝土，收敛段 EF 已失去结构意义。

不同强度等级的混凝土，应力-应变曲线的上升段非常相似，但下降段存在差异：强度等级越高，下降段的坡度越陡，即相同应力下降幅度下的变形越小，延性越差，如图 2-12 所示。

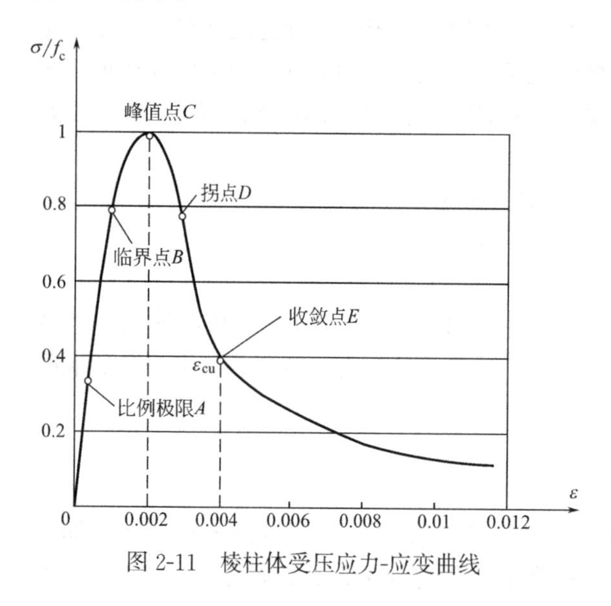

图 2-11　棱柱体受压应力-应变曲线

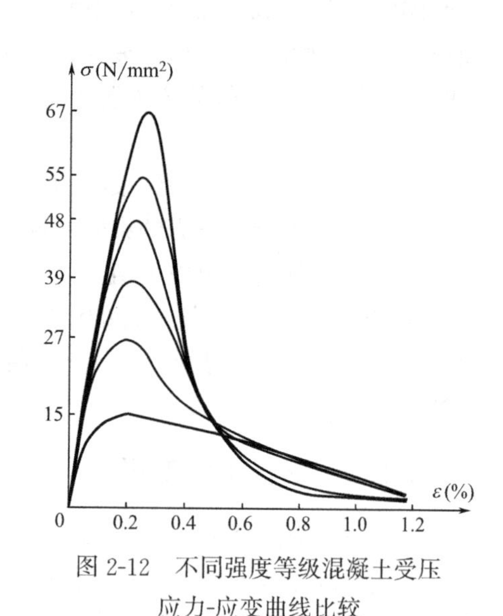

图 2-12　不同强度等级混凝土受压应力-应变曲线比较

（2）混凝土受压应力-应变曲线的数学模型

国内外学者在试验的基础上提出过各种混凝土单轴受压应力-应变曲线的数学模型，其中美国 E. Hogneslad 和德国 H. Rüsch 提出的模型形式较为简单，使用较普遍。

E. Hogneslad 提出的应力-应变关系上升段采用抛物线，下降段采用斜直线。

$$\left.\begin{array}{ll}\text{上升段：}\varepsilon \leqslant \varepsilon_0 & \sigma = f_c\left[2\dfrac{\varepsilon}{\varepsilon_0} - \left(\dfrac{\varepsilon}{\varepsilon_0}\right)^2\right] \\ \text{下降段：}\varepsilon_0 < \varepsilon \leqslant \varepsilon_{cu} & \sigma = f_c\left(1 - 0.5\dfrac{\varepsilon - \varepsilon_0}{\varepsilon_{cu} - \varepsilon_0}\right)\end{array}\right\} \tag{2-11}$$

式中　f_c——峰值应力，棱柱体抗压强度；

ε_0——对应于峰值应力的应变，取 $\varepsilon_0=0.002$；

ε_{cu}——极限压应变，取 $\varepsilon_{cu}=0.0038$。

德国 H. Rüsch 提出的应力-应变关系上升段采用与式（2-11）相同的形式，下降段采用水平直线，取 $\varepsilon_{cu}=0.0035$。

（3）三向受压状态下混凝土的变形

混凝土在三向受压的状态下，不仅可以提高其强度，同时也会提高其延性。如图 2-13（b）所示，在周边为液压应力 σ_2 时，混凝土圆柱体的轴向应力-应变曲线。由图 2-13 中可以看出，随着侧向压力的增加，试件的强度和延性都有显著提高。

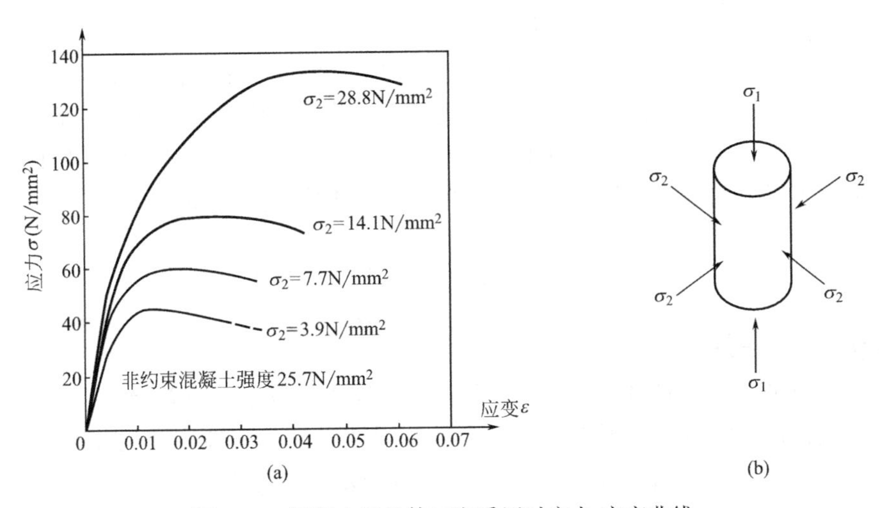

图 2-13　混凝土圆柱体三向受压时应力-应变曲线

工程上可以通过设置密排螺旋筋或箍筋来约束混凝土，改善钢筋混凝土构件的延性。在混凝土轴向压力很小时，螺旋筋或箍筋几乎不受力，此时混凝土基本上不受约束；当混凝土应力达到临界应力时，混凝土内部裂缝引起体积膨胀使螺旋筋或箍筋受拉，反过来螺旋筋或箍筋约束了混凝土，形成与液压约束相似的条件，从而使混凝土的应力-应变性能得到改善。见图 2-14。

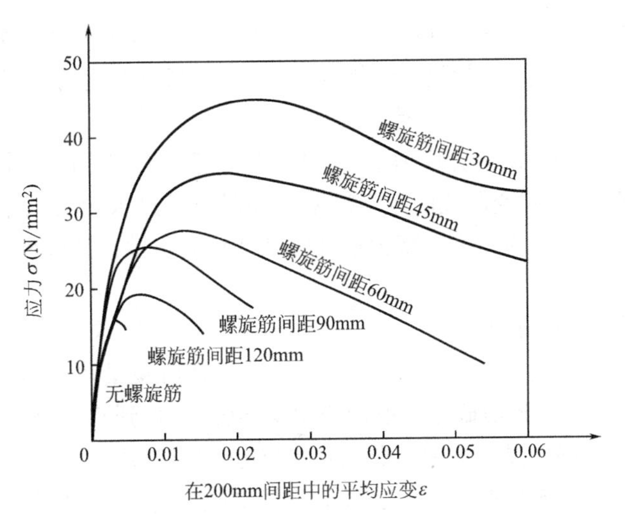

图 2-14　螺旋箍筋约束的混凝土圆柱体的应力-应变曲线

（4）混凝土的变形模量

由于混凝土的应力-应变关系是一条曲线，应力与应变的比值是变化的，所以对混凝土只能用变形模量描述其应力与应变的关系。混凝土的变形模量有三种表达方式。

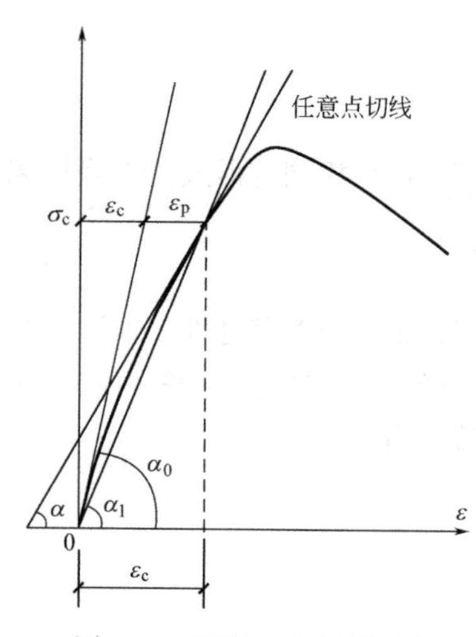

图 2-15　混凝土的变形模量

1）混凝土的原点切线模量

混凝土棱柱体轴心受压应力-应变曲线原点的切线斜率定义为混凝土的原点切线模量，用 E_c 表示，习惯称为混凝土弹性模量，$E_c=\tan\alpha_0$，见图 2-15。

由于混凝土应力-应变是曲线，要准确做出原点的切线是十分困难的。为了能较精确测定混凝土原点切线模量，将标准棱柱体试件在压应力 $\sigma_c=0.5\text{N/mm}^2\sim f_c/3$ 之间重复加载、卸载多次，随着加载次数的增加，应力-应变曲线将趋于稳定，并基本趋向直线，然后测量该范围内应力-应变曲线的斜率作为混凝土的弹性模量。

需要注意的是：混凝土不是弹性材料，所以不能用已知的混凝土应变乘以规范中所给的弹性模量值去求混凝土的应力。只有当混凝土应力很低时，它的弹性模量与割线模量值才近似相等。《规范》中给出的混凝土弹性模量表达式为：

$$E_c=\frac{10^5}{2.2+\dfrac{34.74}{f_{cu,k}}} \tag{2-12}$$

2）混凝土的割线模量

割线模量为应力-应变曲线上任意一点处与原点连线的斜率，即 $E_c'=\sigma_c/\varepsilon_c=\tan\alpha_1$，见图 2-15。超过比例极限后，混凝土应变可表示为弹性应变和塑性应变之和，$\varepsilon_c=\varepsilon_e+\varepsilon_p$，其中弹性应变 $\varepsilon_e=\sigma_c/E_c$；塑性应变 ε_p 卸载时不可恢复。割线模量可以按式（2-13）表示：

$$E'_c=\frac{\sigma_c}{\varepsilon_c}=\frac{E_c\varepsilon_e}{\varepsilon_c}=\upsilon' E_c \tag{2-13}$$

式中　υ'——弹性应变与总应变的比值，称为弹性系数，随应力的增加而减小，当应力不超过比例极限时 $\upsilon'=1$；当应力达到峰值应力时 $\upsilon'=0.5$。

3）混凝土的切线模量

切线模量为应力-应变曲线上任意一点切线的斜率，即 $E''_c=\sigma_c/\varepsilon_c=\tan\alpha$，见图 2-15。当应力-应变曲线的数学模型已知时，通过求导可以求出。应变小于峰值应变时切线模量为正值、应变大于峰值应变时切线模为负值。切线模量主要用于混凝土结构非线性分析的增量法。

4）剪切模量

当应力低于临界点时，混凝土剪切模量可借助弹性材料的理论公式：$G_c=0.5E_c/(1+\nu_c)$ 近似确定。取泊松比 $\nu_c=0.2$，得到 $G_c=0.42E_c$。

（5）混凝土轴向受拉时的应力-应变关系

一次短期加载下混凝土单轴受拉应力-应变关系的形状与受压时类似，也有上升段和下降段。上升段的比例极限约为峰值应力的 40%～50%；下降段的坡度随混凝土强度的提高而更陡峭，见图 2-16。原点切线模量与受压时基本相同，当应力达到峰值点时，弹性系数 $\upsilon'\approx0.5$。极限拉应变值极不稳定，受很多因素的影响，一般在 $(0.5\sim2.7)\times10^{-4}$。

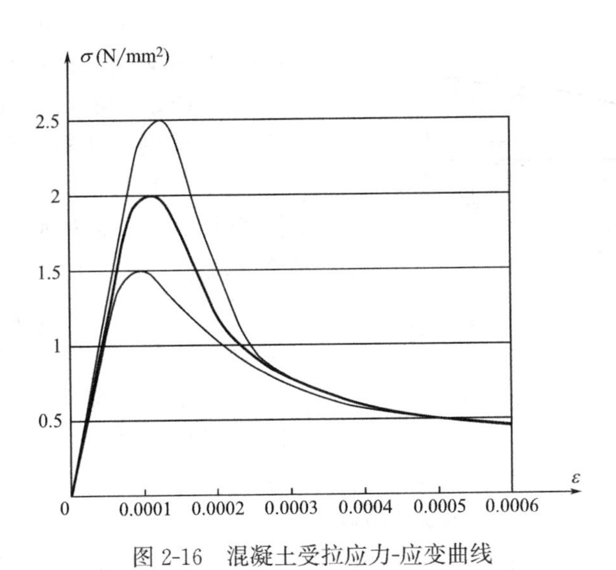

图 2-16　混凝土受拉应力-应变曲线

2. 荷载长期作用下混凝土的变形性能

混凝土试件承受的应力不变，而应变或变形随时间增长的现象称为徐变（creep）。混凝土的典型徐变曲线如图 2-17 所示。可以看出，当对试件加载时，产生瞬时应变 ε_{ci}。若保持荷载不变，随时间的增加应变也在增长，这部分即为徐变应变 ε_{cr}。一般前 4 个月徐变增加较快，6 个月可达到终极值的 70%～80%，以后增长逐渐减慢，2～3 年后趋于稳定。最终徐变值约为加载瞬时应变值的 1～4 倍。

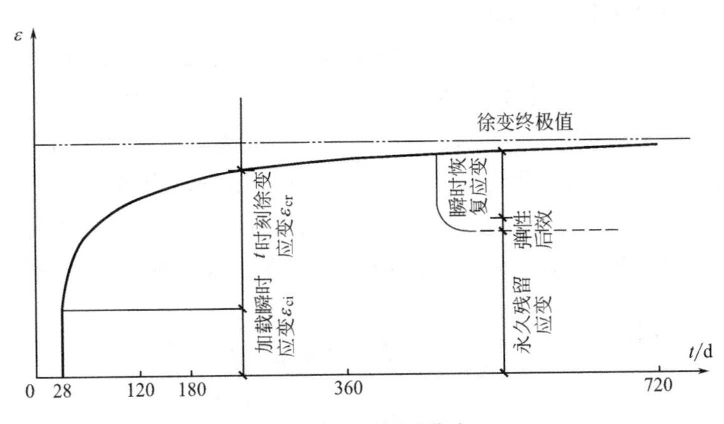

图 2-17　混凝土徐变

持荷两年后卸载，会产生略小于加载瞬时应变的瞬时恢复应变；经过一段时间（约 20d）后还有一部分应变可以恢复，其值约为徐变值的 1/12，称为弹性后效。在试件中还有绝大部分应变是不可恢复的，称为残余应变。

徐变的影响因素很多，主要有持荷的应力水平，混凝土受荷龄期，构件尺寸，混凝土的组成成分、养护和使用环境等。

持荷的应力水平对徐变有很大的影响。当混凝土应力 σ_c/f_c 不超过 0.5 时，徐变与应

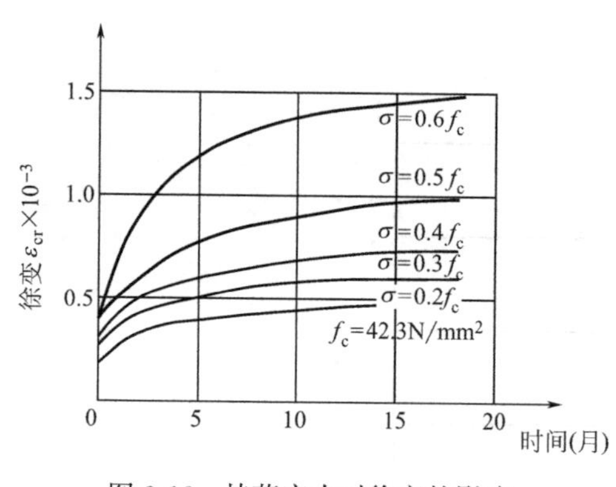

图 2-18　持荷应力对徐变的影响

力成正比，曲线接近等间距分布，这种情况称为线性徐变。当应力水平大于 0.5、小于 0.8 时，徐变仍能收敛，但徐变值不再与持荷应力成比例，这种徐变称为非线性徐变；当应力水平大于 0.8 时，徐变发散，最终混凝土破坏，持荷应力越大，从受荷到破坏的时间越短。如图 2-18 所示。

试验还表明，加载时混凝土的龄期越早，徐变越大。混凝土的组成成分中水泥用量越多，徐变越大；水胶比越大，徐变也越大；骨料越坚硬、弹性模量越高，对水泥石徐变的约束作用越大，混凝土徐变越小。对于混凝土养护条件，养护时温度高、湿度大、水泥水化作用充分，徐变越小。而受到荷载作用后，所处环境温度越高、湿度越低，则徐变越大。构件的形状、尺寸也会影响徐变值。大尺寸试件内部失水受到限制，徐变减小。

混凝土产生徐变的原因主要可归结为三个方面：内在因素、环境影响、应力因素。在应力不大的情况下，混凝土凝结硬化后，骨料之间的水泥浆，一部分变为完全弹性结晶体，另一部分是充填在晶体间的凝胶体，它具有黏性流动的性质。当施加荷载时，在加载的瞬间结晶体与凝胶体共同承受荷载。其后，随着时间的推移，凝胶体由于黏性流动而逐渐卸载，此时晶体承受了更多的外力并产生弹性变形。在这个过程中，从水泥凝胶体向水泥结晶体应力重新分布，从而使混凝土徐变变形增加。在应力较大的情况下，混凝土内部微裂缝在荷载长期作用下不断发展和增加，也将导致混凝土变形的增加。

3. 混凝土在荷载重复作用下的变形（疲劳变形）

混凝土的疲劳是在荷载重复作用下产生的。混凝土在荷载重复作用下引起的破坏称为疲劳破坏。图 2-19 是混凝土棱柱体在多次重复荷载作用下的应力-应变曲线。从图中可以看出，对混凝土棱柱体试件，一次加载应力 σ_1 小于混凝土疲劳强度 f_c^f 时，其加载卸载应力-应变曲线形成了一个环状。而在多次加载、卸载作用下，应力-应变环会越来越密合，经过多次重复，这个曲线就密合成一条直线。如果选择一个高于混凝土疲劳强度 f_c^f 的加载应力，开始时混凝土应力-应变曲线凸向应力轴，在重复荷载过程中逐渐变成直线，再

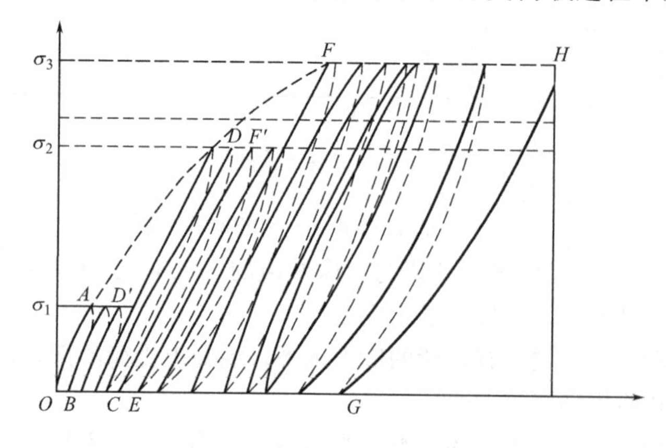

图 2-19　重复荷载下的应力-应变曲线

经过多次重复加卸载后，其应力-应变曲线由凸向应力轴而逐渐凸向应变轴，以致加卸载不能形成封闭环，这标志着混凝土内部微裂缝的发展呈加剧趋近破坏。随着重复荷载次数的增加，应力-应变曲线倾角不断减小，至荷载重复到某一定次数时，混凝土试件会因严重开裂或变形过大而导致破坏。

混凝土的疲劳强度用疲劳试验测定。疲劳试验采用 100mm×100mm×300mm 或 150mm×150mm×450mm 的棱柱体，把能使棱柱体试件承受 200 万次或其以上循环荷载而发生破坏的压应力值称为混凝土的疲劳抗压强度。

施加荷载时的应力大小是影响应力-应变曲线不同的发展和变化的关键因素，即与混凝土的疲劳强度及重复作用时应力变化的幅度有关。在相同的重复次数下，疲劳强度随着疲劳应力比值的增大而增大。疲劳应力比值 ρ_c^f 按式（2-14）计算：

$$\rho_c^f = \frac{\sigma_{c,min}^f}{\sigma_{c,max}^f} \tag{2-14}$$

式中　$\sigma_{c,min}^f$、$\sigma_{c,max}^f$——分别为截面同一纤维上混凝土最小、最大应力。

4. 混凝土的收缩与膨胀

混凝土凝结硬化时，在空气中表现为体积收缩，在水中表现为体积膨胀。通常，收缩值比膨胀值大很多。混凝土收缩值的试验结果相当分散。一般来说，混凝土的收缩值随着时间而增大，蒸汽养护混凝土的收缩值要小于常温养护下的收缩值。这是因为混凝土在蒸汽养护过程中，高温高湿的条件加速了水泥的水化和凝结硬化，一部分游离水由于水泥水化作用被快速吸收，使脱离试件表面蒸发的游离水减少，因此其收缩变形减小。

养护不好以及混凝土结硬过程中受到约束（如钢筋、地基土等），从而阻止混凝土收缩时，会使混凝土构件表面上出现收缩裂缝。

影响混凝土收缩的因素有：

（1）水泥的品种：水泥强度等级越高制成的混凝土收缩越大。（2）水泥的用量：水泥越多，收缩越大；水胶比越大，收缩也越大。（3）骨料的性质：骨料的弹性模量大，收缩小。（4）养护条件：在结硬过程中周围温、湿度越大，收缩越小。（5）混凝土制作方法：混凝土越密实，收缩越小。（6）使用环境：使用环境温度、湿度大时，收缩小。（7）构件的体积与表面积比值：比值大时，收缩小。

2.2.5　混凝土耐久性能

材料在各种不利环境介质作用下，保持原有性能的能力称为耐久性（durability）。混凝土的耐久性包括抗渗性（impermeability）、抗冻性（freezing resistance）、抗侵蚀性（corrosion resistance）、碳化（carbonation）和碱骨料反应（alkali-aggregate reaction）。

1. 抗渗性

抗渗性是指混凝土抵抗压力水渗透的能力，用抗渗等级衡量，《混凝土质量控制标准》GB 50164—2011 中将混凝土抗渗等级划分为 P4、P6、P8、P10、P12 共 5 个等级，P4 代表能抵抗 0.4MPa 的静水压力而不发生渗水。水位以下的混凝土结构，有抗渗等级的要求。

由于钢筋锈蚀和碱骨料反应都是在有水（湿度）环境下发生，所以抗渗性能好的混凝土耐久性好；另外，对于低强度混凝土，抗渗等级越高，在氯化物环境下，氯离子在混凝土内渗透的速度越慢。

通过增加混凝土的密实度，改善孔隙结构可以提高混凝土的抵抗水渗透能力。减小水胶比、振捣密实、养护充分是增加混凝土密实度的有效措施；掺用引气型外加剂（称引气混凝土），使混凝土内部产生不连通的气泡，截断毛细管通道，改善孔隙结构，从而提高混凝土的抗渗性。

2. 抗冻性

混凝土中的水分冻结时，体积膨胀 9%，对混凝土产生膨胀压力，使混凝土内部孔隙及微裂缝逐渐扩展，并相互连通，表面开裂、甚至剥落，骨料裸露，强度下降，并逐步向内部发展。

抗冻性是指混凝土在经受多次冻融循环作用下能保持强度和外观完整性的能力，用抗冻等级衡量，划分为 F10、F15、F25、F50、F100、F150、F200、F250、F300 共 9 个等级。F 后面的数字代表 28d 龄期的混凝土在吸水饱和状态下，经历反复冻融循环，抗压强度下降不超过 25%、质量损失不超过 5%的条件下所能承受的冻融循环次数。经浸水饱和的试件，在−20～−10℃下冻 4h，然后在 15～20℃的温水中融 4h，称为一个循环。

提高混凝土抗渗性的措施同样可以提高混凝土的抗冻性能。

3. 抗侵蚀性

硫酸盐等腐蚀性介质对水泥石有侵蚀作用，降低混凝土的强度。混凝土的抗侵蚀性主要与水泥品种、混凝土的密实程度和孔隙特征有关。

4. 碳化

水泥水化过程中产生的氢氧化钙使混凝土具有高碱性，其 pH 值一般在 12～13。在高碱性环境中，钢筋表面会形成一层化学性质非常稳定的钝化膜。钝化膜的存在，不仅使钢筋表面不存在活性状态的铁，而且还将钢筋与水介质隔离，水和氧气无法渗透过去，因此电化学腐蚀无法进行，从而使钢筋免受腐蚀。

当混凝土的 pH<9.88 时，钢筋表面的氧化物是不稳定的，完全处于活化状态，在有水和氧存在的条件下钢筋必然锈蚀。混凝土碳化后，碱性下降（称中性化），完全碳化区的 pH 降至 9 以下，此时混凝土已失去对钢筋锈蚀的保护作用。

混凝土碳化的程度通常用碳化深度衡量，碳化深度与时间的平方根成正比。碳化深度达到钢筋表面是评价混凝土结构是否达到耐久极限的一个指标。

影响混凝土碳化的主要因素有水泥品种和水泥用量、水胶比、混凝土强度等级、施工质量、环境温湿度和空气中的二氧化碳含量等。

硅酸盐水泥比火山灰水泥和粉煤灰水泥水化后生成的氢氧化钙含量高，所以碳化速度慢；水泥用量多，混凝土中氢氧化钙含量高，所以碳化速度也慢。

水胶比大，硬化后混凝土内部毛细孔的数量多、渗透性高，二氧化碳气体在混凝土毛细孔中的扩散速度快，混凝土碳化速度快。当水胶比在 0.4～0.6 时，碳化速度与水胶比大致呈线性关系。

混凝土强度等级越高，混凝土越密实，二氧化碳气体在混凝土中的扩散越困难，混凝土碳化速度越慢。

混凝土浇筑时振捣和养护质量好，混凝土密实、内部毛细孔的数量少，混凝土碳化速度慢。

氢氧化钙与二氧化碳反应生成的水要向外扩散，以保持混凝土内部与大气之间的湿度平衡。如果水向外的扩散速度由于环境湿度大而被减慢（水蒸气从湿度大的地方向湿度小的地方扩散），混凝土内部的水蒸气压力将增大，二氧化碳气体向混凝土内部扩散渗透的速度将降低；在相对湿度接近100%时，碳化将终止。而当相对湿度小于25%时，虽然二氧化碳的扩散渗透速度很快，但混凝土毛细孔中没有足够的水来溶解空气中的二氧化碳，因而无法与碱性溶液发生反应，碳化实际上也无法进行。研究资料表明，在相对湿度为50%～70%的条件下，最有利于促进混凝土的碳化。温度交替变化有利于二氧化碳扩散，可增加碳化速度。

5. 碱骨料反应

水泥中的氢氧化钠和氢氧化钾与骨料中的活性氧化硅发生化学反应，在骨料表面生成碱-硅酸凝胶称为碱骨料反应。碱-硅酸凝胶吸水后体积会不断膨胀，把水泥石胀裂，严重时导致结构破坏。

发生碱骨料反应并造成危害必须同时具备三个条件：一是混凝土中（主要是水泥中）含有较多的碱；二是存在碱活性骨料；三是潮湿环境。为了避免潮湿环境下碱骨料反应的危害，或者采用非碱活性骨料，或者控制混凝土中的碱含量。

2.3　钢筋与混凝土的粘结

钢筋混凝土结构是由钢筋和混凝土两种材料构成的，二者之所以能够共同工作抵抗外荷载，其中的重要原因之一是钢筋和混凝土之间产生了良好的粘结力。要想能够充分发挥钢筋的承载能力，则要求钢筋中的应力能够达到屈服强度，这就要求钢筋在混凝土中有良好的锚固，保证钢筋不被拔出或压出。粘结和锚固是钢筋和混凝土共同工作、成为一个受力整体的前提和基础。

如图2-20所示的钢筋混凝土简支梁端部。钢筋一端的应力为零，另一端有拉应力 σ_s，对于钢筋而言，由力的平衡可知，钢筋与周边的混凝土之间必定有剪应力的存在，这种剪应力即为粘结应力。除了端部有粘结应力外，在裂缝之间的钢筋表面也存在粘结应力。前者为锚固粘结应力，可为钢筋提供锚固力；后者为局部粘结应力，能影响构件的刚度、裂缝的展开宽度，改善钢筋混凝土的耗能性能。

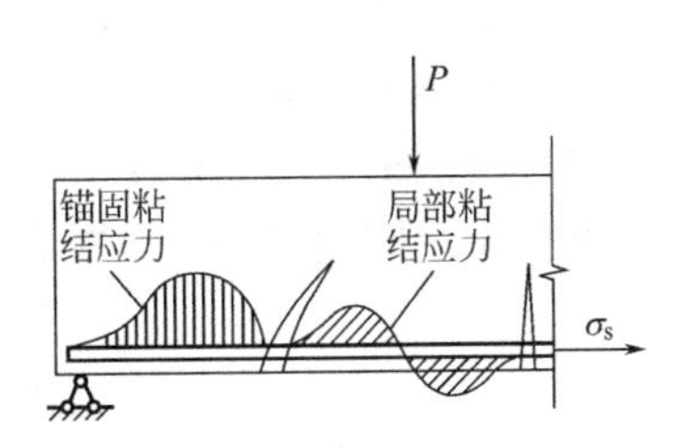

图2-20　钢筋与混凝土之间粘结应力

1. 粘结作用机理

钢筋与混凝土的粘结作用主要由三部分组成：

（1）钢筋与混凝土接触面上的化学吸附作用力（胶结力）。这种吸附作用力来自浇筑时水泥浆体对钢筋表面氧化层的渗透以及水化过程中水泥晶体的生长和硬化。胶结力很小，仅在局部无滑移区域起作用，当接触面发生相对滑移时即消失，并不可恢复。

（2）钢筋与混凝土接触面上的摩阻力。混凝土的收缩使混凝土裹紧钢筋，当两者有相对滑动趋势时，接触面上产生摩阻力。摩阻力的大小与环向挤压力和接触面粗糙程度有关，混凝土收缩越大，环向挤压力越大，摩阻力越大；接触面越粗糙、摩阻力越大。

（3）钢筋表面凸凹不平与混凝土之间的机械咬合力。光圆钢筋这种咬合力来自表面的粗糙不平。对于变形钢筋，咬合力是由于其凸出表面的横肋嵌入混凝土而产生。

光圆钢筋粘结力主要来自胶结力和摩阻力，而变形钢筋虽然也存在胶结力和摩阻力，但变形钢筋的粘结力主要来自机械咬合力。变形钢筋的横肋对混凝土的挤压，产生斜向挤压应力 σ，挤压应力的纵向分量 σ_z 与摩阻力一起构成粘结力，如图 2-21（a）所示；纵向分量在周围混凝土中产生纵向拉应力和切应力，引起内部斜向锥形裂缝；径向分量 σ_r 在周围混凝土中产生环向拉应力（图 2-21b），使混凝土内部产生径向裂缝，并使周围混凝土有向外膨胀、发生劈裂破坏的趋势。配置箍筋可以约束这种膨胀，提高机械咬合力。

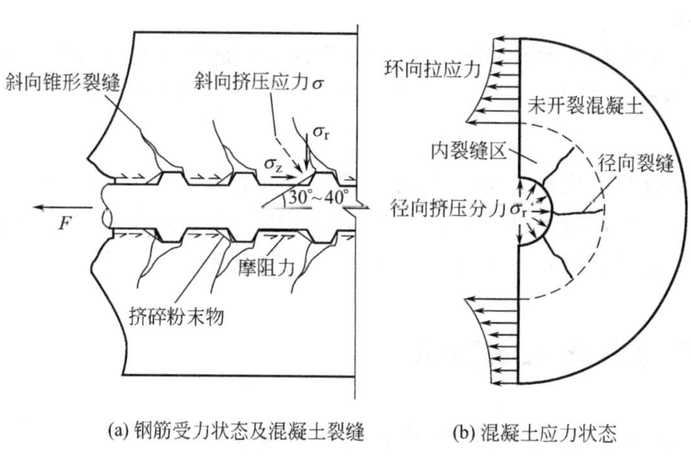

(a) 钢筋受力状态及混凝土裂缝　　(b) 混凝土应力状态

图 2-21　变形钢筋的机械咬合力

2. 粘结强度

钢筋与混凝土之间粘结作用的大小称为钢筋的粘结强度。通常采用如图 2-22 所示的直接拔出试验来测定钢筋的粘结强度。由于粘结应力沿钢筋的分布是不均匀的，一般用发生粘结破坏（钢筋被拔出）时的最大平均粘结应力表达钢筋与混凝土的粘结强度。钢筋与混凝土之间的平均粘结应力可表示为：

$$\tau = \frac{F}{\pi d l} \tag{2-15}$$

式中　F——钢筋的拉力；

d——钢筋的直径；

l——粘结长度。

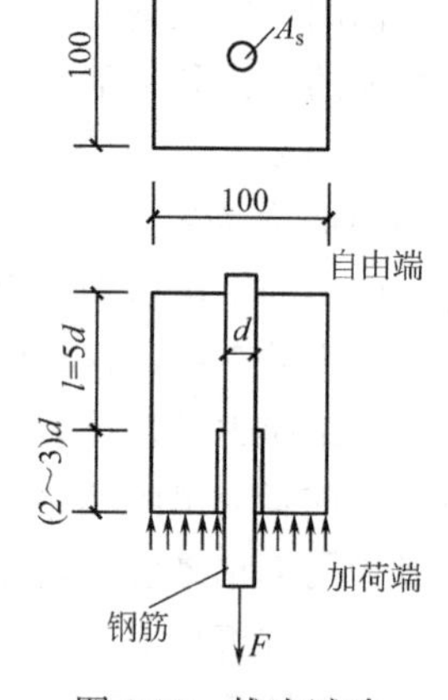

图 2-22　拔出试验

3. 影响粘结强度的因素

影响钢筋与混凝土粘结强度的因素很多，主要影响因素有混凝土强度、钢筋形状、保护层厚度及钢筋净间距、横向配筋及侧向压应力，以及浇筑混凝土时钢筋的位置等。

（1）光圆钢筋及变形钢筋的粘结强度都随混凝土强度等级的提高而提高，但不与立方体强度 f_{cu} 成正比。试验表明，当其他条件基本相同时，粘结强度 τ_u 与混凝土的抗拉强度 f_t 大致成正比关系。

（2）带肋钢筋的粘结强度远大于光圆钢筋，前者是后者的 2～3 倍。对于光圆钢筋，表面微锈可明显提高粘结强度。

（3）钢筋的混凝土保护层厚度 c_s（钢筋外边缘到构件外边缘的最小距离）或钢筋之间的

净间距越大，周围混凝土越不容易发生劈裂破坏，粘结强度越高。但当 c_s/d（钢筋直径）达到 4.5 后，粘结强度不再增加。因为此时径向裂缝很难发展到构件表面，发生劈裂破坏。

（4）横向钢筋（如梁中的箍筋）可以限制混凝土内部裂缝的发展，提高粘结强度。横向钢筋还可以限制到达构件表面的裂缝宽度，从而提高粘结强度。因此，在使用较大直径钢筋的锚固区、搭接长度范围内以及当一排的并列钢筋根数较多时，应设置一定数量的附加箍筋，以防止混凝土保护层的劈裂崩落。同时配置箍筋对保护后期粘结强度，改善钢筋延性也有明显作用。

（5）在直接支承的支座处，如梁的简支端，钢筋的锚固区受到来自支座的横向压应力，横向压应力约束了混凝土的横向变形，使钢筋与混凝土间抵抗滑动的摩阻力增大，因而可以提高粘结强度。

（6）浇筑混凝土时，深度过大（超过 300mm），钢筋底面的混凝土会出现沉淀收缩和离析泌水，气泡逸出，使混凝土与水平放置的钢筋之间产生强度较低的疏松空隙层，从而会削弱钢筋与混凝土的粘结作用。

4. 钢筋的锚固与搭接

由于粘结破坏机理复杂，影响粘结力的因素多，工程结构中粘结受力的多样性，目前尚无比较完整的粘结力计算理论。《规范》采用不进行粘结计算，用构造措施来保证混凝土与钢筋粘结的方法。保证粘结的构造措施有如下几个方面：保证最小搭接长度和锚固长度、钢筋最小间距和混凝土保护层最小厚度、在钢筋的搭接接头范围内应加密箍筋、钢筋端部设置弯钩等。

（1）基本锚固长度

钢筋端部是依靠粘结力将混凝土中的应力传递给钢筋的。受拉钢筋应力达到屈服强度 f_y 所需的最小传递长度称为基本锚固长度（anchorage length）。钢筋的基本锚固长度取决于钢筋强度及混凝土抗拉强度，并与钢筋的外形有关。为了充分利用钢筋的抗拉强度，《规范》规定纵向受拉钢筋的锚固长度作为钢筋的基本锚固长度，它与钢筋强度、混凝土抗拉强度、钢筋直径及外形有关，可按式（2-16）计算：

$$l_{ab}=\alpha\frac{f_y}{f_t}d \tag{2-16}$$

式中 l_{ab}——受拉钢筋的基本锚固长度；

f_y——钢筋抗拉强度设计值；

f_t——锚固区混凝土抗拉强度设计值，当混凝土强度等级高于 C60 时，按 C60 取值；

d——锚固钢筋的直径或锚固并筋（钢筋束）的等效直径；

α——锚固钢筋的外形系数。

当钢筋的实际锚固长度小于基本锚固长度时，意味着计算截断的钢筋应力无法达到屈服强度、钢筋无法充分发挥作用。这时可采取第 5 章图 5-25 所示的弯钩和机械锚固措施，采取这些措施后，所需的锚固长度可以缩短。

（2）钢筋的搭接

钢筋出厂时，除了直径在 8mm 及以下的以圆盘条方式供货外，直钢筋的长度为 10～12m，经常需要将钢筋接长。钢筋连接的方式有绑扎搭接、机械连接和焊接三种形式。显然钢筋连接后的性能（强度、变形等）不如整根钢筋，连接区的应力和变形也比较复杂，所以钢筋连接的原则是：接头应设置在受力较小处，同一根钢筋上应尽量少设接头，限制接头的面积百分率。钢筋之所以可以采用搭接的接长方式，其实质是钢筋中的应力可以通过粘结应力传递到所连接的钢筋中。有关钢筋搭接的具体要求，详见第 5.3.6 节。

2.4　本章课程目标和达成度测试

本章目标 1：理解和掌握钢筋的力学性能，能够说明钢筋的强度和变形指标。

本章目标 2：理解和掌握混凝土的力学性能，能够说明混凝土的强度、变形指标及影响因素。

本章目标 3：能够解释钢筋与混凝土的粘结机理，并说明其影响因素。

思考题

1. 钢筋的强度指标有哪些？
2. 描述钢筋变形性能的指标有哪些？
3. 混凝土的强度等级是如何确定的？
4. 混凝土有哪些常用强度指标？这些强度指标与立方体抗压强度有什么关系？
5. 混凝土在双轴正应力下的强度有什么特点？混凝土在正应力和剪应力组合下的强度有什么特点？混凝土在三向受压的情况下最大主应力轴的抗压强度有什么变化？
6. 混凝土单轴受压应力-应变试验曲线有哪些特征点？不同强度等级混凝土的应力-应变曲线有什么差异？
7. 混凝土单向受压时，随着应变的增加，割线模量、切线模量是如何变化的？
8. 什么是混凝土的徐变？影响混凝土徐变的因素有哪些？
9. 混凝土的耐久性包括哪些性能？
10. 钢筋与混凝土粘结的主要影响因素有哪些？

达成度测试题（本章目标-题号）

1-1　划分钢筋牌号的依据是______。

A. 屈服强度标准值

B. 低强度钢筋用屈服强度标准值，高强度钢筋用极限强度标准值

C. 极限强度标准值

D. 低强度钢筋用极限强度标准值，高强度钢筋用屈服强度标准值

1-2　直径为 25mm 的 HRB500 级钢筋的符号是______。

A. ϕ25　　B. Φ25　　C. Φ25　　D. Φ25

1-3　采用条件屈服强度的钢筋是______。

A. 热轧带肋钢筋　　B. 细晶粒热轧钢筋　　C. 余热处理钢筋　　D. 钢绞线

1-4　断后伸长率和最大力总伸长率________。

A. 都包含残余变形和弹性变形

B. 只包含残余变形

C. 断后伸长率只包含残余变形；最大力总伸长率同时包含残余变形和弹性变形

D. 最大力总伸长率只包含残余变形；断后伸长率同时包含残余变形和弹性变形

1-5　能反映钢材塑性的综合性指标是______。

A. 最大力总伸长率　B. 断后伸长率　C. 冷弯性能　D. 断面收缩率

2-1　我国是以______作为混凝土的强度等级的依据。

A. 轴心抗压强度　B. 立方体抗压强度　C. 抗拉强度　D. 抗折强度

2-2　在正常养护条件下，混凝土强度________。

A. 随龄期的增长而增加　B. 随龄期的增长而减少

C. 保持不变　D. 随龄期的增加而波动

2-3　混凝土轴心抗拉强度通常采用______测定。

A. 直接轴心受拉试验　B. 偏心受拉试验

C. 受弯试验间接　D. 劈裂受拉试验

2-4　混凝土在双轴正应力下的强度，总体上______。

A. 一拉一压时，随着一个方向上压应力的增加，另一方向的抗拉强度将提高

B. 一拉一压时，随着一个方向上拉应力的增加，另一方向的抗压强度将提高

C. 双轴受压时，随着一个方向上压应力的增加，另一方向的抗压强度将降低

D. 双轴受压时，随着一个方向上压应力的增加，另一方向的抗压强度将提高

2-5　混凝土在正应力和剪应力共同作用下，______。

A. 其抗剪强度随着压应力的提高而提高

B. 其抗剪强度随着压应力的提高而降低

C. 其抗拉强度随着剪应力的提高而提高

D. 压应力较小时，其抗剪强度随着压应力的提高而提高

2-6　混凝土在侧向受压条件下，当侧向压力值不算很大时，______。

A. 随侧向应力的增大，其最大主压应力轴的抗压强度降低，变形能力提高

B. 随侧向应力的增大，其最大主压应力轴的抗压强度提高，变形能力降低

C. 随侧向应力的增大，其最大主压应力轴的抗压强度降低，变形能力减低

D. 随侧向应力的增大，其最大主压应力轴的抗压强度提高，变形能力提高

2-7　当混凝土受到的压应力超过临界点但未达到峰值点时，______。

A. 此时如卸载到零，混凝土残余应变可忽略

B. 裂缝扩张处于稳定阶段

C. 裂缝快速扩张，处于不稳定阶段

D. 混凝土变形主要是骨料和水泥结晶体产生的变形

2-8　混凝土的弹性模量指的是______。

A. 割线模量　B. 切线模量　C. 原点切线模量　D. 剪切模量

2-9　关于混凝土的徐变，以下说法错误的是______。

A. 水胶比越大，徐变也越大　B. 水泥用量越多，徐变越大

C. 加载时混凝土的龄期越早，徐变越大　D. 构件尺寸越小，徐变越大

2-10　关于混凝土的收缩，以下说法错误的是______。

A. 水泥强度等级越高，收缩越大　B. 骨料的弹性模量越大，收缩越大

C. 周围温、湿度越大，收缩越小　D. 混凝土越密实，收缩越小

2-11　混凝土的弹性系数是______。

A. 塑性应变与总应变的比值　　B. 弹性应变与总应变的比值

C. 弹性应变与塑性应变的比值　　D. 塑性应变与弹性应变的比值

2-12　为了提高混凝土的抗渗性，以下错误的做法是______。

A. 振捣密实　　B. 加入引气剂　　C. 加大水胶比　　D. 充分养护

2-13　为了提高混凝土的抗碳化能力，可采取的措施是______。

A. 采用硅酸盐水泥　　B. 加大水胶比

C. 增加混凝土的密实度　　D. 保持湿度为50%

3-1　当钢筋产生滑移后，粘结力中的______消失。

A. 摩阻力　　B. 机械咬合力　　C. 胶结力　　D. 环向约束力

3-2　对于变形钢筋，粘结力主要是______。

A. 摩阻力　　B. 机械咬合力　　C. 胶结力　　D. 环向约束力

第3章 混凝土结构设计的一般原则和方法

3.1 结构的功能与可靠度

3.1.1 结构的功能要求

1. 结构的安全等级

我国根据建筑结构破坏后果的影响程度，分为三个安全等级：破坏后果很严重的为一级，严重的为二级，不严重的为三级，见表3-1。对人员比较集中、使用频繁的体育馆等，安全等级宜按一级设计。对特殊的建筑物，其设计安全等级可视具体情况而定。建筑物中梁、柱等各类构件的安全等级一般应与整个建筑物的安全等级相同，对部分特殊构件可根据其重要程度作适当调整。

建筑结构的安全等级 **表3-1**

安全等级	破坏后果的影响程度	建筑物类型
一级	很严重	重要的建筑物
二级	严重	一般的建筑物
三级	不严重	次要的建筑物

2. 结构的设计使用年限

设计使用年限指设计规定的结构或结构构件不需进行大修即可按其预定目的使用的时期。

各类建筑结构的设计使用年限如表3-2所示。

房屋建筑结构的设计使用年限及荷载调整系数 γ_L **表3-2**

类别	设计使用年限(年)	示例	γ_L
1	5	临时性建筑结构	0.9
2	25	易于替换的结构构件	—
3	50	普通房屋和构筑物	1.0
4	100	标志性建筑和特别重要的建筑结构	1.1

注：对设计使用年限为25年的结构构件，γ_L 应按各种材料设计规范的规定采用。

3. 建筑结构的功能

设计的结构和结构构件在规定的设计使用年限内，在正常维护条件下，应能保持其使用功能，而不需进行大修加固。根据我国国家标准《建筑结构可靠性设计统一标准》GB

50068—2018（以下简称《统一标准》），建筑结构应该满足的功能要求主要有安全性、适用性和耐久性三个方面。

（1）安全性。建筑结构应能承受正常施工和正常使用时可能出现的各种荷载和变形；当发生火灾时，在规定的时间内可保持足够的承载力；在偶然事件（如地震、爆炸等）发生时和发生后保持其整体稳定性。

（2）适用性。结构在正常使用过程中应具有良好的工作性能。例如，不产生影响使用的过大变形或振幅，不发生足以让使用者不安的过宽裂缝等。

（3）耐久性。结构在正常维护条件下应有足够的耐久性，完好使用到设计使用年限。例如，混凝土不发生严重风化、腐蚀、脱落、碳化，钢筋不发生锈蚀等。此外，结构的功能还包括考虑突发事件对结构的一些特殊功能要求，例如结构抗倒塌性能等。满足上述功能要求的结构是安全可靠的。

3.1.2 建筑结构荷载

1. 结构上的作用和荷载

使结构产生内力或变形的原因称为“作用”，分直接作用和间接作用两种。荷载是直接作用，混凝土的收缩、温度变化、基础的差异沉降、地震等引起结构外加变形或约束的原因称为间接作用。间接作用与外界因素和结构本身的特性有关。例如，地震对结构物的作用是间接作用，它不仅与地震加速度有关，还与结构自身的动力特性有关，所以不能把地震作用称为“地震荷载”。结构上的作用使结构产生的内力（如弯矩、剪力、轴向力、扭矩等）、变形、裂缝等统称为作用效应或荷载效应。荷载与荷载效应之间通常按某种关系相联系。

2. 荷载的分类

按作用时间的长短和性质，荷载可分为永久荷载、可变荷载和偶然荷载三类。

（1）永久荷载

永久荷载是指在设计使用期内，其值不随时间而变化，或其变化与平均值相比可以忽略不计，或其变化是单调的并能趋于限值的荷载。例如，结构的自重、土压力等荷载。永久荷载又称恒荷载。

（2）可变荷载

可变荷载是指在结构设计基准期内其值随时间而变化，其变化与平均值相比不可忽略的荷载。例如，楼面活荷载、吊车荷载、风荷载、雪荷载等。可变荷载又称活荷载。

（3）偶然荷载

偶然荷载是指在设计基准期内不一定出现，一旦出现，其值很大且持续时间很短的荷载。例如，爆炸力、撞击力等。

另外，随空间位置的变异，荷载可分为固定荷载和移动荷载。固定荷载如固定设备、水箱等；移动荷载如楼面上的人群荷载、吊车荷载、车辆荷载等。按结构对荷载的反应性质，荷载可分为静力荷载（如结构自重、楼面活荷载、雪荷载等）和动力荷载（如设备振动、吊车荷载、风荷载、车辆刹车、撞击力和爆炸力等）。

需要注意的是，确定各类可变荷载的标准值时，会涉及出现荷载值的时域问题。《建筑结构荷载规范》GB 50009—2012（以下简称《荷载规范》）统一采用一般结构的设计使用年限 50 年作为规定荷载最大值的时域，称作设计基准期，即荷载的统计参数都是按设计基准期为 50 年确定的。由于设计基准期是为确定可变作用及时间有关的材料性能而选用的时间参数，所以它不等同于建筑结构的设计使用年限。

3. 荷载代表值

《荷载规范》给出了四种荷载代表值，即标准值、组合值、频遇值和准永久值。荷载的标准值是荷载的基本代表值，其他代表值可在标准值的基础上乘以相应的系数后得到。一些荷载（如可变荷载）随时间具有变异性，而设计中很难直接考虑其变异过程，这时一般根据不同的设计要求以及相应的极限状态和荷载效应组合的要求，规定不同的荷载代表值。

对永久荷载应采用标准值作为代表值；对可变荷载应根据设计要求采用标准值、组合值、频遇值和准永久值作为代表值；对偶然荷载按结构的使用特点确定其代表值。

荷载标准值是指其在结构的使用期间（一般结构的设计基准期为 50 年）可能出现的最大荷载值。

永久荷载标准值 G_k（如结构自重），可按结构构件的设计尺寸与材料单位体积的自重计算确定。对于自重变异性较大的构件，自重标准值应根据对结构的不利状态取上限值或下限值。

可变荷载标准值 Q_k 对于有足够统计资料的可变荷载，可根据其最大荷载的统计分布按一定保证率取其上限分位值。实际荷载统计困难时，可根据长期工程经验确定一个协议值作为荷载标准值。

可变荷载的组合值是指对于有两种和两种以上可变荷载同时作用时，使组合后的荷载效应在设计基准期内的超越概率能与荷载单独作用时相应超越概率趋于一致的荷载值。可变荷载的组合值可表示为 $Q_c=\psi_c Q_k$，其中 ψ_c 为可变荷载组合值系数。

可变荷载的准永久值是指在设计基准期内，其超越的总时间约为设计基准期一半的荷载值。可变荷载的准永久值可表示为 $Q_q=\psi_q Q_k$，其中 ψ_q 为可变荷载准永久值系数。

可变荷载的频遇值是指在设计基准期内，其超越的总时间为规定的较小比率，或超越频率为规定频率的荷载值，可表示为 $Q_f=\psi_f Q_k$，其中 ψ_f 为可变荷载频遇值系数。

可变荷载有准永久值和频遇值之分，由于荷载的标准值是考虑规定设计基准期内的最大荷载来确定的，在整个设计基准期荷载标准值的持续时间很短，在结构进行正常使用极限状态计算时，如取荷载标准值显得过于保守，所以根据荷载随时间变化的特性取可变荷载超过某一水平的累积总持续时间的荷载值来进行计算。准永久值和频遇值的区别是准永久值总持续时间较长，约为设计基准期的一半，一般与永久荷载组合用于结构长期变形和裂缝宽度的计算，而频遇值总持续时间较短，一般与永久荷载组合用于结构振动变形的计算。

4. 竖向荷载

（1）楼、屋面的荷载

楼、屋面的荷载可分为竖向恒荷载和竖向活荷载两种类型。建筑结构的竖向恒荷载包括结构的自重和附加在结构上的恒荷载（如构件自重、门窗自重、设备重量等）。在设计基准期内竖向恒荷载可按照实际分布情况计算结构的荷载效应。对结构的自重，可按构件的设计尺寸与材料表观密度计算确定。

① 民用建筑楼面均布活荷载

考虑到实际楼面活荷载的量值和作用位置经常变动，不可能同时满布所有的楼面，所以在设计梁、墙、柱和基础时要考虑构件实际承担的楼面范围内荷载的分布变化，并予以折减。当楼面梁的从属面积（楼面梁所承担的楼面荷载范围的面积）超过一定值时（根据使用功能分别取 $25m^2$ 或 $50m^2$），计算楼面梁内力时活荷载应乘以折减系数 0.9。

对于多、高层建筑，设计墙、柱和基础时应根据计算构件的位置乘以楼层折减系数，如表 3-3 所示。

活荷载按楼层的折减系数 **表 3-3**

墙、柱、基础计算截面以上的层数	1	2～3	4～5	6～8	9～20	>20
计算截面以上各楼层活荷载总和的折减系数	1.00(0.9)	0.85	0.70	0.65	0.60	0.55

② 屋面活荷载

房屋建筑的屋面，其水平投影上的均布活荷载，按表 3-4 处理。屋面均布活荷载不应与雪荷载同时组合。

屋面均布活荷载 **表 3-4**

项次	类别	标准值 (kN/m^2)	组合值系数 ψ_c	频遇值系数 ψ_f	准永久值系数 ψ_q
1	不上人屋面	0.5	0.7	0.5	0
2	上人屋面	2.0	0.7	0.5	0.4
3	屋顶花园	3.0	0.7	0.6	0.5
4	屋顶运动场地	3.0	0.7	0.6	0.4

注：1. 不上人屋面，当施工或维修荷载较大时，应按实际情况采用；对不同结构应按有关设计规范的规定采用，但不低于 $0.3kN/m^2$；
2. 上人屋面，当兼作其他用途时，应按相应楼面活荷载采用；
3. 对于因屋面排水不畅、堵塞等引起的积水荷载，应采取构造措施加以防治；必要时，应按积水的可能深度确定屋面活荷载；
4. 屋顶花园活荷载不包括花圃土石等材料自重。
设计屋面板、檩条、钢筋混凝土挑檐、雨篷和预制小梁时，尚应考虑施工或检修时的集中荷载并应在最不利位置处进行验算。

（2）雪荷载

屋面水平投影面上的雪荷载标准值，应按式（3-1）计算：

$$S_k = \mu_r s_0 \tag{3-1}$$

式中 S_k——雪荷载标准值（kN/m^2）；

μ_r——屋面积雪分布系数；

s_0——基本雪压（kN/m^2）。

基本雪压一般是根据年最大雪压进行统计分析确定的。在我国，基本雪压是以一般空旷平坦地面上统计的 50 年一遇重现期的最大积雪自重给出的。对雪荷载敏感的结构，应采用 100 年重现期的雪压。

5. 风荷载

（1）风荷载标准值

结构在风荷载作用下的瞬时响应最大值与风荷载时程有关。对一般工程设计，风荷载可近似按静力风荷载并用动力放大系数考虑脉动风的动力效应。对主要承重结构，垂直于建筑物表面上的风荷载标准值 ω_k 应按式（3-2）计算：

$$\omega_k = \beta_z \mu_s \mu_z \omega_0 \tag{3-2}$$

式中 ω_k——风荷载标准值（kN/m²）；

ω_0——基本风压（kN/m²）；

μ_s——风荷载体型系数；

μ_z——风压高度变化系数；

β_z——高度 z 处的风振系数。

基本风压 ω_0 以当地空旷平坦地面上 10m 高处 10min 的平均风速观测数据经概率统计得到的 50 年一遇的最大风速 ν_0，按式（3-3）计算：

$$\omega_0 = \frac{1}{2}\rho\nu_0^2 = \frac{1}{1600}\nu_0^2 \tag{3-3}$$

式中 ρ——空气密度。

（2）风压高度变化系数 μ_z（表 3-5）

在大气边界层内，风速随离地面高度的增大而增大，风速增大规律主要取决于地面粗糙度。

当离地面高度超过 300～500m 时，风速不再受地面粗糙度的影响，地面至该高度的风称为“梯度风”，在梯度风高度范围内，高度 z 处的风速 υ_z 与高度 10m 的风速 υ_0 的关系为：

$$\upsilon_z = \upsilon_0\left(\frac{z}{10}\right)^{\alpha} \tag{3-4}$$

式中 z——建筑物计算位置离建筑物地面的距离；

α——地面粗糙度指数，根据地面地貌、地貌粗糙度分为四类：

A 类——近海海面和海岛、海岸、湖岸及沙漠地区；

B 类——田野、乡村、丛林、丘陵以及房屋比较稀疏的乡镇和城市郊区；

C 类——密集建筑群的城市市区；

D 类——密集建筑群且房屋高度较高的城市市区。

对于 A、B、C、D 类地面，α 分别取 0.12、0.16、0.22 和 0.30。

风压高度变化系数 μ_z **表 3-5**

离地面或海平面高度(m)	地面粗糙度类别			
	A	B	C	D
5	1.09	1.00	0.65	0.51
10	1.28	1.00	0.65	0.51
15	1.42	1.13	0.65	0.51
20	1.52	1.23	0.74	0.51
30	1.67	1.39	0.88	0.51
40	1.79	1.52	1.00	0.60
50	1.89	1.62	1.10	0.69
60	1.97	1.71	1.20	0.77
70	2.05	1.79	1.28	0.84

续表

离地面或海平面高度(m)	地面粗糙度类别			
	A	B	C	D
80	2.12	1.87	1.36	0.91
90	2.18	1.93	1.43	0.98
100	2.23	2.00	1.50	1.04
150	2.46	2.25	1.79	1.33
200	2.64	2.46	2.03	1.58
250	2.78	2.63	2.24	1.81
300	2.91	2.77	2.43	2.02
350	2.91	2.91	2.60	2.22
400	2.91	2.91	2.76	2.40
450	2.91	2.91	2.91	2.58
500	2.91	2.91	2.91	2.74
≥550	2.91	2.91	2.91	2.91

(3) 风荷载体型系数 μ_s

风荷载体型系数 μ_s 指风作用在建筑物表面所引起的实际压力（或吸力）与基本风压的比值。风荷载体型系数 μ_s 描述建筑物表面在稳定风压作用下的静态压力分布规律，与建筑物体型、尺度、周围环境和地面粗糙度有关。

(4) 风振系数 β_z

风振系数是考虑脉动风对结构产生动力效应的放大系数。结构风振动力效应与房屋的自振周期、结构的阻尼特性以及风的脉动性能等因素相关。刚度较大的钢筋混凝土多层建筑，由风载引起的振动很小，通常可以忽略不计。对较柔的高层建筑和大跨桥梁结构，当基本自振周期较长时，在风载作用下发生的动力效应不能忽略。对于高度大于 30m 且高宽比大于 1.5 的房屋建筑，以及基本自振周期大于 0.25s 的高耸结构，应考虑风压脉动对结构发生顺风向风振的影响。在高度 z 处的风振系数 β_z 可按下式计算：

$$\beta_z = 1 + 2gI_{10}B_z\sqrt{1+R^2} \tag{3-5}$$

式中 g——峰值因子，可取 2.5；

I_{10}——10m 高度名义湍流强度，对应 A、B、C 和 D 类地面粗糙度，可分别取 0.12、0.14、0.23 和 0.39；

R——脉动风荷载的共振分量因子；

B_z——脉动风荷载的背景分量因子。

脉动风荷载的共振分量因子可按下列公式计算：

$$R = \sqrt{\frac{\pi}{6\zeta_1}\frac{x_1^2}{(1+x_1^2)^{4/3}}} \tag{3-6a}$$

$$x_1 = \frac{30f_1}{\sqrt{k_w\omega_0}},\ x_1 > 5 \tag{3-6b}$$

式中 f_1——结构第 1 阶自振频率（Hz）；

k_w——地面粗糙度修正系数，对A类、B类、C类和D类地面粗糙度分别取1.28、1.0、0.54和0.26；

ζ_1——结构阻尼比，对钢结构可取0.01，对有填充墙的钢结构房屋可取0.02，对钢筋混凝土及砌体结构可取0.05，对其他结构可根据工程经验确定。

脉动风荷载的背景分量因子可按下列规定确定：

1）对体型和质量沿高度均匀分布的高层建筑和高耸结构，可按下式计算：

$$B_z = kH^{a_1}\rho_x\rho_z\frac{\varphi_1(z)}{\mu_z} \tag{3-7}$$

式中　$\varphi_1(z)$——结构第1阶振型系数；

H——结构总高度（m），对A、B、C和D类地面粗糙度，H的取值分别不应大于300m、350m、450m和550m；

ρ_x——脉动风荷载水平方向相关系数；

ρ_z——脉动风荷载竖直方向相关系数；

k，a_1——系数，按表3—6取值。

系数 k 和 a_1　　　　**表3-6**

粗糙度类别		A	B	C	D
高层建筑	k	0.944	0.670	0.295	0.112
	a_1	0.155	0.187	0.261	0.346
高耸结构	k	1.276	0.910	0.404	0.155
	a_1	0.168	0.218	0.292	0.376

2）对迎风面和侧风面的宽度沿高度按直线或接近直线变化，而质量沿高度按连续规律变化的高耸结构，式（3-7）计算的背景分量因子B_z应乘以修正系数θ_B和θ_v。θ_B为构筑物在z高度处的迎风面宽度$B(z)$与底部宽度$B(0)$的比值；θ_v可按表3-7确定。

修正系数 θ_v　　　　**表3-7**

$B(H)/B(0)$	1.0	0.9	0.8	0.7	0.6	0.5	0.4	0.3	0.2	≤0.1
θ_v	1.00	1.10	1.20	1.32	1.50	1.75	2.08	2.53	3.30	5.60

脉动风荷载空间相关系数可按下列规定确定：

1）竖直方向的相关系数可按下式计算：

$$\rho_z = \frac{10\sqrt{H + 60e^{-H/60} - 60}}{H} \tag{3-8}$$

2）水平方向的相关系数可按下式计算：

$$\rho_x = \frac{10\sqrt{B + 50e^{-H/50} - 50}}{B} \tag{3-9}$$

式中　B——结构迎风面宽度（m），$B \leqslant 2H$。

3）对迎风面较小的高耸结构，水平方向的相关系数可取$\rho_x = 1$。

振型系数应根据结构动力计算确定。对外形、质量、刚度沿高度按连续规律变化的竖向悬臂型高耸结构及沿高度比较均匀的高层建筑，振型系数$\varphi_1(z)$也可根据相对高度

z/H 按《荷载规范》附录G确定。

3.1.3 结构功能的极限状态

1. 承载能力极限状态

这种极限状态对应于结构或结构构件达到最大承载能力或不适于继续承载的变形。当结构或结构构件出现下列状态之一时，应认定超过了承载能力极限状态：

（1）结构构件或连接因超过材料强度而破坏，或因过度变形而不适于继续承载；

（2）整个结构或结构的一部分作为刚体失去平衡（如倾覆等）；

（3）结构转变为机动体系；

（4）结构或结构构件丧失稳定（如压屈等）；

（5）结构因局部破坏而发生连续倒塌；

（6）地基丧失承载力而破坏；

（7）结构或构件发生疲劳破坏。

2. 正常使用极限状态

这种极限状态对应于结构或结构构件达到正常使用的某项规定限值的状态。

当结构或结构构件出现下列状态之一时，应认为超过了正常使用极限状态：

（1）影响正常使用或外观的变形；

（2）影响正常使用的局部损坏（包括裂缝）；

（3）影响正常使用的振动；

（4）影响正常使用的其他特定状态。

3. 耐久性极限状态

这种极限状态对应于结构或结构构件在环境影响下出现劣化达到耐久性能的某项规定限值或标志的状态。

当结构或结构构件出现下列状态之一时，应认为超过了耐久性极限状态：

（1）影响承载能力和正常使用的材料性能劣化；

（2）影响耐久性能的裂缝、变形、缺口、外观、材料削弱等；

（3）影响耐久性能的其他特定状态。

4. 极限状态方程

结构的可靠度通常受结构上的各种作用、材料性能、几何参数、计算公式精确性等因素的影响。这些因素一般具有随机性，称为基本变量，记为 $X_i(i=1, 2 \cdots n)$。按极限状态方法设计建筑结构时，要求所设计的结构具有一定的预定功能（如承载力、刚度、抗裂或裂缝宽度等）。这可用包括各有关基本变量 X_i 在内的结构功能函数来表达，即

$$Z=g(X_1, X_2 \cdots X_n) \tag{3-10}$$

当

$$Z=g(X_1, X_2 \cdots X_n)=0 \tag{3-11}$$

时，称为极限状态方程。

当功能函数中仅包括作用效应 S 和结构抗力 R 两个基本变量时，可得

$$Z=g(R, S)=R-S \tag{3-12}$$

通过功能函数 Z 可以判别结构所处的状态：

当 $Z>0$ 时，结构处于可靠状态；

当 $Z<0$ 时，结构处于失效状态；

当 $Z=0$ 时，结构处于极限状态。

结构所处的状态可用图 3-1 表示。当基本变量满足极限状态方程 $Z=R-S=0$ 时，结构达到极限状态，即图中的 45° 直线。

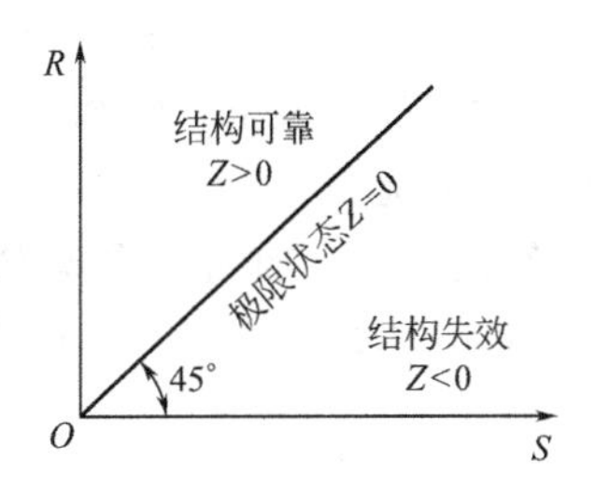

图 3-1　结构所处的状态

3.1.4　结构的可靠度

先用荷载和结构构件的抗力来说明结构可靠度的概念。

在混凝土结构发展的早期阶段，人们往往以为只要把结构构件的承载能力或抗力降低某一倍数，即除以一个大于 1 的安全系数，使结构具有一定的安全储备，有足够的能力承受荷载，结构便安全了。例如，用抗力的平均值/与荷载效应的平均值表达的单一安全系数 K，定义为

$$K=\frac{\mu_{\mathrm{R}}}{\mu_{\mathrm{S}}} \tag{3-13}$$

其相应的设计表达式为

$$\mu_{\mathrm{R}} \leqslant K\mu_{\mathrm{S}} \tag{3-14}$$

实际上这种概念并不正确，因为这种安全系数没有定量地考虑抗力和荷载效应的随机性，而是要靠经验或工程判断的方法确定，带有主观成分。安全系数定得过低，难免不安全，定得过高，又偏于保守，会造成不必要的浪费。所以，这种安全系数不能反映结构的实际失效情况。

鉴于抗力和荷载效应的随机性，安全可靠应该属于概率的范畴，应当用结构完成其预定功能的可能性（概率）的大小来衡量，而不是用一个定值来衡量。当结构完成其预定功能的概率达到一定程度，或不能完成其预定功能的概率（失效概率）小到某一公认的、大家可以接受的程度，就认为该结构是安全可靠的。这样就比笼统地用安全系数来衡量结构安全与否更为科学和合理。

结构在规定的时间内，在规定的条件下，完成预定功能的能力称为结构的可靠性。规定时间是指结构的设计使用年限，所有的统计分析均以该时间区间为准。所谓的规定条件，是指正常设计、正常施工、正常使用和维护的条件，不包括非正常的，例如人为的错误等。

结构的可靠度是结构可靠性的概率度量，即结构在设计使用年限内，在正常条件下，完成预定功能的概率。因此，结构的可靠度是用可靠概率 P_{S} 来描述的。

3.2　结构可靠度设计方法

3.2.1　结构的失效概率 p_{f}

由图 3-2 可知，假若 R 和 S 都是确定性变量，则由 R 和 S 的差值可直接判别结构所处的状态。实际上，R 和 S 都是随机变量或随机过程，因此要绝对保证 R 大于 S 是不可能

的。图 3-2 为 R 和 S 绘于同一坐标系时的概率密度曲线，假设 R 和 S 均服从于正态分布且二者为线性关系，R 和 S 的平均值分别为 μ_R 和 μ_S，标准差分别为 σ_R 和 σ_S。由图可见，在多数情况下，R 大于 S。但是，由于 R 和 S 的离散性，在 R、S 概率密度曲线的重叠（阴影段内）仍有可能出现 R 小于 S 的情况。这种可能性的大小用概率来表示就是失效概率，即结构功能函数 $Z=R-S<0$ 的概率称为结构构件的失效概率，记为 p_f。

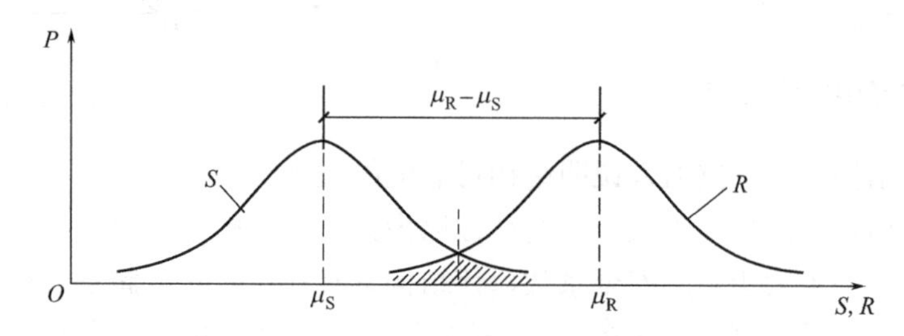

图 3-2 R、S 的概率密度曲线

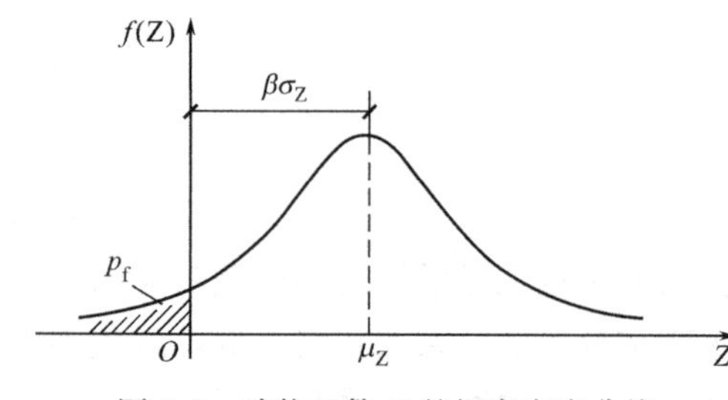

图 3-3 功能函数 Z 的概率密度曲线

当结构功能函数中仅有两个随机变量 R 和 S，且它们都服从正态分布时，则功能函数 $Z=R-S$ 也服从正态分布，其平均值 $\mu_Z=\mu_R-\mu_S$，标准差 $\sigma_Z=\sqrt{\sigma_R^2+\sigma_S^2}$。功能函数 Z 的概率密度曲线如图 3-3 所示，结构的失效概率 p_f 可直接通过 $Z<0$ 的概率（图中阴影面积）来表达，即

$$
\begin{aligned}
p_f &= P(Z<0) \\
&= \int_{-\infty}^{0} f(Z)\mathrm{d}Z = \int_{-\infty}^{0} \frac{1}{\sigma_Z\sqrt{2\pi}}\exp\left[-\frac{1}{2}\left(\frac{Z-\mu_Z}{\sigma_Z}\right)^2\right]\mathrm{d}Z
\end{aligned}
\tag{3-15}
$$

为了便于查表，将 $N(\mu_Z,\sigma_Z)$ 化为标准正态变量 $N(0,1)$。引入标准化变量 $t=\dfrac{Z-\mu_Z}{\sigma_Z}$

则 $\mathrm{d}Z=\sigma_Z\mathrm{d}t$，$Z=\mu_Z+t\sigma_Z<0$ 相应于 $t<\dfrac{-\mu_Z}{\sigma_Z}$。所以，式（3-15）可改写为

$$
\begin{aligned}
p_f &= P\left(t<\frac{-\mu_Z}{\sigma_Z}\right) \\
&= \int_{-\infty}^{\frac{-\mu_Z}{\sigma_Z}} \frac{1}{\sqrt{2\pi}}\exp\left(-\frac{t^2}{2}\right)\mathrm{d}t = \phi\left(\frac{-\mu_Z}{\sigma_Z}\right)
\end{aligned}
\tag{3-16}
$$

式中，$\phi(\cdot)$ 为标准正态分布函数，可由数学手册中查表可得，且有

$$
\phi\left(\frac{-\mu_Z}{\sigma_Z}\right)=1-\phi\left(\frac{\mu_Z}{\sigma_Z}\right) \tag{3-17}
$$

用失效概率度量结构可靠性具有明确的物理意义，能较好地反映问题的实质。但 p_f 的计算比较复杂，因而国际标准和我国标准目前都采用可靠指标 β 来度量结构的可靠性。

3.2.2　结构构件的可靠指标 β

1. 可靠指标 β

令
$$\beta=\frac{\mu_Z}{\sigma_Z}=\frac{\mu_R-\mu_S}{\sqrt{\sigma_R^2+\sigma_S^2}} \tag{3-18}$$

则式（3-16）可改写为

$$p_f=\phi\left(\frac{-\mu_Z}{\sigma_Z}\right)=\phi(-\beta) \tag{3-19}$$

由式（3-19）及图3-3可见，β 与 p_f 具有数值上的对应关系（具体数值关系见表3-8），也具有与 p_f 相对应的物理意义。β 越大，p_f 就越小，结构越可靠，故 β 称为可靠指标。

当仅有作用效应和结构抗力两个基本变量且均按正态分布时，结构构件的可靠指标可按式（3-18）计算；当基本变量不按正态分布时，结构构件的可靠指标应以结构构件作用效应和抗力当量正态分布的平均值和标准差代入式（3-18）计算。由式（3-18）可以看出，β 直接与基本变量的平均值和标准差有关，而且还可以考虑基本变量的概率分布类型，所以它能反映影响结构可靠度的各主要因素的变异性，这是传统的安全系数所未能做到的。

可靠指标 β 与失效概率 p_f 的对应关系　　**表3-8**

β	1.0	1.5	2.0	2.5	2.7	3.2	3.7	4.2
p_f	1.59×10^{-1}	6.68×10^{-2}	2.28×10^{-2}	6.21×10^{-3}	3.5×10^{-3}	6.9×10^{-4}	1.1×10^{-4}	1.3×10^{-5}

2. 设计可靠指标 $[\beta]$

设计规范所规定的、作为设计结构或结构构件时所应达到的可靠指标，称为设计可靠指标［β］，它是根据设计所要求达到的结构可靠度而取定的，所以又称为目标可靠度指标。

设计可靠指标，理论上应根据各种结构构件的重要性、破坏性质（延性、脆性）及失效后果，用优化方法分析确定。限于目前统计资料不够完备，并考虑到标准规范的现实继承性，一般采用"校准法"确定。所谓"校准法"，就是通过对原有规范可靠度的反演计算和综合分析，确定以后设计时所采用的结构构件的可靠指标。这实质上是充分注意到了工程建设长期积累的经验，继承了已有的设计规范所隐含的结构可靠度水准，认为它从总体上来讲基本上是合理的和可以接受的。这是种稳妥可行的办法，当前一些国际组织及中国、加拿大、美国和欧洲一些国家都采用此法。

根据"校准法"的确定结果，《统一标准》给出了结构构件承载能力极限状态的设计可靠指标，如表3-9所示。表中延性破坏是指结构构件在破坏前有明显的变形或其他预兆；脆性破坏是指结构构件在破坏前无明显的变形或其他预兆。显然，延性破坏的危害相对较小，故［β］值相对低些；脆性破坏的危害较大，所以［β］值相对高一些。

结构构件承载能力极限状态的设计可靠指标［β］　　**表3-9**

破坏类型	安全等级		
	一级	二级	三级
延性破坏	3.7	3.2	2.7
脆性破坏	4.2	3.7	3.2

结构构件正常使用极限状态的设计可靠指标，根据其作用效应的可逆程度宜取 0～1.5。可逆极限状态指产生超越状态的作用被移去后，将不再保持超越状态的一种极限状态；不可逆极限状态指产生超越状态的作用被移去后，仍将永久保持超越状态的一种极限状态。例如，一简支梁在某数值的荷载作用后，其挠度超过了允许值，卸去该荷载后，若梁的挠度小于允许值，则为可逆极限状态，否则为不可逆极限状态。对可逆的正常使用极限状态，其可靠指标取为 0；对不可逆的正常使用极限状态，其可靠指标取 1.5。当可逆程度介于可逆与不可逆之间时，[β] 取 0～1.5 之间的值，对可逆程度较高的结构构件取较低值，对可逆程度较低的结构构件取较高值。

按概率极限状态设计时，一般是已知各基本变量的统计特性（如平均值和标准差），然后根据规范规定的设计可靠指标 [β]，求出所需的结构抗力平均值 μ_R，并转化为标准值 R_k^* 进行截面设计。这种方法能够比较充分地考虑各有关因素的客观变异性，使所设计的结构比较符合预期的可靠度要求，并且在不同结构之间，设计可靠度具有相对可比性。

对于一般建筑结构构件，根据设计可靠指标 [β]，按上述概率极限状态设计法进行设计，显然过于繁复。目前除对少数十分重要的结构，如原子能反应堆、海上采油平台等直接按上述方法设计外，一般结构仍采用极限状态设计表达式进行设计。

3.3 以分项系数表示的极限状态设计法

长期以来，人们已习惯采用基本变量的标准值（如荷载标准值、材料强度标准值等）和分项系数（如荷载分项系数、材料分项系数）进行结构构件设计。考虑这一习惯，并为了应用上的简便，规范在设计验算点处，将极限状态方程转化为以基本变量标准值和分项系数形式表达的极限状态设计表达式。这就意味着，设计表达式中的各分项系数是根据结构构件基本变量的统计特性，以结构可靠程度的概率分析为基础经优选确定的，它们起着相当于设计可靠指标 [β] 的作用。

3.3.1 承载能力极限状态设计表达式

1. 基本表达式

混凝土结构如为杆系结构或简化为杆系结构计算模型，则由结构分析可得构件控制截面内力；如为平面板或空间大体积结构，则由结构分析可得控制截面应力。因此，混凝土结构构件截面设计表达式可用内力或应力表达。

（1）对持久设计状况、短暂设计状况和地震设计状况，当用内力的形式表达时，结构构件应采用下列承载能力极限状态设计表达式：

$$\gamma_0 S \leqslant R \tag{3-20}$$

$$R = R(f_c, f_s, a_k \cdots)/\gamma_{Rd} \tag{3-21}$$

式中 γ_0——结构重要性系数：在持久设计状况和短暂设计状况下，对安全等级为一级的结构构件不应小于 1.1，对安全等级为二级的结构构件不应小于 1.0，对安全等级为三级的结构构件不应小于 0.9；对偶然设计状况和地震设计状况应取 1.0；

S——承载能力极限状态下作用组合的效应设计值；对持久设计状态和短暂设计状

态应按作用的基本组合计算，对地震设计状态应按作用的地震组合计算；

R——结构构件抗力设计值；

$R(\cdot)$——结构构件的抗力函数；

γ_{Rd}——结构构件的抗力模型不定性系数：静力设计取 1.0，对不确定性较大的结构构件根据具体情况取大于 1.0 的数值；抗震设计应用承载力抗震调整系数 γ_{RE} 代替；

a_k——几何参数的标准值，当几何参数的变异性对结构性能有明显的不利影响时，应增减一个附加值；

f_c——混凝土的强度设计值；

f_s——钢筋的强度设计值。

（2）结构整体或其中一部分作为刚体失去静力平衡的承载能力极限状态设计，应符合式（3-22）的规定：

$$\gamma_0 S_{d,dst} \leqslant S_{d,stb} \tag{3-22}$$

式中 $S_{d,dst}$——不平衡作用效应的设计值；

$S_{d,stb}$——平衡作用效应的设计值。

对二维、三维混凝土结构构件，当按弹性或弹塑性方法分析并以应力形式表达时，可将混凝土应力按区域等代成内力设计值，按式（3-20）进行计算；按弹塑性方法分析或采用多轴强度准则设计时，应根据材料强度平均值计算承载力函数。

2. 荷载组合的效应设计值 *S*

结构设计时，应根据所考虑的设计状况，选用不同的组合。对持久和短暂设计状况应采用基本组合；对偶然设计状况，应采用偶然组合；对于地震设计状况，应采用作用效应的地震组合。

对于基本组合，荷载组合的效应设计值 S 应从下列组合值中取最不利值确定：

$$S = \sum_{i\geqslant 1} \gamma_{Gi} S_{Gik} + \gamma_p S_p + \gamma_{Q1} \gamma_{L1} S_{Q1k} + \sum_{j>1} \gamma_{Qj} \psi_{cj} \gamma_{Lj} S_{Qjk} \tag{3-23}$$

式中 S_{Gik}——第 i 个永久作用标准值的效应；

S_p——预应力作用有关代表值的效应；

S_{Q1k}——第 1 个可变作用（主导可变作用）标准值的效应；

S_{Qjk}——第 j 个可变作用标准值的效应；

γ_{Gi}——第 i 个永久作用的分项系数，取 1.3；

γ_p——预应力作用的分项系数；

γ_{Q1}——第 1 个可变作用（主导可变作用）的分项系数；

γ_{Qj}——第 j 个可变作用的分项系数；

γ_{L1}、γ_{Lj}——第 i 个和第 j 个关于结构设计使用年限的荷载调整系数，应按表 3-4 取用；

ψ_{cj}——第 j 个可变作用的组合值系数。

应当指出，基本组合中的设计值仅适用于荷载与荷载效应为线性的情况。此外，当对 $S_{Q_{1k}}$ 无法明显判断时，依次以各可变荷载效应为 $S_{Q_{1k}}$，选其中最不利的荷载效应组合。

对于偶然组合，荷载组合的效应设计值可按式（3-24）确定：

$$S = \sum_{i\geqslant 1} S_{Gik} + S_p + S_{Ad} + (\psi_{f1} \text{ 或} \psi_{q1}) S_{Q1k} + \sum_{j>1} \psi_{qj} S_{Qjk} \tag{3-24}$$

式中　S_{Ad}——偶然作用设计值的效应；

ψ_{f1}——第 i 个可变作用的频遇值系数；

ψ_{q1}、ψ_{qj}——第 i 个和第 j 个可变作用的准永久值系数。

偶然荷载的代表值不乘分项系数，这是因为偶然荷载标准值的确定本身带有主观的臆测因素；与偶然荷载同时出现的其他荷载可根据观测资料和工程经验采用适当的代表值。各种情况下荷载效应的设计值公式，可按有关规范确定。同时，按式（3-20）设计时，结构重要性系数 γ_0 取不小于 1.0 的数值；式（3-21）中混凝土、钢筋的强度设计值 f_c、f_s 改用强度标准值 f_{ck}、f_{yk}（或 f_{pyk}）。

3. 荷载分项系数、可变荷载的组合值系数

（1）荷载分项系数 γ_G，γ_Q

荷载标准值是结构在使用期间、在正常情况下可能遇到的具有一定保证率的偏大荷载值。统计资料表明，各类荷载标准值的保证率并不相同，如按荷载标准值设计，将造成结构可靠度的严重差异，并使某些结构的实际可靠度达不到目标可靠度的要求，所以引入荷载分项系数予以调整。考虑到荷载的统计资料尚不够完备，且为了简化计算，《统一标准》暂时按永久荷载和可变荷载两大类分别给出荷载分项系数。

荷载分项系数值是根据下述原则经优选确定的。即在各项荷载标准值已给定的条件下，对各类结构构件在各种常遇的荷载效应比值和荷载效应组合下，用不同的分项系数值，按极限状态设计表达式（3-20）设计各种构件并计算其所具有的可靠指标，然后从中选取一组分项系数，使按此设计所得的各种结构构件所具有的可靠指标，与规定的设计可靠指标之间在总体上差异最小。

根据分析结果，《荷载规范》规定荷载分项系数应按下列规定采用：

① 永久荷载分项系数 γ_G

当永久荷载效应对结构不利（使结构内力增大）时，对由可变荷载效应控制的组合，应取 1.3。

当永久荷载效应对结构有利（使结构内力减小）时，应不大于 1.0。

② 可变荷载分项系数 γ_Q

一般情况下应取 1.5；当作用效应对承载力有利时，应取为 0。

③ 预应力作用分项系数

当预应力作用对结构不利（使结构内力增大）时，应取 1.3；当作用效应对承载力有利时，应不大于 1.0。

（2）荷载设计值

荷载分项系数与荷载标准值的乘积，称为荷载设计值。如永久荷载设计值为 $\gamma_G Q_k$，可变荷载设计值为 $\gamma_Q Q_k$。

（3）荷载组合值系数 ψ_{ci}，荷载组合值 $\psi_{ci}Q_{ik}$

当结构上作用几个可变荷载时，各可变荷载最大值在同一时刻出现的概率很小，若设计中仍采用各荷载效应设计值叠加，则可能造成结构可靠度不一致，因而必须对可变荷载设计值再乘以调整系数。荷载组合值系数 ψ_{ci} 就是这种调整系数。$\psi_{ci}Q_{ik}$ 称为可变荷载的组合值。

ψ_{ci} 是根据下述原则确定的。即在荷载标准值和荷载分项系数已给定的情况下，对于有两种或两种以上的可变荷载参与组合的情况，对荷载标准值进行折减，使按极限状态设计表达式（3-20）设计所得的各类结构构件所具有的可靠指标，与仅有一种可变荷载参与组合时的可靠指标有最佳的一致性。

根据分析结果，《荷载规范》给出了各类可变荷载的组合值系数。当按式（3-23）计算荷载组合的效应设计值时，除风荷载取 $\psi_{ci}=0.6$ 外，大部分可变荷载取 $\psi_{ci}=0.7$，个别可变荷载取 $\psi_{ci}=0.9\sim0.95$(例如，对于书库、贮藏室的楼面活荷载，$\psi_{ci}=0.9$)。

4. 材料分项系数、材料强度设计值

为了充分考虑材料的离散性和施工中不可避免的偏差带来的不利影响，再将材料强度标准值除以一个大于 1 的系数，即得材料强度设计值，相应的系数称为材料分项系数，即

$$f_c=f_{ck}/\gamma_c，\ f_s=f_{sk}/\gamma_s \tag{3-25}$$

确定钢筋和混凝土材料分项系数时，对于具有统计资料的材料，按设计可靠指标 [β] 通过可靠度分析确定。即在已有荷载分项系数的情况下，在设计表达式（3-20）中采用不同的材料分项系数，反演推算出结构构件所具有的可靠指标 [β] 最接近的一组材料分项系数。对统计资料不足的情况，则以工程经验为主要依据。

确定钢筋和混凝土材料分项系数时，先通过对钢筋混凝土轴心受拉构件进行可靠度分析（此时构件承载力仅与钢筋有关，属延性破坏，取 [β]=3.2)，求得钢筋的材料分项系数 γ_s；再根据已经确定的 γ_s，通过对钢筋混凝土轴心受压构件进行可靠度分析（属脆性破坏，取 [β]=3.7)，求出混凝土的材料分项系数 γ_c。

根据上述原则确定的混凝土材料分项系数 $\gamma_c=1.4$；HPB300、HRB335、HRBF335、HRB400、HRBF400 级钢筋的材料分项系数 $\gamma_s=1.1$，HRB500、HRBF500 级钢筋的材料分项系数 $\gamma_s=1.15$，预应力钢筋（包括钢绞线、中强度预应力钢丝、消除应力钢丝和预应力螺纹钢筋）的材料分项系数 $\gamma_s=1.2$。

3.3.2　正常使用极限状态设计表达式

1. 可变荷载的频遇值和准永久值

荷载标准值是在设计基准期内最大荷载的意义上确定的，它没有反映荷载作为随机过程而具有随时间变异的特性。当结构按正常使用极限状态的要求进行设计时，例如要求控制房屋的变形、裂缝、局部损坏及引起不舒适的振动时，就应根据不同的要求选择荷载的代表值。可变荷载有四种代表值，即标准值、组合值、频遇值和准永久值。其中，标准值为基本代表值，其他三值可由标准值分别乘以相应系数（小于 1.0）而得。下面说明频遇值和准永久值的概念。

在可变荷载 Q 的随机过程中，荷载超过某水平 Q_x 的表示方式，可用超过 Q_x 的总持续时间 T_x（$=\sum t_i$）与设计基准期 T 的比率 $\mu_x=T_x/T$ 来表示，如图 3-4 所示。

可变荷载的频遇值是指在设计基准值内，其超越的总时间为规定的较小比率（μ_x 不大于 0.1）或超越频率为规定频率的荷载值。它相当于在结构上时而出现的较大荷载值，但总小于荷载标准值。

可变荷载的准永久值是指在设计基准期内，其超越的总时间约为设计基准期一半（即 μ_x 约等于 0.5）的荷载值，即在设计基准期内经常作用的荷载值（接近于永久荷载）。

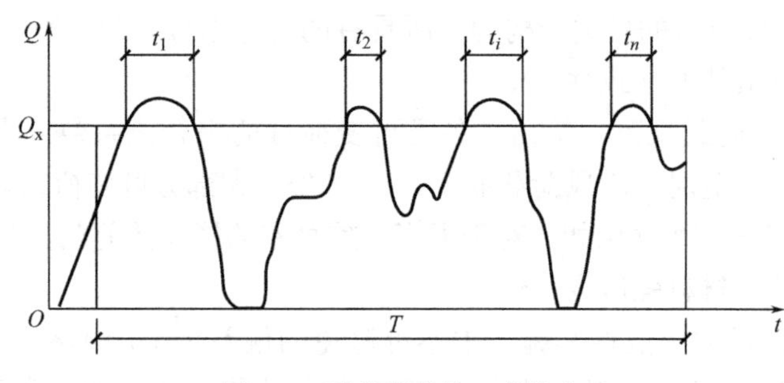

图 3-4 可变荷载的一个样本

2. 正常使用极限状态设计表达式

对于正常使用极限状态，结构构件应分别按荷载效应的标准组合、频遇组合、准永久组合、标准组合并考虑长期作用影响，采用下列极限状态设计表达式：

$$S \leqslant C \tag{3-26}$$

式中 S——正常使用极限状态的荷载组合效应的设计值（如变形、裂缝宽度、应力等的效应设计值）；

C——结构构件达到正常使用要求所规定的变形、裂缝宽度和应力等的限值。

① 标准组合的效应设计值 S 可按式（3-27）确定：

$$S = \sum_{i \geqslant 1} S_{Gik} + S_p + S_{Q1k} + \sum_{j>1} \psi_{cj} S_{Qjk} \tag{3-27}$$

这种组合主要用于当一个极限状态被超越时将产生严重的永久性损害的情况，即标准组合一般用于不可逆正常使用极限状态。

② 频遇组合的效应设计值 S 可按式（3-28）确定：

$$S = \sum_{i \geqslant 1} S_{Gik} + S_p + \psi_{f1} S_{Q1k} + \sum_{j>1} \psi_{qj} S_{Qjk} \tag{3-28}$$

式中：ψ_{f1}、ψ_{qj} 分别为可变荷载 Q_1 的频遇值系数、可变荷载 Q_j 的准永久值系数，可由《荷载规范》查取。

可见，频遇组合系指永久荷载标准值、主导可变荷载的频遇值与伴随可变荷载的准永久值的组合。这种组合主要用于当一个极限状态被超越时将产生局部损害、较大变形或短暂振动等情况，即频遇组合一般用于可逆正常使用极限状态。

③ 准永久组合的效应设计值 S 可按式（3-29）确定：

$$S = \sum_{i \geqslant 1} S_{Gik} + S_p + \sum_{j \geqslant 1} \psi_{qj} S_{Qjk} \tag{3-29}$$

这种组合主要用在当荷载的长期效应是决定性因素时的一些情况。

应当注意，只有荷载效应为线性的情况，才可按式（2-27）～式（2-29）确定荷载效应组合值。另外，正常使用极限状态要求的设计可靠指标较小（ $[\beta]$ 在 0～1.5 之间取值），因而设计时对荷载不用分项系数，对材料强度取标准值。由材料的物理力学性能已知，长期持续作用的荷载使混凝土产生徐变变形，并导致钢筋与混凝土之间的粘结滑移增大，从而使构件的变形和裂缝宽度增大。所以，进行正常使用极限状态设计时，应考虑荷载长期效应的影响，即应考虑荷载的准永久组合，有时尚应考虑荷载的频遇组合（如计算桥梁结构的预拱度值时）。

3. 正常使用极限状态验算规定

① 对结构构件进行抗裂验算时，应按荷载标准组合的效应设计值（式 3-27）进行计算，其计算值不应超过规范规定的相应限值。

② 结构构件的裂缝宽度，对混凝土构件，按荷载准永久组合的效应设计值（式 3-29）并考虑长期作用影响进行计算；对预应力混凝土构件，按荷载标准组合的效应设计值（式 3-27）并考虑长期作用影响进行计算；构件的最大裂缝宽度不应超过规范规定的最大裂缝宽度限值。

③ 受弯构件的最大挠度，混凝土构件应按荷载准永久组合的效应设计值（式 3-29），预应力混凝土构件应按荷载标准组合的效应设计值（式 3-27），并均应考虑荷载长期作用的影响进行计算，其计算值不应超过规范规定的挠度限值。

3.4　结构耐久性设计方法

3.4.1　耐久性设计内容

混凝土结构应根据设计使用年限和环境类别进行耐久性设计。具体内容如下：

① 确定结构所处的环境类别；

② 提出对混凝土材料的耐久性基本要求；

③ 确定构件中钢筋的混凝土保护层厚度；

④ 不同环境条件下的耐久性技术措施；

⑤ 提出结构使用阶段的检测与维护要求。

注：对临时性的混凝土结构，可不考虑混凝土的耐久性要求。

3.4.2　混凝土结构暴露的环境类别

应按表 3-10 的要求划分。

混凝土结构的环境类别　　　　**表 3-10**

环境类别	条件
一	室内干燥环境； 无侵蚀性静水浸没环境
二 a	室内潮湿环境； 非严寒和非寒冷地区的露天环境； 非严寒和非寒冷地区与无侵蚀性的水或土壤直接接触的环境； 严寒和寒冷地区的冰冻线以下与无侵蚀性的水或土壤直接接触的环境
二 b	干湿交替环境； 水位频繁变动环境； 严寒和寒冷地区的露天环境； 严寒和寒冷地区冰冻线以上与无侵蚀性的水或土壤直接接触的环境
三 a	严寒和寒冷地区冬季水位变动区环境； 受除冰盐影响环境； 海风环境

续表

环境类别	条件
三 b	盐渍土环境； 受除冰盐作用环境； 海岸环境
四	海水环境
五	受人为或自然的侵蚀性物质影响的环境

注：1. 室内潮湿环境是指构件表面经常处于结露或湿润状态的环境；
2. 严寒和寒冷地区的划分应符合现行国家标准《民用建筑热工设计规范》GB 50176 的有关规定；
3. 海岸环境和海风环境宜根据当地情况，考虑主导风向及结构所处迎风、背风部位等因素的影响，由调查研究和工程经验确定；
4. 受除冰盐影响环境是指受到除冰盐盐雾影响的环境；受除冰盐作用环境是指被除冰盐溶液溅射的环境以及使用除冰盐地区的洗车房、停车楼等建筑；
5. 暴露的环境是指混凝土结构表面所处的环境。

3.4.3 结构混凝土材料的耐久性基本要求

设计使用年限为 50 年的混凝土结构，其混凝土材料宜符合表 3-11 的规定。

结构混凝土材料的耐久性基本要求　　表 3-11

环境等级	最大水胶比	最低强度等级	最大氯离子含量(%)	最大碱含量(kg/m^3)
一	0.60	C20	0.30	不限制
二 a	0.55	C25	0.20	3.0
二 b	0.50(0.55)	C30(C25)	0.15	
三 a	0.45(0.50)	C35(C30)	0.15	
三 b	0.40	C40	0.10	

注：1. 氯离子含量系指其占胶凝材料总量的百分比；
2. 预应力构件混凝土中的最大氯离子含量为 0.06%，其最低混凝土强度等级宜按表中的规定提高两个等级；
3. 素混凝土构件的水胶比及最低强度等级的要求可适当放松；
4. 有可靠工程经验时，二类环境中的最低混凝土强度等级可降低一个等级；
5. 处于严寒和寒冷地区二 b、三 a 类环境中的混凝土应使用引气剂，并可采用括号中的有关参数；
6. 当使用非碱活性骨料时，对混凝土中的碱含量可不作限制。

3.4.4 耐久性技术措施

1. 预应力混凝土结构中的预应力筋应根据具体情况采取表面防护、孔道灌浆、加大混凝土保护层厚度等措施，外露的锚固端应采取封锚和混凝土表面处理等有效措施；

2. 有抗渗要求的混凝土结构，混凝土的抗渗等级应符合有关标准的要求；

3. 严寒及寒冷地区的潮湿环境中，结构混凝土应满足抗冻要求，混凝土抗冻等级应符合有关标准的要求；

4. 处于二、三类环境中的悬臂构件宜采用悬臂梁-板的结构形式，或在其上表面增设防护层；

5. 处于二、三类环境中的结构构件，其表面的预埋件、吊钩、连接件等金属部件应采取可靠的防锈措施，对于后张预应力混凝土外露金属锚具，其防护要求应符合《规范》规定。

6. 处在三类环境中的混凝土结构构件，可采用阻锈剂、环氧树脂涂层钢筋或其他具有耐腐蚀性能的钢筋、采取阴极保护措施或采用可更换的构件等措施。

3.4.5　混凝土结构使用规定

1. 钢筋混凝土结构的最低强度等级为C30；预应力混凝土结构的最低强度等级为C40；
2. 混凝土中的最大氯离子含量为0.06%；
3. 宜使用非碱活性骨料，当使用碱活性骨料时，混凝土中的最大碱含量为$3.0kg/m^3$；
4. 当采取有效的表面防护措施时，混凝土保护层厚度可适当减小。

3.5　本章课程目标和达成度测试

本章目标1：了解建筑结构的组成和类型；了解建筑结构设计的步骤、内容和一般原则；

本章目标2：理解建筑结构上的作用与荷载的定义、荷载分类及其四种代表值；掌握竖向荷载、雪荷载与风荷载的计算方法；

本章目标3：理解建筑结构的功能要求和极限状态；

本章目标4：理解建筑结构按近似概率极限状态设计法的思路及其实用设计表达式。

思考题

1. 什么是保证率？什么叫结构的可靠度和可靠指标？我国《建筑结构可靠性设计统一标准》对结构可靠度是如何定义的？

2. 建筑结构应该满足哪些功能要求？建筑结构安全等级是按什么原则划分的？结构的设计使用年限如何确定？结构超过其设计使用年限是否意味着不能再使用？为什么？

3. 什么是结构的极限状态？结构的极限状态分为几类，其含义各是什么？

4. 什么是结构的功能函数？功能函数$Z>0$、$Z=0$和$Z<0$时各表示结构处于什么样的状态？

5. 什么是结构可靠概率P和失效概率P_f？什么是目标可靠指标？可靠指标与结构失效概率有何定性关系？怎样确定可靠指标？为什么说我国《规范》采用的极限状态设计法是近似概率设计方法？其主要特点是什么？

6. 什么是荷载标准值？什么是可变荷载的频遇值和准永久值？什么是荷载的组合值？对正常使用极限状态验算，为什么要区分荷载的标准组合和荷载的准永久组合？如何考虑荷载的标准组合和荷载的准永久组合？

第4章

受弯构件正截面承载力

受弯构件主要是指结构中的各类梁和板，它们是土木工程中应用最普遍的构件之一。所谓板指的是厚度远小于其长度和宽度的水平承重构件，主要承受面荷载；梁是指截面高度与宽度尺寸较小、长度较大的构件，主要承受线荷载。

受弯构件在竖向荷载作用下的主要内力是弯矩和剪力，相应地受弯构件的破坏有两种可能：一是由弯矩所引起的正截面受弯承载力不足导致的破坏，由于破坏截面与构件的纵向轴线是垂直的，故称为正截面破坏；二是由弯矩和剪力共同作用而引起的破坏，破坏截面是斜向的，故称为斜截面破坏。本章主要讨论受弯构件的正截面承载能力。

4.1 梁、板的基本构造

结构设计中，构件的计算和构造是相互配合的，因此在讨论受弯构件正截面承载能力之前，需要了解梁、板中钢筋布置的一般要求，即梁、板的一般构造，作为后续讨论的预备知识。

1. 截面形状与尺寸

梁的截面形状多采用矩形、T形、I字形、倒L形、箱形等，板则有平板、多孔板、槽形板、T形板、折线板等（图4-1）。

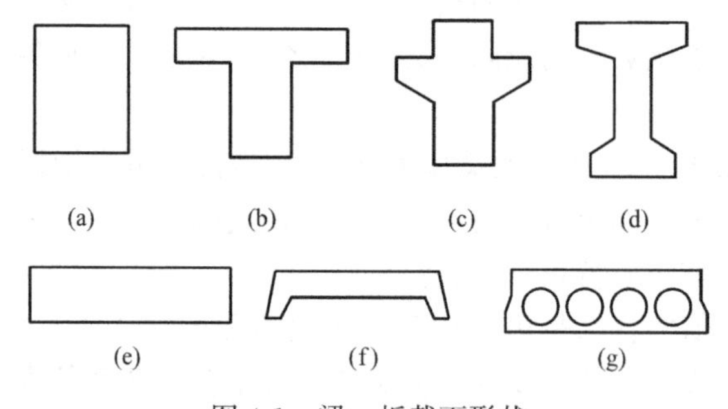

图4-1 梁、板截面形状

梁的截面高度根据不同的情况可取其计算跨度的1/8～1/18，一般取为300、350…800、900mm等尺寸，800mm以下级差为50mm，以上为100mm。矩形截面梁的高宽比h/b一般取为2.0～3.5，T形截面梁的h/b一般取2.5～4.0（b为梁宽）。梁宽一般取为150、200、250、300mm等尺寸。

现浇板的厚度一般可取板计算跨度的1/45～1/30，尚应满足表4-1的要求。

2. 材料的选择与配筋构造

混凝土强度等级：梁、板构件一般不采用较高强度等级的混凝土，常用的混凝土强度等级为 C20～C40。

现浇钢筋混凝土板的最小厚度　　　　**表 4-1**

板的类型		最小厚度(mm)
单向板	屋面板	60
	民用建筑楼板	60
	工业建筑楼板	70
	行车道下的楼板	80
双向板		80
密肋楼盖	面板	50
	肋高	250
悬臂板(根部)	悬臂长度不大于 500mm	60
	悬臂长度大于 1200mm	100
无梁楼盖		150
现浇空心楼盖		200

梁中的纵向受力钢筋宜采用 HRB400、HRB500、HRBF400、HRBF500 级，常用直径为 12～25mm。目前已淘汰直径 16mm 及以上的 HRB335 级热轧带肋钢筋，HPB300 级钢筋的规格限于直径 6～14mm。伸入支座的纵向钢筋根数应不少于 2 根，当梁高不小于 300mm 时，纵向受力钢筋直径不小于 10mm；当梁高小于 300mm 时，纵向受力钢筋直径不小于 8mm。对于架立钢筋，当梁的跨度小于 4m 时，直径不宜小于 8mm；当梁的跨度为 4～6m 时，直径不应小于 10mm；当梁的跨度大于 6m 时，直径不宜小于 12mm。

为使混凝土浇筑密实并保证钢筋与混凝土的良好粘结性能，纵筋的净间距应满足图 4-2 的要求。若钢筋必须排成 2 排时，上、下两排钢筋应上下对齐；若钢筋多于 2 排，则从第 3 排起，钢筋的中距应比下面两层的中距增大一倍。在梁的配筋密集区域宜采用并筋的配筋方式。

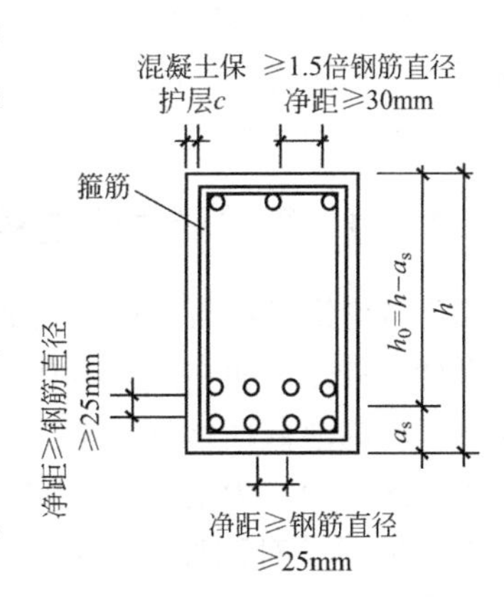

图 4-2　钢筋净距及有效高度

正截面上所有纵向受拉钢筋的合力点至截面受压区边缘的距离称为截面的有效高度（effective depth of section），以 h_0 表示，因为对于正截面受弯承载力起作用的是 h_0，而不是截面高度 h。$h_0=h-a_s$，a_s 是纵向受拉钢筋合力点至截面受拉边缘的距离。

梁的箍筋常采用 HRB400、HRB335、HPB300 钢筋，常用直径为 6～12mm。

板中的受力钢筋常用 HRB400、HRB335、HPB300 级钢筋，常用直径为 6～12mm。为使板受力均匀，板中受力钢筋的间距，当板厚不大于 150mm 时不宜大于 200mm；当板厚大于 150mm 时，不宜大于板厚的 1.5 倍且不宜大于 250mm。常用的间距为 70～200mm。

当按单向板设计时，还应布置与受力钢筋垂直的分布钢筋（图 4-3）。分布钢筋的直径不宜小于 6mm，常用直径是 6mm 和 8mm；单位宽度上的配筋不宜小于受力钢筋的 15%，间距不宜大于 250mm，配筋率不宜小于 0.15%。分布钢筋的配置主要是考虑到现浇板中存在温度-收缩应力以及工程经验。

纵向受力钢筋的配筋率（ratio of reinforcement）：纵向受力钢筋的配筋率在一定程度上表征了正截面上纵向钢筋与混凝土截面积的面积比率，是对受弯构件受力性能有很大影响的一个指标，按式（4-1）计算：

$$\rho=\frac{A_s}{bh}(\%) \tag{4-1}$$

式中 A_s——单侧纵向受力钢筋的总截面面积（mm^2）；

b——混凝土截面宽度（mm），矩形截面即为梁宽，T 形截面时为腹板宽度；

h——混凝土截面高度（mm）。

3. 混凝土保护层（concrete cover）

结构构件中钢筋外边缘至构件表面范围用于保护构件的混凝土称为混凝土保护层（图 4-2）。其主要作用是：（1）保护钢筋不锈蚀；（2）在火灾等情况下，使构件的温度上升缓慢；（3）保证纵向钢筋与混凝土有较好的粘结。

混凝土保护层的厚度与构件类型、环境类别和混凝土强度等级有关，见附表 4-4。在一般的室内环境下（环境类别为一类）时，梁的最小保护层厚度为 20mm，板为 15mm。另外，要求纵向受力钢筋的混凝土保护层厚度应不小于构件的公称直径，此时所说的混凝土保护层厚度是从受力钢筋外边缘至混凝土外皮之间的距离。

4.2 受弯构件正截面的基本受力性能

钢筋混凝土构件是由混凝土和钢筋两种材料组成的，特别是混凝土属于非均质弹塑性材料，其物理力学性能与匀质弹性材料有很大的不同，这一特性使得混凝土构件的正截面受力性能与匀质弹性材料构件有很大的差异。

4.2.1 弯曲受力全过程

为讨论钢筋混凝土受弯构件的正截面受力性能，首先说明在受拉区配置了适当的纵向钢筋的矩形截面钢筋混凝土简支梁的试验过程（图 4-3）。为消除剪力对正截面受弯的影响，采用了对称集中荷载 F 的加载方式，在忽略自重的情况下，中间区段只有弯矩而无剪力，处于纯弯曲状态。在纯弯曲区段内，沿梁高两侧布置应变计，量测混凝土的纵向应变；在跨中附近的纵向钢筋表面粘贴应变片量测钢筋应变；由位移计量测加载点处和跨中处构件挠度。

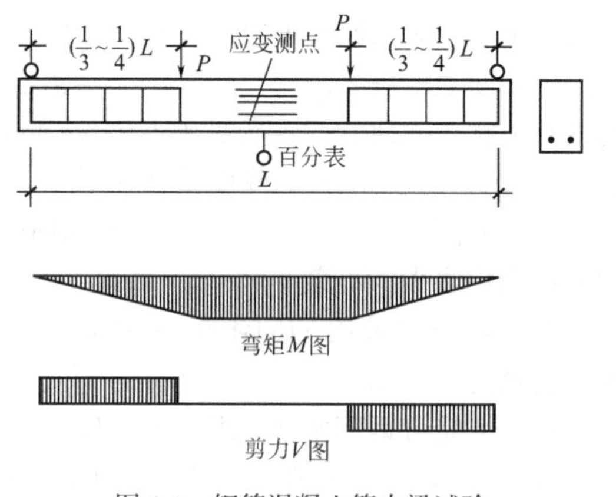

图 4-3 钢筋混凝土简支梁试验

截面的曲率通过截面应变和受压区高度（中和轴至受压区边缘的距离）计算。如图 4-4 所示，截面曲率可表示为：

$$\varphi=\frac{\varepsilon_c+\varepsilon_s}{h_0} \tag{4-2}$$

式中　ε_c——受压区边缘混凝土应变；

ε_s——钢筋应变；

h_0——截面有效高度。

图 4-5 是试验梁纯弯曲区段的 M-φ 曲线，在曲线中有两个明显转折点，将整个受力过程分为三个阶段：弹性工作阶段（第Ⅰ阶段）、带裂缝工作阶段（第Ⅱ阶段）和破坏阶段（第Ⅲ阶段）。

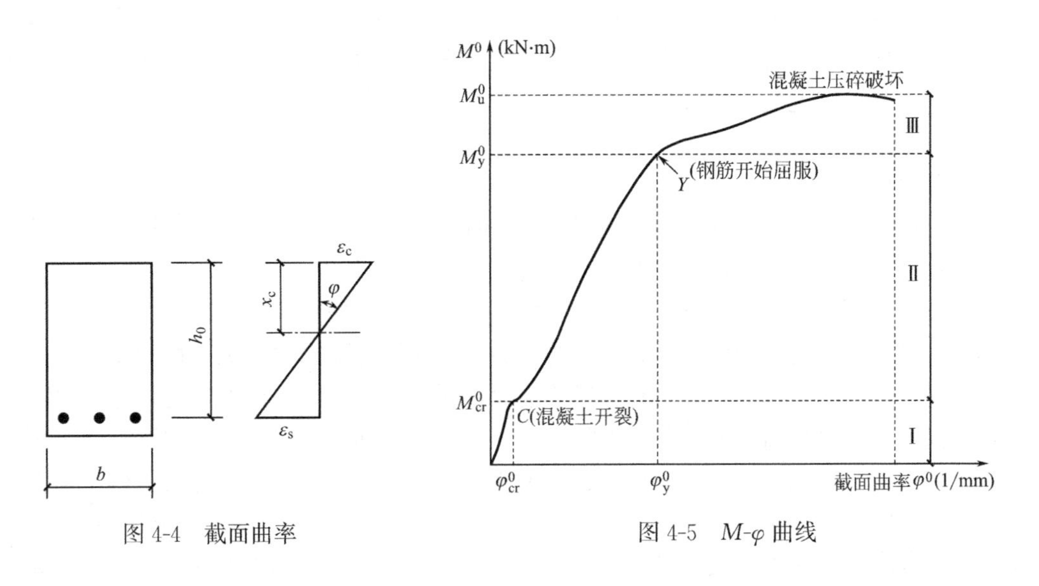

图 4-4　截面曲率　　　　图 4-5　M-φ 曲线

第Ⅰ阶段：

刚加载时，与弹性材料的受弯构件相同，中和轴以上部分（称受压区）的混凝土受压、中和轴以下部分（称受拉区）的混凝土和钢筋受拉，纵向应变沿截面高度直线分布；因截面上下边缘（此处应力最大）受压混凝土应力和受拉混凝土应力均小于比例极限，应力与应变成正比，混凝土应力沿截面高度也是直线分布；见图 4-6（a）。曲率 φ 随弯矩 M 线性增加，见图 4-5 曲线的第一段，构件处于弹性工作状态。

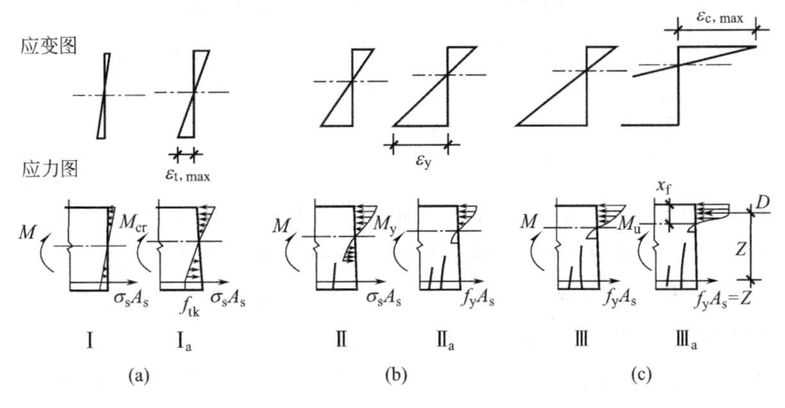

图 4-6　适筋梁受力各阶段的应力应变

随着荷载的增加，受拉区混凝土应力首先超过比例极限，应力的增加慢于应变的增加，应力沿截面高度呈曲线分布；此时受压区混凝土应力仍小于比例极限，沿截面高度仍是直线分布；为了维持截面的轴向力平衡，混凝土压力等于混凝土拉力和钢筋抗力之和，中和轴有所上升；曲率的增长速度稍快于弯矩的增长速度。

当受拉边缘混凝土应变达到混凝土极限拉应变时，截面处于将裂未裂状态，为第Ⅰ阶段末，用I_a表示，相应的弯矩用M_{cr}表示，称开裂弯矩（cracking moment），见图4-6（a）。此时受压区混凝土压应力远小于其强度，基本上处于弹性阶段，应力图形接近三角形；而受拉区混凝土应力图形则呈曲线分布。由于粘结力的存在，钢筋具有与相同水平位置混凝土同样的应变，相应的应力20～30N/mm^2。构件达到抗裂的极限状态，它是进行截面抗裂计算的依据。这一阶段的特点是：（1）混凝土没有开裂；（2）受压区混凝土的应力图形是三角形，受拉区混凝土的应力图形前期是直线，后期是曲线；（3）弯矩与截面曲率基本上是线性关系。

第Ⅱ阶段：

当受拉区边缘纤维达到混凝土极限拉应变时，在薄弱截面将首先出现第一条裂缝，开裂后，构件转入第Ⅱ阶段，直到裂缝截面的纵向钢筋屈服。

在裂缝截面，混凝土开裂后，裂缝截面部分混凝土原先承担的拉力通过钢筋与混凝土的粘结力传递给钢筋，钢筋应力有突然的增加，增加量与配筋率有关，截面发生应力重分布；这时梁的挠度和截面曲率会有突然的增大，同时裂缝具有一定的宽度，并沿梁高延伸一定的高度，裂缝截面处的中和轴也随之上移，在中和轴以下尚未开裂的混凝土仍可承担一部分拉应力，但此时受拉区的拉力已经主要由钢筋承担。显然，裂缝之间截面与裂缝截面具有不同的应力分布，应变分布也不同，但当应变的量测标距较大，跨越多条裂缝时，量测到的混凝土应变可以代表平均应变，平均应变沿截面高度基本保持直线分布；裂缝截面的中和轴高度大于裂缝之间截面的中和轴高度，见图4-6（b）。由于部分受拉混凝土退出工作，M-φ曲线的斜率比开裂前有明显下降，见图4-5曲线的第二段。

随着荷载增加，裂缝不断向上延伸、宽度增加，并在原裂缝之间出现新的裂缝。裂缝截面受压区混凝土应力超过比例极限后，应力增长慢于应变增长，塑性性质表现得越来越明显，受压区应力图形呈曲线变化。当裂缝截面处的纵向钢筋应力达到屈服强度f_y时，构件达到屈服状态（yield state），为第Ⅱ阶段末，用II_a表示，见图4-6（b）。相应的弯矩为屈服弯矩（yield moment）。构件达到正常使用极限状态，是进行正常使用阶段验算变形和裂缝开展宽度的依据。第Ⅱ阶段的特点是：（1）在裂缝截面处，受拉区大部分混凝土退出工作，拉力主要由受拉钢筋承担；（2）受压区混凝土已有塑性变形，但不充分；（3）弯矩与截面曲率呈曲线关系，截面曲率的增长加快了。

第Ⅲ阶段：

裂缝截面的钢筋屈服后，梁就进入到第Ⅲ阶段。此时钢筋的拉应力维持不变，而应变急剧增加，裂缝宽度随之快速扩展并向上延伸，中和轴迅速上移，受压区高度随之减小，受压区混凝土边缘纤维的压应变也迅速增长，混凝土的塑性性能表现得更为显著，受压区压应力图形更加丰满；裂缝之间截面混凝土参与受拉工作的程度已很小，钢筋和受压混凝土的平均应变已基本接近裂缝截面的应变，平均应变大致沿截面高度直线分布，见图4-6（c）。由于中和轴上升，钢筋拉力与混凝土压力之间的内力臂有所增加，弯矩略有上升，而曲率迅速增加。

弯矩达到峰值时，为第Ⅲ阶段末，用Ⅲ$_a$表示，构件达到承载能力极限状态（ultimate limit state），是正截面承载力计算的依据，相应的弯矩用 M_u 表示。此时受压区混凝土边缘纤维达到混凝土的极限压应变值，用 ε_{cu} 表示，标志着截面已开始破坏。其后，在试验室条件下的试验梁虽仍可以继续变形，但承受的弯矩将有所降低，见图 4-5。最后在破坏区段上受压混凝土被压碎甚至剥落，裂缝宽度很大而完全破坏。

第Ⅲ阶段是截面的破坏阶段，破坏开始于纵向受拉钢筋的屈服，结束于受压区混凝土压碎。其特点是：(1) 纵向受拉钢筋屈服，钢筋所承受的总拉力大致保持不变；受拉区混凝土基本已退出工作，受压区混凝土压应力图形比较丰满，有上升段曲线，也有下降段曲线。(2) 弯矩略有上升；(3) 受压区混凝土边缘纤维达到混凝土极限压应变时，混凝土被压碎，截面破坏；(4) 弯矩-曲率关系接近于水平的曲线。

4.2.2　开裂弯矩

当截面受拉边缘应变达到混凝土极限拉应变时，构件达到抗裂极限状态（图 4-7）。此时，混凝土拉应力沿截面高度呈曲线分布；混凝土压应力尚处于弹性阶段，沿截面高度线性分布，如图 4-7 (a) 所示。为了简化计算，受拉区混凝土应力用梯形分布代替曲线分布，如图 4-7 (b) 所示。

先不考虑钢筋的作用，混凝土部分承受的开裂弯矩用 $M_{cr,c}$ 表示，设受压区高度为 x_c，混凝土边缘压应变为 ε_c，混凝土边缘极限拉应变为 ε_p，根据几何关系（图 4-8），有：

$$\frac{\varepsilon_c}{x_c}=\frac{\varepsilon_p}{h-x_c}$$

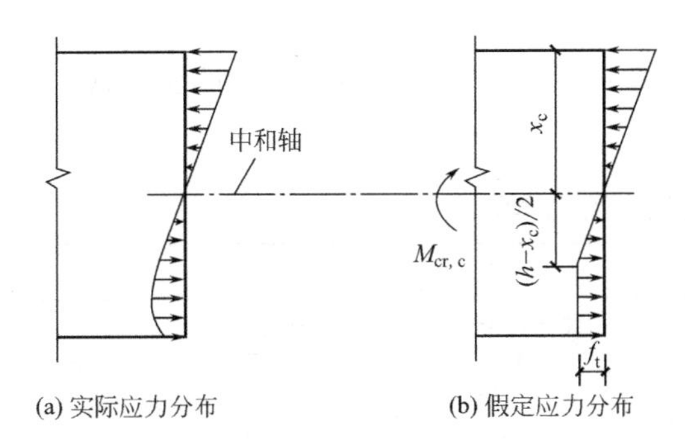

图 4-7　开裂弯矩计算图形

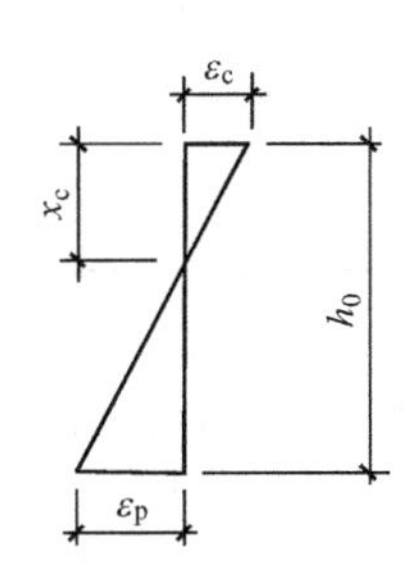

图 4-8　截面应变

由 $f_t=\varepsilon_p E'_c=\varepsilon_p\nu' E_c$，$\sigma_c=\varepsilon_c E_c$，并取弹性系数 $\nu'=0.5$，

令 $\xi_c=x_c/h$ 为相对受压区高度，可以得到：

$$\sigma_c=\frac{2x_c f_t}{(h-x_c)}=\frac{2\xi_c f_t}{(1-\xi_c)}$$

由水平力平衡条件（图 4-7b），有

$$\frac{1}{2}b\,\frac{(h-x_c)}{2}f_t+b\,\frac{(h-x_c)}{2}f_t=\frac{1}{2}bx_c\sigma_c$$

代入 σ_c 后，得：

$$\frac{3(1-\xi_c)}{4}=\frac{\xi_c^{\ 2}}{1-\xi_c}$$

求解方程可得到 $\xi_c=2\sqrt{3}-3$。

对截面的中和轴取矩，可得混凝土的开裂弯矩为：

$$M_{cr,c}=\frac{1}{3}bx_c^2\sigma_c+\frac{1}{12}b(1-x_c)^2f_t+\frac{1}{12}b(1-x_c)^2f_t$$

即：

$$M_{cr,c}=\left\{\left[\frac{2}{3}\ \frac{\xi_c^3}{(1-\xi_c)}+\frac{11}{24}(1-\xi_c)^2\right]bh^2\right\}f_t \tag{4-3a}$$

上式中大括号内的部分即为截面受拉边缘的弹塑性抵抗矩 W_p。

令 $\gamma=W_p/W_e$ 为混凝土构件截面抵抗矩塑性影响系数，其中 W_e 为弹性材料的截面受拉边缘的弹性抵抗矩，矩形截面时 $W_e=bh^2/6$。则

$$M_{cr,c}=W_pf_t=\gamma W_ef_t \tag{4-3b}$$

考虑钢筋的作用后，可以将钢筋的截面面积换算为混凝土的截面面积，相应的弹性抵抗矩以 W_0 表示，则截面的开裂弯矩表示为：

$$M_{cr,c}=\gamma W_0f_t \tag{4-3c}$$

截面抵抗矩塑性影响系数 γ 不仅与截面形状有关，还与截面高度有关。截面高度越小，抗裂极限状态的截面应变梯度越大，最大拉应力的卸载条件越好、极限拉应变越大，受拉混凝土的塑性变形能得到更好发挥，截面拉应力的分布更饱满，因而开裂弯矩更大些。《规范》按式（4-4）考虑截面高度的影响：

$$\gamma=\left(0.7+\frac{120}{h}\right)\gamma_m\quad(400\leqslant h\leqslant1600) \tag{4-4}$$

式中，γ_m 是混凝土构件的截面抵抗矩塑性影响系数基本值，对常用的截面形状，γ_m 值可按表 4-2 取用。

截面抵抗矩塑性影响系数基本值 **表 4-2**

项次	1	2	3		4		5
截面形状	矩形截面	翼缘位于受压区的 T 形截面	对称 I 形截面或箱形截面		翼缘位于受拉区的倒 T 形截面		圆形和环形截面
			$b_f/b\leqslant2$、h_f/h 为任意值	$b_f/b>2$、$h_f/h<0.2$	$b_f/b\leqslant2$、h_f/h 为任意值	$b_f/b>2$、$h_f/h<0.2$	
γ_m	1.55	1.50	1.45	1.35	1.50	1.40	1.6；$0.24r_1/r$

注：表中 b_f、h_f 分别是 T 形截面的翼缘宽度和翼缘高度，b 为腹板宽度，h 为截面高度；r_1 为环形截面的内环半径。

【例 4-1】 试计算图示钢筋混凝土构件的换算截面受拉边缘的弹性抵抗矩 W_0。其中受拉钢筋的截面积为 A_s，截面配筋率为 ρ。

【解】 按材料力学方法计算

（1）钢筋换算面积

取 $\alpha_E=E_s/E_c$，则受拉钢筋的换算截面积为（α_E-1）A_s。

（2）确定受压区高度 x_c

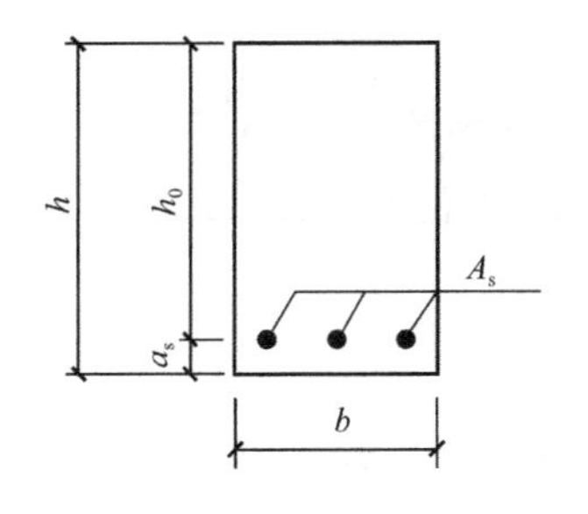

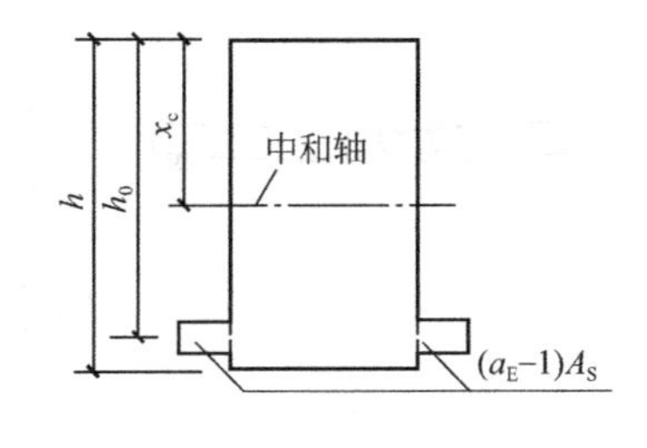

$$x_c = \frac{bh \times 0.5h + (\alpha_E - 1)A_s h_0}{bh + (\alpha_E - 1)A_s}$$

代入截面配筋率 $\rho = A_s/bh$，定义相对受压区高度 $\xi_c = x_c/h$，有

$$\xi_c = \frac{0.5 + (\alpha_E - 1)\rho(h_0/h)}{1 + (\alpha_E - 1)\rho}$$

（3）截面惯性矩

$$I_0 = \frac{bh^3}{12} + bh(0.5h - x_c)^2 + (\alpha_E - 1)A_s(h_0 - x_c)^2$$

$$= [1 + 12(0.5 - \xi_c)^2 + 12(\alpha_E - 1)\rho(1 - \xi_c)^2]\frac{bh^3}{12}$$

（4）弹性截面抵抗矩

$$W_0 = \frac{I_0}{h - x_c} = \frac{I_0}{h(1 - \xi_c)}$$

4.2.3　弯曲破坏的三种形态

钢筋混凝土受弯构件根据纵向受拉钢筋配筋率 ρ 的不同，会出现三种不同的破坏形态（图 4-9）。上述讨论的弯曲受力全过程针对的是具有合适配筋的适筋截面（under-reinforced section）。其破坏特征为纵向受拉钢筋首先屈服，然后受压区混凝土压碎。破坏开始于受拉钢筋的屈服，钢筋屈服后，钢筋的应力基本不变或增加较小，而应变急剧增加，混凝土的裂缝宽度随之迅速增加，裂缝高度也相应增大，混凝土受压区则随之减小，混凝土压应力、压应变则随之加大；当受压区混凝土达到极限压应变时，混凝土被压碎，构件破坏。在这个过程中，受拉钢筋会产生较大的塑性变形，裂缝会急剧展开、挠度加大，有明显的破坏预兆，表现为延性破坏（ductile failure）特征。这种破坏形态称适筋破坏（图 4-9a）。

如果受拉钢筋配筋过多，则会发生超筋破坏形态（图 4-9b）。其截面受力状态是：随着荷载的增加，受拉钢筋承受的应力也在增加，但由于配置了很多的受拉钢筋，钢筋的应力达不到其屈服强度，而受压区边缘混凝土应变就已经达到极限压应变而被压碎，梁宣告破坏。此时，裂缝开展不大，延伸不高，梁的挠度也不大，破坏前没有明显的预兆，表现出脆性破坏（brittle failure）特征，相应的截面称为超筋截面（over-reinforced section）。超筋截面梁破坏时，由于其受拉钢筋应力低于屈服强度，也就是说钢筋未能充分发挥作用，造成钢材的浪费，不经济；更重要的是破坏特征为脆性破坏，破坏前没有预兆，故在工程中不允许采用超筋梁。

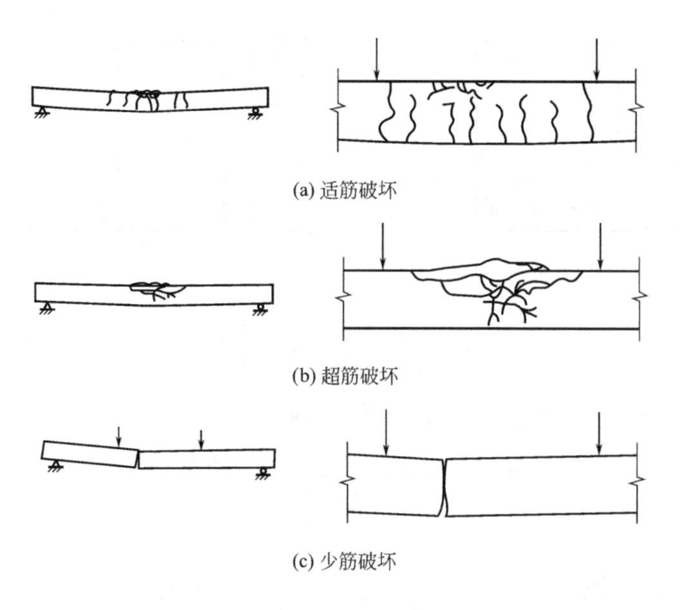

(a) 适筋破坏

(b) 超筋破坏

(c) 少筋破坏

图 4-9　正截面受弯破坏的三种形态

比较适筋破坏与超筋破坏，可以发现，适筋破坏开始于受拉钢筋的屈服，超筋破坏时受拉钢筋不屈服，显然，总会有一个界限配筋量使得破坏时受拉钢筋屈服的同时，受压区混凝土边缘纤维恰好达到混凝土极限压应变而被压碎。这种破坏形态称为“界限破坏”，相应的配筋率称为界限配筋率（balanced reinforced ratio），用 ρ_b 表示，这个界限配筋率也就是适筋梁的最大配筋率。截面配筋率超过界限配筋率后，即为超筋截面梁，其极限承载力取决于混凝土的抗压强度，与受拉钢筋的配置量无关。

如果受拉钢筋配置过少，则会发生少筋破坏（rare-reinforced failure）（图 4-9c）。其截面受力状态是：当荷载增加到受拉区混凝土边缘纤维达到其极限拉应变时，混凝土就会开裂，裂缝处混凝土原来承担的拉应力将转移到受拉钢筋中，钢筋应力会出现突然的增加，如果配筋过少，钢筋中的这个应力增量就会很大，使得钢筋应力达到其屈服强度，有时可迅速经历整个流幅而进入强化阶段，钢筋应变迅速增大，同时裂缝也迅速展开，且沿梁高延伸较高，标志着梁已破坏。少筋破坏时，裂缝往往只有一条，裂缝宽度较大。破坏特点是受拉区混凝土一裂就坏，破坏前没有预兆，为脆性破坏，其承载力取决于混凝土的抗拉强度，在工程中不允许采用。

4.3　受弯构件正截面承载力计算原理

4.3.1　基本假定

在试验研究、受力性能分析的基础上，正截面承载力计算采用如下四个基本假定。

1. 平截面假定

平截面假定的含义是：垂直于构件轴线的横截面受力、变形后仍然保持为平面，并且与变形后的构件轴线垂直，即截面应变保持平面。对于弹性材料构件的拉伸、压缩和纯弯曲，平截面假定完全符合。对于存在剪力的非纯弯曲构件，横截面受力变形后不再保持平面，将发生翘曲，但对于一般的浅梁（跨长与截面高度的比值大于5），按平截面假定得到的计算结果具有足够的精度。

对于钢筋混凝土构件，混凝土开裂后，裂缝截面已无法定义拉应变，裂缝间各截面的应变也是不均匀的。但就跨越若干条裂缝的较长范围内的平均应变来说，仍能较好地符合平截面假定，这已被不同截面形状（矩形、T形、I形、环形等）构件的试验所验证。平截面假定对于钢筋混凝土构件的含义是：平均截面变形保持平面，即截面的平均应变沿截面高度保持线性分布。

采用平截面假定，不仅可以使计算大为简化，而且可以提高计算方法的逻辑性和条理性，使计算公式具有明确的物理概念。

2. 不考虑混凝土的抗拉强度

虽然混凝土在中和轴以下区域存在拉应力，但因为混凝土的抗拉强度很小，且其合力作用点靠近中和轴，力臂很小，对截面抗弯承载力的贡献不大，故忽略其作用对于截面抗弯承载力计算的影响不大，并可简化计算。

3. 混凝土受压应力-应变模型（图4-10）

混凝土的压应力-应变关系用抛物线上升段＋直线模型，《规范》规定按下列公式取用。

当 $\varepsilon_c \leqslant \varepsilon_0$ 时（上升段） $$\sigma_c = f_c\left[1-\left(1-\frac{\varepsilon_c}{\varepsilon_0}\right)^n\right] \tag{4-5a}$$

当 $\varepsilon_0 < \varepsilon_c \leqslant \varepsilon_{cu}$ 时（水平段） $$\sigma_c = f_c \tag{4-5b}$$

$$n = 2-\frac{1}{60}(f_{cu,k}-50) \tag{4-5c}$$

$$\varepsilon_0 = 0.02+0.5(f_{cu,k}-50)\times 10^{-5} \tag{4-5d}$$

$$\varepsilon_{cu} = 0.0033-(f_{cu,k}-50)\times 10^{-5} \tag{4-5e}$$

式中 $f_{cu,k}$——混凝土立方体抗压强度标准值；

f_c——混凝土轴心抗压强度设计值；

ε_0——混凝土压应力达到 f_c 时的混凝土压应变，当计算的值 ε_0 小于0.002时，取为0.002；

ε_{cu}——正截面的混凝土极限压应变，当处于非均匀受压且按公式计算的值大于0.0033时，取为0.0033；当处于轴心受压时取为 ε_0；

n——系数，当计算的 n 值大于2.0时，取为2.0。

按以上规定，对于正截面处于非均匀受压的混凝土，C50以下的混凝土，极限压应变的取值最大不超过0.0033，规定极限压应变值，实际上是给定了混凝土单轴受压下的破坏准则，即可认为当混凝土压应变达到极限应变值时，混凝土将被压碎。

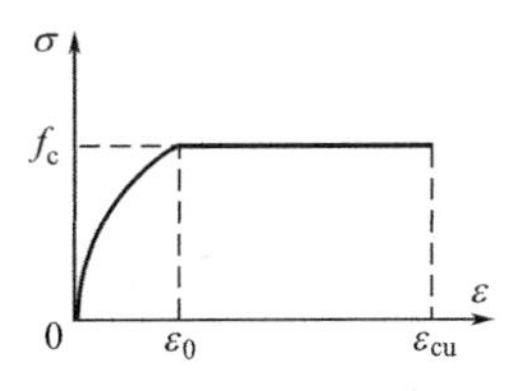

图4-10 混凝土应力-应变关系

采用这一模型得到的截面混凝土压应力分布与实际分布会存在一定差异，但从截面承载力角度，误差在工程允许范围内。

4. 钢筋应力-应变模型（图4-11）

钢筋的应力应变关系采用式（4-6）表示的双直线模型，这意味着屈服前钢筋应力等于应变与弹性模量的乘积，钢筋屈服后保持强度不变；纵向受拉钢筋的极限拉应变取 0.01，这实际上给出了钢筋的破坏准则。

$$\sigma_s = E_s \cdot \varepsilon_s \leqslant f_y \tag{4-6}$$

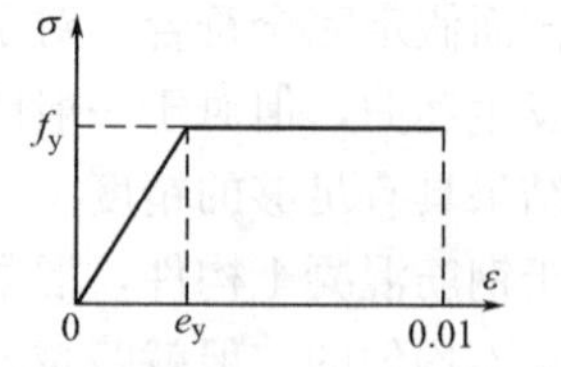

图 4-11　钢筋应力-应变关系

4.3.2　等效矩形应力图形

由图 4-6（c）可知，适筋截面的钢筋混凝土受弯构件在达到正截面承载力极限状态时，混凝土受压区边缘纤维达到极限压应变，受拉钢筋屈服。根据基本假定 1 可得到极限状态时的截面应变分布（图 4-12a），由基本假定 3 可将混凝土受压区的截面应力图形用抛物线＋直线段表示，此图形可称为理论应力图形；结合基本假定 2、4，可得截面应力分布如图 4-12（b）所示。

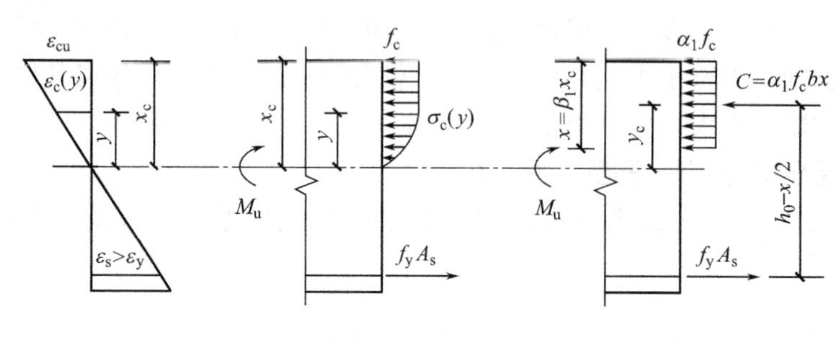

图 4-12　截面应力分布

为使用方便，将混凝土的理论应力图形进一步简化为矩形（图 4-12c），等效的原则是：二者的合力及合力作用点均相等，而形成等效矩形应力图形。

设等效矩形应力图形的应力值为 $\alpha_1 f_c$、受压区高度 $x=\beta_1 x_c$。等效前混凝土压应力合力为：

$$C = \int_0^{x_c} \sigma_c(y) \cdot b \cdot dy$$

等效后混凝土压应力合力为：

$$C = \alpha_1 f_c bx = \alpha_1 f_c b \beta_1 x_c$$

等效前后混凝土压应力合力保持不变，即要求满足：

$$C = \int_0^{x_c} \sigma_c(y) \cdot b \cdot dy = \alpha_1 \beta_1 f_c b x_c \tag{4-7a}$$

等效前合力 C 到中和轴的距离

$$y_c = \frac{\int_0^{x_c} \sigma_c(y) \cdot b \cdot y \cdot dy}{C}$$

等效后合力 C 到中和轴的距离

$$x_c - x/2 = x_c - \beta_1 x_c / 2$$

等效前后混凝土压应力合力作用点保持不变，即要求满足：

$$y_c = \frac{\int_0^{x_c} \sigma_c(y) \cdot b \cdot y \cdot dy}{C} = (1 - 0.5\beta_1) x_c \tag{4-7b}$$

由式（4-7a）和（4-7b）即可确定等效矩形应力图形中的两个系数 α_1 和 β_1。

【例 4-2】 试确定强度等级为 C50 混凝土的等效矩形应力图形系数 α_1 和 β_1。

【解】 由式（4-5）知，强度等级为 C50 的混凝土，$n=2$，$\varepsilon_0=0.002$，$\varepsilon_{cu}=0.0033$

式（4-7）中的积分变量是截面高度 y，而式（4-5）中的自变量是 ε_c，需做变量代换。由平截面假定，取 $y=x_c\varepsilon_c/\varepsilon_{cu}$，则 $dy=\dfrac{x_c}{\varepsilon_{cu}}d\varepsilon_c$。

将式（4-5）代入式（4-7a），混凝土压应力的合力为

$$C=\int_0^{x_c}\sigma_c(y)b\,dy=\frac{bx_c}{\varepsilon_{cu}}\int_0^{\varepsilon_0}f_c\left[1-\left(1-\frac{\varepsilon_c}{\varepsilon_0}\right)^n\right]d\varepsilon_c+\frac{bx_c}{\varepsilon_{cu}}\int_{\varepsilon_0}^{\varepsilon_{cu}}f_c d\varepsilon_c$$

$$=\frac{2bx_cf_c\varepsilon_0}{3\varepsilon_{cu}}+\frac{bx_cf_c(\varepsilon_{cu}-\varepsilon_0)}{\varepsilon_{cu}}=f_cbx_c\left(1-\frac{\varepsilon_0}{3\varepsilon_{cu}}\right)=0.7890f_cbx_c$$

由式（4-7a），可得：

$$\alpha_1\beta_1=1-\frac{\varepsilon_0}{3\varepsilon_{cu}}=0.7890 \tag{1}$$

等效前混凝土压应力合力对中和轴的力矩：

$$y_c\cdot C=\int_0^{x_c}\sigma_c(y)\cdot b\cdot y\cdot dy=\frac{bx_c^2f_c}{\varepsilon_{cu}^2}\int_0^{\varepsilon_0}\left(\frac{2\varepsilon_c^2}{\varepsilon_0}-\frac{\varepsilon_c^3}{\varepsilon_0}\right)d\varepsilon_c+\frac{bx_c^2f_c}{\varepsilon_{cu}^2}\int_{\varepsilon_0}^{\varepsilon_{cu}}\varepsilon_c d\varepsilon_c$$

$$=\frac{bx_c^2f_c}{2}-\frac{bx_c^2f_c\varepsilon_0^2}{12\varepsilon_{cu}^2}=0.4964bx_c^2f_c$$

则等效前混凝土压应力合力点的位置：

$$y_c=\frac{\int_0^{x_c}\sigma_c(y)\cdot b\cdot y\cdot dy}{C}=\frac{0.4694bx_c^2f_c}{0.780bx_cf_c}=0.5882x_c$$

由式（4-7b），得 $\beta_1=0.8236$

代入式（1），可得 $\alpha_1=0.9689$

由此可见，等效矩形应力图形系数 α_1、β_1 仅与 ε_0 和 ε_{cu} 有关，其他不同强度等级的混凝土等效矩形应力图形系数也可同样算出。为进一步简化计算，《规范》取等效矩形应力图形系数：混凝土强度等级不超过 C50 时，$\alpha_1=1.0$，$\beta_1=0.80$；混凝土强度等级为 C80 时，$\alpha_1=0.94$，$\beta_1=0.74$；混凝土强度等级大于 C50、小于 C80 时按线性插入。

4.3.3　适筋破坏的界限条件

由 4.2.3 可知，工程中允许采用的是适筋截面钢筋混凝土受弯构件，在此给出适筋破坏与超筋破坏以及少筋破坏的界限。

1. 适筋破坏与超筋破坏的界限

界限破坏是受压区边缘混凝土应变达到极限压应变 ε_{cu} 的同时钢筋应变达到屈服应变。由平截面假定可以得出极限状态截面平均应变分布，见图 4-13，界限破坏时截面的中和轴高度用 x_{cb} 表示，ε_y 为钢筋的屈服应变。由图中可以看出，当混凝土受压区高度小于 x_{cb} 时，钢筋的应变大于其屈服应变，即破坏时钢筋屈服，为适筋破坏；而混凝土受压区高度大于 x_{cb} 时，钢筋的应变小于其屈服应变，即破坏时钢筋不屈服，为超筋破坏。

根据图 4-13 的几何关系，有：

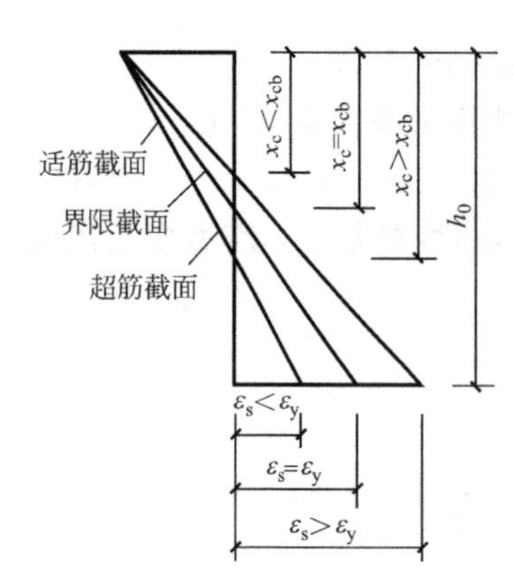

图 4-13　截面平均应变分布

$$\frac{x_{cb}}{h_0}=\frac{\varepsilon_{cu}}{\varepsilon_{cu}+\varepsilon_y}$$

将等效矩形应力图形中的受压区高度 $x=\beta_1 x_c$ 代入，即可得到界限受压区高度 x_b（balanced height of compression zone）：

$$x_b=\frac{\beta_1 h_0}{1+\dfrac{\varepsilon_y}{\varepsilon_{cu}}} \tag{4-8a}$$

为使表达更具一般性，对 x_b 进行无量纲化处理。令 $\xi_b=x_b/h_0$，称为界限相对受压区高度。对于有屈服点钢筋，屈服应变 $\varepsilon_y=f_y/E_s$，式（4-8a）可以改写为：

$$\xi_b-\frac{\beta_1}{1+\dfrac{f_y}{E_s\varepsilon_{cu}}} \tag{4-8b}$$

对于无屈服点钢筋，条件屈服强度取残余应变为 0.2%时对应的应力，相应的钢筋应力达到条件屈服强度时的应变为 $\varepsilon_y=0.002+f_y/E_s$，则界限相对受压区高度为：

$$\xi_b=\frac{\beta_1}{1+\dfrac{0.002}{\varepsilon_{cu}}+\dfrac{f_y}{E_s\varepsilon_{cu}}} \tag{4-8c}$$

由上式可知，界限相对受压区高度仅与钢筋级别和混凝土的强度等级有关，由式（4-8b）计算得出的 C50 以下混凝土的 ξ_b 值见表 4-3。

界限相对受压区高度 ξ_b 取值　　**表 4-3**

混凝土强度等级	≤C50			
钢筋级别	HPB300	HRB335	HRB400	HRB500
ξ_b	0.576	0.550	0.518	0.482

2. 适筋破坏与少筋破坏的界限

少筋破坏的特点是一裂就坏，因此从理论上讲，适筋破坏与少筋破坏的界限应该是配有最少钢筋后，截面的受弯承载力等于开裂弯矩。但是考虑到混凝土材料并非匀质弹性材料，其强度有相当的离散性，以及收缩、温度应力等因素的影响，往往根据工程经验给出的最小配筋率 ρ_{min} 予以控制。为了防止出现少筋破坏，要求钢筋混凝土构件的配筋率大于最小配筋率 ρ_{min}。对于受弯构件、偏心受拉构件、轴心受拉构件一侧的受拉钢筋，ρ_{min} 取 0.20%和 $0.45\dfrac{f_t}{f_y}$中的较大值。

4.4　单筋矩形截面承载力计算

4.4.1　基本计算公式和适用条件

1. 基本计算公式

对于仅在受拉区配置受力钢筋的单筋矩形截面受弯构件，其正截面承载力计算简图如

图 4-14 所示。

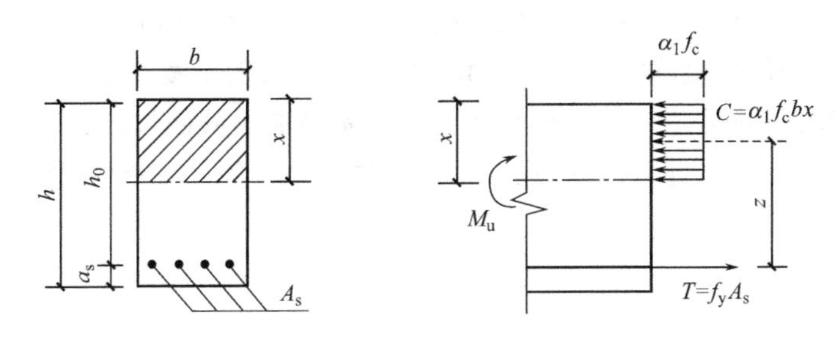

图 4-14　单筋矩形截面受弯构件正截面承载力计算简图

混凝土受压区采用等效矩形应力图形后，受压区混凝土承担的压力为：

$$C=\alpha_1 f_c bx$$

截面上由力的平衡条件，得：

$$f_y A_s=\alpha_1 f_c bx \tag{4-9a}$$

由力矩平衡条件，得：

对受压区合力点取矩，有　$M_u=\alpha_1 f_c bx\left(h_0-\frac{x}{2}\right)$　(4-10a)

或对受拉钢筋合力点取矩，有 $M_u=f_y A_s\left(h_0-\frac{x}{2}\right)$　(4-10b)

式中　b、h_0——截面宽度和有效高度；

A_s——纵向受拉钢筋的截面积；

f_c、f_y——混凝土抗压强度设计值和钢筋抗拉强度设计值。

若定义相对受压区高度 $\xi=x/h_0$，则以上公式可写为：

$$f_y A_s=\alpha_1 f_c bh_0\xi \tag{4-9b}$$

$$M_u=\alpha_1 f_c bh_0^2\xi(1-0.5\xi) \tag{4-10c}$$

或

$$M_u=f_y A_s h_0(1-0.5\xi) \tag{4-10d}$$

2. 适用条件

上式中钢筋应力取为 f_y，即要求破坏时钢筋屈服，也就意味着上式仅适用于适筋截面。因此在计算中要求：

$$x\leqslant x_b \text{ 或 } \xi\leqslant\xi_b \tag{4-11a}$$

$$A_s\geqslant\rho_{min}bh \text{ 或 } \rho\geqslant\rho_{min} \tag{4-11b}$$

式（4-11a）是为了防止发生超筋破坏，式（4-11b）是为了防止发生少筋破坏。单筋矩形截面受弯构件的最大正截面承载力为：

$$M_{u,max}=\alpha_1 f_c bh_0^2\xi_b(1-0.5\xi_b) \tag{4-12}$$

4.4.2　受弯构件正截面承载力计算的两类问题

在工程结构设计中会遇到两类承载力计算问题，一类是已知截面应具有的极限承载力，要求确定截面尺寸、选用材料强度等级、配置钢筋，称为截面设计；另一类是截面尺寸、配筋情况和材料强度等级已知，要求计算该截面的极限承载力，称为截面复核。前一类问题常见于新建工程设计中，后一类问题常见于已有工程的加固改造设计中。

1. 截面设计

截面设计时，首先根据构造要求初步确定截面尺寸、钢筋和混凝土的强度等级，由混凝土保护层厚度和钢筋数量确定h_0；然后由式（4-10）计算混凝土受压区高度x或相对受压区高度ξ，验算是否满足$\xi \leqslant \xi_b$，若不满足，则需要加大截面尺寸或改用双筋截面（见4.5节），最后由式（4-9）计算钢筋截面积A_s，并验算是否满足最小配筋率，选择钢筋直径和根数。

由式（4-10c）得：

$$\xi = 1 - \sqrt{1 - \frac{2M}{\alpha_1 f_c b h_0^2}} \tag{4-10e}$$

由式（4-9b），得

$$A_s = \frac{\alpha_1 f_c b h_0 \xi}{f_y} \tag{4-9c}$$

在受弯构件正截面承载力设计时，钢筋直径和数量等并不知道，因此受拉钢筋合力点到混凝土受拉截面边缘的距离需要估计，一般地，纵向受拉钢筋的直径可以按20mm、箍筋直径按10mm估计，当环境类别为一类（室内环境）时，梁的混凝土保护层厚度为20mm，则按图4-2可得出：梁内纵筋为一层钢筋时，$a_s=40$mm；梁内两层钢筋时，$a_s=60\sim65$mm，对于板，混凝土保护层厚度为15mm，受力钢筋直径按10mm估计，则得出$a_s=20$mm。

【例4-3】 已知某梁环境类别为一类，计算跨度为6m，承受弯矩设计值为$M=150$kN·m，混凝土强度等级为C30，采用HRB400钢筋，试确定该梁所需的受拉钢筋截面面积。

【解】 由构造要求，初步取梁截面高度为500mm（计算跨度的1/12），梁宽为250mm；

由混凝土和钢筋等级，查表，得：

$f_c=14.3\text{N/mm}^2$，$f_t=1.43\text{N/mm}^2$，$f_y=360\text{N/mm}^2$，$\alpha_1=1.0$，$\beta_1=1.0$，$\xi_b=0.518$

环境类别为一类，按单排配筋考虑，取$a_s=40$mm；则有$h_0=500-40=460$mm

由式（4-10e），得

$\xi = 1 - \sqrt{1 - \frac{2M}{\alpha_1 f_c b h_0^2}} = 1 - \sqrt{1 - \frac{2 \times 150 \times 10^6}{1.0 \times 14.3 \times 250 \times 460^2}} = 0.223 < \xi_b = 0.518$，满足要求。

由式（4-9c），得

$$A_s = \frac{\alpha_1 f_c b h_0 \xi}{f_y} = \frac{1.0 \times 14.3 \times 250 \times 460 \times 0.223}{360} = 1019\text{mm}^2$$

选用4Φ18，$A_s=1017\text{mm}^2$（选用钢筋时偏差小于5%，同时应满足有关钢筋间距的构造要求）。

验算最小配筋率

$$\rho = \frac{A_s}{bh} = \frac{1017}{250 \times 500} = 0.81\%,$$

$$> \rho_{min} = 0.45\frac{f_t}{f_y} = 0.45 \times \frac{1.43}{360} = 0.18\%$$，同时$\rho > 0.2\%$，满足要求。

选择2Φ12钢筋作为架立筋，配筋截面图见图4-15。

2. 截面复核

截面复核时先由（4-9b）计算出相对受压区高度 ξ，判断是否满足 $\xi \leqslant \xi_b$，若满足则按式（4-10b）计算承载力 M_u；若不满足，则按式（4-12）计算承载力。

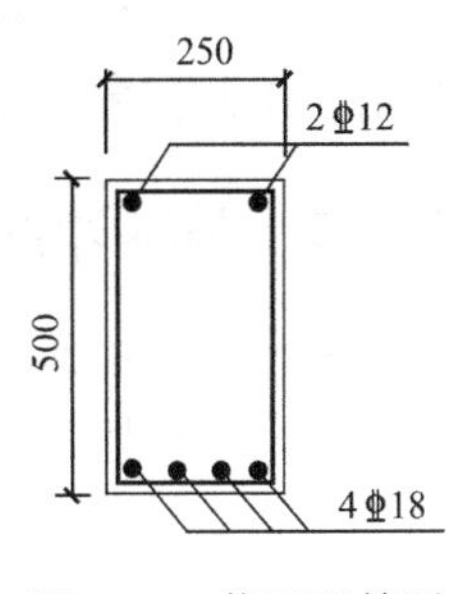

图 4-15 截面配筋图

【例 4-4】 已知某单筋矩形截面尺寸为 250mm×500mm，混凝土强度等级为 C30，$h_0=460$mm，试计算受拉钢筋为 4 根、直径分别为 20mm 和 25mm 的 HRB500 级钢筋时，该梁的正截面受弯承载力。

【解】 查表得：HRB500 钢筋，$f_y=435\text{N/mm}^2$，混凝土强度等级为 C30，$f_c=14.3\text{N/mm}^2$，

4 根直径为 20mm 和 25mm 的钢筋截面面积分别为 $A_{s1}=1256\text{mm}^2$ 和 $A_{s2}=1964\text{mm}^2$

由式（4-9b），得

$$\xi_1=\frac{f_yA_{s1}}{\alpha_1 f_c bh_0}=\frac{435\times1256}{1.0\times14.3\times250\times460}=0.332<\xi_b=0.482，为适筋截面$$

$$\xi_2=\frac{f_yA_{s2}}{\alpha_1 f_c bh_0}=\frac{435\times1964}{1.0\times14.3\times250\times460}=0.520>\xi_b=0.482，为超筋截面$$

第一种配筋情况的截面受弯承载力由式（4-10c）计算

$$M_u=f_yA_sh_0(1-0.5\xi)=435\times1256\times460\times(1-0.5\times0.332)$$
$$=209.6\times10^6\text{N}\cdot\text{mm}=209.6\text{kN}\cdot\text{m}$$

第二种配筋情况的截面受弯承载力由式（4-12）计算

$$M_u=\alpha_1 f_c bh_0^2\xi_b(1-0.5\xi_b)=1.0\times14.3\times250\times460^2\times0.482\times(1-0.5\times0.482)$$
$$=276.8\times10^6\text{N}\cdot\text{mm}=276.8\text{kN}\cdot\text{m}$$

4.5 双筋矩形截面受弯构件正截面承载力计算

4.5.1 概述

在单筋矩形截面梁的配筋中，除了在受拉区配置有纵向受拉钢筋外，还在受压区配置有架立筋（图 4-15）和箍筋，以形成钢筋骨架。此时受压区的架立筋虽然能够承受压力，但架立筋直径较小，对于正截面承载力的贡献很小，所以在计算中是不考虑的。如果在受压区配置的受压钢筋数量较多，在计算中必须考虑受压钢筋承受的压力，这时的受压钢筋则成了受力钢筋（非构造钢筋），这样配筋的截面称为双筋截面。在正截面受弯中，利用钢筋承受压力显然是不经济的（混凝土能够承受压力，而钢筋的价格远高于混凝土），采用双筋截面有以下原因：

（1）弯矩很大，采用单筋矩形截面出现超筋，而截面尺寸、混凝土强度等级受到限制不能提高；

（2）在不同的荷载组合下，梁截面承受变号弯矩（如左右风荷载作用下）；

（3）配置受压钢筋，提高梁的截面延性、抗裂性和抗弯刚度。

在计算中考虑受压钢筋的作用时，按规范的构造要求，箍筋应做成封闭式，其间距不

应大于 15d（d 为受压钢筋的最小直径），以避免纵向受压钢筋发生纵向弯曲（压屈）而向外凸出，引起混凝土保护层剥落甚至使受压混凝土过早发生脆性破坏。

4.5.2 基本计算公式和适用条件

双筋矩形截面的承载力极限状态与单筋适筋截面类似，受压、受拉钢筋屈服，受压区边缘混凝土达到极限压应变，截面计算图形如图 4-16 所示。

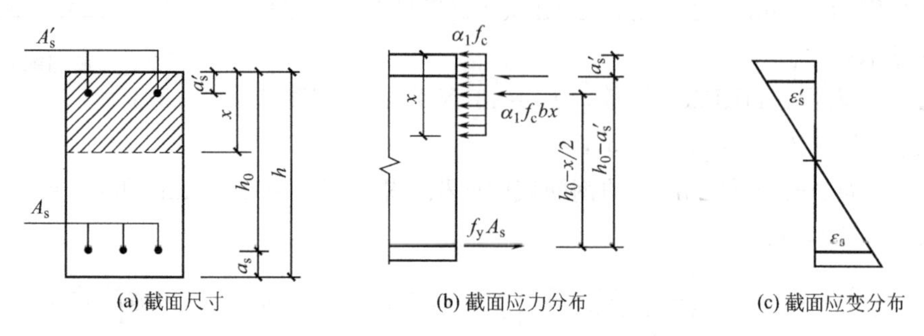

图 4-16　双筋矩形截面承载力计算简图

截面上由力的平衡条件，得：

$$f_y A_s = \alpha_1 f_c bx + f'_y A'_s \tag{4-13a}$$

由力矩平衡条件，得：

$$M_u = \alpha_1 f_c bx\left(h_0 - \frac{x}{2}\right) + f'_y A'_s (h_0 - a'_s) \tag{4-14a}$$

若以相对受压区高度 $\xi = x/h_0$ 表示，则以上公式可写为：

$$f_y A_s = \alpha_1 f_c bh_0 \xi + f'_y A'_s \tag{4-13b}$$

$$M_u = \alpha_1 f_c bh_0^2 \xi(1 - 0.5\xi) + f'_y A'_s (h_0 - a'_s) \tag{4-14b}$$

适用条件：防止超筋，以保证受拉钢筋屈服，判断条件同式（4-11a）。避免少筋（一般可满足，不必验算）。

为保证受压钢筋屈服，要求：

$$x \geqslant 2a'_s \quad 或 \quad \xi \geqslant 2a'_s/h_0 \tag{4-15}$$

由图 4-16（c），可得受压钢筋的压应变为

$$\varepsilon'_s = \frac{x_c - a'_s}{x_c}\varepsilon_{cu} = \frac{x/\beta_1 - a'_s}{x/\beta_1}\varepsilon_{cu}$$

当 $x = 2a'_s$ 时，将 β_1 和 ε_{cu} 的数据代入后可知受压钢筋应变已经超过钢筋的屈服应变。

如果不满足式（4-15）的要求，受压钢筋则不屈服，钢筋应力就成为未知数，理论上应该利用平截面假定计算受压钢筋应变进行求解，但这个过程过于烦琐且无必要，工程应用中偏于安全地假定受压混凝土的合力点与受压钢筋合力点重合，对该点取矩可得：

$$M_u = f_y A_s (h_0 - a'_s) \tag{4-16}$$

4.5.3 计算公式的应用

与单筋矩形截面类似，双筋截面也有截面设计和截面复核两类问题。

1.截面设计

情况1：已知截面尺寸、混凝土强度等级、钢筋等级和弯矩设计值，求受压钢筋和受拉钢筋。

此时往往由于弯矩很大，梁的截面尺寸和混凝土强度等级受到限制不能提高，只能采用双筋截面。在式（4-13）和式（4-14）的两个基本公式中含有 x、A_s、A'_s三个未知数，无法直接求解，需要补充一个条件。显然，设置受压钢筋，就是因为混凝土的抗压能力不足，需要补充钢筋来承受压力，从经济的角度考虑，当然希望在充分利用混凝土抗压能力的基础上，不足部分再用钢筋来抵抗压力，混凝土所能承受的最大压力是在界限破坏时，故在这里可以补充一个条件 $\xi=\xi_b$ 后，再利用基本公式进行计算。

当取 $\xi=\xi_b$ 后，由式（4-14b）可得

$$A'_s=\frac{M-\alpha_1 f_c bh_0^2\xi_b(1-0.5\xi_b)}{f'_y(h_0-a'_s)} \tag{4-14c}$$

由式（4-13b）可得

$$A_s=A'_s\frac{f'_y}{f_y}+\xi_b\frac{\alpha_1 f_c bh_0}{f_y} \tag{4-13c}$$

【例4-5】 已知梁的截面尺寸为250mm×500mm，混凝土强度等级为C35，采用HRB400钢筋，截面弯矩设计值 M=350kN·m，环境类别为一类。试确定该梁所需的受压钢筋和受拉钢筋。

【解】 由混凝土和钢筋等级，查表，得：

$f_c=16.7\text{N/mm}^2$，$f_y=360\text{N/mm}^2$，$\alpha_1=1.0$，$\beta_1=1.0$，$\xi_b=0.518$

环境类别为一类，按双排配筋考虑，取 $a_s=60\text{mm}$；则有 $h_0=500-60=440\text{mm}$

$$\xi=1-\sqrt{1-\frac{2M}{\alpha_1 f_c bh_0^2}}=1-\sqrt{1-\frac{2\times350\times10^6}{1.0\times16.7\times250\times440^2}}=0.634>\xi_b=0.518$$

若按单筋矩形截面设计，则为超筋截面梁，如果不能加大尺寸或提高混凝土强度等级，则必须设计成双筋矩形截面。

取 $\xi=\xi_b$ 后，由式（4-13c）可得

$$A'_s=\frac{M-\alpha_1 f_c bh_0^2\xi_b(1-0.5\xi_b)}{f'_y(h_0-a'_s)}$$

$$=\frac{350\times10^6-1.0\times16.7\times250\times440^2\times0.518\times(1-0.5\times0.518)}{360\times(440-40)}=276.1\text{mm}^2$$

由式（4-14c）可得

$$A_s=A'_s\frac{f'_y}{f_y}+\xi_b\frac{\alpha_1 f_c bh_0}{f_y}=276.1\times\frac{360}{360}+0.518\times\frac{1.0\times16.7\times250\times440}{360}=2919.3\text{mm}^2$$

受拉钢筋实配6⏀25，$A_s=2945\text{mm}^2$；受压钢筋实配2⏀14，$A_s=308\text{mm}^2$。

情况2：已知截面尺寸、混凝土强度等级、钢筋等级、弯矩设计值和受压钢筋，求受拉钢筋。

此时因为受压钢筋为已知，在两个基本公式中仅 x 和 A_s 是未知数，故可以直接利用基本公式联合求解。

由式（4-14b），可直接求得 ξ，即

$$\xi=1-\sqrt{1-\frac{2[M-f'_yA'_s(h_0-a'_s)]}{\alpha_1 f_c bh_0^2}} \tag{4-14d}$$

验算 $\xi\leqslant\xi_b$ 和 $\xi\geqslant 2a'_s/h_0$ 后，再利用式（4-13b）求得受拉钢筋截面面积，即

$$A_s=A'_s\frac{f'_y}{f_y}+\xi\frac{\alpha_1 f_c bh_0}{f_y} \tag{4-13d}$$

如果验算得出 $\xi>\xi_b$，则说明配置的受压钢筋不足，需要按受压钢筋未知的情况重新计算。若验算得出 $\xi<2a'_s/h_0$，则按式（4-16）直接求解受拉钢筋截面积。

【例 4-6】 已知条件同例 4-5，但在受压区已经配置 3 ⌀ 18 的受压钢筋，$A'_s=763\text{mm}^2$。试确定该梁所需的受拉钢筋。

【解】 由式（4-14d），得

$$\xi=1-\sqrt{1-\frac{2[M-f'_yA_s(h_0-a'_s)]}{\alpha_1 f_c bh_0^2}}$$

$$=1-\sqrt{1-\frac{2\times[350\times10^6-360\times763\times(440-40)]}{1.0\times16.7\times250\times440^2}}=0.363\begin{cases}<\xi_b=0.518\\ >\dfrac{2a'_s}{h_0}=\dfrac{2\times40}{440}=0.182\end{cases}$$

满足要求。由式（4-13d），得

$$A_s=A'_s\frac{f'_y}{f_y}+\xi\frac{\alpha_1 f_c bh_0}{f_y}=763\times\frac{360}{360}+0.363\times\frac{1.0\times16.7\times250\times440}{360}=2615\ \text{mm}^2$$

实配受拉钢筋 7 ⌀ 22，$A_s=2661\text{mm}^2$。

2. 截面复核

已知截面尺寸、混凝土强度等级、受拉钢筋和受压钢筋截面面积，求该梁的截面受弯承载力。此时，计算的步骤是：

（1）由式（4-13b）计算 ξ，判断是否满足式（4-11a）和式（4-15）；

（2）若两个条件均满足，则按式（4-14b）计算截面受弯承载力；

（3）若不满足式（4-15），则按式（4-16）计算截面受弯承载力；

（4）若不满足式（4-11a），即 $\xi>\xi_b$，则说明属于超筋截面，取 $\xi=\xi_b$，按式（4-17）计算截面受弯承载力：

$$M_u=\alpha_1 f_c bh_0^2\xi_b(1-0.5\xi_b)+f'_yA'_s(h_0-a'_s) \tag{4-17}$$

【例 4-7】 已知某梁的截面尺寸为 200mm×500mm，混凝土强度等级为 C25，采用 HRB400 钢筋，环境类别为二 a 类，受拉钢筋为 3 ⌀ 25，$A_s=1473\text{mm}^2$；受压钢筋为 2 ⌀ 16，$A_s=402\text{mm}^2$，箍筋⌀ 10@200。试确定其截面受弯承载力。

【解】 查表得：$f_c=11.9\text{N/mm}^2$，$f_y=360\text{N/mm}^2$。

由附表 4-4 查得，二 a 类混凝土保护层厚度为 25mm，混凝土强度等级不大于 C25 时，保护层厚度增加 5mm，故取 $a_s=52.5\text{mm}$，$h_0=500-52.5=447.5\text{mm}$，$a'_s=48\text{mm}$。

由式（4-13b），得

$$\xi=\frac{f_yA_s-f'_yA'_s}{\alpha_1 f_c bh_0}=\frac{360\times1473-360\times402}{1.0\times11.9\times200\times447.5}=0.362\begin{cases}<\xi_b=0.518\\ >\dfrac{2a'_s}{h_0}=\dfrac{2\times48}{447.5}=0.215\end{cases}$$

满足条件。

由（4-14b），得

$$M_u = \alpha_1 f_c b h_0^2 \xi (1-0.5\xi) + f'_y A'_s (h_0 - a'_s)$$
$$= 1.0\times 11.9\times 200\times 447.5^2\times 0.362\times(1-0.5\times 0.362)+360\times 402\times(447.5-48)$$
$$= 199.12\times 10^6 \text{N}\cdot\text{mm} = 199.12\text{kN}\cdot\text{m}$$

4.6　T形截面受弯构件正截面承载力计算

4.6.1　概述

在正截面承载力计算中，不考虑受拉混凝土的作用，故可以将受拉区混凝土的一部分去掉而形成T形截面的受弯构件（图4-17），其中翼缘宽度用b'_f表示，翼缘高度用h'_f表示。T形截面梁广泛应用于工程中，如T形吊车梁、T形檩条，在现浇肋形楼盖中，楼板与梁整体浇筑而形成T形截面梁。在承载力计算中，门形、箱形、I形等截面均可按T形截面考虑。但是如果翼缘在梁的受拉区，因为正截面承载力计算中不考虑受拉区混凝土的作用，故此时应按肋宽为b的矩形截面计算承载力。如整体式肋梁楼盖连续梁，在支座附近承受负弯矩，跨中承受正弯矩，故在支座附近应按矩形截面计算，在跨中按T形截面计算（图4-18）。

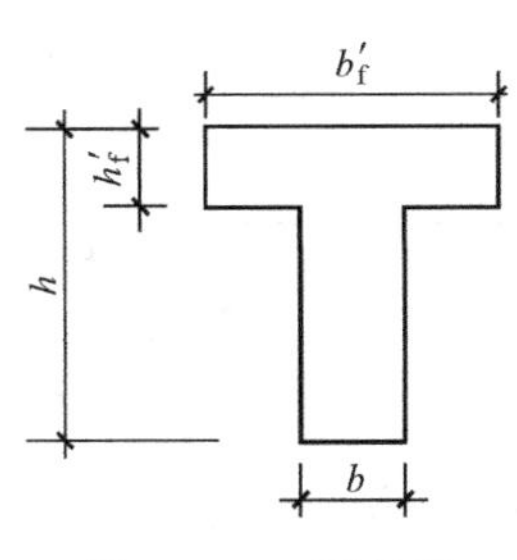

图4-17　T形截面

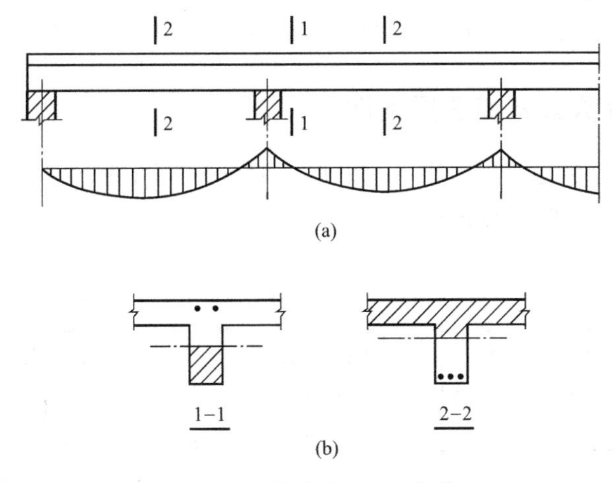

图4-18　连续梁跨中和支座截面

T形截面梁受力以后，翼缘上的纵向压应力并不是均匀分布的，而是离肋部越远，压应力越小。在工程设计中，用有效翼缘计算宽度b'_f代替实际翼缘宽度，并假定在b'_f范围内压应力是均匀分布的，同时与单筋矩形截面一样采用等效矩形应力图形（图4-19）。《规范》规定的有效翼缘计算宽度见表4-4。

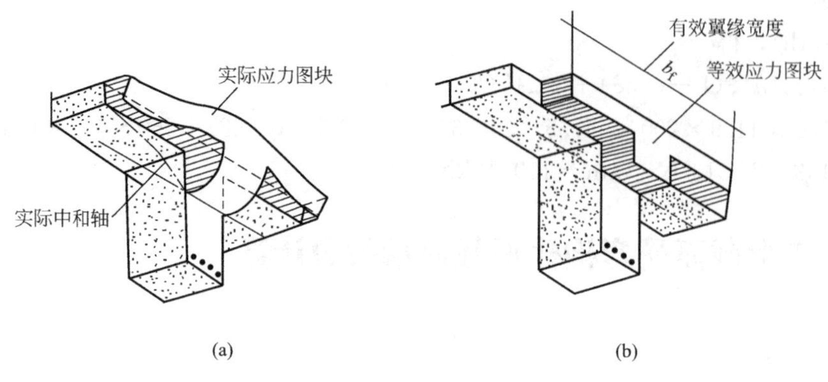

图 4-19　T 形截面梁受压区实际应力和计算应力图

T 形及倒 L 形截面受弯构件翼缘计算宽度 b_f'　　　**表 4-4**

项次	考虑情况		T 形截面		倒 L 形截面
			肋形梁(板)	独立梁	肋形梁(板)
1	按计算跨度 l_0 考虑		$l_0/3$	$l_0/3$	$l_0/6$
2	按梁(肋)净距 S_n 考虑		$b+S_n$	—	$b+S_n/2$
3	按翼缘高度 h_f' 考虑	当 $h_f'/h_0 \geqslant 0.1$	—	$b+12h_f'$	—
		当 $0.1>h_f'/h_0 \geqslant 0.05$	$b+12h_f'$	$b+6h_f'$	$b+5h_f'$
		当 $h_f'/h_0<0.05$	$b+12h_f'$	b	$b+5h_f'$

注：1. 受压区翼缘计算宽度 b_f' 取上述各种情况下的最小值；
2. 肋形梁在梁跨内设有间距小于纵肋间距的横肋时，可不考虑情况 3；
3. 对有加腋的 T 形和倒 L 形截面，当受压区加腋的高度 $h_h \geqslant h_f'$ 且加腋的宽度 $b_h \leqslant 3h_h$ 时，翼缘计算宽度可分别比情况 3 中数值增加 $2b_h$ 和 b_h；
4. 独立梁受压区的翼缘板在荷载作用下经验算沿纵肋方向可能产生裂缝时，其计算宽度取腹板宽度 b。

4.6.2 基本计算公式和适用条件

在计算时根据受压区是否进入腹板，T 形截面可分成两种类型：$x \leqslant h_f'$ 时为第一类 T 形截面，$x>h_f'$ 时为第二类 T 形截面（图 4-20）。

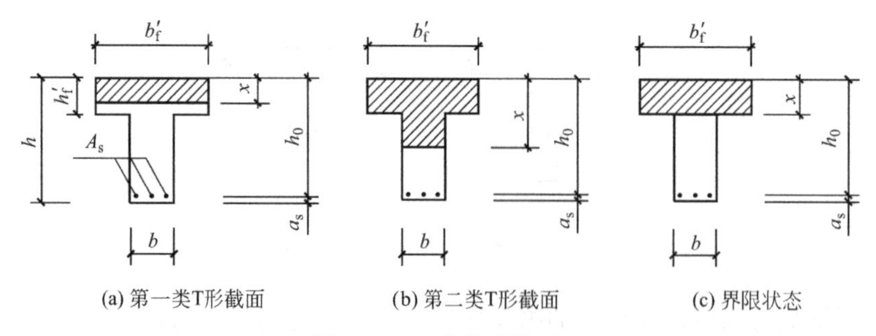

图 4-20　T 形截面类型

当受压区高度刚好等于 h_f' 时，$x=h_f'$（图 4-20c），由于不考虑受拉区混凝土的作用，此时与 $b_f' \times h$ 矩形截面相同，由力的平衡条件，可得

$$f_yA_s=\alpha_1f_cb'_fh'_f$$

由力矩平衡条件，得：

$$M_u=\alpha_1f_cb'_fh'_f\left(h_0-\frac{h'_f}{2}\right)$$

显然，当

$$f_yA_s\leqslant\alpha_1f_cb'_fh'_f \tag{4-18a}$$

或

$$M_u\leqslant\alpha_1f_cb'_fh'_f\left(h_0-\frac{h'_f}{2}\right) \tag{4-18b}$$

时，$x\leqslant h'_f$时属于第一类T形截面，否则属于第二类T形截面。截面设计时采用式（4-18b）判断，截面复核时采用式（4-18a）判断。

1. 第一类T形截面的承载力计算

第一类T形截面的承载力计算与$b'_f\times h$矩形截面相同，只需将式（4-9）和式（4-10）中的b用b'_f代替即可。是否超筋的判别条件仍然为式（4-11a），因h'_f/h_0一般小于ξ_b，故一般能自动满足；是否少筋的判别条件为式（4-11b），但由于T形截面的受压翼缘对开裂弯矩的提高作用不大，故验算最小配筋率时，T形截面梁的配筋率按腹板宽度计算，即$\rho=A_s/bh$。

2. 第二类T形截面的承载力计算

与矩形截面相比，第二类T形截面的混凝土受压区多了$(b'_f-b)\times h'_f$的面积（图4-20b），而这一部分承受的压力是固定值，只需在平衡方程中计入这部分的贡献，即可得出相应的计算公式：

$$f_yA_s=\alpha_1f_cbh_0\xi+\alpha_1f_c(b'_f-b)h'_f \tag{4-19}$$

$$M_u=\alpha_1f_cbh_0^2\xi(1-0.5\xi)+\alpha_1f_c(b'_f-b)h'_f(h_0-0.5h'_f) \tag{4-20}$$

4.6.3　计算公式的应用

1. 截面设计

已知T形梁的截面尺寸、混凝土强度等级和钢筋等级，弯矩设计值，求受拉钢筋。此时的计算步骤是：

（1）根据表4-3确定有效计算翼缘宽度；

（2）根据式（4-18b）判断是第一类还是第二类T形截面；

（3）如果是第一类T形截面，则按梁宽为b'_f的单筋矩形截面进行计算，按腹板宽度计算配筋率；

（4）如果是第二类T形截面，则先按式（4-20）计算ξ，即

$$\xi=1-\sqrt{1-\frac{2[M-\alpha_1f_c(b'_f-b)h'_f(h_0-0.5h'_f)]}{\alpha_1f_cbh_0^2}} \tag{4-20a}$$

若满足$\xi\leqslant\xi_b$，则代入式（4-19）计算A_s；若$\xi>\xi_b$，则应加大截面尺寸或提高混凝土强度重新计算。

【例4-8】　已知T形截面梁的$b=250$mm，$h=600$mm，$b'_f=500$mm，$h'_f=100$mm，混凝土强度等级为C30，采用HRB400钢筋，截面弯矩设计值$M=380$kN·m，环境类别

为一类。试确定该梁所需的受拉钢筋。

【解】 由混凝土和钢筋等级，查表，得：

$f_c=14.3\text{N/mm}^2$，$f_y=360\text{N/mm}^2$，$\alpha_1=1.0$，$\beta_1=1.0$，$\xi_b=0.518$

1）判别截面类型

弯矩值较大，估计需要配置两层纵向受拉钢筋，取 $a_s=60\text{mm}$，$h_0=540\text{mm}$。

$$\alpha_1 f_c b'_f h'_f\left(h_0-\frac{h'_f}{2}\right)=1.0\times14.3\times500\times100\times\left(540-\frac{100}{2}\right)=350.35\text{kN}\cdot\text{m}<M$$

属于第二类 T 形截面。

2）计算相对受压区高度 ξ

由式（4-20a）有

$$\xi=1-\sqrt{1-\frac{2[M-\alpha_1 f_c(b'_f-b)h'_f(h_0-0.5h'_f)]}{\alpha_1 f_c b h_0^2}}$$

$$=1-\sqrt{1-\frac{2\times[380\times10^6-1.0\times14.3\times(500-250)\times100\times(540-0.5\times100)]}{1.0\times14.3\times250\times540^2}}$$

$=0.221$

$<\xi_b=0.518$，满足要求

3）计算受拉钢筋截面面积

由式（4-19）有

$$A_s=\frac{\alpha_1 f_c b h_0\xi+\alpha_1 f_c(b'_f-b)h'_f}{f_y}$$

$$=\frac{1.0\times14.3\times250\times540\times0.221+1.0\times14.3\times(500-250)\times100}{360}=2178\text{mm}^2$$

选用钢筋 6Φ22，$A_s=2281\text{mm}^2$。

2. 截面复核

已知 T 形梁的截面尺寸（含翼缘和腹板），混凝土强度等级，受拉钢筋截面积，求该梁的截面受弯承载力。此时，在确定了翼缘计算宽度后，代入式（4-19）求得 ξ，若 $\xi\leqslant\xi_b$，则代入式（4-20）求得截面受弯承载力；若 $\xi>\xi_b$，则取 $\xi=\xi_b$，然后代入式（4-20）求得截面受弯承载力。

4.7 本章课程目标和达成度测试

本章目标 1： 掌握混凝土受弯构件的基本构造，能够正确绘制截面配筋图；

本章目标 2： 掌握混凝土受弯构件的受力性能，能够判定混凝土受弯构件的正截面破坏形态和分析适筋截面受力各阶段的应力应变状态；

本章目标 3： 掌握混凝土受弯构件的正截面承载力计算原理，能够将计算原理应用于各类截面的正截面承载力计算中；

本章目标 4： 能够对单筋、双筋矩形截面和 T 形截面的混凝土受弯构件进行正截面承载力设计和截面复核。

思考题

1. 混凝土保护层厚度与哪些因素有关？

2. 混凝土受弯构件的正截面破坏形态有几种？破坏特征是什么？与配筋率的关系是什么？

3. 正截面承载力计算的四个基本假定是什么？

4. 等效矩形应力图形系数 α_1、β_1 的含义是什么？是如何确定的？

5. 平截面假定的含义是什么？试说明平截面假定的合理性。

6. 强度等级为 C50 以下的混凝土弯曲受压时的极限压应变 ε_{cu} 取为多少？钢筋的极限拉应变 ε_s 取为多少？

7. 混凝土受弯构件适筋和超筋界限状态的特征是什么？界限相对受压区高度与哪些因素有关？

8. 试推导出界限破坏时配筋率 ρ_{max} 与 ξ_b 的关系式。

9. 混凝土受弯构件少筋和适筋界限状态的特征是什么？确定最小配筋率的理论依据是什么？

10. 试比较双筋矩形截面和单筋矩形截面受弯承载力基本计算公式和使用条件的异同。

11. 试比较 T 形截面和单筋矩形截面受弯承载力基本计算公式和使用条件的异同。

12. 在双筋矩形截面受弯构件承载力计算中，为什么说当 $x \geqslant 2a_s'$时能够保证受压钢筋屈服？

达成度测试题（本章目标-题号）

1-1　某梁的截面宽度为 200mm，环境类别为一类，则能够单排配筋的数量是______。

A. 4 根直径为 18mm 的钢筋　　B. 4 根直径为 20mm 的钢筋

C. 3 根直径为 25mm 的钢筋　　D. 4 根直径为 28mm 的钢筋

1-2　混凝土保护层厚度是指______。

A. 箍筋中心到混凝土边缘的距离

B. 箍筋外边缘到混凝土边缘的距离

C. 纵向受力钢筋的中心到混凝土边缘的距离

D. 纵向受力钢筋的外边缘到混凝土边缘的距离

1-3　对于板内受力钢筋的间距，表述错误的是______。

A. 钢筋间距应不小于 70mm

B. 当板厚不大于 150mm 时不宜大于 200mm

C. 当板厚大于 150mm 时，不宜大于板厚的 1.5 倍且不宜大于 250mm

D. 当板厚大于 150mm 时，不宜大于板厚的 1.5 倍且不宜大于 300mm

2-1　正截面破坏时，裂缝往往只有一条，裂缝宽度较大，受拉区混凝土一裂就坏，破坏前没有预兆。这样的破坏称为______。

A. 少筋破坏　　B. 适筋破坏　　C. 超筋破坏　　D. 部分超筋破坏

2-2　适筋梁达到正常使用极限状态，进行正常使用阶段变形和裂缝开展宽度验算的依据是弯曲受力过程的______。

A. 第Ⅰ阶段　　B. 第Ⅱ阶段　　C. 第$Ⅱ_a$阶段　　D. 第$Ⅲ_a$阶段

2-3　构件达到承载能力极限状态，作为正截面承载力计算依据的，是弯曲受力过程的______。

A. 第Ⅰ阶段　　B. 第Ⅱ阶段　　C. 第$Ⅱ_a$阶段　　D. 第$Ⅲ_a$阶段

3-1　对于钢筋混凝土构件平截面假定的截面应变指的是______。

A. 裂缝截面处的应变　　B. 非开裂截面处的应变

C. 平均应变　　D. 受压截面应变

3-2　在混凝土应力应变关系假定中，规定极限压应变值 ε_{cu}，实际上是给定了混凝土单轴受压下的破坏准则，也就是在受弯破坏时，假定受压区混凝土边缘的压应变______。

A. 小于 ε_{cu}　　B. 大于 ε_{cu}　　C. 等于 ε_{cu}　　D. 大于等于 ε_{cu}

3-3　钢筋应力应变关系采用双折线，意味着钢筋屈服后，应力______，应变______。

A. 增加；增加　　B. 不变；不变　　C. 增加；不变　　D. 不变；增加

3-4　等效矩形应力图形中的受压区高度 x，是根据与混凝土受压区______应力图形等效的原则确定的。

A. 实际的　　B. 假定的　　C. 矩形的　　D. 抛物线形的

3-5　界限相对受压区高度与______有关。

A. 钢筋的级别　　B. 混凝土的强度等级

C. 钢筋和混凝土的强度等级　　D. 混凝土的弹性模量

4-1　已知梁的截面尺寸为 250mm×500mm，混凝土强度等级为 C30，采用 HRB400 钢筋，环境类别为二 a 类，承受弯矩设计值 M=150kN·m，求所需的纵向受拉钢筋并绘出截面配筋图。

4-2　已知某混凝土矩形截面简支梁计算跨度为 5m，截面尺寸为 200mm×500mm，混凝土强度等级为 C25，采用 HRB400 钢筋，环境类别为一类，配置有 3Φ20 的纵向受拉钢筋，试确定该梁所能承受的均布荷载设计值。

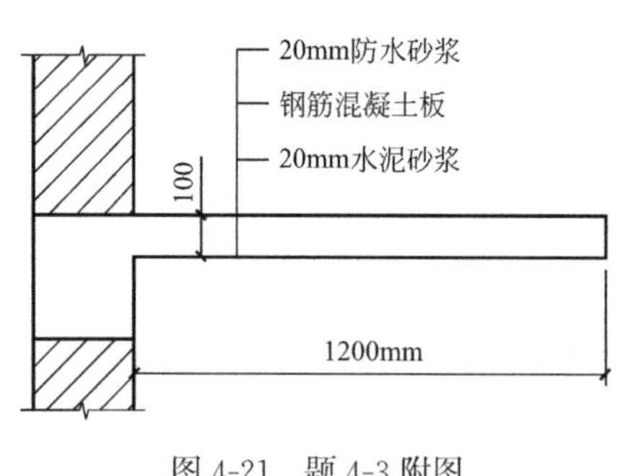

图 4-21　题 4-3 附图

4-3　试设计图 4-21 所示的钢筋混凝土雨篷板。已知板厚为 100mm，悬挑长度为 1.2m，各层做法见图，除结构自重外，在板自由端尚有每米宽度 1kN 的检修施工荷载，采用 C30 混凝土，HRB335 钢筋，环境类别为二 b 类。

4-4　某矩形截面 300mm×800mm，混凝土强度等级为 C35，HRB400 钢筋，环境类别为一类，已配置受压钢筋 3Φ20，承受弯矩设计值 M=800kN·m，求所需的纵向受拉钢筋并绘出截面配筋图。

4-5　已知梁的截面尺寸 200mm×400mm，混凝土强度等级为 C35，HRB400 钢筋，环境类别为一类，承受弯矩 M=175kN·m，若不允许改变设计条件，试确定该梁的纵向受力钢筋。

4-6　某矩形截面 250mm×600mm，混凝土强度等级为 C35，HRB400 钢筋，环境类别为一类，已配置受压钢筋 3Φ18，受拉钢筋 4Φ22，试确定该梁所能承受的弯矩设计值。

4-7　某肋形楼板次梁环境类别为一类，计算跨度 6m，间距 2.4m，截面尺寸如图 4-22 所示，跨中最大弯矩设计值 $M=120\text{kN}\cdot\text{m}$，混凝土强度等级为 C30，HRB400 钢筋，试确定该梁的纵向受拉钢筋。

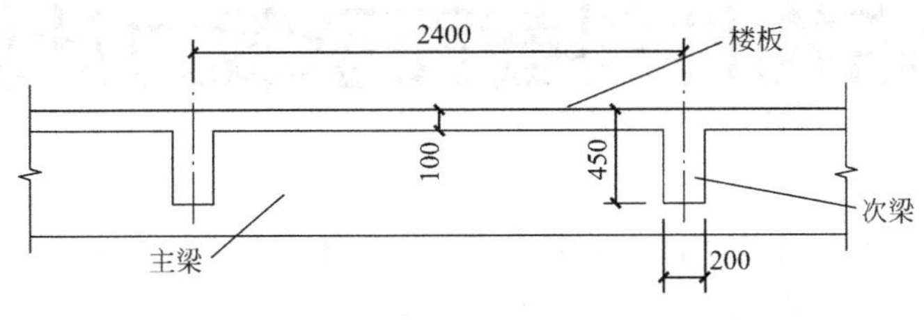

图 4-22　题 4-7 附图

4-8　已知 T 形截面梁的 $b=300\text{mm}$，$h=800\text{mm}$，$b_f'=600\text{mm}$，$h_f'=100\text{mm}$，混凝土强度等级为 C35，采用 HRB500 钢筋，截面弯矩设计值 $M=880\text{kN}\cdot\text{m}$，环境类别为一类。试确定该梁所需的受拉钢筋。

第5章

受弯构件斜截面承载力计算

受弯构件在竖向荷载作用下的内力除了弯矩以外还有剪力，在弯矩的作用下将会产生垂直裂缝，如果正截面承载力不足，将引起正截面破坏；除此以外，还有可能在弯矩和剪力的共同作用区段内，出现沿着斜向裂缝发生的斜截面破坏，这种破坏具有脆性破坏的性质，因而必须保证受弯构件的斜截面承载能力。

5.1 受弯构件斜截面受力性能

5.1.1 斜裂缝的形成

开裂前可近似把钢筋混凝土梁视为匀质弹性体，采用换算截面，用材料力学公式计算其主应力。图 5-1 即为简支梁在集中对称荷载作用下的主应力迹线图形，实线是主拉应力迹线，虚线是主压应力迹线。任意一点的主应力和主应力方向为：

主拉应力 $$\sigma_{tp}=\frac{\sigma}{2}+\sqrt{\frac{\sigma^2}{4}+\tau^2}$$

主压应力 $$\sigma_{cp}=\frac{\sigma}{2}-\sqrt{\frac{\sigma^2}{4}+\tau^2}$$

主拉应力作用方向与梁轴线的夹角 α $\quad \tan2\alpha=-\frac{2\tau}{\sigma}$

其中正应力 $\sigma=My/I_0$，y 是换算截面上计算点离中和轴的距离，I_0 是换算截面的惯性矩；剪应力 $\tau=VS_0/(bI_0)$，S_0 是换算截面上切应力计算点以上部分面积对中和轴的面积矩。

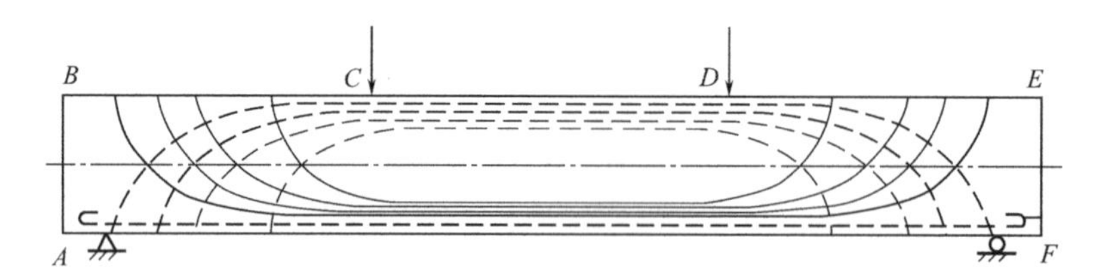

图 5-1 简支梁的主应力迹线

在梁跨中的纯弯段，只有弯矩引起的正应力，故主应力迹线是平行线；在加载点到支座处的弯剪区，在弯矩和剪力的共同作用下，主应力迹线发生弯曲，在梁的顶（底）面，剪应力为 0，只有主压（拉）应力，主压（拉）应力方向与梁轴线平行。在中和轴处，正应力为 0，只有剪应力，主拉应力方向为 45°，主拉应力和主压应力数值相等。当最大主拉应变达到混凝土极限拉应变时，混凝土将开裂，裂缝方向垂直于主拉应力迹线、与主压应力迹线平行。有两种斜裂缝形式：一种是首先在腹部出现斜裂缝，然后沿主压应力迹线向两端延伸，中间宽、两端细，呈枣核形，称腹剪斜裂缝（web-shear diagonal cracks），一般发生在腹板较薄的工字形截面梁，见图 5-2（a）；另一种是因正应力较大，先在梁底出现垂直裂缝，然后向上沿主压应力迹线发展形成斜裂缝，称弯剪斜裂缝（flexure-shear diagonal cracks），这种裂缝下宽上细，是常见的斜裂缝，见图 5-2（b）。随着荷载的增加、斜裂缝不断开展，荷载增加到一定程度时，会出现一根主要的斜裂缝（长度较长、宽度较大），即临界斜裂缝（critical diagonal crack），最后梁沿临界斜裂缝截面（简称斜截面）受剪破坏。

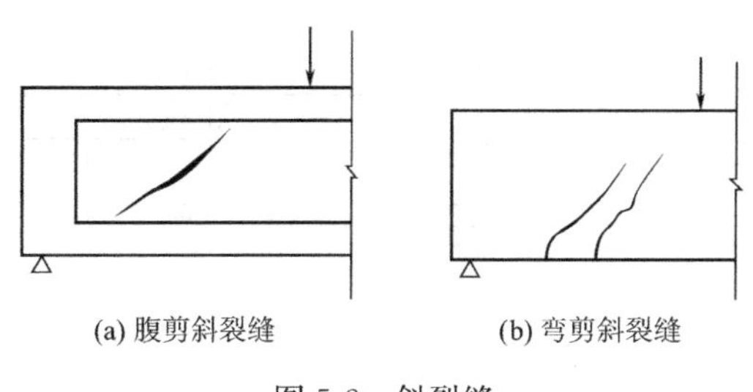

图 5-2 斜裂缝

为了提高斜截面承载力，除了高度很小的梁和板外，混凝土梁内一般会配置箍筋（vertical stirrups），当梁承受的剪力较大时，可以设置弯起钢筋（bent-up bars）。箍筋和弯起钢筋统称为腹筋（web reinforcement），见图 5-3。当然，箍筋的布置与主拉应力方向一致可有效限制斜裂缝的开展，但斜箍筋不便施工，故一般采用垂直箍筋；弯起钢筋与主拉应力方向一致，能较好地提高斜截面承载力，但其传力较为集中，易引起弯起处的劈裂裂缝，所以在工程中，往往优先选用箍筋抵抗剪力。

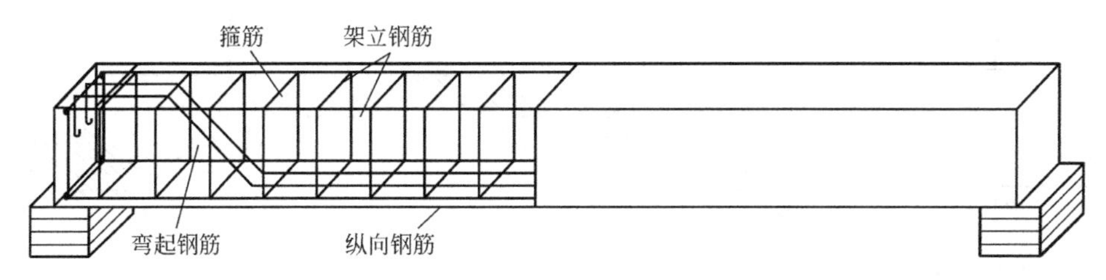

图 5-3 梁内钢筋

5.1.2 无腹筋梁的斜截面受剪性能

1. 剪力传递机制

在裂缝出现前，梁剪力的传递与弹性材料梁相同，可以用材料力学方法分析。裂缝出现以后的无腹筋梁，可以将带有斜裂缝和垂直裂缝的梁看成梳状结构，梁的下部是具有自由端的梳状齿，上部则为一带拉杆的拱，见图 5-4。

梳状齿的齿根与拱内圈相连，齿相当于悬臂梁。齿的受力如图 5-5 所示，主要有：（1）纵筋拉力 Z_j 和 Z_k；（2）纵筋销栓力 V_j 和 V_k；（3）裂缝间的骨料咬合力 S_j 和 S_k。这些力使得齿根部产生了弯矩 m、轴力 n 和剪力 v，弯矩、剪力主要与纵筋拉力差及销栓力相平衡，轴力主要与咬合力平衡。随着斜裂缝的逐渐加宽，咬合力下降，沿纵筋保护层混凝土可能劈裂，钢筋的销栓力也会逐渐减弱，这时梳状齿的作用相应减小，梁上的荷载绝大部分由上部拱体承担。

在加载的后期，纵筋与混凝土之间的粘结力遭到破坏，拉力差减小，Z_j 值加大，拱

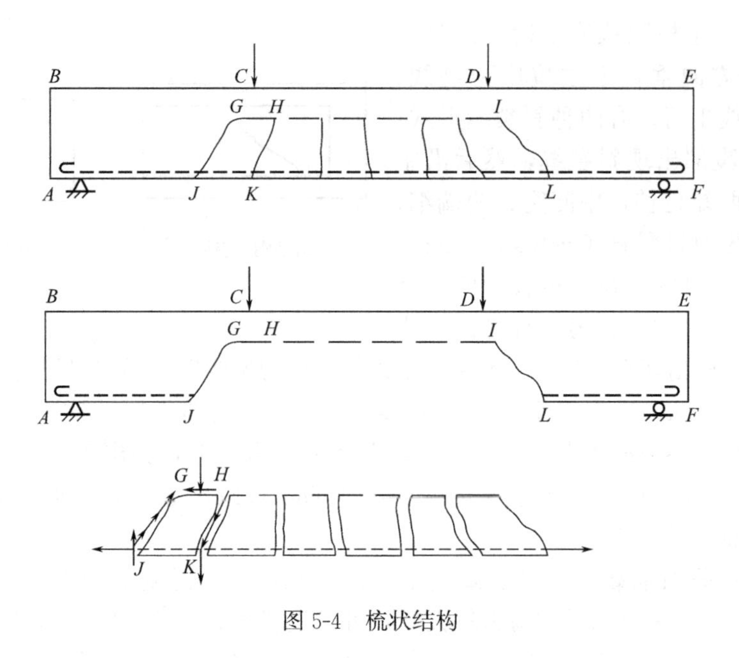

图 5-4 梳状结构

作用明显。图 5-6 中的点画线为拱体的压力线，显然，在压力线通过的位置，截面上混凝土的压应变为最大，离压力线越远则应变越小，在顶部甚至可能出现拉应变，在较大的荷载下，梁顶还会因受拉而出现裂缝，所以有效的拱体是图 5-6 中阴影的部分。

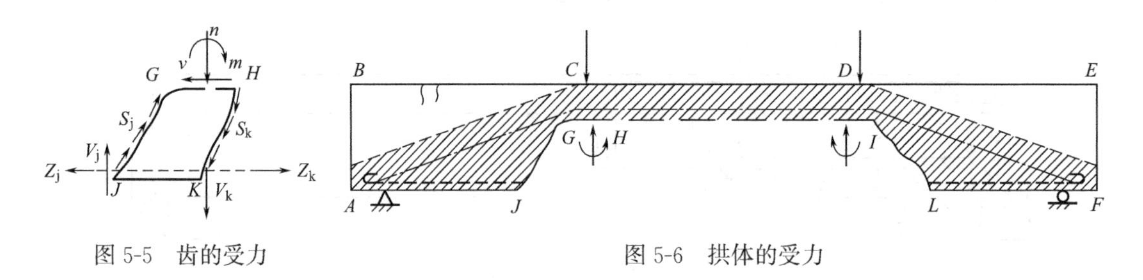

图 5-5 齿的受力

图 5-6 拱体的受力

2. 支座附近拱体的受力状态

既然无腹筋梁在加载后期主要是拱体受力，那么研究斜截面破坏则应从拱体着手。沿斜裂缝截取图 5-7 所示的隔离体。隔离体上有剪压区(shear-compression zone）的剪力 V_c、斜裂缝交界面上的骨料咬合力 S_a、纵向钢筋的销栓力（dowel action）V_d 和剪压区的压力 C 和纵向钢筋的拉力 T。其中 C 和 T 组成一对力偶，承担截面弯矩；V_c、S_{ay}（S_a 的竖向分力）和 V_d 共同承担截面剪力；随着斜裂缝的不断发展，骨料咬合力和纵筋销栓力不断降低，V_c 成为承担剪力的主要部分。

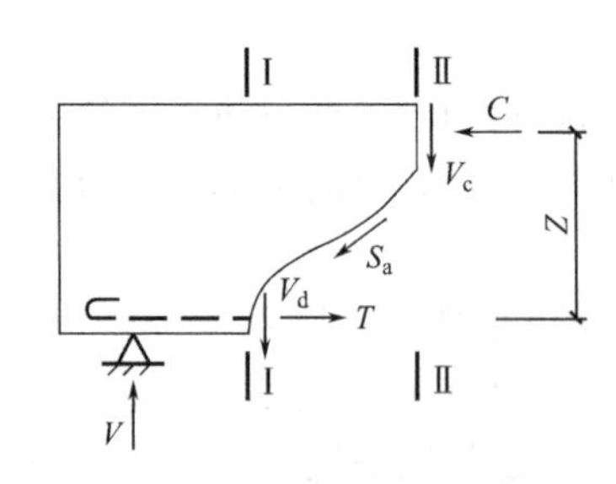

图 5-7 支座附近斜截面的受力

斜裂缝出现后，特别是临界斜裂缝出现后，截面的受力状态发生了明显变化、出现应力重分布，主要体现在：

（1）斜裂缝出现前，剪力由整个横截面承担，斜裂缝出现后，剪力主要由剪压区承担，受剪面积的减少，使剪应力值较开裂前明显增加；

（2）斜裂缝出现前，Ⅰ-Ⅰ截面的纵筋拉力 T，取决于该截面的弯矩；斜裂缝出现后，忽略骨料咬合力和钢筋销栓力的作用，对剪压区压应力合力点取矩，可知 T 取决于Ⅱ-Ⅱ截面的弯矩，由于后者的截面弯矩大于前者，所以开裂后纵筋的应力显著增大。

3. 斜截面受剪破坏形态

无腹筋梁的斜截面破坏形态和破坏截面上正应力 σ 与剪应力 τ 的比值密切相关。正应力 σ 与 $M/(bh_0^2)$ 成正比、剪应力 τ 与 $V/(bh_0)$ 成正比，所以 σ 与 τ 的比值与 $M/(Vh_0)$ 有关，用 λ 表示，$\lambda=M/(Vh_0)$。对于图 5-1 所示的受对称集中荷载简支梁，破坏截面上的弯矩 $M=V\times a$，因而有：

$$\lambda=\frac{M}{Vh_0}=\frac{a}{h_0} \tag{5-1}$$

式中　a——集中荷载到最近支座的距离，称为剪跨。故 λ 称为剪跨比（shear span ratio）。

由于剪跨比的不同，无腹筋梁的斜截面受剪破坏有以下三种形态。

（1）斜压破坏

当剪跨比 $\lambda<1$ 时，主压应力方向与支座和集中荷载的连线基本一致，连线两侧的混凝土犹如斜向受压的棱柱体；斜裂缝多而密，如图 5-8（a）所示，最后因混凝土斜向压坏而破坏，故称斜压破坏（diagonal compression failure）。荷载达到峰值后迅速下降，具有受压脆性破坏特征。受剪承载力取决于混凝土抗压强度，为无腹筋梁受剪承载力的上限。

（2）斜拉破坏

当剪跨比 $\lambda>3$ 时，斜裂缝一旦出现就很快向荷载作用点延伸，形成临界斜裂缝，将梁体斜拉成两部分而破坏，故称斜拉破坏（diagonal tension failure）。破坏前斜裂缝很小、甚至不出现斜裂缝，在无预兆情况下突然发生，具有受拉脆性破坏特征，见图 5-8（b）。受剪承载力取决于混凝土的抗拉强度，为无腹筋梁受剪承载力的下限。

（3）剪压破坏

当剪跨比 $1\leqslant\lambda\leqslant3$ 时，斜裂缝出现后，荷载仍有较大的增长，并陆续出现新的斜裂缝；随着荷载的增加，众多斜裂缝中的一条发展成临界斜裂缝，迅速向荷载作用点延伸；最后临界斜裂缝顶端的剪压区在切应力和压应力共同作用下达到混凝土复合受力强度而破坏，故称剪压破坏（shear-compression failure），见图 5-8（c）。剪压破坏也属于脆性破坏，受剪承载力介于斜拉破坏和斜压破坏之间。

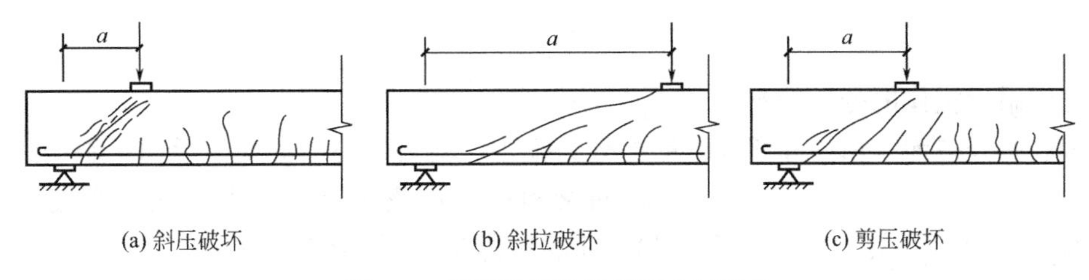

(a) 斜压破坏　　(b) 斜拉破坏　　(c) 剪压破坏

图 5-8　无腹筋梁的斜截面破坏形态

5.1.3　有腹筋梁的斜截面受剪性能

1. 剪力传递机制

配置箍筋后，斜裂缝出现后的剪力传递机制可以用桁架模型予以说明。该力学模型将有斜裂缝的梁比拟为一个铰接桁架，箍筋相当于桁架的受拉腹杆，斜裂缝间的混凝土相当于桁架的受压斜腹杆，纵向受拉钢筋相当于桁架下弦杆，受压区混凝土和受压钢筋相当于上弦杆；铰接桁架上、下弦杆不承担剪力，剪力全部由腹杆传递，见图 5-9。

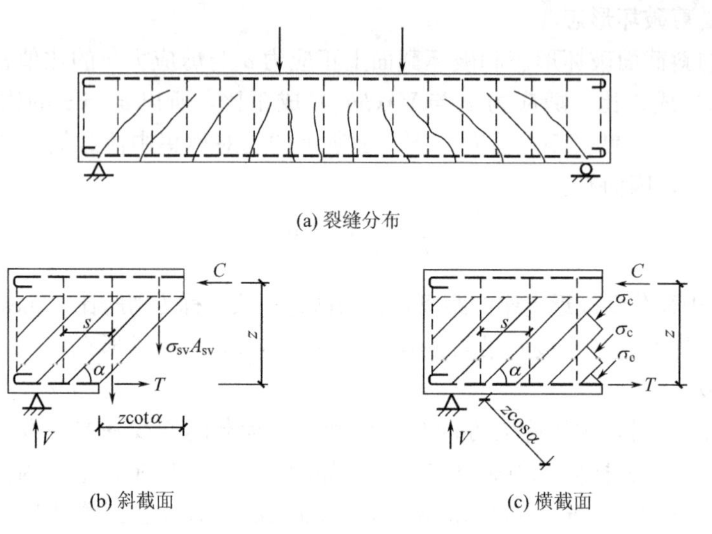

图 5-9　桁架模型

假定斜裂缝的倾角均为 α，斜压应力 σ_c 相同，与斜裂缝相交的箍筋应力 σ_{sv} 相同，同一横截面箍筋的全部截面面积为 A_{sv}，间距为 s。由图 5-9（b）斜截面的竖向力平衡条件，有：

$$V=\frac{z\cot\alpha}{s}\sigma_{sv}A_{sv}$$

即：

$$\sigma_{sv}=\frac{Vs}{A_{sv}z\cot\alpha} \tag{5-2a}$$

由图 5-9c 横截面的竖向力平衡，有：

$$V=bz\cos\alpha\cdot\sigma_c\sin\alpha$$

即：

$$\sigma_c=\frac{V}{bz\cos\alpha\sin\alpha} \tag{5-2b}$$

2. 支座附近拱体的受力状态

有腹筋梁开裂前，箍筋和弯起钢筋的受力很小，剪力主要由混凝土承担。斜裂缝出现后，与无腹筋梁相比，斜截面上的受力增加了箍筋的拉力 V_{sv} 和弯起钢筋的拉力 V_{sb}，如图 5-10 所示。

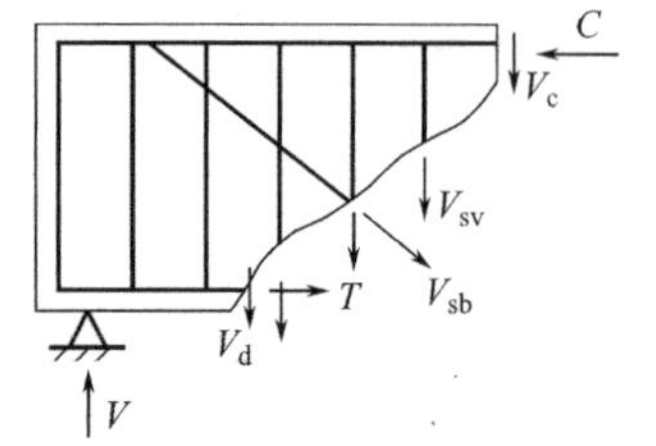

图 5-10　有腹筋梁斜截面的受力

箍筋的存在不仅是提供拉力，还可以有效地减少裂缝的宽度，从而增加骨料的咬合作用，同时约束斜裂缝的开展，增加受压区高度，从而提高剪压区的抗剪能力；箍筋的悬吊作用，可避免纵筋周围混凝土撕裂裂缝的发生，从而使纵筋的销栓作用得以继续发挥。通过以上分析可知，箍筋对于钢筋混凝土梁斜截面承载能力所起的作用是多方面的。

3. 斜截面受剪破坏形态

有腹筋梁的斜截面破坏形态也有斜压破坏、斜拉破坏和剪压破坏三种。但破坏形态除了与剪跨比 λ 有关外，箍筋的配置数量对破坏形态也有很大的影响。

当剪跨比 $\lambda>3$，且箍筋数量配置过少时，斜裂缝出现后，与斜裂缝相交的箍筋承受不了原来由混凝土承担的主拉应力，立即屈服无法限制斜裂缝的开展，桁架机制无法形成，而发生斜拉破坏。

如果剪跨比 $\lambda>3$，配置了数量适当的箍筋时，则可以避免出现斜拉破坏，而转为剪压破坏。原因是：斜裂缝出现后原来由混凝土承担的主拉应力转由箍筋承担，并能限制斜裂缝的开展、开始形成桁架机制，荷载可以继续增加。与斜裂缝相交的箍筋屈服后，无法再限制斜裂缝的开展，斜裂缝迅速向荷载作用点延伸，使斜裂缝顶端的剪压区面积减小，最后剪压区混凝土在正应力和剪应力的共同作用下达到极限强度，发生剪压破坏。

如果箍筋数量配置过多，随着荷载的增加，箍筋应力增长缓慢，在箍筋尚未屈服时，梁腹混凝土就达到了强度极限而斜向压坏，从而发生斜压破坏。在剪跨比 $\lambda<1$ 时，有腹筋梁也是发生斜压破坏。

对于有腹筋梁来说，只要截面尺寸合适，箍筋配置数量适当，剪压破坏是受剪破坏中最常见的一种破坏形态。

5.2 斜截面受剪承载力的计算

5.2.1 斜截面受剪承载力的主要影响因素

影响梁斜截面受剪承载力的因素很多。对于无腹筋梁，主要影响因素有剪跨比、混凝土强度、纵筋配筋率、截面尺寸和形状等；对于有腹筋梁，还有箍筋配置数量；此外，荷载形式（集中荷载、均布荷载）、结构类型（简支梁、连续梁）、轴压力等对斜截面受剪承载力也有影响。

1. 剪跨比

剪跨比 λ 决定了无腹筋梁斜截面的破坏形态，随着剪跨比的增加，梁的破坏形态从斜压破坏（$\lambda<1$）、剪压破坏（$1<\lambda<3$）演变为斜拉破坏（$\lambda>3$），其受剪承载力逐步减弱。

箍筋配置数量对有腹筋梁的破坏形态有很大影响，有腹筋梁的受剪承载力与剪跨比的相关性较弱。

2. 混凝土强度

斜截面破坏都是因为混凝土达到极限强度而发生的，所以混凝土强度对梁的受剪承载力影响很大。当截面发生斜拉破坏时，承载力取决于混凝土抗拉强度；当截面发生斜压破坏时，承载力取决于混凝土抗压强度；当截面发生剪压破坏时，承载力更多地与混凝土抗拉强度有关。试验结果表明，在其他条件相同时，受剪承载力与混凝土抗拉强度近似成线性比例关系。

3. 纵筋配筋率

截面开裂后，无论是梁机制还是拱机制，都有赖纵向钢筋传递剪力。纵筋对受剪承载力的提高作用体现在销栓作用，约束斜裂缝开展从而提高骨料咬合作用，限制斜裂缝的伸展、扩大了剪压区的高度，所以纵筋的配筋率增加，梁的受剪承载力将有所提高，但二者之间的相关性不是很强。

4. 截面尺寸和形状

截面尺寸对于无腹筋梁的受剪承载力影响较大，尺寸大的构件，破坏时的平均剪应力（$\tau = V/bh_0$）比尺寸小的构件要低，由试验表明，在其他参数不变的条件下，梁高扩大 4 倍，破坏时的平均剪应力下降 25%～30%。对于有腹筋梁，截面尺寸的影响较小。

截面形状的影响主要指 T 形、I 形截面的翼缘大小对构件的受剪承载力有影响，受压翼缘增加了剪压区的面积，可提高斜拉破坏和剪压破坏的受剪承载力（20%左右），若翼缘过大，增大作用就趋于平缓；翼缘的存在对斜压破坏并没有提高作用，因为斜压破坏发生在腹部。

5. 箍筋配置数量

有腹筋梁出现斜裂缝后，斜裂缝之间的拉应力转由箍筋承担，可以继续传递剪力，箍筋是形成桁架机制的前提。此外，箍筋还可以限制斜裂缝的开展、提高骨料咬合力，增加剪压区高度、提高剪压区混凝土承受的剪力。

箍筋配置的数量用配箍率反映，表示的是单位混凝土截面面积中所含有箍筋的截面面积（图 5-11）。

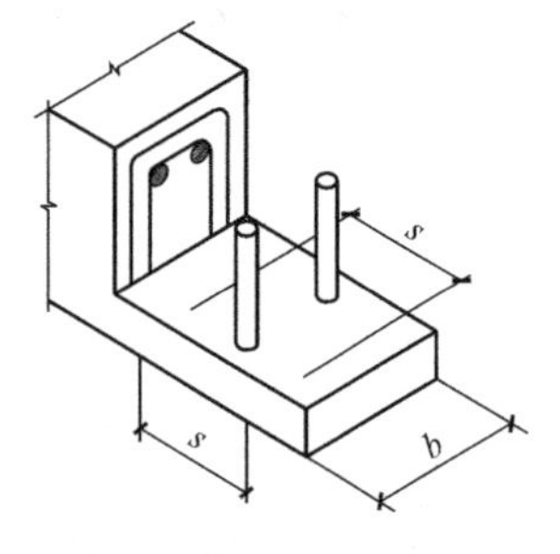

图 5-11　配箍率

$$\rho_{sv} = \frac{A_{sv}}{bs} = \frac{n \cdot A_{sv1}}{bs} \tag{5-3}$$

式中　A_{sv}——配置在同一截面内箍筋各肢的全部截面面积；

n——同一截面内箍筋的肢数；

A_{sv1}——单肢箍筋的截面面积；

s——沿构件长度方向箍筋的间距；

b——梁的截面宽度。

受剪承载力与配箍数量 $\rho_{sv} f_{yv}$（f_{yv} 是箍筋的屈服强度）的关系见图 5-12，当截面发生剪压破坏时，受剪承载力随 $\rho_{sv} f_{yv}$ 的增加而增加。当箍筋数量增加到截面发生斜压破坏时，继续增加箍筋数量，承载力将不再增加，达到受剪承载力的上限值。

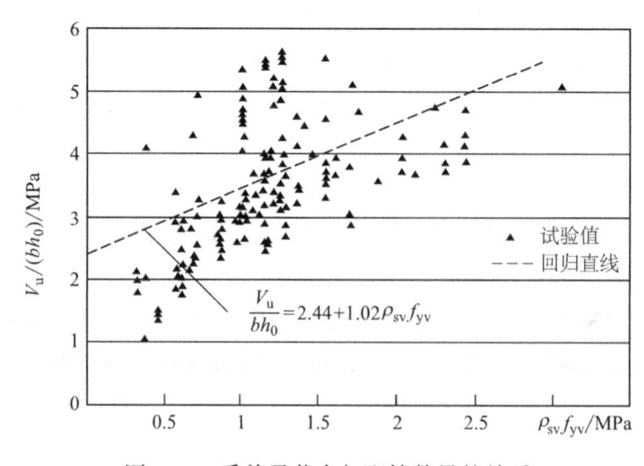

图 5-12　受剪承载力与配箍数量的关系

6. 其他影响因素

(1) 均布荷载作用

与集中荷载作用时简支梁的最大弯矩和最大剪力（弯剪段剪力相等）出现在同一截面不同，在均布荷载作用下，最大弯矩出现在跨中，而最大剪力出现在支座，临界斜裂缝的位置不确定。跨度 l_0 与截面有效高度 h_0 的比值（跨高比）可以反映正应力和剪应力的相对比值。受剪承载力有随跨高比的增加而减小的趋势；跨高比大于 10 后，承载力的变化趋于缓慢。

(2) 结构类型

与简支梁不同，集中荷载作用下的连续梁和伸臂梁在支座附近有负弯矩，在梁的剪跨段有反弯点（弯矩为零的点），如图 5-13（a）所示。由于在剪跨段内有正负双向弯矩，在弯矩和剪力作用下，会出现两条临界裂缝，一条位于正弯矩范围内，从梁的下部伸向集中荷载这一点，另一条则位于负弯矩范围内，从梁的上部伸向支座。在斜裂缝处的纵向钢筋拉应力，因应力重分布而突然增大，在反弯点附近的纵筋拉应力很小，造成这一不长的区段内纵筋拉应力差值过大，从而导致钢筋和混凝土之间的粘结破坏，沿纵筋水平位置出现一些断断续续的粘结裂缝（图 5-13b）。临近破坏时，上下粘结裂缝分别穿过反弯点向受压区延伸，使原先受压纵筋变成受拉，造成在两条粘结裂缝之间的纵筋都处于受拉状态，梁截面只剩下中间部分承受压力和剪力，降低了连续梁的抗剪能力。若以广义剪跨比 $\lambda=M/(Vh_0)$ 作为剪跨比，连续梁的受剪承载力小于相同截面条件、相同剪跨比的简支梁。

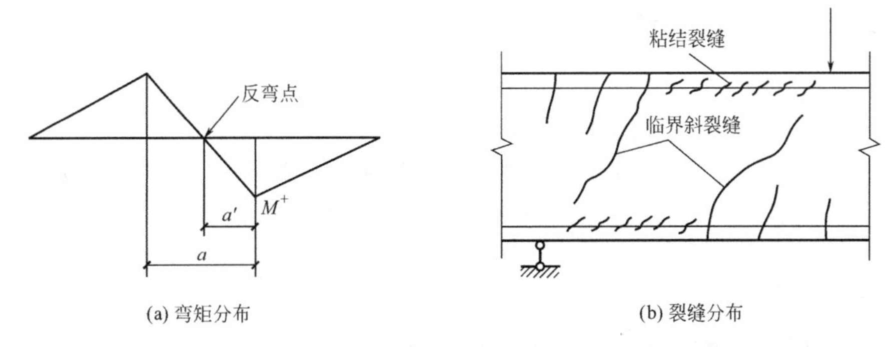

(a) 弯矩分布　　(b) 裂缝分布

图 5-13　伸臂梁斜截面

试验结果表明，连续梁和伸臂梁近中间支座截面的受剪承载力，若以名义剪跨比 $\lambda=a/h_0$（其中 a 是荷载作用点到支座的距离）作为剪跨比，则与相同条件的简支梁相当（由图 5-13a 可见，名义剪跨比的值大于广义剪跨比）。这意味着对于受集中荷载的连续梁和伸臂梁近中间支座的斜截面，用名义剪跨比代替广义剪跨比后，可采用简支梁的承载力计算公式。

均布荷载作用下的连续梁，一般不会出现上述的沿纵筋粘结裂缝，原因是梁顶的均布荷载对混凝土保护层起着侧向约束的作用，从而提高了钢筋与混凝土之间的粘结强度，故在负弯矩区段不会出现严重的粘结裂缝，在正弯矩区段虽有粘结破坏，但不严重。试验表明，均布荷载作用下连续梁的受剪承载力，不低于相同条件下简支梁的受剪承载力。

5.2.2 受剪承载力的计算模式

斜截面破坏属于脆性破坏，而适筋截面的受弯破坏属于延性破坏，工程设计希望构件达到承载能力极限状态时发生延性的弯曲破坏，而不是发生脆性的剪切破坏，所以受剪承载力计算公式的保证率高于受弯承载力计算公式，使受剪所能承受的荷载高于受弯所能承受的荷载。当受剪承载力计算满足要求后，正常使用极限状态下的斜裂缝宽度也能满足要求，所以不必另行计算。

针对斜截面的三种破坏形态采用不同的控制方法：斜拉破坏通过配置最小数量的箍筋及构造措施加以避免，斜压破坏通过限制截面的最小尺寸来控制，剪压破坏通过承载力计算来满足要求。

由于受剪承载力的影响因素众多、传力机理复杂，不同设计规范均采用半经验、半理论计算模式，即：通过理论分析确定承载力的主要影响因素和影响规律，构建计算公式的基本形式，根据试验数据的统计分析确定经验系数。

有腹筋梁的剪力传递同时包含了拱机制和桁架机制。对于剪压破坏，构件达到受剪承载力极限状态时，箍筋应力达到屈服强度 f_{yv}，由桁架传递的剪力与 $\rho_{sv} f_{yv} b h_0$ 成正比，剪压区混凝土达到压-剪复合受力强度，由拱传递的剪力与 $f_t b h_0$ 成正比。所以箍筋和混凝土所能承受的总剪力可以表示为：

$$V_{cs} = K_1 f_t b h_0 + K_2 \rho_{sv} f_{yv} b h_0 \tag{5-4}$$

式中，K_1，K_2 为经验系数，由试验确定。

5.2.3 受剪承载力计算公式

1. 基本假设

因为剪压破坏时承载力变化幅度较大，必须通过计算，方能确定混凝土构件的斜截面承载力，《规范》中规定的计算公式，是根据剪压破坏形态建立的。其基本假设如下：

(1) 梁发生剪压破坏时，斜截面所承受的剪力由两部分组成，即

$$V_u = V_{cs} + V_{sb} \tag{5-5}$$

式中 V_u——梁斜截面破坏时所承受的总剪力；

V_{cs}——箍筋和混凝土所能承受的总剪力，见式（5-4）；

V_{sb}——与斜裂缝相交的弯起钢筋所承受的剪力。

(2) 梁发生剪压破坏时，与斜裂缝相交的箍筋和弯起钢筋的拉应力都达到其屈服强度，但要考虑到拉应力的不均匀，特别是靠近剪压区的钢筋有可能达不到屈服强度。

(3) 斜裂缝处的骨料咬合力和纵筋销栓力，在无腹筋梁中的作用较大，二者承受的剪力可达总剪力的50%～90%，但在有腹筋梁中，由于有箍筋的存在，虽然骨料咬合力和纵筋销栓力都有一定的提高，但它们的抗剪作用已大都被箍筋代替，为了计算简便，公式中没有列入这项内容。

(4) 截面尺寸的影响主要针对无腹筋梁，故仅在不配箍筋和弯起钢筋的厚板计算中才予以考虑；

(5) 剪跨比是影响斜截面承载力的重要因素，但为了计算公式的应用简便，仅在计算承受集中荷载为主的梁才考虑剪跨比的影响。

2. 计算公式

(1) 仅配箍筋时梁的斜截面受剪承载力

《规范》取式(5-4)中的经验系数 $K_2=1$,接近图5-12中回归直线的斜率(1.02)。考虑到实际工程中纵向钢筋的配筋率会控制在界限配筋率以内,纵向钢筋对受剪承载力的影响程度不大,忽略纵筋配筋率变化对受剪承载力的影响,另外,偏于安全不考虑T形、I形截面受压翼缘对受剪承载力的提高作用;经验系数 K_1,对一般受弯构件取固定值0.7,对集中荷载作用下(包括作用有多种荷载,其中集中荷载对支座截面所产生的剪力占总剪力的75%以上时)的独立梁取为 $\frac{1.75}{\lambda+1}$,则混凝土受弯构件斜截面上混凝土和箍筋的受剪承载力为:

对于一般梁 $$V_{cs}=0.7f_tbh_0+f_{yv}\frac{A_{sv}}{s}h_0 \tag{5-6a}$$

集中荷载下的独立梁 $$V_{cs}=\frac{1.75}{\lambda+1}f_tbh_0+f_{yv}\frac{A_{sv}}{s}h_0 \tag{5-6b}$$

式中 f_t——混凝土抗拉强度设计值;

f_{yv}——箍筋抗拉强度设计值;

b——矩形截面宽度,T形或I形截面的腹板宽度;

A_{sv}——配置在同一截面内箍筋各肢的全部截面面积;

λ——剪跨比,取 $\lambda=a/h_0$,a 为集中荷载至支座截面或节点边缘的距离,当 $\lambda<1.5$ 时取1.5,当 $\lambda>3$ 时,取3。

在 $\lambda<1.5$ 和 $\lambda>3$ 时,往往发生斜压和斜拉破坏,剪压破坏时 λ 为1.5~3,故 λ 的取值范围是1.5~3,因而 $\frac{1.75}{\lambda+1}$ 的值在0.7~0.44之间,说明随着剪跨比的加大,梁的受剪承载力下降。由式(5-6a)和式(5-6b)可以看出,与一般梁相比,集中荷载下独立梁的受剪承载力要低一些。

(2) 设有弯起钢筋时梁的受剪承载力

梁中设有弯起钢筋时,由基本假设(2),与斜裂缝相交的弯起钢筋的拉应力达到其屈服强度,那么弯起钢筋所承担的剪力值就是弯起钢筋的拉力在垂直于梁轴方向的分力值,即

$$V_{sb}=0.8f_yA_{sb}\sin\alpha_s \tag{5-7}$$

式中 f_y——弯起钢筋的抗拉强度设计值;

A_{sb}——与斜裂缝相交的配置在同一弯起平面内的弯起钢筋截面面积;

α_s——弯起钢筋与梁纵轴线的夹角,一般为45°,梁高超过800mm时取60°。

式(5-7)中的系数0.8,是考虑到弯起钢筋与斜裂缝相交时,可能已接近受压区,钢筋强度在梁破坏时不可能全部发挥作用而对弯起钢筋受剪承载力的折减。

(3) 适用范围

以上梁的斜截面受剪承载力计算公式针对的是剪压破坏,也就是公式的适用范围是出现剪压破坏的梁。

为了避免出现斜压破坏,同时也是防止梁在使用阶段斜裂缝过宽(主要是薄腹梁),必须对梁的最小截面尺寸进行限制,同时这也是梁受剪承载力的上限值。

当 $\frac{h_w}{b} \leqslant 4$ 时（厚腹梁），应满足

$$V \leqslant 0.25\beta_c f_c bh_0 \tag{5-8a}$$

当 $\frac{h_w}{b} \geqslant 6$ 时（薄腹梁），应满足

$$V \leqslant 0.2\beta_c f_c bh_0 \tag{5-8b}$$

式中 V——剪力设计值；

β_c——混凝土强度影响系数，当混凝土强度等级不超过C50时，取 $\beta_c=1.0$；当混凝土强度等级为C80时，取 $\beta_c=0.8$；其间按线性插值法确定；

f_c——混凝土抗压强度设计值；

b——矩形截面宽度，T形或I形截面的腹板宽度；

h_w——截面的腹板高度：矩形截面取有效高度 h_0；T形截面取有效高度减去翼缘高度；I形截面取腹板净高。

对于薄腹梁，采用较严格的截面限制条件，因为腹板在发生斜压破坏时，其抗剪能力比厚腹梁低，同时也是为了防止梁在使用阶段斜裂缝过宽。

箍筋配置过少，一旦出现斜裂缝，箍筋中突然增大的拉应力可能达到箍筋的屈服强度，造成裂缝的迅速展开，甚至箍筋被拉断，导致斜拉破坏。为了避免斜拉破坏，规定了最小配箍率：

$$\rho_{sv,\min}=0.24\frac{f_t}{f_{yv}} \tag{5-9}$$

箍筋的最小配置量，除了应满足最小配箍率的要求外，还应满足箍筋的最小直径和最大间距的要求，见表5-1。

梁中箍筋的最大间距和最小直径（mm） **表5-1**

梁高	$V>0.7f_tbh_0$	$V\leqslant 0.7f_tbh_0$	最小直径
$150<h\leqslant 300$	150	200	6
$300<h\leqslant 500$	200	300	
$500<h\leqslant 800$	250	350	
$h>800$	300	400	8

注：梁中配有计算需要的纵向受压钢筋时，箍筋直径尚不应小于 $d/4$，d 为受压钢筋的最大直径。

（4）厚板的计算公式

试验表明，均布荷载下不配置箍筋和弯起钢筋的钢筋混凝土板，其破坏时的平均剪应力随板厚的增大而降低。其斜截面受剪承载力按下式计算：

$$V_u=0.7\beta_h f_t bh_0 \tag{5-10}$$

式中 β_h——截面高度影响系数，$\beta_h=\left(\frac{800}{h_0}\right)^{1/4}$，当 $h_0<800$mm时，取 $h_0=800$mm；当 $h_0>2000$mm时，取 $h_0=2000$mm。

从取值范围看，厚板的有效高度限制在800～2000mm之间，当 $h_0>2000$mm时，厚板的受剪承载力还将进一步下降。

5.2.4 斜截面受剪承载力的设计计算

1. 计算截面

与正截面承载力计算仅选用弯矩最大截面作为计算截面不同，斜截面承载力的设计计算应选择剪力最大以及受剪承载力有变化（变小）的截面作为计算截面。包括：

（1）支座边缘处斜截面。此处的设计剪力值一般为最大，如图 5-14（a）中的 1-1 截面。

（2）弯起钢筋弯起点处的斜截面。此处没有弯起钢筋抗剪，斜截面受剪承载力变小，如图 5-14（a）中的 2-2 截面。

（3）箍筋数量和间距改变处的斜截面。箍筋间距变大，斜截面受剪承载力变小，如图 5-14（a）中的 3-3 截面。

（4）腹板宽度改变处的斜截面。I 形截面腹板宽度变小，斜截面受剪承载力变小，如图 5-14（b）中的 4-4 截面。

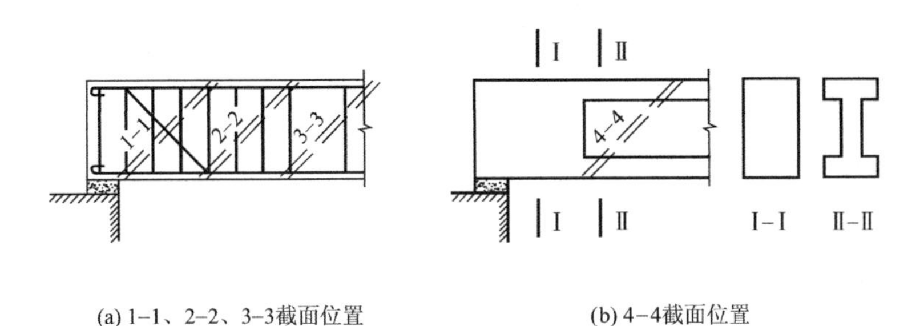

(a) 1-1、2-2、3-3截面位置　　(b) 4-4截面位置

图 5-14　斜截面受剪承载力的计算截面位置

2. 设计计算步骤

一般情况下，在做斜截面受剪承载力设计计算时，正截面承载力计算已经完成，即梁的截面尺寸和纵向钢筋均已选定。斜截面受剪承载力的设计计算可按以下步骤进行：

（1）验算截面尺寸

首先验算梁的截面尺寸是否满足式（5-8）的要求，以避免产生斜压破坏。如果不满足，则必须加大梁的截面尺寸或提高混凝土强度等级。

（2）验算是否需要按计算配箍筋

将最小配箍率式（5-9）代入式（5-6）后，可知

当
$$V > 0.94 f_t b h_0 \tag{5-11a}$$

或
$$V > \left(\frac{1.75}{\lambda+1}+0.24\right) f_t b h_0 \tag{5-11b}$$

时，需要按计算配置箍筋；否则可按最小配箍率和表 5-1 进行构造配箍。

（3）若仅配置箍筋，则按式（5-6）计算出 $\frac{A_{sv}}{s}$ 的数值，然后初步选定箍筋直径（一般为 6～12mm），计算出箍筋间距，向下取整后并满足表 5-1 的规定即可。

（4）若同时配置箍筋和弯起钢筋，则需要首先选定弯起钢筋的数量（一般选用中间的纵向钢筋），确定截面积 A_{sb}，按式（5-7）计算出弯起钢筋承担的剪力，用 $V-V_{sb}$ 后，按步骤（2）和（3）计算需要的箍筋数量即可。

3. 截面复核

斜截面受剪承载力截面复核问题比较简单，只要把相关数据代入式（5-5）即可。

【例 5-1】 某矩形截面简支梁，环境类别为一类，混凝土强度等级 C30，纵筋和箍筋均采用 HRB400 钢筋，见图 5-15，该梁承受均布荷载设计值 90kN/m（含自重）。试为该梁配置腹筋。

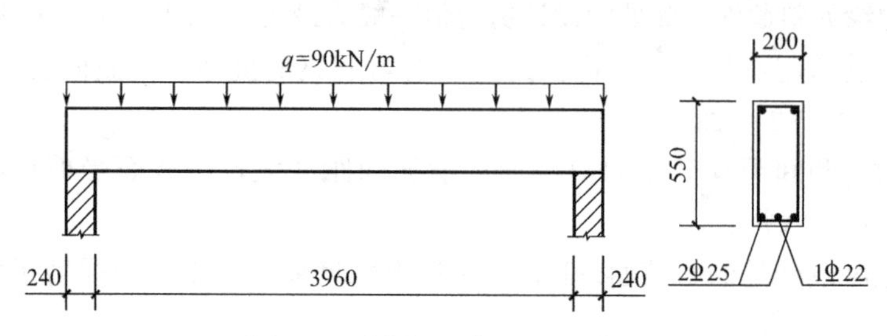

图 5-15　例题 5-1 梁立面和截面

【解】

1）求剪力设计值

支座边缘处截面剪力最大

$$V_{max}=\frac{1}{2}ql_n^2=\frac{1}{2}\times 90\times 3.96=178.2\text{kN}$$

2）验算截面尺寸

$$h_w=h_0=510\text{mm}\qquad \frac{h_w}{b}=\frac{510}{200}=2.55<4$$

属于厚腹梁，按式（5-8a）验算

$0.25\beta_c f_c bh_0=0.25\times 1.0\times 14.3\times 200\times 510=364.65\text{kN}>V_{max}$　　符合要求

3）验算是否需要按计算配箍，由式（5-11a）

$0.94f_t bh_0=0.94\times 1.43\times 200\times 510=137.1\text{kN}<V_{max}$，故需要按计算配箍

4）只配箍筋而不用弯起钢筋，按式（5-6a）

$$\frac{A_{sv}}{s}=\frac{V-0.7f_t bh_0}{f_{yv}h_0}=\frac{178.2\times 10^3-0.7\times 1.43\times 200\times 510}{360\times 510}=0.414\text{mm}^2/\text{mm}$$

选用Φ 6 双肢箍（$A_{sv}=57\text{mm}^2$），则 $s=137$mm，故可选用Φ 6@130 作为实配箍筋。

5）若同时配箍筋和弯起钢筋

根据已配的纵筋，只能选用中间的 1Φ 20 作为弯起钢筋，弯起角度为 45°，则弯起钢筋承受的剪力为

$V_{sb}=0.8f_y A_{sb}\sin\alpha_s=0.8\times 360\times 314\times \sin 45=76.95\text{kN}$

混凝土和箍筋承受的剪力为

$V_{cs}=V-V_{sb}=178.2-76.95=101.25\text{kN}<0.94f_t bh_0=137.1\text{kN}$

故不需要计算配箍，按构造要求选用Φ 6@200，配箍率

$$\rho_{sv}=\frac{A_{sv}}{bs}=\frac{2\times 28.5}{200\times 200}=0.142\%>\rho_{svmin}=0.24\frac{f_t}{f_{yv}}=0.24\times\frac{1.43}{360}=0.095\%$$

满足要求。

6）验算弯起钢筋弯起点处的斜截面

见图 5-16，该处的剪力设计值

$$V=178200\times\frac{3960/2-520}{3960/2}=131400\text{N}<137.1\text{kN}$$ 不需要计算配箍，按构造配筋即可。

综上，弯起 1Φ20 后，配置Φ6@200 箍筋即可满足要求。

【例 5-2】 某 T 形截面独立简支梁，截面尺寸、跨度、纵筋数量见图 5-17，承受集中荷载（梁自重不计），荷载设计值为 550kN，混凝土强度等级 C30，箍筋和纵筋均为 HRB400 钢筋，若只配箍筋时，求箍筋数量。

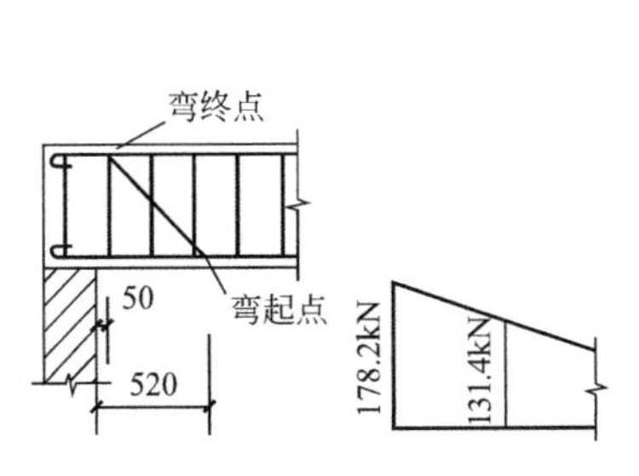

图 5-16 弯起点处的剪力

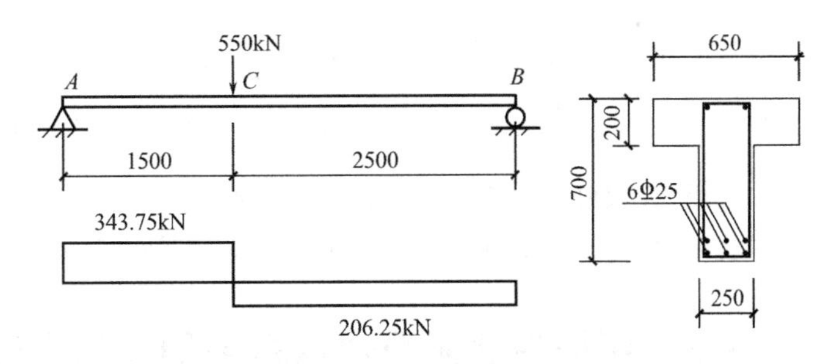

图 5-17 例题 5-2 附图

【解】

1）求剪力设计值

$$V_A=\frac{2.5}{4}\times550=343.75\text{kN}$$

$$V_B=\frac{1.5}{4}\times550=206.25\text{kN}$$

2）验算截面尺寸

$$\frac{h_w}{b}=\frac{700-200-60}{250}=1.76<4$$

属于厚腹梁，按式（5-8a）验算

$0.25\beta_c f_c bh_0=0.25\times1.0\times14.3\times250\times640=572\text{kN}>V_A=343.75\text{kN}$ 符合要求

3）只配箍筋

AC 段：$\lambda=\frac{a}{h_0}=\frac{1500}{640}=2.34$

是否需要按计算配箍，由式（5-11b）

$$(\frac{1.75}{\lambda+1}+0.24)f_t bh_0=(\frac{1.75}{2.34+1}+0.24)\times1.43\times250\times640=174.80\text{kN}<V_A=343.75\text{kN}$$

需要按计算配箍，按式（5-6b）

$$\frac{A_{sv}}{s}=(V_A-\frac{1.75}{\lambda+1}f_t bh_0)/f_{yv}h_0$$

$$=(343.75\times10^3-\frac{1.75}{2.34+1}\times1.43\times250\times640)/(360\times640)=0.972$$

选用Φ8双肢箍（$A_{sv}=101mm^2$），则 $s=104mm$，实配Φ8@100。

CB 段：$\lambda=\frac{a}{h_0}=\frac{2500}{640}=3.91>3$，取 $\lambda=3$

是否需要按计算配箍，由式（5-11b）

$$(\frac{1.75}{\lambda+1}+0.24)f_t bh_0=(\frac{1.75}{3+1}+0.24)\times1.43\times250\times640=155.01kN<V_B$$
$$=206.25kN$$

需要按计算配箍，按式（5-6b）

$$\frac{A_{sv}}{s}=(V_A-\frac{1.75}{\lambda+1}f_t bh_0)/f_{yv}h_0$$
$$=(206.25\times10^3-\frac{1.75}{3+1}\times1.43\times250\times640)/(360\times640)=0.461$$

选用Φ8双肢箍（$A_{sv}-101mm^2$），则 $s=219mm$，实配Φ8@200。

故在 AC 段配箍为Φ8@100；CB 段配箍为Φ8@200。

5.3 保证斜截面受弯承载力的构造措施

梁的斜截面承载力除了需验算斜截面抗剪承载力外，还需考虑斜截面受弯承载力，特别是设置了弯起钢筋后。梁的斜截面受弯承载力是指斜截面上的纵向受拉钢筋、弯起钢筋和箍筋等在斜截面破坏时，它们所提供的拉力对剪压区的内力矩之和（$M_u=T\cdot z+V_{sv}\cdot z_{sv}+V_{sb}\cdot z_{sb}$），见图 5-18。对于梁的斜截面受弯承载力通常是不进行计算的，而是用梁内纵筋的弯起、截断、锚固和箍筋间距等构造措施予以保证的。为了解决这一问题，首先介绍材料抵抗弯矩图。

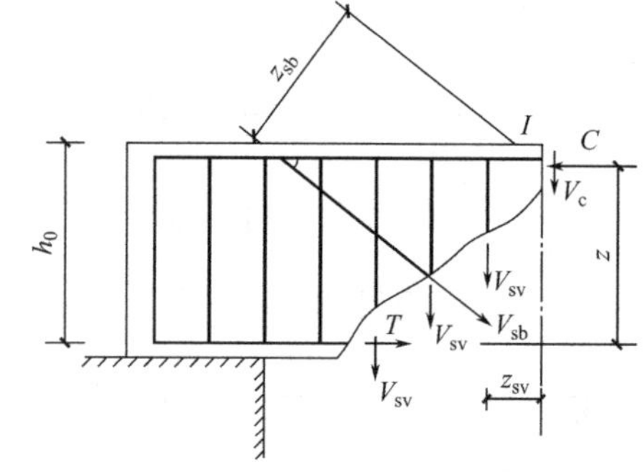

图 5-18 斜截面受弯承载力

5.3.1 材料抵抗弯矩图

由荷载对梁产生的弯矩设计值 M 所绘制的图形，称为弯矩图，即 M 图（更严谨地说应为弯矩包络图）。由钢筋和混凝土对梁的各个正截面产生的受弯承载力设计值 M_u 所绘制的图形，称为材料抵抗弯矩图，即 M_u 图。显然，M_u 图必须包住 M 图，才能保证梁的各个正截面受弯承载力。

下面以承受均布荷载简支梁为例说明 M_u 图的绘制方法。如果梁配置有通长的 3 根纵筋 2Φ22+1Φ20（图 4-19），若纵筋的总截面积等于跨中截面所要求的计算面积，则 M_u 图的外围水平线与 M 图上的最大弯矩点相切，若纵筋的总截面积大于跨中截面所要求的计算面积，则可根据实际配筋截面积，按式（5-12）求得 M_u 图的外围水平线的位置，即

$$M_u=f_y A_s(h_0-\frac{x}{2})=f_y A_s(h_0-\frac{f_y A_s}{2\alpha_1 f_c b}) \tag{5-12}$$

任一纵筋所提供的受弯承载力 M_{ui} 可近似按截面面积 A_{si} 与总的钢筋截面面积 A_s 的比值，乘以 M_u 求得，即

$$M_{ui}=\frac{A_{si}}{A_{si}}\cdot M_u \tag{5-13}$$

由图 5-19 知，③号钢筋在截面 1 处被充分利用，②、①号钢筋分别在截面 2、3 处被充分利用，因而截面 1、2、3 分别称为③、②、①号钢筋的充分利用截面。另，在超过了截面 2 以后，从图上看就不需要③号钢筋了；过了截面 3 以后，从图上看就不需要②号钢筋了，故截面 2、3 分别称为③、②号钢筋的不需要截面。

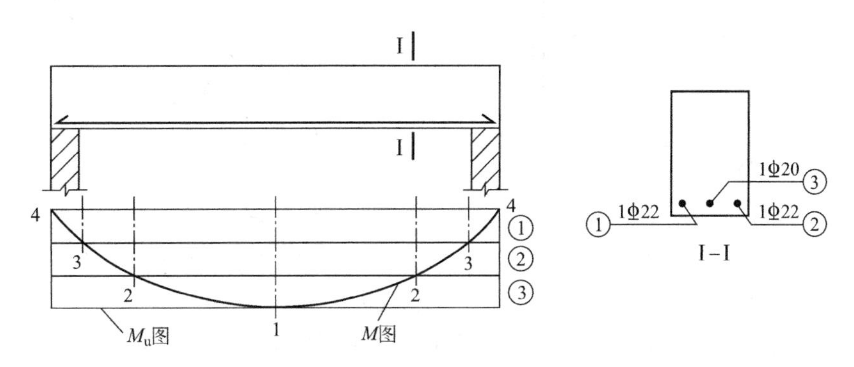

图 5-19　配置通长纵筋简支梁的材料抵抗弯矩图

如果将③号钢筋在支座附近弯起（因为梁底外侧的钢筋不能截断，进入支座的纵筋不能少于 2 根，所以能用于弯起的钢筋只有③号钢筋），如图 5-20 所示，显然弯起点应在截面 2 以外，同时可近似认为梁截面高度的中心线为中和轴，弯起钢筋与梁中心线相交后就不再提供抗弯承载力，故该处的 M_u 图即为图 5-20 中的外围线，其中 e、g 点分别垂直对应于弯起钢筋的弯起点和与梁中心线的交点。由于弯起钢筋的正截面受弯内力臂逐渐减少，所承担的正截面受弯承载力也相应减小，反映在 M_u 图上 eg 的连线为斜线。

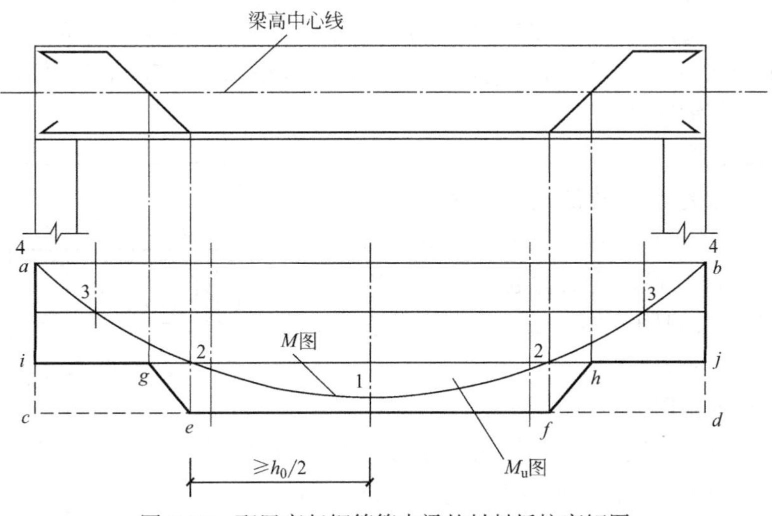

图 5-20　配置弯起钢筋简支梁的材料抵抗弯矩图

显然，在这里的 g、h 点不能落到 M 图之内，即纵筋弯起以后的 M_u 图应能完全包住 M 图，以保证梁不至出现正截面受弯破坏。

5.3.2 纵筋的弯起

按上述方法弯起纵筋能够保证梁的正截面承载力，但在斜裂缝出现以后，由于部分纵筋弯起后，水平纵筋的数量减少，而弯起钢筋的内力臂减小，有可能出现在斜截面上的受弯承载力不足的问题。为此，需要讨论弯起钢筋的弯起点的位置。

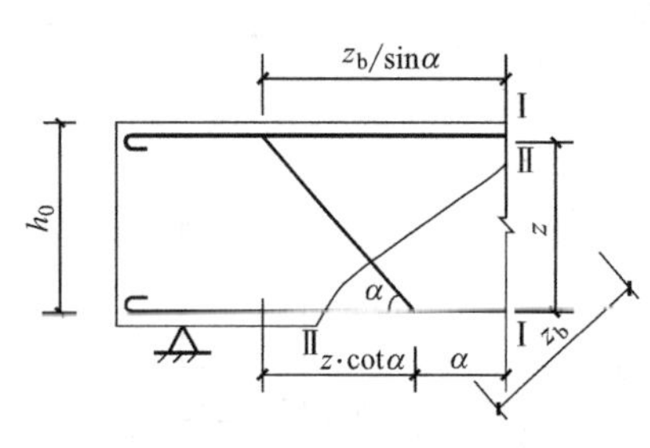

图 5-21 弯起点的位置

1. 弯起点的位置

图 5-21 中，对于弯起钢筋弯起之前的正截面I-I处的受弯承载力为

$$M_{u,\ I}=f_y A_{sb} z \tag{5-14}$$

弯起后在截面Ⅱ-Ⅱ处提供的受弯承载力为

$$M_{u,\ II}=f_y A_{sb} z_b \tag{5-15}$$

为了保证斜截面受弯承载力，要求斜截面Ⅱ-Ⅱ所承担的弯矩设计值应不小于正截面Ⅰ-Ⅰ处的受弯承载力，即 $M_{u,II} \geqslant M_{u,I}$，则要求 $z_b \geqslant z$。

设弯起点至弯起钢筋充分利用截面的距离为 a，取 $z_b = z$，由图 5-21 知

$$\frac{z_b}{\sin\alpha}=z\cot\alpha+a \tag{5-16}$$

得

$$a=\frac{z_b}{\sin\alpha}-z\cot\alpha=\frac{z(1-\cos\alpha)}{\sin\alpha} \tag{5-17}$$

一般 $\alpha=45°$或 $60°$，近似取 $z=0.9h_0$，则 $a=(0.373\sim0.52)h_0$。

为了方便起见，《规范》规定弯起点与按计算该钢筋充分利用截面之间的距离，不应小于 $0.5h_0$。也就是弯起点应在该钢筋充分利用截面以外，大于等于 $0.5h_0$ 处，则能够保证斜截面受弯承载力。

在连续梁中，将跨中承受正弯矩的纵筋弯起，作为承担支座负弯矩的钢筋时同样应满足这一要求，即承受支座负弯矩的梁顶负筋向下弯起时，也应保证其弯起点至充分利用截面的距离不少于 $0.5h_0$。（注：目前建筑工程中已经较少采用弯起钢筋，但在桥梁工程中还会经常采用弯起钢筋。）

2. 弯终点的位置

为了使每一根弯起钢筋都能与斜裂缝相交，以保证斜截面受剪和受弯承载力，要求弯起钢筋的弯终点到支座边或前一排弯起钢筋的弯起点之间的距离，不应大于箍筋的最大间距（图 5-22），其值见表 5-1 中 $V>0.7f_t bh_0$ 一栏的数据。

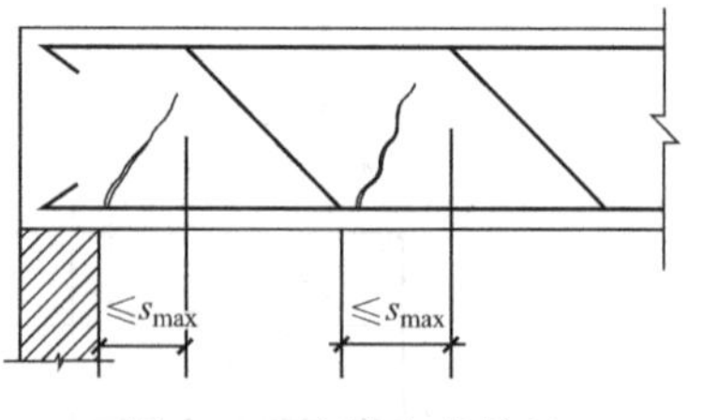

图 5-22 弯终点的位置

3. 弯起钢筋的锚固

弯起钢筋的端部也应留有一定的锚固长度：在受拉区不应小于 $20d$，在受压区不应小于 $10d$，对于光圆钢筋，在末端应设有弯钩（图 5-23）。

弯起钢筋除用纵筋弯起外，还可以单独设置，如图 5-24 所示，称为鸭筋。由于弯起

钢筋的作用是将斜裂缝之间的混凝土斜压力传递给受压区混凝土，以加强混凝土块体之间的共同作用，形成拱形桁架，因而不允许设置如图 5-24（b）所示的浮筋。

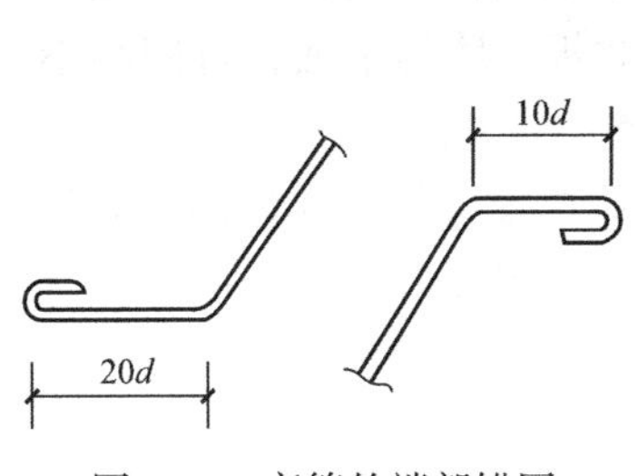

图 5-23 弯筋的端部锚固

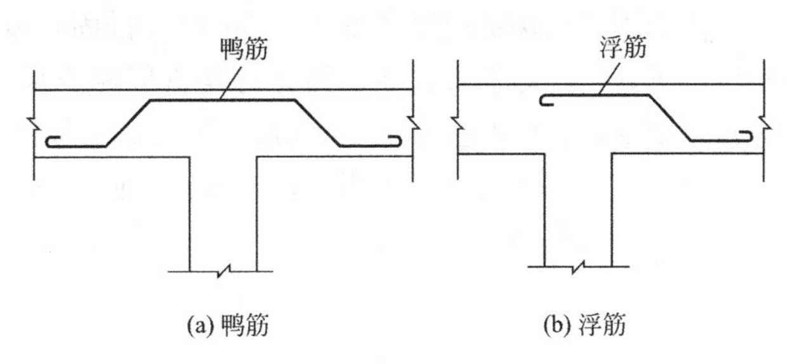

图 5-24 鸭筋与浮筋

5.3.3 纵筋的锚固

1. 受拉钢筋的锚固

当计算中充分利用钢筋的强度时（即要求钢筋达到屈服应力），钢筋必须要有足够的锚固长度。混凝土结构中纵向受拉钢筋的基本锚固长度应按式（5-18）计算。

$$l_{ab}=\alpha\frac{f_t}{f_y}d \tag{5-18}$$

式中 l_{ab}——受拉钢筋的基本锚固长度；

f_y——钢筋抗拉强度设计值；

f_t——锚固区混凝土抗拉强度设计值，当混凝土强度等级高于 C60 时，按 C60 取值；

d——锚固钢筋的直径或锚固并筋（钢筋束）的等效直径；

α——锚固钢筋的外形系数，按表 5-2 采用。

锚固钢筋的外形系数 **表 5-2**

钢筋类型	光圆钢筋	带肋钢筋	螺旋肋钢丝	三股钢绞线	七股钢绞线
α	0.16	0.14	0.13	0.16	0.17

受拉钢筋的锚固长度应根据锚固条件的不同按式（5-19）计算，并不得小于 200mm。

$$l_a=\zeta_a l_{ab} \tag{5-19}$$

式中 l_a——受拉钢筋的锚固长度；

ζ_a——锚固长度修正系数；可按下列规定取用，当多于一项时，可按连乘计算，但不应小于 0.6。

（1）当带肋钢筋的公称直径大于 25mm 时取 1.10；

（2）环氧树脂涂层带肋钢筋取 1.25；

（3）施工过程中易受扰动的钢筋取 1.10；

（4）当纵向受力钢筋的实际配筋面积大于其设计计算面积时，其修正系数取设计面积与实际配筋面积的比值，但对于有抗震设防要求及直接承受动力荷载的结构构件，不应考虑此项修正；

（5）锚固钢筋的保护层厚度为 $3d$ 时修正系数可取 0.8，保护层厚度不小于 $5d$ 时修正系数可取 0.7，中间按内插取值，此处 d 为锚固钢筋的直径。

当锚固区的保护层厚度不大于 $5d$ 时，锚固长度范围内应配置横向构造钢筋，其直径不应小于 $d/4$，对于梁、柱、斜撑等构件间距不应大于 $5d$，对板、墙等平面构件间距不应大于 $10d$，且均不应大于 100mm。此处 d 为锚固钢筋的直径。

当纵向受拉钢筋末端采用弯钩或机械锚固措施时，包括弯钩或锚固端头在内的锚固长度，可取为基本锚固长度的 60%。弯钩和机械锚固的形式和技术要求见图 5-25。

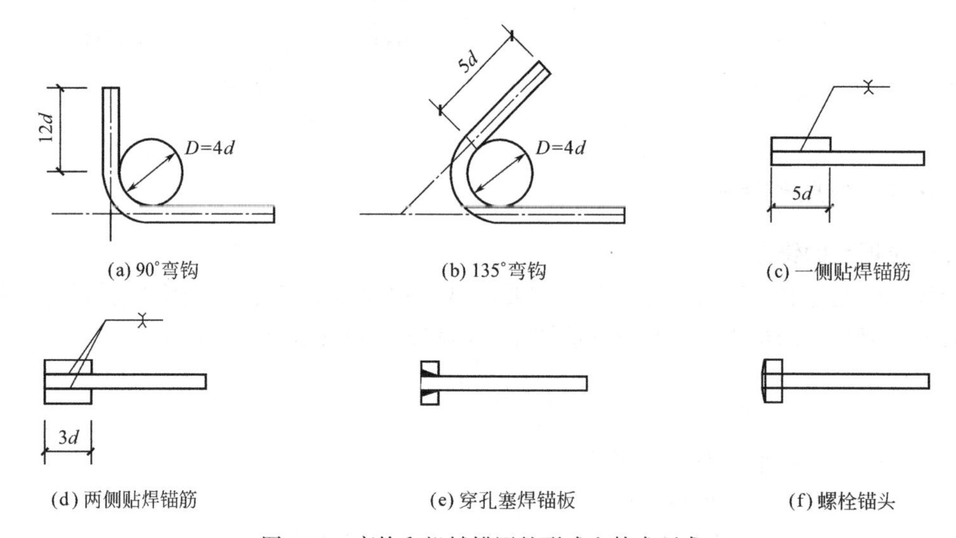

(a) 90°弯钩　(b) 135°弯钩　(c) 一侧贴焊锚筋

(d) 两侧贴焊锚筋　(e) 穿孔塞焊锚板　(f) 螺栓锚头

图 5-25　弯钩和机械锚固的形式和技术要求

2. 受压钢筋的锚固（图 5-26）

混凝土结构中的纵向受压钢筋，当计算充分利用其抗压强度时，锚固长度不应小于相应受拉钢筋锚固长度的 70%。

受压钢筋不应采用末端弯钩和一侧贴焊锚筋的锚固措施。

受压钢筋锚固长度范围内的横向构造钢筋与受拉钢筋向的相同。

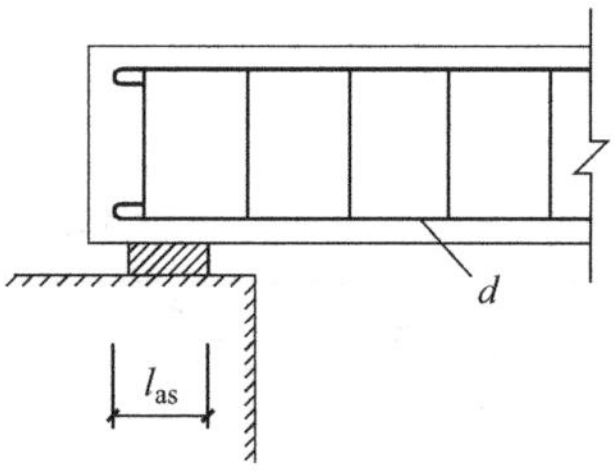

图 5-26　钢筋在支座处的锚固

3. 纵筋在支座处的锚固

简支梁在支座处出现斜裂缝后，纵向钢筋的应力将会增加，如果锚固长度不足，钢筋与混凝土之间的相对滑移将导致斜裂缝宽度显著增大，造成支座处的粘结锚固破坏，这种情况容易发生在靠近支座处有较大荷载时。因此简支梁和连续梁简支端的下部受拉钢筋，应伸入支座有一定的锚固长度。考虑到支座处存在有横向压力的有利作用，支座处的锚固长度可比基本锚固长度减小。《规范》规定，钢筋混凝土梁简支端的下部纵向受拉钢筋伸入支座范围内的锚固长度 l_{as} 应符合以下要求：

（1）当 $V \leqslant 0.7 f_t b h_0$ 时，$l_{as} \geqslant 5d$；

（2）当 $V > 0.7 f_t b h_0$ 时，带肋钢筋 $l_{as} \geqslant 12d$，光圆钢筋 $l_{as} \geqslant 15d$。此处 d 为锚固钢筋的直径。

当不能满足以上要求时，可采用弯钩或机械锚固措施。

支承在砌体结构上的钢筋混凝土独立梁，在纵向受力钢筋的锚固长度范围内应配置不少于2根箍筋，其直径不宜小于$d/4$，d为纵向受力钢筋的最大直径；间距不宜大于$10d$，当采用机械锚固措施时间距尚不宜大于$5d$，d为纵向受力钢筋的最小直径。

混凝土强度等级为C25及以下的简支梁或连续梁的简支端，当距支座$1.5h$范围内作用有集中荷载，且$V>0.7f_tbh_0$时，对带肋钢筋宜采取有效的锚固措施，或取锚固长度不小于$15d$，d为锚固钢筋的直径。

当梁端按简支计算但实际受到部分约束时，应在支座区上部设置纵向构造钢筋，其截面面积不应小于下部纵向受力钢筋计算所需截面面积的1/4，且不应少于2根。该纵向构造钢筋自支座边缘向跨内伸出长度不应小于$l_0/5$，l_0为计算跨度。

5.3.4 纵筋的截断

梁内的纵向受力钢筋都是按跨中或支座处的最大弯矩设计值，按正截面受弯承载力计算配置的。因为梁的正弯矩图形的范围较大，受拉区几乎覆盖整个跨度，故梁底纵筋一般不会截断，而是直接伸入到支座中。对于支座附近的负弯矩区段内的梁顶纵筋，由于负弯矩区段范围不大，故往往会将负筋截断，以减少纵筋数量。

在连续梁和框架梁的跨内，支座负弯矩受拉钢筋在跨内延伸时，可根据弯矩图在适当部位截断。当梁端作用剪力较大时，在支座负弯矩钢筋的延伸区段范围内将形成由负弯矩引起的垂直裂缝和斜裂缝，并可能在斜裂缝区前端沿该钢筋形成劈裂裂缝（图5-27），使纵筋拉应力由于斜弯作用和粘结退化而增大，并使钢筋受拉范围相应向跨中扩展。因此钢筋混凝土梁的支座负弯矩纵向受拉钢筋（梁上部钢筋）不宜在受拉区截断。

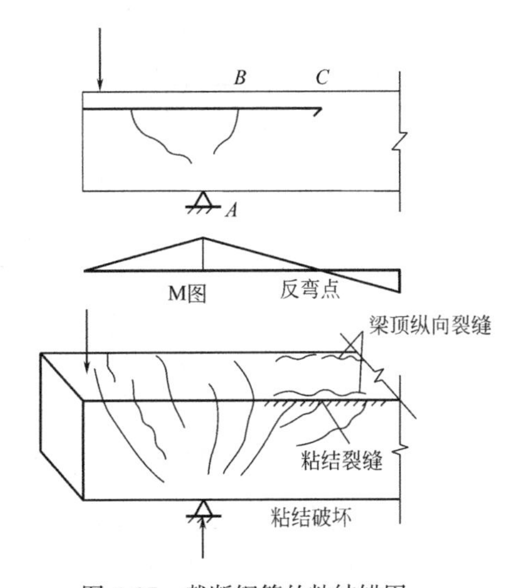

图5-27 截断钢筋的粘结锚固

试验研究表明，为了使负弯矩钢筋的截断不影响它在各截面中发挥所需的抗弯能力，应通过两个条件控制负弯矩钢筋的截断点。第一个控制条件（即从不需要截面伸出的长度）是使该批钢筋截断后，继续延伸的钢筋能保证通过截断点的斜截面具有足够的抗弯承载力；第二个控制条件（即从充分利用截面向前伸出的长度）是使负弯矩钢筋在梁的顶部的特定锚固条件下具有必要的锚固长度。根据对分批截断负弯矩纵筋时钢筋延伸区受力状态的实测结果，《规范》规定：

（1）当$V\leqslant 0.7f_tbh_0$时，应延伸至按正截面受弯承载力计算不需要该钢筋的截面以外不小于$20d$处截断，且从该钢筋强度充分利用截面伸出的长度不应小于$1.2l_a$（图5-28a）。

（2）当$V>0.7f_tbh_0$时，应延伸至按正截面受弯承载力计算不需要该钢筋的截面以外不小于h_0且不小于$20d$处截断，且从该钢筋强度充分利用截面伸出的长度不应小于$1.2l_a+h_0$。

（3）若按第（1）、（2）确定的截断点仍然位于负弯矩对应的受拉区内，则应延伸至按正截面受弯承载力计算不需要该钢筋的截面以外不小于 $1.3h_0$ 且不小于 $20d$ 处截断，且从该钢筋强度充分利用截面伸出的长度不应小于 $1.2l_a+1.7h_0$（图 5-28b）。

需要说明的是：

对于 $V\leqslant0.7f_tbh_0$ 的情况（1），由于在负弯矩区段内没有斜裂缝，故第一个和第二个控制条件都只与正截面受弯承载力有关而与斜截面受弯承载力无关。

对于 $V>0.7f_tbh_0$ 的情况（2），由于在负弯矩区段内有斜裂缝，故第一个控制条件不仅要满足 $20d$ 的要求，而且应不小于斜裂缝的水平长度。试验表明，斜裂缝的水平投影长度大致为（0.75～1.0）h_0，规范取上限 h_0。另外，与情况（1）相比，第二个控制条件也应在原来 $1.2l_a$ 的基础上加上斜裂缝的水平投影长度 h_0。

对于情况（3）则是截断点仍然在受拉区内，相应控制条件的要求就更高了。

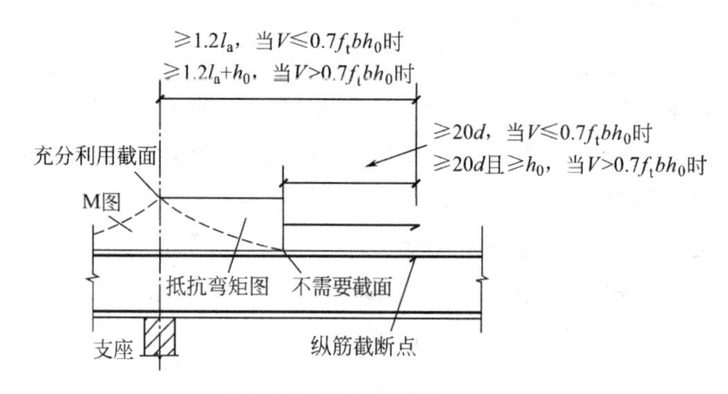

(a) 纵筋截断点在受压区

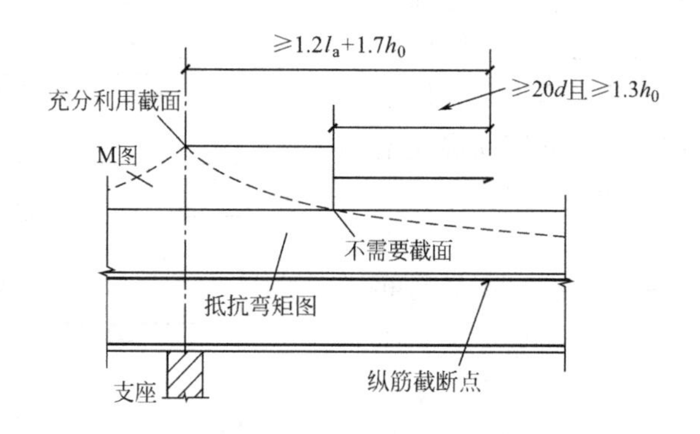

(b) 纵筋截断点在受拉区

图 5-28 负弯矩纵向受拉钢筋的截断

5.3.5 箍筋的其他构造要求

梁内箍筋的主要作用是：①提供斜截面受剪承载力和斜截面受弯承载力，限制斜裂缝的开展；②将梁的受压区和受拉区联系成为整体；③防止纵向受压钢筋的压屈；④与纵筋一起构成钢筋骨架。

除了满足 5.2.3 中箍筋最大间距、最小直径的要求外，梁中箍筋的配置还应符合下列规定：

（1）对于按承载力计算不需要配置箍筋的梁，当截面高度大于 300mm 时，应沿梁全长设置构造箍筋；当截面高度为 150～300mm 时，可仅在构件端部 $l_0/4$ 范围内设置箍筋，l_0 为跨度。但当在构件中部 $l_0/2$ 范围内有几种荷载作用时，则应沿梁全长设置箍筋。当梁的截面高度小于 150mm 时，可不设置箍筋。

（2）当梁中配有按计算需要的纵向钢筋时，箍筋应做成封闭式（图 5-29a），且弯钩直段长度不应小于 $5d$，d 为箍筋直径，如图 5-29 所示。箍筋的间距不应大于 $15d$，并不应大于 400mm。当一层内的纵向受压钢筋多于 5 根且直径大于 18mm 时，箍筋间距不应大于 $10d$，d 为纵向受压钢筋的最小直径。当梁宽大于 400mm 且一层内纵向受压钢筋多于 3 根或当梁的宽度不大于 400mm 但一层内的纵向受压钢筋多于 4 根时，应设置复合箍筋。

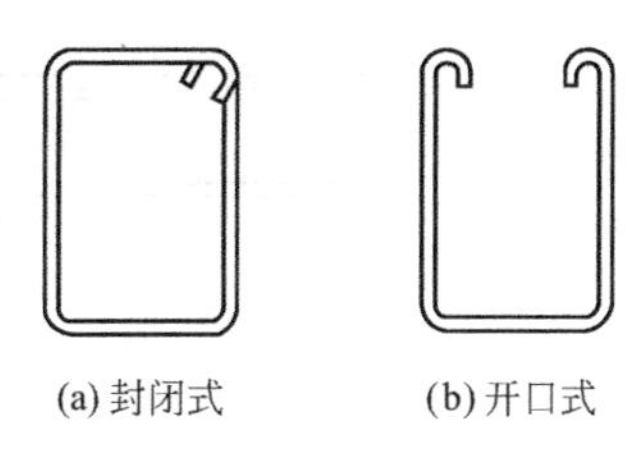

图 5-29 箍筋的形式

在梁的纵向受力钢筋采用搭接接长时，在搭接范围内，箍筋直径不应小于 $d/4$，此处 d 为搭接钢筋的最大直径；间距不应大于 $5d$，且均不应大于 100mm。此处 d 为搭接钢筋的最小直径。当受压钢筋直径大于 25mm 时，尚应在搭接接头两个端面外 100mm 的范围内各设置两道箍筋。

5.3.6 梁、板内纵向钢筋的其他构造要求

1. 纵向受力钢筋的锚固

简支板或连续板下部纵向受力钢筋伸入支座的锚固长度不应小于钢筋直径的 5 倍，且宜伸过支座中心线。当连续板内温度、收缩应力较大时，伸入支座的长度宜适当增加。

2. 钢筋的连接

钢筋的连接方式有：绑扎搭接、机械连接和焊接。混凝土结构中受力钢筋的连接接头宜设置在受力较小处。在同一根受力钢筋上宜少设接头。

轴心受拉及小偏心受拉杆件（如拱的拉杆等）的纵向受力钢筋不得采用绑扎搭接；当受拉钢筋直径大于 25mm、受压钢筋直径大于 28mm 时，不宜采用绑扎搭接接头。

（1）绑扎搭接

受拉钢筋的搭接长度应根据位于同一连接区段内的钢筋搭接接头百分率，按式（5-20）计算，且不应小于 300mm。

$$l_l = \zeta_l l_a \tag{5-20}$$

式中 l_l——纵向受拉钢筋的搭接长度；

ζ_l——纵向受拉钢筋搭接长度修正系数，按表 5-3 取用。

纵向受拉钢筋搭接长度修正系数 **表 5-3**

纵向搭接钢筋接头面积百分率(%)	≤25	50	100
ζ_l	1.2	1.4	1.6

同一构件中相邻纵向受力钢筋的绑扎搭接接头宜相互错开。钢筋绑扎搭接接头连接区域的长度为 1.3 倍搭接长度，凡搭接接头中点位于该连接区段均属于同一连接区段，见图 5-30。

位于同一连接区段内的受拉钢筋搭接接头面积百分率：对梁类、板类及墙类构件，不

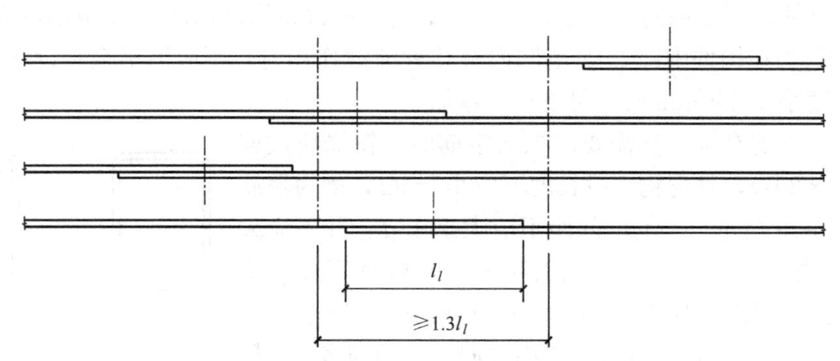

图 5-30　同一连接区段内的纵向受拉钢筋绑扎搭接接头

注：图中所示同一连接区段内的搭接接头钢筋为两根，当钢筋直径相同时，钢筋搭接接头面积百分率为 50%

宜大于 25%；对柱类构件，不宜大于 50%。当工程中确有必要增大受拉钢筋搭接接头面积百分率时，对梁类构件，不应大于 50%，对板类、墙类及柱类构件，可根据实际情况放宽。

受压钢筋的搭接长度取受拉钢筋搭接长度的 0.7 倍，且不应小于 200mm。

(2) 机械连接及焊接

机械连接有多种形式，我国目前用得较多的是冷轧直螺纹套筒连接。

纵向受力钢筋的机械连接或焊接接头宜相互错开。钢筋机械连接或焊接连接区段的长度为 35d，(焊接的连接区段长度同时不小于 500mm)，d 为连接钢筋的最小直径。凡接头中点位于该连接区段长度内的接头均属于同一连接区段。位于同一连接区段内的受拉钢筋接头面积百分率不宜大于 50%。

机械连接套筒的保护层厚度宜满足有关钢筋最小保护层厚度的规定。机械连接套筒的横向净间距不宜小于 25mm。

3. 纵向构造钢筋

纵向构造钢筋又称腰筋。当梁的腹板高度 $h_w \geqslant 450$mm 时，在梁的两个侧面应沿高度配置纵向构造钢筋。每侧纵向构造钢筋（不包括梁上、下部受力钢筋及架立钢筋）的间距不宜大于 200mm，截面面积不应小于腹板面积（bh_w）的 0.1%，但当梁宽较大时可适当放松。纵向构造钢筋（腰筋）的主要作用是抑制梁的腹板高度范围内由荷载或混凝土收缩引起的垂直裂缝的开展。

5.4　本章课程目标和达成度测试

本章目标 1：理解和掌握受弯构件斜截面受力性能，能够分析说明影响斜截面受剪承载力的机理。

本章目标 2：掌握受弯构件斜截面受剪承载力的计算方法，能够进行斜截面受剪承载力的计算。

本章目标 3：掌握混凝土受弯构件的构造要求，能够对混凝土受弯构件进行正截面和斜截面承载力设计。

思考题

1. 梁的斜裂缝是怎样形成的？有哪两类？什么是临界斜裂缝？
2. 无腹筋梁和有腹筋梁开裂后斜截面上有哪些力？
3. 斜裂缝有几种类型？有何特点？
4. 无腹筋梁斜截面受剪破坏形态有哪几种？破坏特点如何？
5. 什么是剪跨比？剪跨比对无腹筋梁斜截面受剪破坏形态的影响是什么？为什么？
6. 试说明有腹筋梁的剪力传递机制。
7. 试说明箍筋对于钢筋混凝土梁斜截面承载能力所起的作用。
8. 试说明有腹筋梁的斜截面受剪破坏形态。
9. 影响斜截面受剪承载力的主要因素有哪些？
10. 设计中如何防止斜压破坏的出现？
11. 试比较连续梁和简支梁斜截面受剪承载能力的异同。
12. 梁斜截面受剪承载力的上限值是多少？
13. 试说明截面形状对梁受剪承载力的影响。
14. 弯起钢筋所承担剪力值的计算公式中，为什么有系数 0.8？
15. 什么是梁的斜截面受弯承载力？
16. 设计中如何保证斜截面受弯承载力？
17. 如何绘制材料抵抗弯矩图？
18. 为什么说弯起点在该钢筋充分利用截面以外，大于等于 $0.5h_0$ 处，则能够保证斜截面受弯承载力？

达成度测试题（本章目标-题号）

1-1　腹剪斜裂缝一般发生在______处。

A. 梁顶　　B. 梁底

C. 矩形截面梁的腹板　　D. 腹板较薄的工字形截面梁的腹板

1-2　工程中，往往优先选用______抵抗剪力。

A. 弯起钢筋　　B. 纵筋　　C. 箍筋　　D. 腰筋

1-3　斜裂缝出现后，无腹筋梁的剪力传递机制主要是______。

A. 梁机制　　B. 拱机制　　C. 桁架机制　　D. 斜压机制

1-4　临界斜裂缝出现后，无腹筋梁纵筋的应力______。

A. 增加　　B. 减少　　C. 不变　　D. 不确定

1-5　当剪跨比 $\lambda<1$ 时，无腹筋梁斜截面受剪破坏形态是______。

A. 斜压破坏　　B. 剪压破坏　　C. 斜拉破坏　　D. 剪拉破坏

1-6　斜裂缝出现后，有腹筋梁的剪力传递机制主要是______。

A. 梁机制　　B. 拱机制　　C. 桁架机制　　D. 斜压机制

1-7　斜压破坏是无腹筋梁抗剪承载力的______。

A. 上限值　　B. 下限值　　C. 平均值　　D. 中位值

1-8　如果箍筋数量配置过多，有腹筋梁梁斜截面受剪破坏形态是______。

A. 斜压破坏　B. 剪压破坏　C. 斜拉破坏　D. 剪拉破坏

2-1　当截面发生斜拉破坏，承载力取决于混凝土______强度。

A. 轴心抗压　B. 立方体抗压　C. 抗拉　D. 抗剪

2-2　当发生剪压破坏时，与矩形截面梁相比，T形截面梁的抗剪承载力要______。

A. 增加　B. 减少　C. 不变　D. 不确定

2-3　当发生斜压破坏时，与矩形截面梁相比，T形截面梁的抗剪承载力要______。

A. 增加　B. 减少　C. 不变　D. 不确定

2-4　梁的斜截面受剪承载力计算公式针对的是______。

A. 斜压破坏　B. 剪压破坏　C. 斜拉破坏　D. 剪拉破坏

2-5　在设计中如果出现 $V>0.25\beta_c f_c bh_0$，可采取的措施有______。

A. 增加箍筋数量　B. 弯起纵筋　C. 增加纵筋数量　D. 加大截面宽度

2-6　钢筋混凝土简支梁，截面尺寸为 $b\times h=250\text{mm}\times500\text{mm}$，$a_s=40\text{mm}$，混凝土强度等级C30，箍筋采用HRB400级箍筋，承受均布荷载产生的剪力设计值分别是68kN和160kN时所需的箍筋是多少？

2-7　图5-31所示简支梁，承受集中荷载设计值 $P=70\text{kN}$，均布荷载（包括自重）设计值 $q=50\text{kN/m}$，混凝土强度等级为C25，试求：

（1）不设弯起钢筋时所需的受剪箍筋；

（2）利用现有钢筋作为弯起钢筋时所需的箍筋；

（3）当箍筋为 $\phi6@200$（HPB300级钢筋）时，弯起钢筋应为多少？

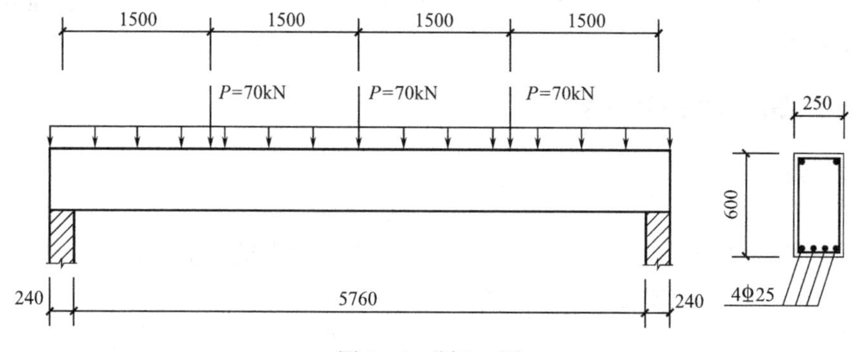

图5-31　题2-7图

2-8　T形截面独立简支梁，截面尺寸和跨度如图5-32所示，集中荷载设计值540kN

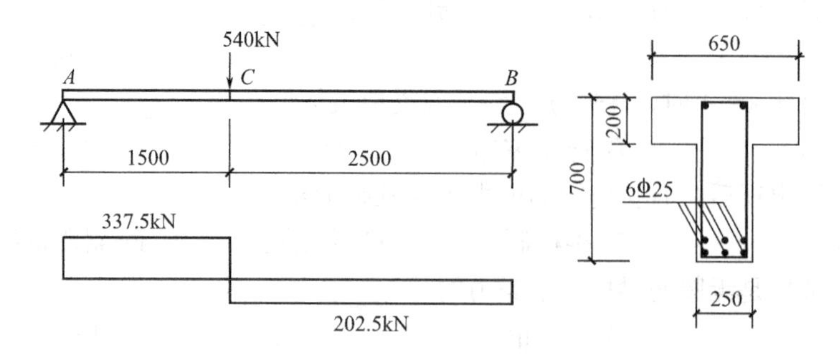

图5-32　题2-8附图

(不计自重)，混凝土强度等级 C30，纵筋和箍筋采用 HRB400 级钢筋，如全梁采用⌀6@150 双肢箍筋，试验算此梁的斜截面承载力是否安全?

3-1　综合训练题：

某钢筋混凝土外伸梁，混凝土强度等级 C30，纵筋和箍筋采用 HRB400 级钢筋，环境类别为二 a 类，跨度、截面尺寸和承受荷载设计值如图 5-33 所示，试设计该梁，绘出配筋立面图和横截面配筋图。

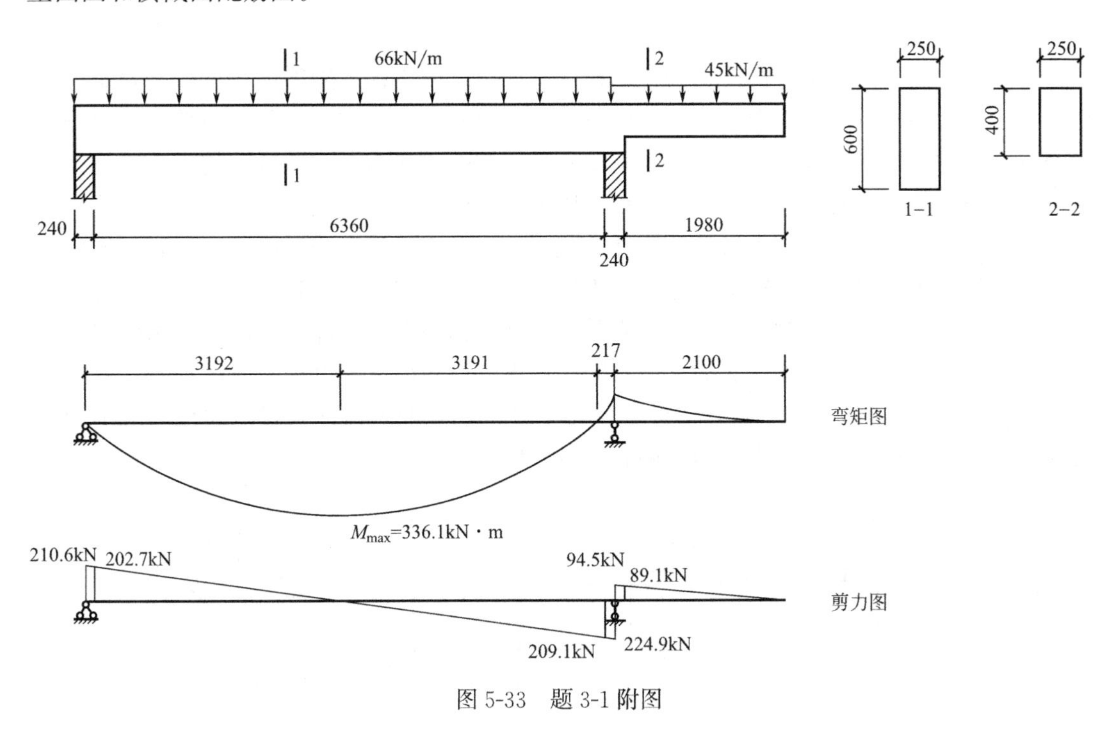

图 5-33　题 3-1 附图

第6章 受压构件截面承载力计算

以承受轴向压力为主的构件称为受压构件，如单层厂房柱、屋架的上弦杆，建筑中的框架柱、剪力墙，桥梁结构中的桥墩等均属于受压构件。受压构件按其受力情况可以分为轴心受压构件、单向偏心受压构件和双向偏心受压构件。在不考虑混凝土的不均质性及钢筋不对称布置的影响时，可以近似地用轴向压力的作用点与构件截面形心的相对位置来划分受压构件的类型。当轴向压力位于构件的截面重心时，为轴心受压构件；当轴向压力作用点只对构件截面的一个主轴有偏心时，为单向偏心受压构件；当轴向压力作用点对构件截面的两个主轴都有偏心时，为双向偏心受压构件。偏心受压构件也可以理解为轴向压力和轴向压力与偏心距的乘积形成的弯矩共同作用下的受力构件，也称为压弯构件。见图 6-1。在工程设计中，基本上是先对结构进行力学分析，如果某构件（如框架柱）既承受压力又承受弯矩的作用，则该构件即为偏心受压构件。

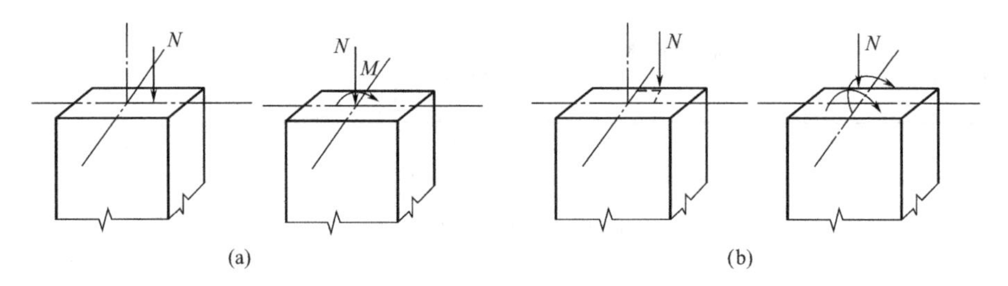

图 6-1　单向偏心受压构件和双向偏心受压构件

6.1　轴心受压构件的受力性能

轴心受压长构件，由于各种偶然因素引起的初始偏心距不可忽略，截面实际处于压弯状态；轴心受压细长构件还可能发生屈曲失稳破坏。这里首先讨论的是可忽略偏心距影响、截面处于单纯受压状态的短构件。

6.1.1　轴心受压短柱的受力过程

图 6-2 所示的钢筋混凝土构件，混凝土截面面积为 A_c，为了避免混凝土压碎时，纵向钢筋屈曲、完全丧失承载能力，钢筋混凝土轴心受压构件需配置箍筋。工程中习惯将受压钢筋的面积用 A_s'表示，受压钢筋的屈服强度用 f_y'表示。两端作用轴向压力 N；由位移计量测构件的平均压应变（两测点之间的相对位移除以测点之间的距离）；由应变片量测钢筋和混凝土的应变。混凝土应变是一定范围（3 倍粗骨料粒径以上）平均意义上的应变，所以应变片较长，一般为 80～120mm。

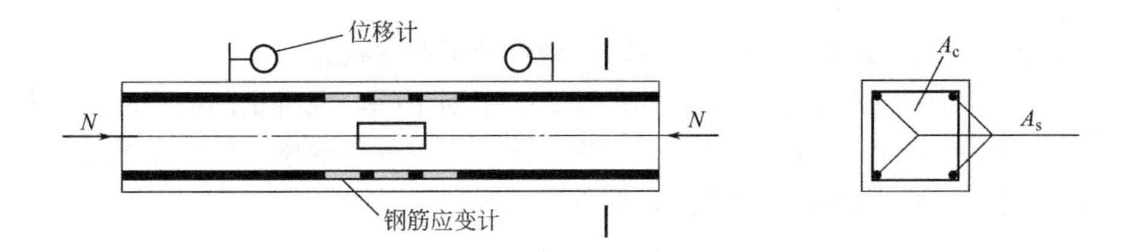

图 6-2　钢筋混凝土轴心受压构件

按以上测试方法可得到混凝土压应变、钢筋压应变和构件压应变与荷载的关系，利用混凝土和钢筋的应力-应变曲线可进一步得到混凝土和钢筋应力与荷载的关系，绘于图 6-3，图中纵、横坐标均采用相对值。

从加载到钢筋屈服前，钢筋和混凝土共同承担轴压力，混凝土压应变 ε_c、钢筋应变 ε_s 和构件应变 ε 相等，即：

$$\varepsilon_c=\varepsilon_s=\varepsilon \tag{6-1a}$$

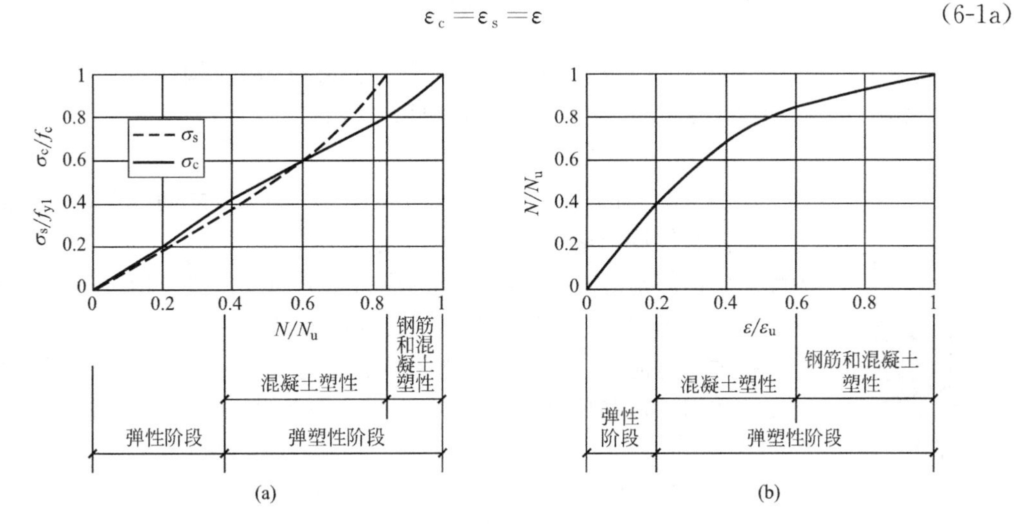

图 6-3　轴心受压构件的受力性能

根据混凝土和构件的应力-应变关系，即物理方程，有：

$$\sigma_s=E_s\varepsilon_s \qquad \sigma_c=E'_c\varepsilon_c=\nu'E_c\varepsilon_c \tag{6-1b}$$

式中　ν'——弹性系数，为混凝土中的弹性应变与总应变的比值。

由截面的压力平衡条件，有

$$N=\sigma_cA_c+\sigma_sA_s \tag{6-1c}$$

由以上三式，可得：

$$\left.\begin{aligned}N&=(A_c+\alpha_EA_s/\nu')\nu'E_c\varepsilon\\ \sigma_c&=\frac{N}{A_c+\alpha_EA_s/\nu'}\\ \sigma_s&=\frac{N}{A_s+\nu'A_c/\alpha_E}\end{aligned}\right\} \tag{6-2a}$$

式中　α_E——钢筋弹性模量与混凝土弹性模量的比值，$\alpha_E=E_s/E_c$。

当混凝土压应力小于比例极限时，弹性系数 $\nu'=1$，混凝土压应力 σ_c 和钢筋压应力 σ_s

均与轴压力 N 呈比例关系，钢筋应力是混凝土应力的 α_E 倍，见图 6-3（a）；构件压应变 ε 与轴压力 N 也是呈比例关系，见图 6-3（b），构件处于弹性状态。

当混凝土压应力超过比例极限后，弹性系数 ν' 不断下降，混凝土的应力增长减慢、钢筋的应力增长加快，两者比例发生变化，出现截面应力重分布现象；压应变的增长速度快于荷载的增长速度，截面轴压刚度下降，构件进入弹塑性阶段。

钢筋屈服后，钢筋应力为其屈服强度，则有

$$\left.\begin{aligned} N &= A'_s f'_s + A_c \nu' E_c \varepsilon \\ \sigma_c &= \frac{N - A'_s f'_s}{A_c} \\ \sigma_s &= f'_s \end{aligned}\right\} \tag{6-2b}$$

此后继续增加的荷载全部由混凝土承担，混凝土应力与轴力呈线性关系，出现更明显的截面应力重分布现象。轴力-压应变曲线出现转折点，截面轴压刚度下降得更快（图 6-3)。构件弹塑性阶段的前半部分是由混凝土的塑性引起的（弹性系数下降），后半部分由混凝土塑性和钢筋塑性（屈服）共同引起。

当混凝土压应变达到峰值应变 ε_0、压应力达到抗压强度 f_c 时，构件达到承载能力极限状态，相应的轴力用 N_u 表示。根据截面平衡条件，容易得到：

$$N_u = A'_s f'_s + A_c f_c \tag{6-3}$$

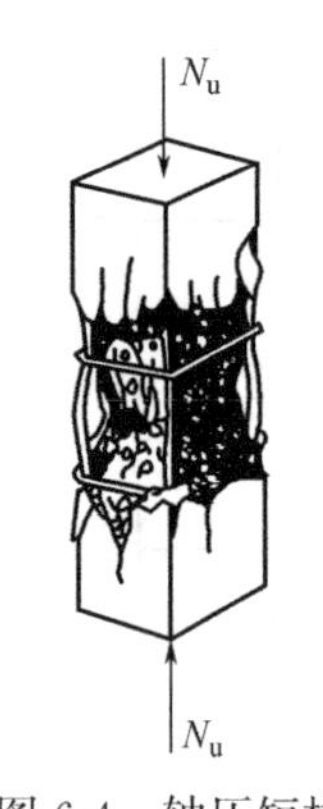

图 6-4　轴压短柱破坏形态

钢筋混凝土的峰值应变 ε_0 在 0.0025～0.0035 之间变化，而素混凝土棱柱体构件达到最大压应力值时的压应变为 0.0015～0.002。这是因为配筋后钢筋与混凝土之间产生的应力重分布使混凝土应力的增长速度减慢，塑性得到较好发展，改善了受压破坏的脆性。

超过峰值荷载后，构件出现明显的纵向裂缝，失去对纵向钢筋的侧向支撑作用，箍筋间的纵向钢筋压屈、向外凸出，混凝土被压碎，见图 6-4。

压应变达到混凝土峰值应变时，低强度纵向钢筋已屈服。但对于屈服应变 ε_y 大于 ε_0 的中、高强钢筋，混凝土达到峰值应力 f_c 时，纵向钢筋尚未屈服。由于混凝土达到峰值应力后马上进入下降段，原来混凝土承担的那部分压应力需转移给钢筋，而在通常的配筋率情况下，钢筋不足以承担转移过来的压力，整个截面承载力将下降，所以截面的承载能力极限状态仍然是压应变达到混凝土峰值应变，此时钢筋的应力为 $\varepsilon_0 E_s$，《规范》将这一应力作为钢筋的抗压强度，即当 $\varepsilon_0 = 0.002$ 时，纵筋应力值约为 $\sigma'_s = E_s \varepsilon'_s \approx 2.0 \times 10^5 \times 0.002 = 400\text{N/mm}^2$，对于 400MPa 级以下的钢筋，此值已经大于其抗压强度设计值，而对于 500MPa 级钢筋，抗压强度设计值则取为 400N/mm^2（轴压构件），由此可见，中、高强度钢筋用于抗压时并不能充分利用。

6.1.2　收缩、徐变对轴压构件的影响

1. 收缩的影响

混凝土收缩使得构件在受荷前钢筋中就存在压应力、混凝土中存在拉应力。受荷后，随着荷载的增加，混凝土拉应力逐渐减小，降为零后转为压应力，见图 6-5（a）中虚线；

钢筋压应力继续增加，见图 6-5（b）中虚线。作为对比，图中还画出了无收缩情况下混凝土和钢筋应力随荷载的变化情况。可以看出，收缩使得混凝土的塑性推迟出现、钢筋提前达到屈服强度。

混凝土收缩也影响到构件的截面轴向刚度 $B_N = N/\varepsilon$。弹性阶段轴向刚度保持不变，进入弹塑性阶段后，因收缩推迟了混凝土塑性的出现，加载前期的刚度大于无收缩的情况；因钢筋提前屈服，加载后期刚度小于无收缩情况，见图 6-5（c）。

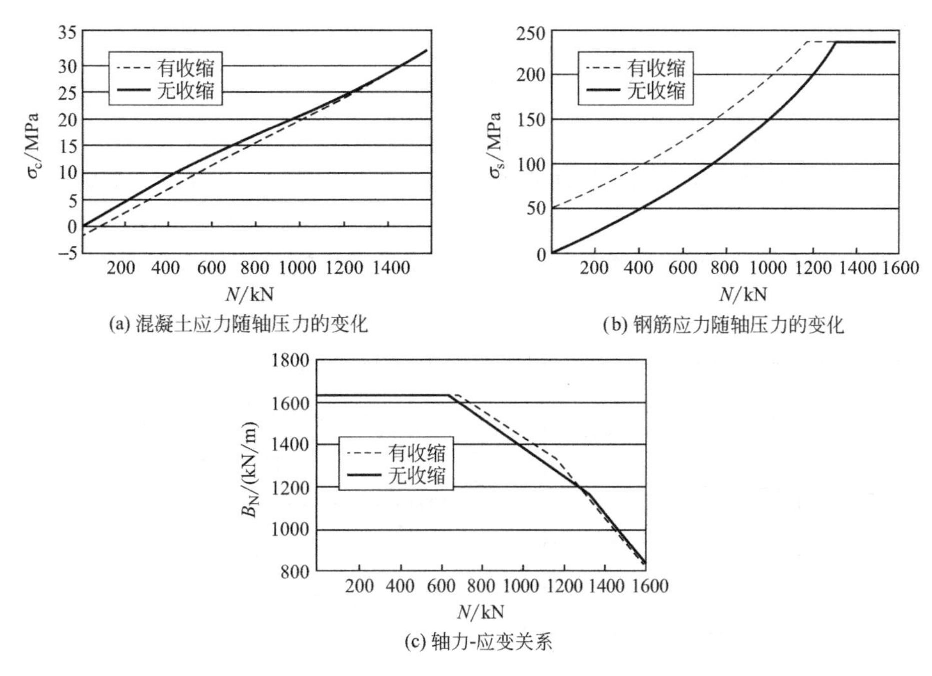

图 6-5 混凝土的收缩对轴压构件的影响

因收缩并不影响混凝土的抗压强度和钢筋的屈服强度，构件的轴压极限承载力并不变化。

设混凝土的自由收缩应变为 ε_{sh}，则单位长素混凝土构件的纵向收缩变形为 $\varepsilon_{sh} \times 1$，由于钢筋与混凝土之间存在粘结力，混凝土收缩时将带动钢筋一起缩短，钢筋内产生压应力，而混凝土内产生拉应力。忽略粘结滑移，变形协调条件为：$\varepsilon_{sh} \times 1 = \varepsilon_{s,sh} \times 1 + \varepsilon_{c,sh} \times 1$（图 6-6）；根据截面的水平力平衡条件，有 $\sigma_c A_c = \sigma_s A_s$，再利用钢筋和混凝土的应力-应变关系，可得截面的钢筋压应力和混凝土的拉应力：

$$\sigma_s = \frac{E_s \varepsilon_{sh}}{1 + \alpha_E \rho / \nu'} \qquad \sigma_c = \frac{\rho E_s \varepsilon_{sh}}{1 + \alpha_E \rho / \nu'} \tag{6-4}$$

如果收缩引起的混凝土拉应力未超过峰值应力的 0.4 倍，则弹性系数 $\nu' = 1$。由式（6-4）可知钢筋的压应变为 $\varepsilon_{s,sh} = \varepsilon_{sh}/(1 + \alpha_E \rho)$，此处 ρ 为配筋率 $\rho = A_s/A_c$，混凝土的拉应变为 $\varepsilon_{c,sh} = \alpha_E \rho \varepsilon_{sh}/(1 + \alpha_E \rho)$。混凝土受到压力后拉应变由 $\varepsilon_{c,sh}$ 变为零时，钢筋的压应变从 $\varepsilon_{s,sh}$ 增加到 $\varepsilon_{s,sh} + \varepsilon_{c,sh} = \varepsilon_{sh}$，钢筋压应力为 $\sigma_{s0} = E_s \varepsilon_{sh}$，相应的轴压力为（此时混凝土应力为零）：$N_0 = \sigma_{s0} A_s = A_s E_s \varepsilon_{sh}$。

2. 徐变的影响

混凝土在长期荷载作用下会产生徐变，由于粘结作用，钢筋与混凝土必然共同变形，

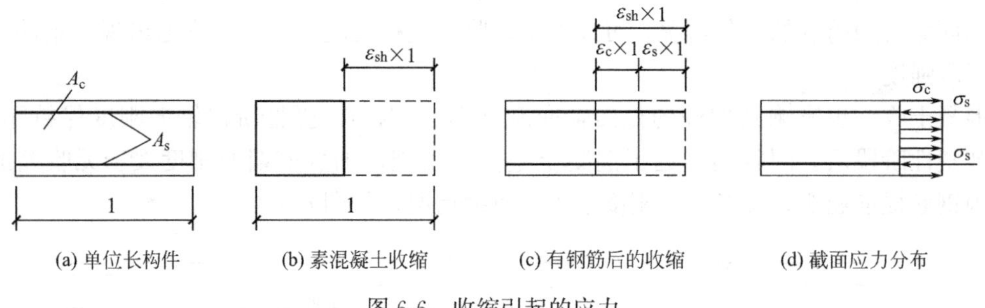

图 6-6　收缩引起的应力

徐变将引起钢筋与混凝土应力的变化，发生应力重分布。

假定荷载加到混凝土应力达到抗压强度的 0.4 倍后维持不变。随着持荷时间的增加，混凝土的徐变应变持续增加，混凝土压应力越来越小，见图 6-7（a）；钢筋的压应力越来越大，见图 6-7（b）；这种情况将一直持续到徐变稳定。配筋率越大，应力重分布程度越高。

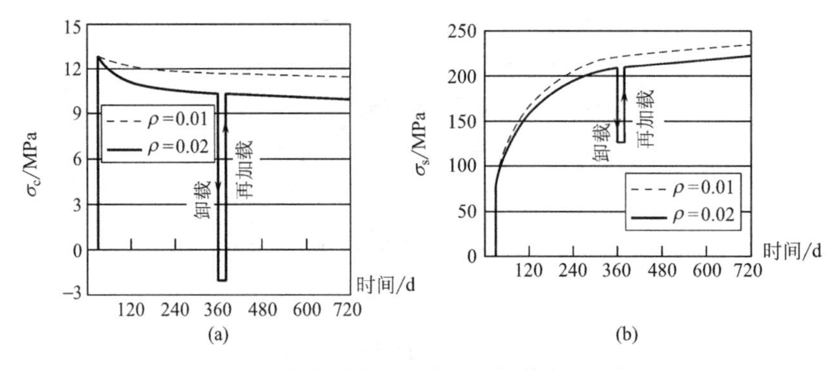

图 6-7　徐变引起的混凝土和钢筋应力变化

如果持荷一段时间后将荷载卸为零，由于大部分徐变变形不可恢复，钢筋内残留较大的压应力，混凝土中残留拉应力；当拉应力超过混凝土的抗拉强度时，构件可能开裂，若柱中纵筋与混凝土之间有很强粘结应力，则能同时产生纵向裂缝，这种裂缝更加危险。

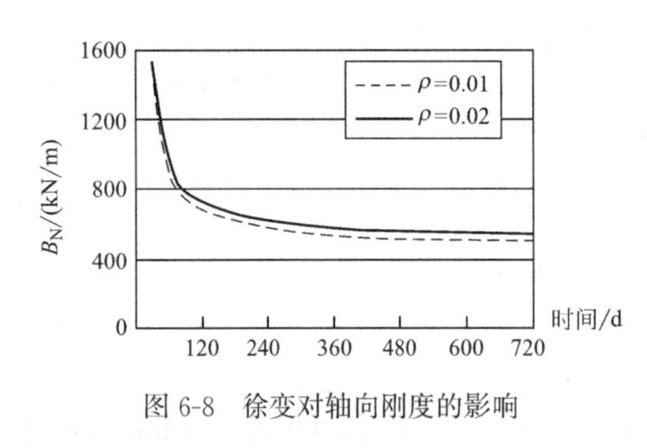

图 6-8　徐变对轴向刚度的影响

徐变过程中，轴力维持不变，而变形持续增加，因而截面轴向刚度不断下降，见图 6-8。

与收缩的影响一样，徐变不影响构件的轴压极限承载力。

通过上述分析可知，钢筋混凝土轴压构件除了在荷载作用下存在应力重分布外，混凝土的收缩和徐变都会进一步引起应力重分布，减小了混凝土应力的增长速度，改善混凝土脆性破坏性能。这种作用与配筋率有关，需要有一定的配筋才能显现出来，从这个意义上讲，轴心受压构件应有一个最小配筋率的限制。另一方面，如果配筋量过大，会使得构件在长期持荷过程中遇到突然卸载时混凝土出现拉应力甚至开裂，因而也需要限制最大配筋率。

6.1.3 轴心受压构件的稳定系数

对于钢筋混凝土轴心受压长构件，在轴向荷载作用下，因偶然因素引起的初始偏心距将产生附加弯矩和相应的侧向挠度，而侧向挠度又会加大偏心距，截面处于轴压和弯曲复合受力状态；随着荷载的增加，附加弯矩和侧向挠度不断增加。这样相互作用的结果，使得长柱在弯矩和轴力的共同作用下发生破坏。破坏时，首先在凹侧出现纵向裂缝，随后混凝土被压碎，纵筋被压屈向外凸出，凸侧混凝土出现垂直于纵轴方向的横向裂缝，侧向挠度急剧增大，柱子破坏，见图 6-9。

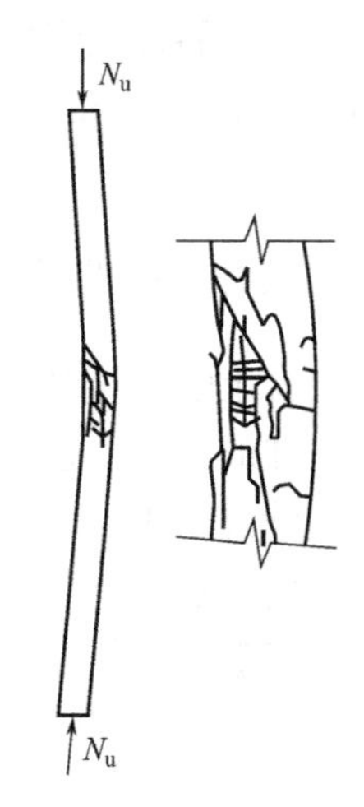

图 6-9　长柱的破坏

试验结果表明，长构件的峰值荷载小于相同截面、相同配筋的短构件，两者的比值用稳定系数 φ 表示。稳定系数 φ 随构件长细比 l_0/i（其中 l_0 为构件计算长度、i 为截面回转半径）的增加而下降，此外还受混凝土、钢筋强度等级和配筋率的影响。稳定系数与构件长细比的关系见图 6-10。

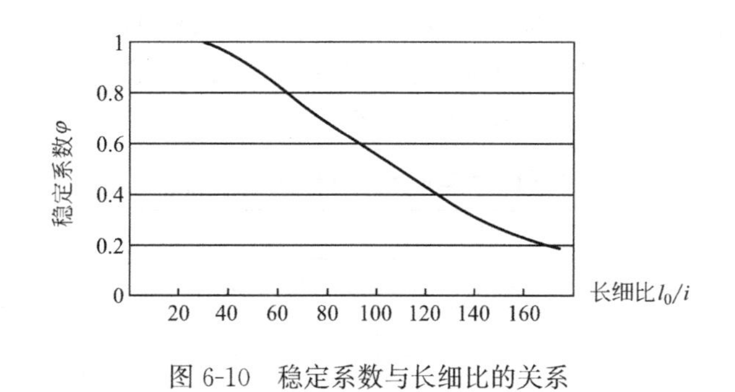

图 6-10　稳定系数与长细比的关系

6.2 受压构件的一般构造

6.2.1 截面形状与尺寸

轴心受压构件截面一般采用方形、圆形或正多边形；偏心受压构件采用矩形，较大截面柱常采用 I 形截面。采用离心法生产的柱、桩、电杆以及烟囱、水塔支筒等常用环形截面。

矩形柱的边长不宜小于 250mm，有抗震设防要求的柱边长不宜小于 400mm。采用矩形截面时，其长、短边尺寸相差不宜过于悬殊，其比值一般不大于 3，以免沿短边方向长细比过大而出现失稳。为了避免受压构件长细比过大，常取 $l_0/b \leqslant 30$，$l_0/h \leqslant 25$。此处 l_0 为柱的计算长度，b 和 h 分别为柱截面宽度和长度。柱的截面尺寸应符合模数，为施工支模方便，柱截面尺寸宜用整数，800mm 及以下的，取 50mm 的倍数，800mm 以上的，取 100mm 的倍数。

对于I形截面，翼缘厚度不宜小于120mm。因为翼缘厚度太小，可能使构件过早出现裂缝，同时靠近柱底处的混凝土在使用过程中碰坏，影响柱的承载力和使用年限。腹板厚度不宜小于100mm，有抗震设防要求时，I形截面柱的腹板宜再加厚一些，以保证其抗剪能力。

6.2.2 材料强度要求

混凝土强度等级对柱的承载力影响很大，为减小柱截面尺寸，宜采用高强度等级的混凝土，柱的混凝土强度等级一般不宜低于C25。对于高层建筑，其下部的柱往往采用高强度等级的混凝土。

纵向钢筋不宜采用高强钢筋，宜采用HRB335级、HRB400级、RRB400级钢筋。这是因为钢筋和混凝土共同受压时，不能充分发挥其高强度的作用。箍筋一般采用HRB335级、HRB400级钢筋。

6.2.3 纵筋与箍筋构造

1. 纵筋

在受压构件中设置纵向受力钢筋，可以协助混凝土承受压力，能够承受可能的弯矩，防止因偶然偏心产生的破坏，混凝土收缩和温度变形引起的拉应力，减少混凝土的徐变变形；特别是可以改善混凝土的脆性性能，防止构件突然的脆性破坏，为此纵筋配筋率不宜过小。《规范》规定受压构件的最小配筋率见表6-1。

纵向受力钢筋的最小配筋率（%） **表6-1**

受力类型			最小配筋率
受压构件	全部纵向钢筋	强度级别500N/mm^2	0.50
		强度级别400N/mm^2	0.55
		强度级别300N/mm^2、335N/mm^2	0.60
	一侧纵向钢筋		0.20

由徐变对受压构件的影响可知，受压构件的配筋率也不宜过大，全部纵筋的配筋率一般不宜超过5%。

轴心受压柱纵向钢筋应沿柱截面四周均匀对称布置，方形和矩形截面柱中纵向受力钢筋不得少于4根，圆柱中不宜少于8根且不应少于6根。一般宜采用根数较少、直径较粗的钢筋，以保证钢筋骨架的刚度；钢筋直径不宜小于12mm，通常在16～32mm范围内选用。

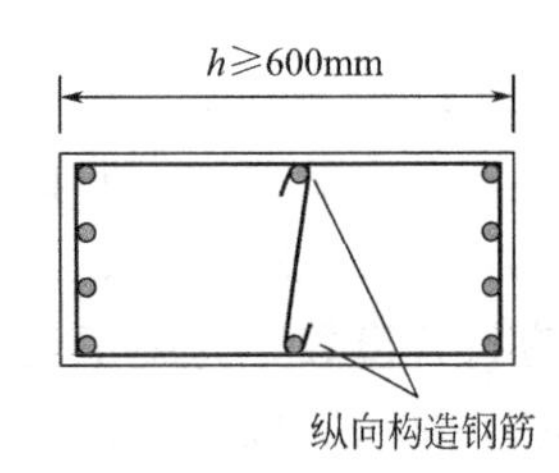

图6-11 柱中纵向构造钢筋

偏心受压柱纵向受力钢筋放在弯矩作用方向的两边。当截面长度$h\geqslant600$mm时，在柱的侧面上应设置直径不小于10mm的纵向构造钢筋，并相应设置复合箍筋或拉筋，见图6-11。

柱中纵向钢筋的净间距不应小于50mm，其中距不宜大于300mm。对于水平浇筑的预制柱，其纵筋最小净距可减少，但不应小于30mm和1.5d（d为钢筋最大直径）。

纵筋的连接接头宜设置在受力较小处。钢筋的接头可以采用机械连接接头，也可以采用焊接或搭接接头。对于直径大于 25mm 的受拉钢筋和直径大于 28mm 的受压钢筋，不宜采用搭接接头。

2. 箍筋

在受压构件中箍筋的主要作用是：与纵筋一起组成钢筋骨架、承受剪力、防止纵筋压屈。柱中的箍筋应做成封闭式；对圆柱中的箍筋，搭接长度不应小于锚固长度，且末端应做成 135°弯钩，弯钩末端平直段长度不应小于 $5d$，此处 d 为箍筋直径。

箍筋间距不应大于 400mm，且不应大于构件截面的短边尺寸，而且不应大于 $15d$，此处 d 为纵向受力钢筋的最小直径。

当采用热轧钢筋作箍筋时，其直径不应小于 $d/4$，且不应小于 6mm；此处 d 为纵向钢筋的最大直径。当柱中全部纵向受力钢筋的配筋率超过 3%时，则箍筋直径不应小于 8mm，其间距不应大于 $10d$（d 为纵向钢筋的最小直径），且不应大于 200mm。箍筋末端应做成 135°弯钩，且弯钩末端平直段长度不应小于 $10d$（d 为箍筋直径）。

在纵筋搭接长度范围内，箍筋的直径不宜小于搭接钢筋直径的 25%。箍筋间距，当搭接钢筋为受拉时，不应大于 $5d$（d 为受力钢筋中最小直径），且不应大于 100mm；当搭接钢筋为受压时，不应大于 $10d$，且不应大于 200mm；当搭接受压钢筋直径大于 25mm 时，应在搭接接头两个端面外 50mm 范围内各设置 2 根箍筋。

当柱截面短边尺寸大于 400mm 且各边纵向受力钢筋多于 3 根时，或当柱截面短边尺寸不大于 400mm 但各边纵向钢筋多于 4 根时，应设置复合箍筋，以防止中间钢筋被压屈。复合箍筋的直径、间距与前述箍筋相同，见图 6-12。

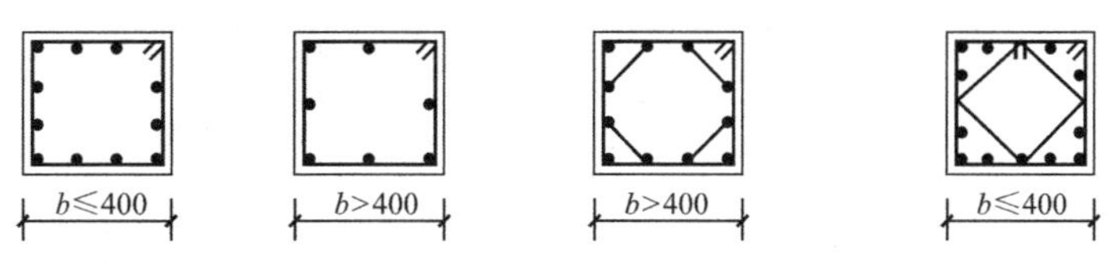

图 6-12　矩形截面箍筋形式

对于截面形状复杂的构件，不可采用具有内折角的箍筋，其原因是：内折角处受拉箍筋的合力向外，使得折角处的混凝土破损，见图 6-13。

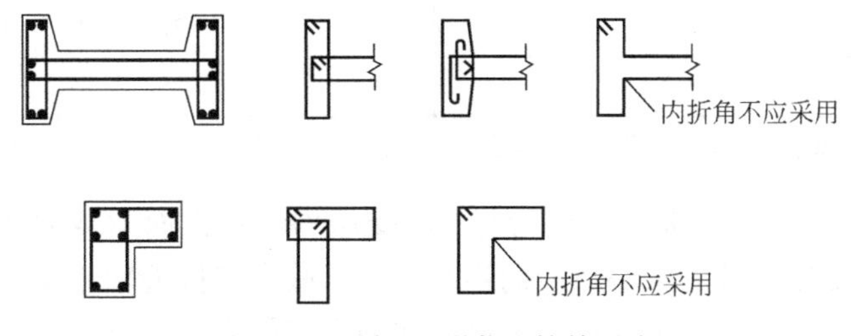

图 6-13　I形、L形截面箍筋形式

6.3　轴心受压构件正截面承载力计算

由于混凝土不是匀质材料，考虑荷载作用位置的不准确性以及不可避免的施工误差

(包括钢筋绑扎和尺寸偏差等)，在实际工程中，真正的轴心受压构件几乎不存在。但在设计中对于以承受永久荷载为主的多层框架内柱和桁架的受压杆件等构件，可以近似地按轴心受压构件计算，此外，轴心受压构件的正截面承载力计算还用于单向偏心受压构件的垂直于弯矩作用平面的承载力验算。

6.3.1 普通箍筋柱的正截面承载力计算

最常见的轴心受压柱是普通箍筋柱，其承载能力极限状态是：混凝土应力达到轴心抗压强度、纵向钢筋达到抗压强度。长柱承载力的降低用稳定系数 φ 予以反映，在考虑到可靠度的调整因素后，轴心受压构件承载力计算公式为：

$$N_u = 0.9\varphi(f_c A + f'_s A'_s) \tag{6-5}$$

式中 N_u——轴向压力设计值；

0.9——可靠度调整系数；

φ——钢筋混凝土轴心受压构件的稳定系数，见表 6-2；

A——构件截面面积，当纵筋配筋率大于 3%时，取 $A-A'_s$；

其余符号同前。

钢筋混凝土构件的稳定系数　　表 6-2

l_0/b	l_0/d	l_0/i	φ	l_0/b	l_0/d	l_0/i	φ
≤8	≤8	≤8	1.00	30	26	104	0.52
10	8.5	35	0.98	32	28	111	0.48
12	10.5	42	0.95	34	29.5	118	0.44
14	12	48	0.92	36	31	125	0.40
16	14	55	0.87	38	33	132	0.36
18	15.5	62	0.81	40	34.5	139	0.32
20	17	69	0.75	42	36.5	146	0.29
22	19	76	0.70	44	38	153	0.26
24	21	83	0.65	46	40	160	0.23
26	22.5	90	0.60	48	41.5	167	0.21
28	24	97	0.56	50	43	174	0.19

注：表中 l_0 为构件计算长度；b 为矩形截面短边长度；d 为圆形截面直径；i 为任意截面回转半径。

可靠度调整系数取 0.9，是为了保持与偏心受压构件正截面承载力计算具有相近受弯可靠度，即当偏心受压构件的偏心距趋向零时，其承载力应接近轴心受压构件的承载力。

纵向钢筋的配筋率应满足前述最小配筋率和最大配筋率的要求。

构件计算长度与构件两端的约束情况有关，当两端铰支时，取 $l_0=l$（l 是构件实际长度）；当两端固定时，取 $l_0=0.5l$；当一端固定，一端铰支时，取 $l_0=0.7l$；当一端固定，一端自由时，取 $l_0=2l$。在实际工程中，构件端部的连接很难如上述情况那么理想、明确，为此《规范》对于单层厂房排架柱、框架柱等的计算长度做了具体的规定，表 6-3 给出的是框架柱的计算长度。

框架结构各层柱的计算长度　　表 6-3

楼盖类型	柱的类别	l_0
现浇楼盖	底层柱	$1.0H$
	其余各层柱	$1.25H$
装配式楼盖	底层柱	$1.25H$
	其余各层柱	$1.5H$

注：表中 H 为底层柱从基础顶面到二层楼盖顶面的高度；对其余各层柱为上下层楼盖顶面之间的距离。

【例 6-1】 某四层现浇框架底层内柱，截面尺寸为 500mm×500mm，混凝土强度等级为 C30，轴心压力设计值 $N=3900\text{kN}$，钢筋用 HRB400 级，基础顶面至二层楼面的高度为 5m，试确定该柱的纵向钢筋。

【解】 由表 6-3，得 $l_0=5.0\text{m}$

$l_0/b=5000/500=10$，查表 6-2，得 $\varphi=0.98$

按式（6-5）计算所需的纵筋截面面积

$$A'_s=\frac{1}{f'_s}\left(\frac{N}{0.9\varphi}-f_cA\right)=\frac{1}{360}\times\left(\frac{3900\times10^3}{0.9\times0.98}-14.3\times500\times500\right)=2352\text{mm}^2$$

选用 8 Φ 20，$A'_s=2513\text{mm}^2$

$$\rho'=\frac{A'_s}{A}=\frac{2513}{500\times500}=1.01\%>\rho'_{min}=0.55\%$$

截面每一侧配筋率

$$\rho'=\frac{A'_s}{A}=\frac{941}{500\times500}=0.38\%>0.2\%\text{，配筋可以。}$$

按构造要求选用 $\phi6@200$ 作为箍筋，截面配筋图见图 6-14。

图 6-14　柱的截面配筋图

6.3.2　螺旋箍筋柱的正截面承载力计算

当柱承受很大的轴心压力、柱截面尺寸受到各种原因的限制不能加大时，可考虑采用螺旋箍筋或焊接环筋以提高承载力。这种柱的截面形状一般为圆形或多边形，如图 6-15 所示。

螺旋箍筋和焊接环筋本身就是一个整体，不会像普通箍筋那样在柱受压破坏时向外“崩出”，间距较密时，能有效约束轴心受压构件的横向膨胀，对混凝土产生侧向压力，使混凝土处于三向受压状态，从而大大提高了混凝土的强度和变形能力。这种受到约束的混凝土称为“约束混凝土”。

当外力逐渐加大，螺旋箍筋或焊接环筋中的应力达到其抗拉强度时，则侧向压

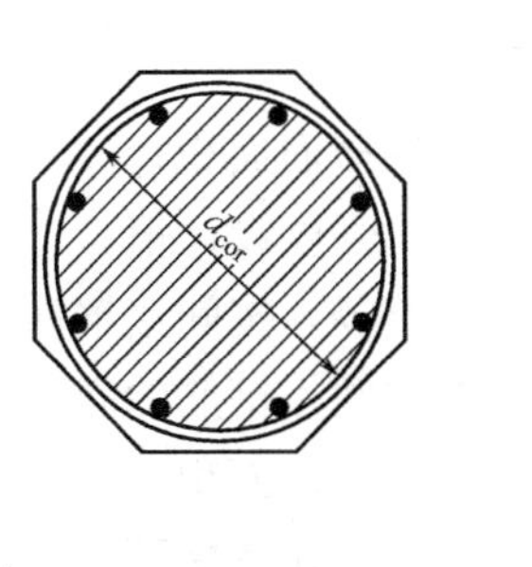

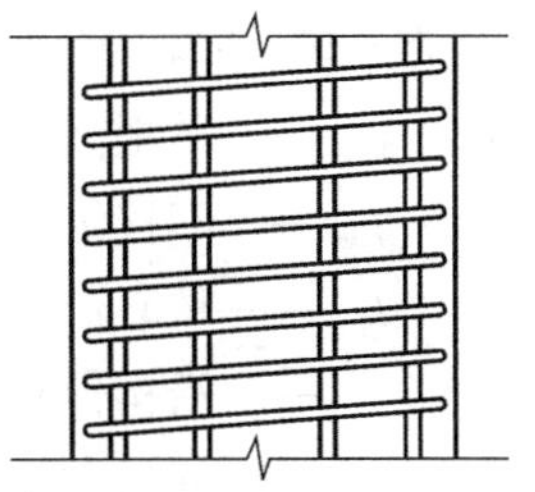
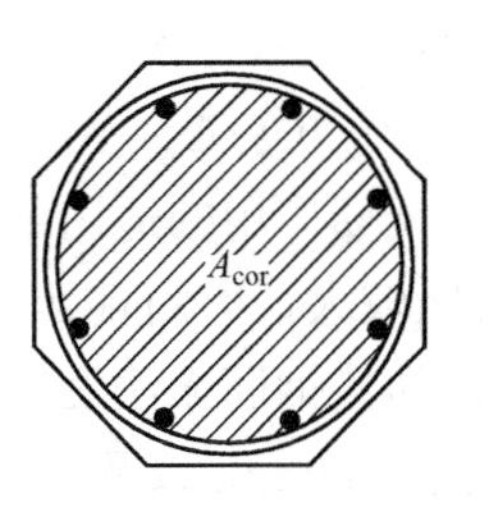

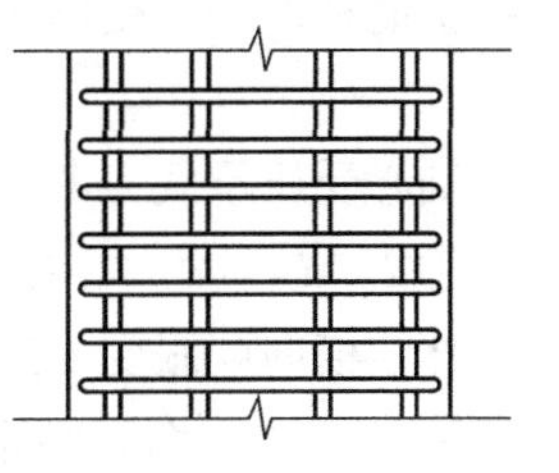

图 6-15　螺旋箍筋和焊接环筋柱

力无法增加，继续加载就不能有效约束混凝土的横向变形。此时箍筋范围内的核心混凝土应变达到三向受压时的峰值应变，应力达到三向受压强度，纵向钢筋已经屈服，配有螺旋箍筋或焊接环筋柱达到了承载能力极限状态。由此可知，在柱的横向配置螺旋箍筋或焊接环筋也可以提高柱的承载力和变形能力，故这种配筋方式也称为“间接配筋”。螺旋箍筋或焊接环筋以外的混凝土保护层在压应变达到无约束时的峰值应变即开始压碎或崩落，极限状态时已不参与承载，故在计算承载力时不考虑此部分混凝土的作用。

根据轴向力平衡条件，极限状态时轴力可以表达为：

$$N_u = f_{cc}A_{cor} + f'_sA'_s \tag{6-6}$$

式中　f_{cc}——三向受压下混凝土抗压强度；

A_{cor}——混凝土核心截面面积，$A_{cor}=\pi d_{cor}{}^2/4$；

其余符号同前。

三向受压下混凝土强度与侧向压力有关，利用圆柱体混凝土周围加液压所得近似关系式，并考虑高强度混凝土侧向压力提高系数有下降的趋势，表示为：

$$f_{cc} = f_c + \beta\sigma_r \tag{6-7}$$

式中　β——强度提高系数，取$\beta=4\alpha$，α是间接钢筋对混凝土约束的折减系数，当混凝土强度不超过C50时，α取为1.0，当混凝土强度等级为C80时，α取为0.85，其间按线性插入；

σ_r——间接钢筋屈服时柱核心混凝土受到的径向压应力值。

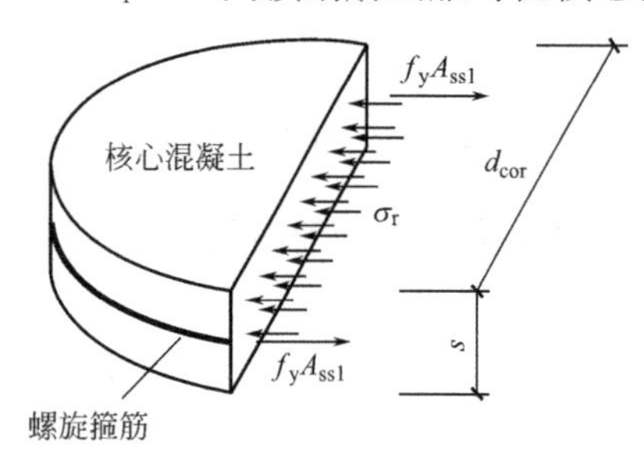

图6-16　混凝土径向压力示意

在间接钢筋间距s范围内（图6-16），利用σ_r的合力与钢筋拉力平衡，有

$$2A_{ss1}f_{yv} = \sigma_r d_{cor} s$$

得到侧向压力

$$\sigma_r = \frac{2f_{yv}A_{ss1}}{d_{cor}s} = \frac{f_{yv}A_{ss1}\pi d_{cor}}{2A_{cor}s} = \frac{f_{yv}A_{ss0}}{2A_{cor}} \tag{6-8a}$$

其中

$$A_{ss0} = \frac{\pi d_{cor}A_{ss1}}{s} \tag{6-8b}$$

式中　A_{ss1}——单根间接钢筋的截面面积；

f_{yv}——间接钢筋的抗拉强度设计值；

d_{cor}——核心混凝土的直径，按间接钢筋内表面确定；

s——沿构件轴向方向间接钢筋的间距；

A_{ss0}——间接钢筋的换算截面面积。

将式（6-8a）代入式（6-7），并考虑可靠度调整系数0.9后，得到螺旋式或焊接环式间接钢筋柱的轴心受压承载力：

$$N_u = 0.9(f_cA_{cor} + 2\alpha f_{yv}A_{ss0} + f'_sA'_s) \tag{6-9}$$

轴心受压承载力考虑间接钢筋作用的适用条件是：

① $l_0/d\leqslant 12$。如果长细比较大，有可能因纵向弯曲，在轴压力和弯矩的共同作用下而破坏，横向膨胀变形过小，间接钢筋无法发挥作用。

② $A_{ss0}\geqslant A'_s/4$，间距不大于80mm以及$d_{cor}/5$，也不小于40mm。当间距钢筋配置太少或间距过大时，混凝土受到的约束效果不明显。

③ 按式（6-9）计算得出的承载力应大于按式（6-5）算得的受压承载力。如果间接钢筋对承载力的提高部分小于混凝土保护层剥落引起承载力的下降，说明混凝土应变达到非约束时的峰值应变是构件承载能力极限状态，故应按式（6-5）计算钢筋的承载力。

④ 为了避免构件过早出现混凝土保护层剥落，失去对间接钢筋和纵筋的保护作用，要求按式（6-9）计算得出的承载力不应大于按式（6-5）算得的50%。

【例 6-2】 某圆形截面轴心受压构件，直径 $d=500\text{mm}$，计算长度 $l_0=5.25\text{m}$，混凝土强度等级 C30，一类环境，纵筋和箍筋均采用 HRB400 级钢筋。若要求轴心受压承载力达到 5800kN，试确定纵向钢筋和箍筋数量。

【解】 先按普通箍筋柱计算

（1）求稳定系数 φ

$l_0/d=5250/500=10.5$，查表 6-2，得 $\varphi=0.95$

（2）求受压纵筋截面面积

由式（6-5），得

$$A'_s=\frac{1}{f'_s}\left(\frac{N}{0.9\varphi}-f_cA\right)=\frac{1}{360}\times\left(\frac{5800\times10^3}{0.9\times0.95}-14.3\times3.14\times500^2/4\right)=11048\text{mm}^2$$

（3）求配筋率

$\rho'=A'_s/A=11048/(3.14\times500^2/4)=5.63\%>5\%$，不可以

配筋率过高，若混凝土强度等级不再提高，并因 $l_0/d<12$，可采用螺旋箍筋柱。以下按螺旋箍筋柱计算。

（4）纵向钢筋或间接钢筋截面面积可先假定一种，假定纵筋比较方便

取纵筋配筋率为 $\rho'=3\%$，$A'_s=\rho'\pi d^2/4=0.03\times3.14\times500^2/4=5888\text{mm}^2$

（5）计算核心截面面积

混凝土保护层厚度取为 20mm，估计箍筋直径为 10mm，得

$d_{cor}=d-30\times2=500-60=440\text{mm}$

$A_{cor}=\pi d_{cor}^2/4=3.14\times440^2/4=151976\text{mm}^2$

（6）计算间接钢筋换算面积

混凝土强度等级不超过 C50，$\alpha=1.0$，由式（6-9）有

$$A_{ss0}=\frac{N/0.9-f_cA_{cor}-f'_sA'_s}{2\alpha f_{yv}}$$

$$=\frac{5800\times10^3/0.9-14.3\times151976-360\times5888}{2\times1.0\times360}=2988\text{mm}^2>A'_s/4=1472\text{mm}^2$$

满足要求。

（7）确定螺旋筋直径和间距

螺旋筋直径选用 12mm，则单根箍筋截面面积 $A_{ss1}=113\text{mm}^2$。由式（6-8a）有

$$s=\frac{\pi d_{cor}A_{ss1}}{A_{ss0}}=\frac{3.14\times440\times113}{2988}=52.2\text{mm}$$

取整后 $s=50\text{mm}$，满足 $40\text{mm}<s<80\text{mm}$ 以及 $d_{cor}/5=88\text{mm}$ 的要求。

（8）验算其他适用条件

不考虑间接钢筋时构件的承载力

$N = 0.9\varphi(f_c A_c + f'_y A'_s) = 0.9 \times 0.95 \times (14.3 \times 3.14 \times 500^2/4 + 360 \times 5888) = 4213\text{kN}$

承载力提高比例 5800/4213=1.37<1.5，满足要求。

6.4 偏心受压构件正截面承载力计算原理

同时承受弯矩和轴压力的构件称偏心受压构件或压弯构件。构件端部的弯矩 M 和轴压力 N 可以等效为偏心压力，偏心距 $e_0 = M/N$，见图 6-17。偏心受压构件在两侧配置纵向钢筋，其中靠近压力一侧的钢筋面积用 A'_s 表示（称近侧钢筋），远离力一侧的钢筋面积用 A_s 表示（称远侧钢筋）。为防止受压钢筋过早屈曲，还需按构造或计算要求配置箍筋。

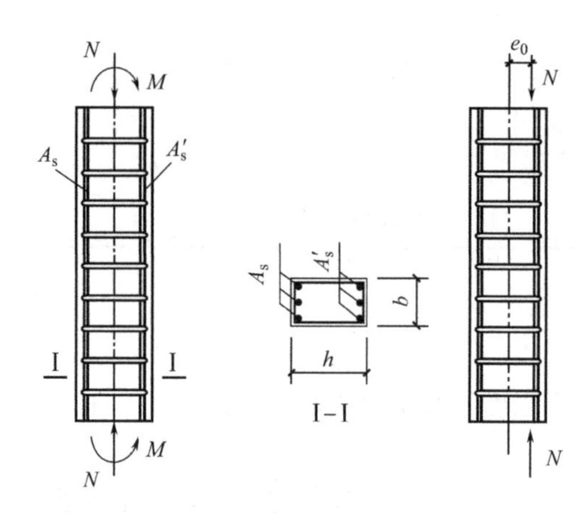

图 6-17 偏压构件及其配筋

6.4.1 偏心受压柱的破坏形态

1. 偏心受压短柱的破坏形态

偏压构件有受拉破坏和受压破坏两种破坏形态。

（1）受拉破坏形态

当偏心距相对较大，且远侧钢筋配置不是很多时，将发生受拉破坏。此时，在荷载作用下，靠近轴向力的一侧受压，另一侧受拉。随着荷载的增加，首先在受拉区出现横向裂缝，并不断扩展。在破坏前主裂缝逐渐明显，远侧钢筋受拉，钢筋应力达到屈服强度，受拉变形的发展大于受压变形，中和轴向受压区移动，使得混凝土受压区迅速减小；最后，受压区边缘混凝土应变达到极限压应变 ε_{cu} 时，承载能力达到极限，随后受压区出现纵向裂缝、混凝土被压碎。破坏时受压区的纵筋一般能达到抗压强度。构件破坏时，其截面上的应力状态见图 6-18（a），构件立面展开图见图 6-18（b）。这种破坏形态类似配有受压钢筋的适筋截面的弯曲破坏，破坏都是开始于远侧钢筋的受拉屈服，结束于受压区边缘混凝土压碎，截面有较大变形，具有一定的延性。

由于破坏始于远侧钢筋的受拉屈服，所以称受拉破坏。因发生在偏心矩较大的情况下，所以又称大偏心破坏，相应的构件称大偏心受压构件。

（2）受压破坏形态

受压破坏形态发生时，截面破坏是从受压区边缘混凝土应变达到极限压应变开始的，

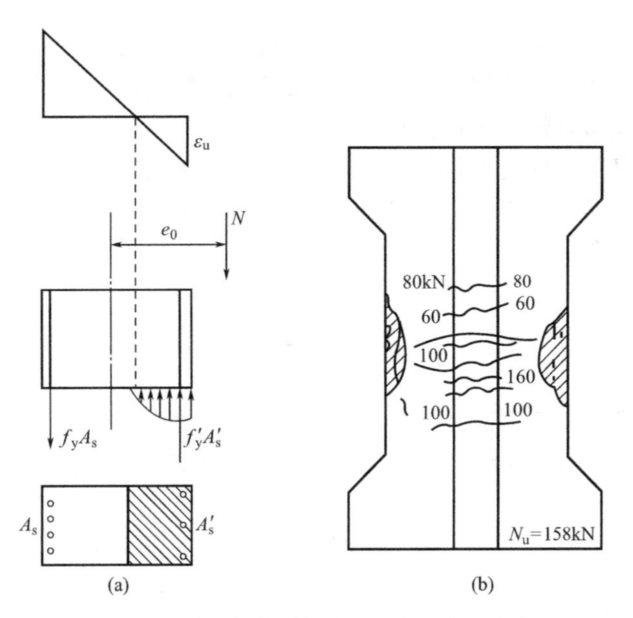

图 6-18 偏压构件受拉破坏形态和截面应力

有以下两种情况。

情况 1：当偏心距相对较小时，荷载作用下全截面受压或大部分截面受压，通常截面破坏是从靠近轴向力一侧边缘的压应变达到混凝土极限压应变 ε_{cu} 开始的。破坏时受压应力较大的一侧混凝土被压坏，同侧的受压纵筋也达到抗压强度；另一侧的钢筋可能受压也可能受拉，一般不屈服，见图 6-19。另外，当相对偏心距很小时，由于截面的实际形心和构件的几何中心不重合，若近侧钢筋比远侧钢筋多很多，也会发生离轴向力较远一侧的混凝土先压坏的现象，这称为“反向破坏”。

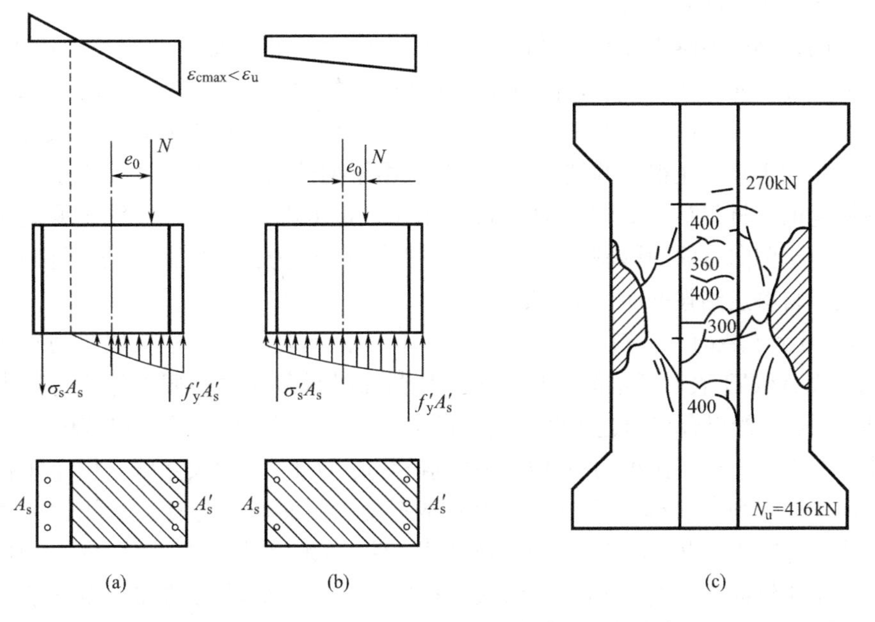

图 6-19 偏压构件受压破坏截面应力和破坏形态

情况 2：当偏心距虽较大，但远侧钢筋数量较多时，远侧钢筋受拉但始终不屈服。破坏时受压区边缘混凝土应变达到极限压应变，受压钢筋屈服，承载能力达极限而受拉钢筋不屈服（与超筋梁的破坏形态比较类似）。

总之，受压破坏形态的特点是混凝土被压碎，破坏无明显预兆，属于脆性破坏，没有延性，承载力由受压控制。因发生在偏心距较小的情况下，所以又称小偏心破坏，相应的构件称小偏心受压构件。

（3）界限破坏

受拉破坏开始于远侧受拉钢筋的屈服，受压破坏开始于近侧受压区混凝土被压碎，远侧钢筋不屈服，那么必然存在一种破坏形态介于二者之间，即：在远侧受拉钢筋屈服（即钢筋应变为其屈服应变 ε_y）的同时，近侧的受压区边缘混凝上刚好达到极限压应变 ε_{cu}，这种破坏形态称为界限破坏。

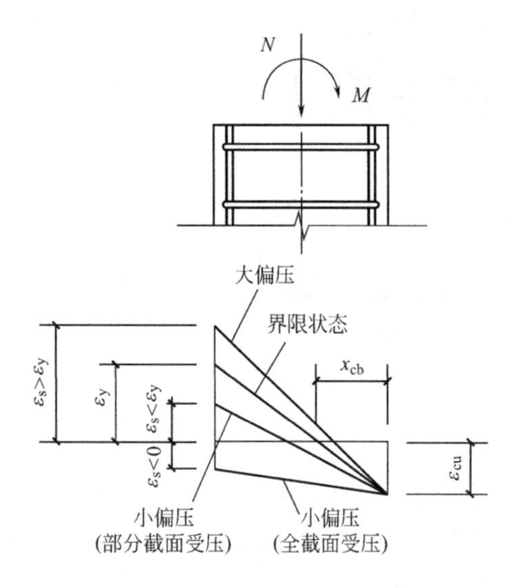

图 6-20　偏压构件极限状态应变分布

试验表明，从加载开始到接近破坏，沿偏心受压构件截面高度，用较大的测量标距量测的截面各处平均应变都较好地符合平截面假定。根据平截面假定，如果受压区高度小于 x_{cb}，受压区边缘混凝土应变达到极限压应变 ε_{cu} 时，A_s 的应变大于受拉屈服应变，属于大偏压；如果受压区高度大于 x_{cb}，A_s 的应变小于受拉屈服应变或者为压应变，属于小偏压，见图 6-20。所以，大、小偏压的判别条件为：相对受压区高度 $\xi \leqslant \xi_b$ 时，属于大偏压，$\xi > \xi_b$ 时，属于小偏压。

2. 偏心受压长柱的破坏形态

试验表明，钢筋混凝土柱在承受偏心荷载后会产生纵向弯曲。对于长细比小的短柱，一般可忽略不计纵向弯曲的影响，但对于长细比较大的“长柱”，则必须考虑其影响。

偏心受压长柱在纵向弯曲的影响下，可能发生失稳破坏和材料破坏两种破坏形态。失稳破坏指的是对于长细比很大的细长柱，破坏是由于构件纵向弯曲失去平衡引起的，而不是由材料引起的。材料破坏是指，对于长细比在一定范围内的柱，虽然在承受偏压荷载后，偏心距由于侧向弯曲的影响有所增加，使得柱的承载力比同样截面的短柱减小，但其破坏特征是因材料达到强度而产生的破坏。

图 6-21 显示了截面、材料、配筋相同，仅长细比不同的 3 根柱从加载到破坏的示意图。图中曲线 $ABCD$ 表示某钢筋混凝土偏压柱截面材料破坏时的截面弯矩与轴力之间的关系，即 M 与 N 的组合在到达该曲线上的任意一点，表示柱发生了材料破坏。

图中直线 OB 为长细比小的短柱从加载到破坏时 M 和 N 的关系线。由于短柱基本不会发生纵向弯曲，则在加载过程中偏心距基本不变，截面弯矩与轴力呈线性关系（$M=Ne$），故其变化迹线为直线，属于“材料破坏”。曲线 OC 是长柱从加载到破坏时 M 和 N 的关系线。由于纵向弯曲的影响，在加载过程中偏心距随着轴力的加大而不断非线性增加，M 的增长快于 N 的增加，故其变化迹线是曲线，但也能到达 $ABCD$ 的材料破坏曲

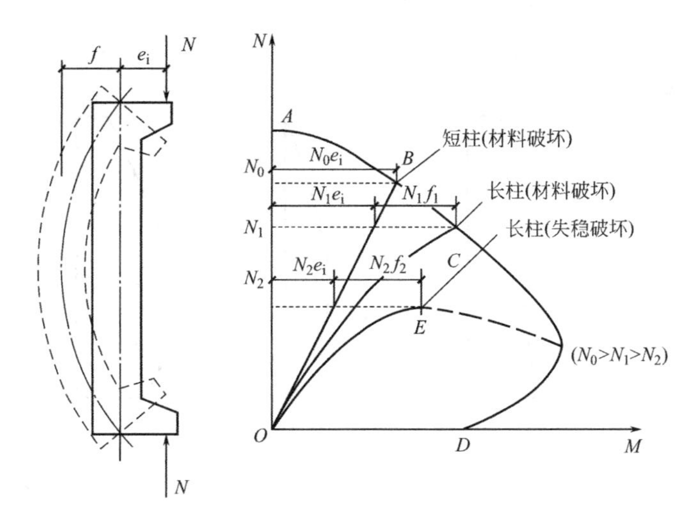

图 6-21　不同长细比柱的 N-M 关系

线，也是属于“材料破坏”。OE 曲线表示长细比很大的柱，在没有到达材料破坏曲线前，由于轴向力微小的加大导致弯矩 M 不收敛的增加而破坏，即“失稳破坏”。此时纵筋应力未达到屈服强度，混凝土压应变也未达到其极限压应变。

图中可以看出，长细比不同的柱，在相同偏心距下承受轴向力的能力是不同的。显然短柱的承载力高于长柱，表明构件长细比的加大会降低构件的正截面受压承载力，其原因是，长细比较大时，偏心受压构件的纵向弯曲引起了不可忽略的附加弯矩或称二阶弯矩。

6.4.2　偏心受压长柱考虑二阶效应的设计弯矩计算

轴向压力对偏心受压构件的侧移和挠曲产生附加弯矩和附加曲率的荷载效应称为偏心受压构件的二阶荷载效应，简称二阶效应。其中由于挠曲产生的二阶效应称为 P-δ 效应，而由侧移产生的二阶效应称为 P-Δ 效应。由 P-Δ 效应产生的弯矩增大属于结构分析中考虑几何非线性的内力计算问题，即在构件截面承载力计算时给出的内力设计值中已经包含了 P-Δ 效应，故在截面承载力计算中不必考虑这个影响。本节只讨论由于挠曲产生的 P-δ 效应的影响。

1. 杆端弯矩同号时的 P-δ 效应

（1）控制截面的转移

在偏心受压构件中，当轴向力相差不多时，弯矩大的截面是控制整个构件配筋的控制截面。

偏心受压构件在杆端同号弯矩 M_1、M_2（$M_2>M_1$）和轴向力 P 的共同作用下，将产生单曲率弯曲，如图 6-22 所示。

不考虑二阶效应时，杆件的弯矩图如图 6-22（b）所示，杆端 B 处的弯矩 M_2 最大，则 B 截面为杆件截面承载力计算的控制截面。

考虑二阶效应后，轴向压力 P 对杆件中部任一截面承受附加弯矩 $P\delta$，与一阶弯矩 M_0 叠加后，得该截面的合成弯矩 $M=M_0+P\delta$，此处 δ 为截面的挠度值。如果附加弯矩比较大，且 M_1 接近 M_2 的话，就有可能出现 $M>M_2$ 的情况，这时，偏心受压构件的控制截

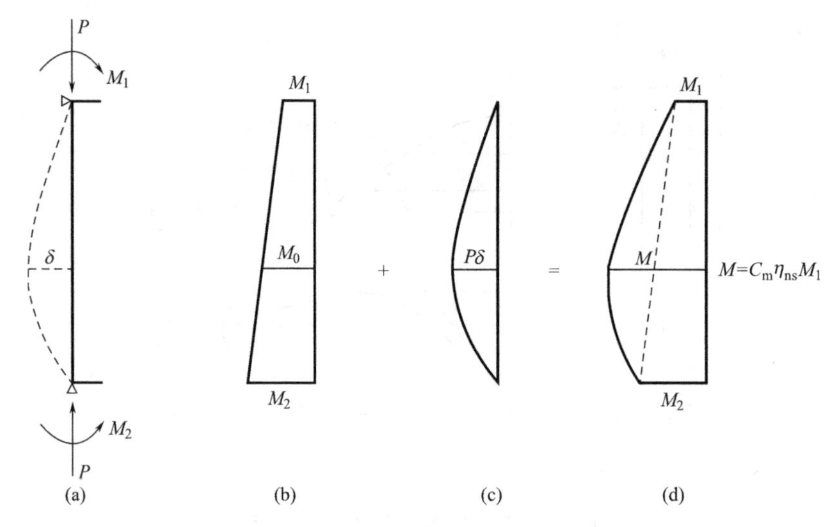

图 6-22　杆端弯矩同号的 P-δ 效应

面就由原来的 B 端截面转移到杆件中部弯矩最大的截面。显然，当控制截面发生转移后，就要考虑 P-δ 效应的影响。

（2）不需要考虑 P-δ 效应的条件

杆端弯矩同号的较细长且轴压比（$N/f_{c}A$）偏大的偏压构件才有可能发生控制截面转移的情况，而这一种情况在工程中较少出现，为了不对各个偏压构件逐一进行验算，《规范》规定，在同时满足以下条件时，即可不需要考虑 P-δ 效应：

① $M_1/M_2 \leqslant 0.9$

② 轴压比 $N/f_{c}A \leqslant 0.9$

③ $l_{c}/i \leqslant 34-12\ (M_1/M_2)$

式中　M_1、M_2——分别为已考虑侧移影响的偏压构件两端按结构弹性分析确定的同一主轴组合弯矩设计值，绝对值较小端为 M_1，绝对值较大端为 M_2，当构件按单曲率弯曲时，取正值；

l_{c}——构件的计算长度，可近似取偏压构件相应主轴方向上下支撑点之间的距离；

i——偏心方向的截面回转半径，对于矩形截面 bh，$i=h/\sqrt{12}$；

A——偏压构件的截面面积。

（3）考虑 P-δ 效应后控制截面的弯矩设计值

《规范》规定，除排架结构柱外，其他偏心受压构件考虑轴向压力在挠曲杆件中产生的二阶效应后控制截面的弯矩设计值，应按下列公式计算：

$$M=C_{m}\eta_{ns}M_2 \tag{6-10a}$$

$$C_{m}=0.7+0.3\frac{M_1}{M_2} \tag{6-10b}$$

$$\eta_{ns}=1+\frac{1}{1300(M_2/N+e_{a})/h_0}\left(\frac{l_{c}}{h}\right)^2\zeta_{c} \tag{6-10c}$$

$$\zeta_c = \frac{0.5 f_c A}{N} \tag{6-10d}$$

当 $C_m \eta_{ns}$ 小于 1.0 时取 1.0；对于剪力墙即核心筒墙类构件，由于其 P-δ 效应不明显，可取 $C_m \eta_{ns}$ 等于 1.0。

式中 C_m——构件端截面偏心调整系数，当小于 0.7 时取 0.7；

η_{ns}——弯矩增大系数；

N——与弯矩设计值 M_2 相应的轴向压力设计值；

e_a——附加偏心距；

ζ_c——截面曲率修正系数，当计算值大于 1.0 时取 1.0；

h——截面高度；对于环形截面，取外直径，对圆形截面，取直径；

h_0——截面有效高度；对于环形截面，取 $h_0 = r_2 + r_s$；对圆形截面，取 $h_0 = r + r_s$；此处 r_2 是环形截面外半径，r_s 是纵向钢筋所在圆周半径，r 是圆形截面半径；

A——偏压构件的截面面积。

(4) 杆端弯矩异号时的 P-δ 效应

这时的杆件按双曲率弯曲，杆件中部有反弯点，最典型的是框架柱，如图 6-23 所示。

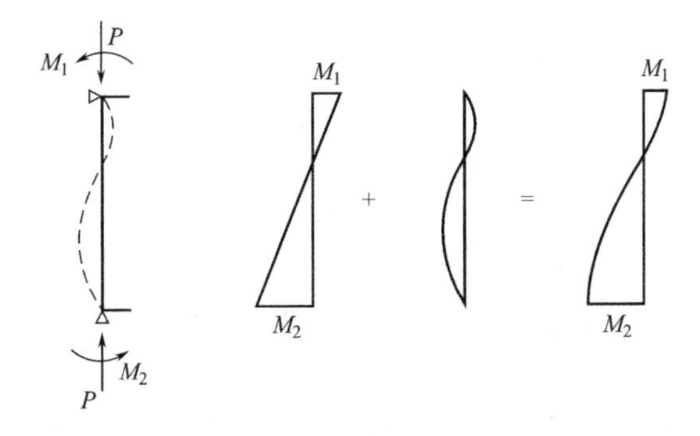

图 6-23 杆端弯矩异号时的 P-δ 效应示意

这种情况下虽然轴向压力也将对杆件中部的截面产生附加弯矩，但即使弯矩增大后，其值还是会小于端节点截面的弯矩值，也就不会发生控制截面转移的情况，所以在杆端弯矩异号时无需考虑 P-δ 效应。

6.4.3 矩形截面偏心受压构件正截面承载力的基本计算公式

根据正截面承载力计算的四个基本假定，并对混凝土压应力采用等效应力图形，偏心受压构件正截面承载力计算的应力图形见图 6-24。

1. 大偏心受压

大偏心受压极限状态时，远侧钢筋受拉，应力达到抗拉强度，根据轴向力平衡条件和对受拉钢筋合力点的力矩平衡条件，可得以下两个基本计算公式：

$$N_u = \alpha_1 f_c bx + f'_s A'_s - f_s A_s \tag{6-11a}$$

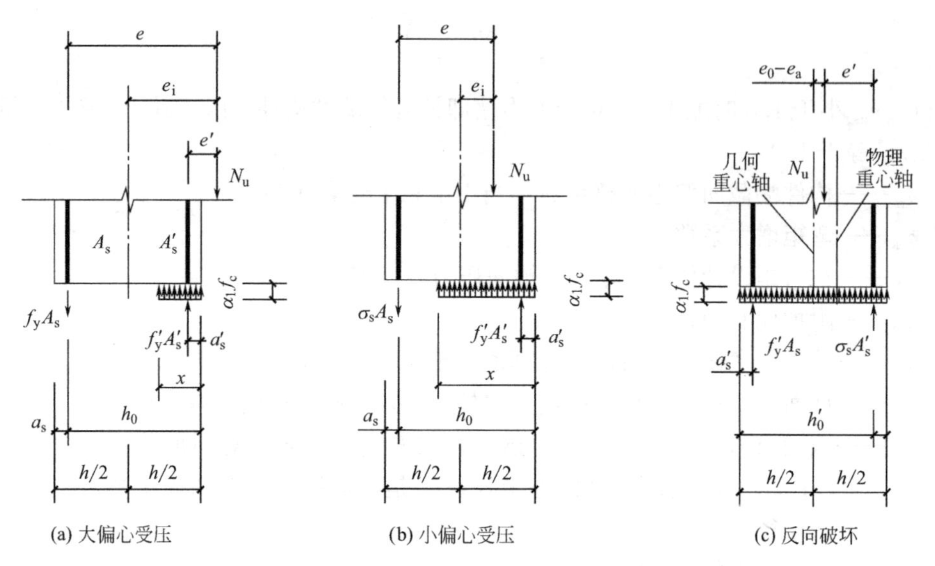

(a) 大偏心受压　　(b) 小偏心受压　　(c) 反向破坏

图 6-24　矩形截面偏压构件承载力计算应力图形

$$N_u e = \alpha_1 f_c bx(h_0 - \frac{x}{2}) + f'_s A'_s(h_0 - a'_s) \tag{6-12a}$$

$$e = e_i + \frac{h}{2} - a_s \tag{6-13a}$$

$$e_i = e_0 + e_a \tag{6-14}$$

$$e_0 = \frac{M}{N} \tag{6-15}$$

式中　N_u——受压承载力设计值；

e——轴向力作用点至远侧受拉钢筋合力点之间的距离；

e_i——初始偏心距；

e_a——附加偏心距，系考虑荷载作用位置的不确定性、混凝土的不均匀性和施工偏差等因素所引起的偏心距，取偏心方向截面尺寸的 1/30 和 20mm 中的较大值；

M——控制截面弯矩设计值，考虑 P-δ 效应时，按式（6-10）计算；

N——与 M 相应的轴向压力设计值；

其余符号同前。

公式的适用条件与双筋矩形截面受弯构件相同，即保证远侧受拉钢筋屈服（即 $\xi \leqslant \xi_b$），近侧受压钢筋屈服（即 $x > 2a'_s$）。若不满足，则按与双筋矩形截面受弯构件相同的处理方法，对近侧受压钢筋合力点取矩：

$$N_u e' = f_s A_s(h_0 - a'_s) \tag{6-12b}$$

$$e' = e_i - \frac{h}{2} + a'_s \tag{6-13b}$$

式中　e'——轴向力作用点至近侧受压钢筋合力点之间的距离。

2. 小偏心受压

小偏心受压破坏时，受压区边缘混凝土被压碎，近侧受压钢筋屈服，应力为 f_y；远侧钢筋可能受压也可能受拉，钢筋应力用σ_s表示，以拉为正、压为负。

根据轴力平衡条件和力矩平衡条件，有

$$N_u = \alpha_1 f_c bx + f'_s A'_s - \sigma_s A_s \tag{6-11b}$$

$$N_u e = \alpha_1 f_c bx\left(h_0 - \frac{x}{2}\right) + f'_s A'_s (h_0 - a'_s) \tag{6-12a}$$

当计算得出的混凝土受压区高度$x > h$时，取$x = h$。

在$x \leqslant h_0$（即$\xi \leqslant 1$）的情况下，式（6-11b）中的远侧钢筋应力可根据平截面假定推导出以下公式：

$$\sigma_s = E_s \varepsilon_{cu}(\beta_1/\xi - 1) \quad (-f'_y \leqslant \sigma_s \leqslant f'_y) \tag{6-16a}$$

利用上式计算钢筋应力，代入式（6-12a）求解x值时，势必要解x的三次方程，不便手算，另外该公式在$\xi > 1$时与试验值偏差较大。根据我国试验资料，可采用下列简化公式计算钢筋应力：

$$\sigma_s = \frac{\xi - \beta_1}{\xi_b - \beta_1} f_y \quad (-f'_y \leqslant \sigma_s \leqslant f'_y) \tag{6-16b}$$

上式的含义是：当$\xi = \xi_b$时，处于界限状态，$\sigma_s = f_y$；当$\xi = \beta_1$（即$x_c = h_0$）时，远侧钢筋A_s刚好处于中和轴上，$\sigma_s = 0$；其余情况线性插入。

在式（6-16b）中，令$\sigma_s = -f_y$，则可得到远侧钢筋A_s屈服时的相对受压区高度

$$\xi_{cy} = 2\beta_1 - \xi_b \tag{6-17}$$

3. 反向破坏

当偏心距很小时，A'_s比A_s大得多，截面的实际形心偏离几何形心较多，导致实际偏心方向的改变，当压力很大时（$N > f_c bh$），可能发生离轴向力较远一侧的边缘混凝土先压坏的情况，称为反向受压破坏。此时的截面承载能力的计算简图见图 6-24（c）。这时附加偏心距反向了，取$e_i = e_0 - e_a$。对A'_s合力点取矩，有：

$$A_s = \frac{N_u e' - \alpha_1 f_c bh\left(h_0 - \frac{h}{2}\right)}{f'_s (h'_0 - a_s)} \tag{6-12c}$$

式中

$$e' = \frac{h'}{2} - a'_s - (e_0 - e_a) \tag{6-13c}$$

计算分析表明，当$N \leqslant \alpha_1 f_c bh$时，按式（6-12c）求得的$A_s$总是小于$0.002bh$，为了满足最小配筋率的要求，《规范》规定，当$N > f_c bh$时，才需要验算反向受压破坏的承载力。

6.5　矩形截面不对称配筋偏心受压构件正截面承载力计算

对于偏心受压构件的正截面承载力计算，首先应确定是否需要考虑P-δ效应的影响。

6.5.1　截面设计

与受弯构件正截面承载力计算相同，截面设计问题是已知截面内力设计值（N、M），材料和截面尺寸，求纵筋数量。与受弯构件不同的是偏心受压构件正截面承载力的计算需

要首先初步判别截面的破坏形态是大偏压还是小偏压。可以先计算初始偏心距 e_i，当 $e_i>0.3h_0$ 时，按大偏压情况计算，否则按小偏压计算，利用相关公式求得 A_s 和 A'_s；利用求出的 A_s 和 A'_s 再计算 x，检验 x 与 x_b 的关系检查初步假定是否正确，若不正确则需要重新计算。最后，尚需按轴心受压构件验算垂直于弯矩作用方向的受压承载力。

1. 大偏心受压构件

大偏心受压破坏时，近侧受压钢筋和远侧受拉钢筋均屈服（图 6-24a），截面应力状况与双筋受弯构件相似，相应地，大偏心受压构件的正截面承载力计算也有 A'_s 未知和 A'_s 已知两种情况。

当 A'_s 未知时，同双筋受弯构件相似，可取 $\xi=\xi_b$，代入式（6-12a），即可得到 A'_s 的计算公式：

$$A'_s=\frac{Ne-\alpha_1 f_c bh_0^2\xi_b(1-0.5\xi_b)}{f'_y(h_0-a'_s)} \tag{6-18}$$

将求得的 A'_s 代入式（6-13a）后，则有

$$A_s=\frac{\alpha_1 f_c bh_0\xi_b-N}{f_y}+\frac{f'_y}{f_y}A'_s \tag{6-19}$$

当 A'_s 已知时，则由式（6-12a），可得

$$\xi=1-\sqrt{1-\frac{2[Ne-f'_yA'_s(h_0-a'_s)]}{\alpha_1 f_c bh_0^2}} \tag{6-20}$$

然后代入式（6-11a）即可求出 A_s。

如果按式（6-20）求得的 $\xi>\xi_b$，则应改用小偏心受压的计算公式重新计算；若 $x<2a'_s$，与双筋受弯构件的处理方法相同，对近侧受压钢筋 A'_s 合力点取矩，得

$$A_s=\frac{N\left(e_i-\dfrac{h}{2}+a'_s\right)}{f_y(h_0-a'_s)} \tag{6-21}$$

然后再取 $A'_s=0$，按式（6-11a）和式（6-12a）计算 A_s 值，与用式（6-12c）计算求得的 A_s 值做比较，取其较小值配筋。

2. 小偏心受压构件

此时基本计算公式中有 3 个未知数，x、A_s 和 A'_s，无法直接求解。考虑到小偏心受压破坏时，远侧钢筋 A_s 不论是受拉还是受压，一般不屈服，故此时可对 A_s 按最小配筋率配置钢筋，即取 $A_s=0.002bh$，若 $N>f_c bh$ 时，则考虑反向破坏的要求，按式（6-21）计算 A_s。

在确定 A_s 后，将其值代入式（6-11b）和式（6-12a）中，再代入式（6-16b），消去 A'_s 后，即为关于 ξ 的一元二次方程，可得

$$\xi=u+\sqrt{u^2+\nu} \tag{6-22a}$$

$$u=\frac{a'_s}{h_0}+\frac{f_yA_s}{(\xi_b-\beta_1)\alpha_1 f_c bh_0}\left(1-\frac{a'_s}{h_0}\right) \tag{6-22b}$$

$$\nu=\frac{2Ne'}{\alpha_1 f_c bh_0^2}-\frac{2\beta_1 f_yA_s}{(\xi_b-\beta_1)\alpha_1 f_c bh_0}\left(1-\frac{a'_s}{h_0}\right) \tag{6-22c}$$

式（6-22c）中的 e' 为纵向力到近侧受压钢筋重心的距离。

求得 ξ 后，按下列三种情况分别求出 A'_s。

（1）$\xi_{cy}>\xi>\xi_b$ 时，将代入式（6-11b）或式（6-12a），即可求得 A'_s；

（2）$h/h_0>\xi\geqslant\xi_{cy}$ 时（即远侧钢筋屈服），取 $\sigma_s=-f'_y$，按下式重新求取 ξ：

$$\xi=\frac{a'_s}{h_0}+\sqrt{\left(\frac{a'_s}{h_0}\right)^2+2\left[\frac{Ne'}{\alpha_1 f_c bh_0^2}-\frac{A_s f'_y}{\alpha_1 f_c bh_0}\left(1-\frac{a'_s}{h_0}\right)\right]} \tag{6-22d}$$

再按式（6-11b）求得 A'_s；

（3）$\xi\geqslant\xi_{cy}$ 且 $\xi\geqslant h/h_0$ 时（即混凝土受压区大于截面高度），取 $x=h$，$\sigma_s=-f_y$，由式（6-12a）得

$$A'_s=\frac{Ne-\alpha_1 f_c bh(h_0-0.5h)}{f'_y(h_0-a'_s)} \tag{6-23}$$

如果按以上求得的 A'_s 值小于 $0.002bh$，则应按构造要求取 $A'_s=0.002bh$。

【例 6-3】 某矩形截面柱 $b\times h=400\text{mm}\times500\text{mm}$，$a_s=a'_s=40\text{mm}$，计算长度 $l_0=5.0\text{m}$，采用强度等级为 C30 的混凝土，纵筋采用 HRB400 级钢筋。已知内力设计值 $N=1200\text{kN}$，$M_1=290\text{kN}\cdot\text{m}$，$M_2=300\text{kN}\cdot\text{m}$，采用不对称配筋，试确定纵向钢筋数量。

【解】（1）二阶效应的影响

因 $M_1/M_2>0.9$，故需要考虑 P-δ 效应

$$C_m=0.7+0.3\frac{M_1}{M_2}=0.99$$

$$\zeta_c=\frac{0.5f_cA}{N}=\frac{0.5\times14.3\times400\times500}{1200\times10^3}=1.19>1\text{，取 }\zeta_c=1$$

取 $e_a=20\text{mm}>h/30=16.7\text{mm}$

$$\eta_{ns}=1+\frac{1}{1300(M_2/N+e_a)/h_0}\left(\frac{l_c}{h}\right)^2\zeta_c$$

$$=1+\frac{1}{1300\times\left(\dfrac{300\times10^6}{1200\times10^3}+20\right)/460}\times\left(\frac{5000}{500}\right)^2\times1.0=1.131$$

$$M=C_m\eta_{ns}M_2=0.99\times1.131\times300=335.92\text{kN}\cdot\text{m}$$

（2）配筋计算

$$e_0=\frac{M}{N}=\frac{335.92}{1200}=0.280\text{m}=280\text{mm}$$

则 $e_i=e_0+e_a=280+20=300\text{mm}$

因 $e_i=300\text{mm}>0.3h_0=0.3\times460=138\text{mm}$，先按大偏心受压情况计算

$$e=e_i+h/2-a'_s=300+500/2-40=510\text{mm}$$

由式（6-18）得

$$A'_s=\frac{Ne-\alpha_1 f_c bh_0^2\xi_b(1-0.5\xi_b)}{f'_y(h_0-a'_s)}$$

$$=\frac{1200\times10^3\times510-1.0\times14.3\times400\times460^2\times0.518\times(1-0.5\times0.518)}{360\times(460-40)}$$

$$=975\text{mm}^2>\rho_{min}=0.002\times400\times500=400\text{mm}^2$$

由式（6-19）得

$$A_s=\frac{\alpha_1 f_c bh_0\xi_b-N}{f_y}+\frac{f'_y}{f_y}A'_s$$

$$=\frac{1.0\times14.3\times400\times460\times0.518-1200\times10^3}{360}+\frac{360}{360}\times975=1428\text{mm}^2$$

受拉钢筋 A_s 选用 4 Φ 22，$A_s=1520\text{mm}^2$，受压钢筋 A'_s 选用 4 Φ 18，$A'_s=1017\text{mm}^2$

(3) 垂直于弯矩作用平面的承载力验算：

$l_0/b=5.0/0.4=12.5$

查表 6-2，得：$\varphi=0.9425$

由式 (6-5) 得

$N_u=0.9\varphi(f_cA+f'_yA'_s)$

$=0.9\times0.9425\times[14.3\times400\times500+360\times(1520+1017)=3200\text{kN}>1200\text{kN}$

满足要求。

【例 6-4】 某矩形截面柱 $b\times h=400\text{mm}\times450\text{mm}$，$a_s=a'_s=40\text{mm}$，计算长度 $l_0=3.0\text{m}$，采用强度等级为 C30 的混凝土，近侧受压钢筋采用 4 Φ 22，$A'_s=1520\text{mm}^2$ (HRB400 级钢筋)。已知内力设计值 $N=240\text{kN}$，$M_1=235\text{kN}\cdot\text{m}$，$M_2=310\text{kN}\cdot\text{m}$，试确定远侧受拉钢筋数量。

【解】 (1) 是否考虑二阶效应的影响

$$\frac{l_0}{i}=\sqrt{12}\frac{l_0}{h}=\sqrt{12}\times\frac{3000}{450}=23<34-12\frac{M_1}{M_2}=34-12\times\frac{235}{310}=24.9$$

$$\frac{M_1}{M_2}=\frac{235}{310}=0.76<0.9$$

$$\frac{N}{f_cA}=\frac{240\times10^3}{14.3\times400\times450}=0.084<0.9$$

故不需要考虑 P-δ 效应。

(2) 配筋计算

$$e_0=\frac{M}{N}=\frac{310}{240}=1.291\text{m}=1291\text{mm}$$

则 $e_i=e_0+e_a=1291+20=1311\text{mm}$

因 $e_i=1311\text{mm}>0.3h_0=0.3\times410=123\text{mm}$，先按大偏心受压情况计算

$e=e_i+h/2-a'_s=1311+450/2-40=1496\text{mm}$

由式 (6-21)，有

$$\xi=1-\sqrt{1-\frac{2[Ne-f'_yA'_s(h_0-a'_s)]}{\alpha_1 f_c bh_0^2}}$$

$$=1-\sqrt{1-\frac{2\times[240\times10^3\times1496-360\times1520\times(410-40)]}{1.0\times14.3\times400\times410^2}}$$

$$=0.179<\frac{2a'_s}{h_0}=\frac{2\times40}{410}=0.195\text{，即 }x<2a'_s\text{，}$$

由式 (6-21) 得

$$A_s=\frac{N(e_i-\frac{h}{2}+a'_s)}{f_y(h_0-a'_s)}=\frac{240\times10^3\times(1311-\frac{410}{2}+40)}{360\times(410-40)}=2065\text{mm}^2$$

再按不考虑A_s'的情况计算，由式（6-12a），有

$$\xi=1-\sqrt{1-\frac{2Ne}{\alpha_1 f_c bh_0^2}}=1-\sqrt{1-\frac{2\times 240\times 10^3\times 1496}{1.0\times 14.3\times 400\times 410^2}}=0.497$$

由式（6-11a），有

$$A_s=\frac{\alpha_1 f_c bh_0\xi-N}{f_y}=\frac{1.0\times 14.3\times 400\times 410\times 0.497-240\times 10^3}{360}=2572\text{mm}^2$$

说明按不考虑受压钢筋，受拉钢筋将得到较大值，故本题取$A_s=2065\text{mm}^2$来配筋。

【例 6-5】 某矩形截面柱$b\times h=400\text{mm}\times 600\text{mm}$，$a_s=a_s'=40\text{mm}$，计算长度$l_0=3.6\text{m}$，采用强度等级为C35的混凝土，纵筋采用HRB400级钢筋。已知内力设计值$N=3600\text{kN}$，$M_1=235\text{kN}\cdot\text{m}$，$M_2=330\text{kN}\cdot\text{m}$，试确定纵向钢筋数量。

【解】（1）是否考虑二阶效应的影响

$$\frac{l_0}{i}=\sqrt{12}\,\frac{l_0}{h}=\sqrt{12}\times\frac{3600}{600}=21<34-12\frac{M_1}{M_2}=34-12\times\frac{235}{330}=25.4$$

$$\frac{M_1}{M_2}=\frac{235}{330}=0.71<0.9$$

故不需要考虑P-δ效应。

（2）配筋计算

$$e_0=\frac{M}{N}=\frac{330}{3600}=0.092\text{m}=92\text{mm}$$

则$e_i=e_0+e_a=92+20=112\text{mm}$

因$e_i=112\text{mm}<0.3h_0=0.3\times 560=168\text{mm}$，按小偏心受压情况计算

先按最小配筋率取远侧纵筋为$0.2\%bh=480\text{mm}^2$，实配2Φ18，$A_s=509\text{mm}^2$

纵向力到近侧受压钢筋重心的距离

$$e'=h/2-e_i-a_s'=600/2-112-40=148\text{mm}$$

由式（6-22b）

$$u=\frac{a_s'}{h_0}+\frac{f_y A_s}{(\xi_b-\beta_1)\alpha_1 f_c bh_0}\left(1-\frac{a_s'}{h_0}\right)$$

$$=\frac{40}{560}+\frac{360\times 509}{(0.518-0.8)\times 1.0\times 16.7\times 400\times 560}\times\left(1-\frac{40}{560}\right)=-0.0899$$

由式（6-22c）

$$\nu=\frac{2Ne'}{\alpha_1 f_c bh_0^2}-\frac{2\beta_1 f_y A_s}{(\xi_b-\beta_1)\alpha_1 f_c bh_0}\left(1-\frac{a_s'}{h_0}\right)$$

$$=\frac{2\times 3600\times 1000\times 148}{1.0\times 16.7\times 400\times 560^2}-\frac{2\times 0.8\times 360\times 509}{(0.518-0.8)1.0\times 16.7\times 400\times 560}\times\left(1-\frac{40}{560}\right)$$

$$=0.7679$$

由式（6-22a）

$$\xi=u+\sqrt{u^2+\nu}=-0.08987+\sqrt{0.08987^2+0.7679}=0.791$$

由式（6-17）

$$\xi_{cy}=2\beta_1-\xi_b=2\times 0.8-0.518=1.082$$

故 $\xi_{cy}>\xi>\xi_b$

由式（6-16b）

$$\sigma_s=\frac{\xi-\beta_1}{\xi_b-\beta_1}f_y=\frac{0.791-0.8}{0.518-0.8}\times 360=11.45\text{ N/mm}^2$$

由式（6-11b）

$$A'_s=\frac{N-\alpha_1 f_c bh_0\xi+\sigma_s A_s}{f'_y}$$

$$=\frac{240\times 10^3-1.0\times 14.3\times 400\times 560\times 0.791+11.45\times 509}{360}=1797\text{mm}^2$$

故受压钢筋 A'_s 选用 4⌽25，$A'_s=1964\text{mm}^2$

（3）垂直于弯矩作用平面的承载力验算

略。

6.5.2 承载力复核

偏心受压构件的承载力复核有两种情况，一种是已知轴向力设计值 N，求偏心距 e_0，即验算截面能够承受的弯矩设计值 M，另一种是已知 e_0，求截面能承受的轴向力设计值。不论哪一种情况，都需要按轴心受压构件验算垂直于弯矩作用方向的受压承载力。

1. 已知轴向力设计值 N，验算截面能承受的弯矩设计值

将已知的截面配筋 A_s 和 A'_s、截面尺寸、材料强度和 ξ_b 代入式（6-11a），计算界限情况下的受压承载力设计值 N_{ub}，如果 $N\leqslant N_{ub}$，为大偏压，可按式（6-11a）求 x，再将 x 代入式（6-12a）求 e，则 $M=Ne_0$。如果 $N>N_{ub}$，为小偏压，可先假定属于第一种小偏压情况，按式（6-11b）和式（6-16b）计算 x，当 $x<\xi_{cy}h_0$ 时，说明假定正确，再将 x 代入式（6-12a）求 e，进而求得 e_0，得到 $M=Ne_0$。如果 $x>\xi_{cy}h_0$ 时，则按式（6-22d）重新求 ξ；当 $x\geqslant h$ 时，取 $x=h$。

2. 已知偏心距 e_0，求轴力设计值

此时截面配筋是已知的，可直接对轴向力作用点取矩（图 6-24），求得 x，当 $x<\xi_b h_0$ 时为大偏压，代入式（6-11a）即可求得轴向力 N；当 $x>\xi_b h_0$ 时为小偏压，代入式（6-11b）、式（6-12a）和式（6-16b）联立求解轴向力设计值 N。

【例 6-6】 某框架柱截面尺寸 $b\times h=400\text{mm}\times 600\text{mm}$，$a_s=a'_s=40\text{mm}$，计算长度 $l_0=4.2\text{m}$，采用强度等级为 C35 的混凝土，采用 HRB400 级钢筋，A'_s 采用 4⌽22，$A'_s=1520\text{mm}^2$，A_s 采用 4⌽25，$A_s=1964\text{mm}^2$，$N=1200\text{kN}$，求该截面在 h 方向能承受的弯矩设计值。

【解】 框架柱上下端弯矩是反向的，故不需要考虑 P-δ 效应

由式（6-11a）得

$$x=\frac{N-f'_y A'_s+f_y A_s}{\alpha_1 f_c b}=\frac{1200\times 10^3-360\times 1520+360\times 1964}{1.0\times 16.7\times 400}$$

$$=204\text{mm}<\xi_b h_0=0.518\times 560=290\text{mm}$$

属于大偏心受压，且 $x>2a'_s=2\times 40=80\text{mm}$，说明受压钢筋可以屈服。由式（6-12a）得

$$e=\frac{\alpha_1 f_c bx(h_0-\frac{x}{2})+f'_y A'_s(h_0-2a'_s)}{N}$$

$$=\frac{1.0\times16.7\times400\times204\times(560-\frac{204}{2})+360\times1520(560-2\times40)}{1200\times10^3}=739\text{mm}$$

$e_i=e-h/2+a'_s=739-600/2+40=479\text{mm}$

取 $e_a=20\text{mm}=h/30=20\text{mm}$

$e_0=e_i-e_a=479-20=459\text{mm}$

该截面在 h 方向能承受的弯矩设计值为

$M=Ne_0=1200\times0.459=550.8\text{kN}\cdot\text{m}$

6.6　矩形截面对称配筋偏心受压构件正截面承载力计算

在不同的内力组合下，特别是在水平荷载（风荷载、地震作用等）参与组合时，偏心受压构件会有双向弯矩存在，同时也为了减小施工发生错误的概率，特别是装配式柱不出现吊装错误，在实际工程中，对于偏心受压构件一般多采用对称配筋形式。

6.6.1　截面设计

对称配筋时，截面量测的配筋相同，即 $f_y=f'_y$，$A_s=A'_s$。

1. 大偏心受压构件的计算

由式（6-11a）可得

$$x=\frac{N}{\alpha_1 f_c b}\tag{6-24}$$

代入式（6-12a），即可求得

$$A_s=A'_s=\frac{Ne-\alpha_1 f_c bx(h_0-\frac{x}{2})}{f'_y(h_0-a'_s)}\tag{6-25}$$

当 $x<2a'_s$时，可按不对称配筋计算方法处理；若 $x>x_b$，即 $\xi>\xi_b$，则认为远侧受拉钢筋不屈服，用小偏心受压公式进行计算。

2. 小偏心受压构件的计算

在式（6-11b）、式（6-12a）和式（6-16b）中取 $f_y=f'_y$，$A_s=A'_s$，可得

$$N=\alpha_1 f_c bh_0\xi+(f'_y-\sigma_s)A'_s$$

将式（6-16b）中的 σ_s 代入上式后，得

$$f'_y A'_s=\frac{N-\alpha_1 f_c bh_0\xi}{\dfrac{\xi_b-\xi}{\xi_b-\beta_1}}$$

代入式（6-12a）后，得

$$Ne=\alpha_1 f_c bh_0^2\xi(1-0.5\xi)+\frac{N-\alpha_1 f_c bh_0\xi}{\dfrac{\xi_b-\xi}{\xi_b-\beta_1}}(h_0-a'_s)$$

即

$$Ne\left(\frac{\xi_b-\xi}{\xi_b-\beta_1}\right)=\alpha_1 f_c bh_0^2\xi(1-0.5\xi)\left(\frac{\xi_b-\xi}{\xi_b-\beta_1}\right)+(N-\alpha_1 f_c bh_0\xi)(h_0-a'_s) \quad (6\text{-}26)$$

由上式可知，求解 ξ 需要求解一元三次方程，手算不便，可采用以下简化方法令

$$\overline{y}=\xi(1-0.5\xi)\frac{\xi_b-\xi}{\xi_b-\beta_1} \quad (6\text{-}27a)$$

代入式（6-26）后得

$$\overline{y}=\frac{Ne}{\alpha_1 f_c bh_0^2}\left(\frac{\xi_b-\xi}{\xi_b-\beta_1}\right)-\left(\frac{N}{\alpha_1 f_c bh_0^2}-\frac{\xi}{h_0}\right)(h_0-a'_s) \quad (6\text{-}28)$$

钢筋和混凝土的强度等级确定后，在小偏心受压（$\xi_{cy}\geqslant\xi>\xi_b$）的区段内，式（6-27a）的 $\overline{y}-\xi$ 接近于直线关系，对于 HPB300、HRB335、HRB400 级钢筋，可近似取为

$$\overline{y}=0.43\frac{\xi-\xi_b}{\beta_1-\xi_b} \quad (6\text{-}27b)$$

将上式代入式（6-27a），整理后即可得到《规范》给出的近似公式

$$\xi=\frac{N-\xi_b\alpha_1 f_c bh_0}{\dfrac{Ne-0.43\alpha_1 f_c bh_0^2}{(\beta_1-\xi_b)(h_0-a'_s)}+\alpha_1 f_c bh_0}+\xi_b \quad (6\text{-}29)$$

代入式（6-25）后即可求得钢筋面积

$$A_s=A'_s=\frac{Ne-\alpha_1 f_c bh_0^2\xi(1-0.5\xi)}{f'_y(h_0-a'_s)} \quad (6\text{-}30)$$

【例 6-7】 已知条件同例 6-3，设计成对称配筋。

【解】 由例 6-3 知该柱为大偏心受压构件，由式（6-24）有

$$x=\frac{N}{\alpha_1 f_c b}=\frac{1200\times10^3}{1.0\times14.3\times400}=210\text{mm}\begin{matrix}<0.518h_0\\>2a'_s\end{matrix}$$

由式（6-25）得

$$A_s=A'_s=\frac{Ne-\alpha_1 f_c bx\left(h_0-\dfrac{x}{2}\right)}{f'_y(h_0-a'_s)}$$

$$=\frac{1200\times10^3\times510-1.0\times14.3\times400\times210\times(460-210/2)}{360\times(460-40)}=1229\text{mm}^2$$

每边实配 4⏀20，$A_s=1256\text{mm}^2$。

与例 6-3 的计算结果相比较

不对称配筋时：$A_s+A'_s=1428+975=2403\ \text{mm}^2$

对称配筋时：$A_s+A'_s=2\times1229=2458\text{mm}^2$

可见，采用对称配筋时，钢筋用量稍大一点。

【例 6-8】 某矩形截面柱 $b\times h=500\text{mm}\times700\text{mm}$，$a_s=a'_s=40\text{mm}$，计算长度 $l_0=6.6\text{m}$，采用强度等级为 C40 的混凝土，钢筋采用 HRB400 级钢筋，对称配筋。已知内力设计值 $N=4500\text{kN}$，$M_1=310\text{kN}\cdot\text{m}$，$M_2=350\text{kN}\cdot\text{m}$，试确定纵向钢筋数量。

【解】（1）二阶效应的影响

因 $\dfrac{l_0}{i}=\sqrt{12}\dfrac{l_0}{h}=\sqrt{12}\times\dfrac{6600}{700}=32.7>34-12\dfrac{M_1}{M_2}=34-12\times\dfrac{310}{350}=23.4$，故需要考

虑 P-δ 效应

$$C_m = 0.7 + 0.3\frac{M_1}{M_2} = 0.966$$

$$\zeta_c = \frac{0.5f_cA}{N} = \frac{0.5 \times 19.1 \times 500 \times 700}{4500 \times 10^3} = 0.743 < 1,$$

取 $e_a = \min\{20, h/30\} = 23.3\text{mm}$

$$\eta_{ns} = 1 + \frac{1}{1300(M_2/N + e_a)/h_0}\left(\frac{l_c}{h}\right)^2\zeta_c$$

$$= 1 + \frac{1}{1300 \times \left(\frac{350 \times 10^6}{4500 \times 10^3} + 23.3\right)/660} \times \left(\frac{6600}{700}\right)^2 \times 0.743 = 1.332$$

$$M = C_m\eta_{ns}M_2 = 0.966 \times 1.332 \times 350 = 450.3\text{kN} \cdot \text{m}$$

（2）配筋计算

$$e_i = e_0 + e_a = \frac{M}{N} + e_a = \frac{450.3}{4500} \times 1000 + 23.3 = 123.3\text{mm} < 0.3h_0 = 198\text{mm}$$

$$e = e_i + h/2 - a'_s = 123.3 + 700/2 - 40 = 433.3\text{mm}$$

$$x = \frac{N}{\alpha_1 f_c b} = \frac{4500 \times 10^3}{1.0 \times 19.1 \times 500} = 471.2\text{mm} > 0.518h_0 = 342\text{mm}$$

属于小偏心受压。

按简化方法计算，由式（6-29）有

$$\xi = \frac{N - \xi_b\alpha_1 f_c bh_0}{\frac{Ne - 0.43\alpha_1 f_c bh_0^2}{(\beta_1 - \xi_b)(h_0 - a'_s)} + \alpha_1 f_c bh_0} + \xi_b$$

$$= \frac{4500 \times 10^3 - 0.518 \times 1.0 \times 19.1 \times 500 \times 660}{\frac{4500 \times 10^3 \times 433.3 - 0.43 \times 1.0 \times 19.1 \times 500 \times 660^2}{(0.8 - 0.518) \times (660 - 40)} + 1.0 \times 19.1 \times 500 \times 660} + 0.518 = 0.689$$

由式（6-30）得

$$A_s = A'_s = \frac{Ne - \alpha_1 f_c bh_0^2\xi(1 - 0.5\xi)}{f'_y(h_0 - a'_s)}$$

$$= \frac{4500 \times 10^3 \times 433.3 - 1.0 \times 19.1 \times 500 \times 660^2 \times 0.689 \times (1 - 0.5 \times 0.689)}{360 \times (660 - 40)}$$

$$= 318\text{mm}^2 < \rho_{\min}bh = 0.2\% \times 500 \times 700 = 700\text{mm}^2$$

取 $A_s = A'_s = 700\text{mm}^2$ 配筋，并同时应满足全截面配筋率不小于 0.55%的构造要求，每边选用 4Φ18，$A_s = A'_s = 1017\text{mm}^2$。

此外，还需验算垂直于弯矩作用平面的轴心受压承载力。

由 $l_0/b = 6.6/0.5 = 13.2$

查表 6-2，得：$\varphi = 0.932$

由式（6-5）得

$$N_u = 0.9\varphi(f_cA + f'_yA'_s)$$

$=0.9\times0.932\times(19.1\times500\times700+3600\times1017\times2)=6221\text{kN}>4500\text{kN}$，满足要求。

6.6.2 截面复核

取 $f_y=f'_y$，$A_s=A'_s$后，按不对称配筋的截面复核方法进行。

【例 6-9】 某框架柱截面尺寸 $b\times h=500\text{mm}\times600\text{mm}$，$a_s=a'_s=40\text{mm}$，计算长度 $l_0=4.5\text{m}$，采用强度等级为 C40 的混凝土，采用 HRB400 级钢筋，采用对称配筋 4 ⌀ 25，$A'_s=A_s=1964\text{mm}^2$，轴向力偏心距 $e_0=550\text{mm}$，求该截面能承受的轴向力设计值。

【解】 框架柱在柱中部有反弯点，故不需要考虑 $P\text{-}\delta$ 效应

$e_a=\min\{20, h/30\}=20\text{mm}$，$e_0=550\text{mm}$

$e_i=e_0+e_a=550+20=570\text{mm}$

对轴向力作用点取矩，得

$$\alpha_1 f_c bx\left(e_i-\frac{h}{2}+\frac{x}{2}\right)=f_yA_s\left(e_i+\frac{h}{2}-a_s\right)-f'_yA'_s\left(e_i-\frac{h}{2}+a'_s\right)=f_yA_s(h-a_s-a'_s)$$

代入数据，并整理后，得有关 x 的一元二次方程

$$x^2+540x-76997=0$$

求解方程后得 $x=117.2\text{mm}$，$2a'_s=80\text{mm}<x<x_b=0.518\times560=290\text{mm}$，为大偏压。

代入式（6-11a）并取 $f_y=f'_y$，$A_s=A'_s$后，得

$$N_u=\alpha_1 f_c bx=1.0\times19.1\times500\times117.2=1119\text{kN}$$

6.7 偏心受压构件 N_u-M_u 相关曲线

对于确定的截面，由各组承载力组成的曲线称 N_u-M_u 相关曲线（interaction diagram）。试验表明，小偏压情况下，随着轴向压力的加大，正截面受弯承载力随之减小；在大偏压情况下，轴向压力的增加会使构件正截面受弯承载力提高；在界限破坏时，偏压构件正截面受弯承载力达到最大值。以下将建立对称配筋矩形截面偏心受压构件的 N_u-M_u 相关曲线。

6.7.1 对称配筋矩形截面偏心受压构件的 N_u-M_u 相关曲线

对称配筋时，有 $f_y=f'_y$，$A_s=A'_s$。在大偏心受压段，由式（6-11a）有：

$$\xi=\frac{N_u}{\alpha_1 f_c bh_0}$$

将上式以及式（6-13a）、式（6-14）代入式（6-12a）后，有

$$N_ue_0+N_u\left(e_a+\frac{h}{2}-a_s\right)=N_u\left(h_0-\frac{N_u}{2\alpha_1 f_c b}\right)+f'_yA'_s(h_0-a'_s)$$

上式中 N_ue_0 即为 M_u，并注意到 $h=h_0+a_s$，上式可改写为

$$M_u=N_u\left(\frac{h}{2}-e_a\right)-\frac{N_u^2}{2\alpha_1 f_c b}+f'_yA'_s(h_0-a'_s)$$

对相关参数做无量纲化处理。令 $\widetilde{M}_u=\dfrac{M_u}{\alpha_1 f_c bh_0^2}$；$\widetilde{N}_u=\dfrac{N_u}{\alpha_1 f_c bh_0}$；$\gamma=\dfrac{f'_yA'_s}{\alpha_1 f_c bh_0}$。上式可

改写为：

$$\widetilde{M}_u=-\frac{\widetilde{N}_u^2}{2}+\frac{\widetilde{N}_u}{2}\left(\frac{a_s}{h_0}+1-\frac{2e_a}{h_0}\right)+\gamma\left(1-\frac{a'_s}{h_0}\right) \tag{6-31}$$

上式即为大偏心受压构件对称配筋下的 N_u-M_u 相关曲线方程，从式（6-31）可以看出 M_u 是 N_u 的二次函数。

对于小偏心受压段，将 $x=\xi h_0$ 以及式（6-13a）、式（6-14）代入式（6-12a），有

$$N_u e_0+N_u\left(e_a+\frac{h}{2}-a_s\right)=\alpha_1 f_c b h_0^2\xi(1-0.5\xi)+f'_y A'_s(h_0-a'_s) \tag{6-32}$$

将式（6-16b）代入式（6-11b），并采用上述无量纲化参数，整理后得

$$\xi=\frac{(\xi_b-\beta_1)\widetilde{N}_u-\xi_b\gamma}{\xi_b-\beta_1-\gamma} \tag{6-33}$$

将上式代入式（6-32），并注意到 $M_u=N_u e_0$，$h=h_0+a_s$，同样采用上述无量纲化参数，整理后得：

$$\widetilde{M}_u=-\frac{\lambda_1\widetilde{N}_u^2}{2}+\left(\lambda_2-\frac{e_a}{h_0}-\frac{1}{2}+\frac{a_s}{2h_0}\right)\widetilde{N}_u+\gamma\left(1-\frac{a'_s}{h_0}-\lambda_3\right) \tag{6-34}$$

式中

$$\lambda_1=\left(\frac{\xi_b-\beta_1}{\xi_b-\beta_1-\gamma}\right)^2,\ \lambda_2=\frac{(\xi_b-\beta_1-\gamma+\xi_b\gamma)(\xi_b-\beta_1)}{(\xi_b-\beta_1-\gamma)^2},\ \lambda_3=\frac{2(\xi_b-\beta_1-\gamma)\xi_b+\xi_b^2\gamma}{2(\xi_b-\beta_1-\gamma)^2}$$

式（6-34）即为小偏心受压构件对称配筋下的 N_u-M_u 相关曲线方程，从式（6-34）可以看出 M_u 也是 N_u 的二次函数。

6.7.2 N_u-M_u 相关曲线的特点与应用

图 6-25 是截面尺寸为 400mm×600mm、强度等级为 C30，对称配筋矩形截面偏压构件的 N_u-M_u 相关曲线，其中水平虚线以下部分代表式（6-31）表示的大偏心受压段；水平虚线以上的部分代表式（6-34）表示的小偏心受压段。

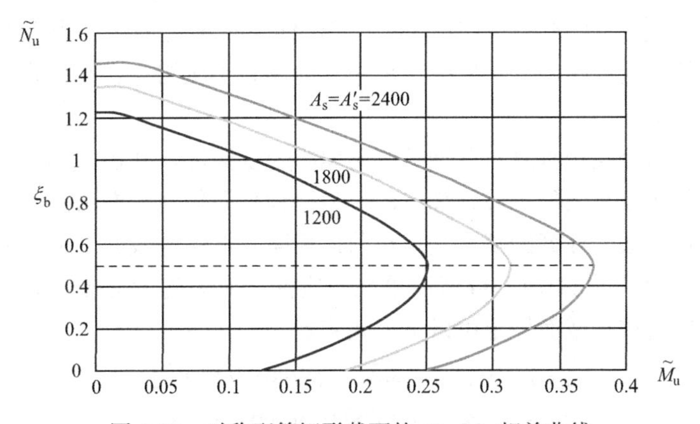

图 6-25 对称配筋矩形截面的 N_u-M_u 相关曲线

从图中可以看出，在大偏心受压段，弯矩承载力随轴向力的增加而增加；在小偏心受压段，弯矩承载力随轴向力的增加而减小。在界限破坏时，截面弯矩承载力达到最大。当

轴力为零时，相应的弯矩承载力为纯弯曲状态的受弯承载力。当配筋增加时，整个曲线向右移动，大、小偏心受压界限状态的轴力承载力不变。

相关曲线上的每一点代表偏压构件截面达到极限状态时轴力承载力和弯矩承载力的一种组合，当截面实际承受的轴力和弯矩的组合位于曲线上或曲线以内时，则偏压构件的承载力满足要求；如果轴力和弯矩的组合位于曲线以外，说明超出了截面的承载能力。

从图 6-26 可以看出，对于给定截面尺寸和配筋的偏压构件，不论是大偏压还是小偏压，在轴力固定时，弯矩越大越不利，如 D 点和 E 点两组内力，轴力相同，D 点的弯矩小，在曲线以内，承载力满足要求；E 点弯矩大，位于曲线以外，承载力不满足要求。当弯矩固定时，大偏压情况下，轴力越小越不利，如图中 F、G 两组内力；小偏压情况下，轴力越大越不利，如图中 M、N 两组内力。

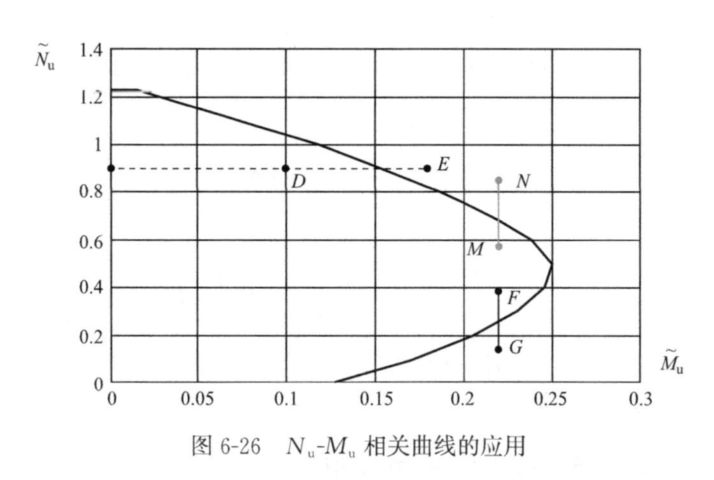

图 6-26　N_u-M_u 相关曲线的应用

6.8　双向偏心受压构件正截面承载力计算

前述所讨论的均为单向偏心受压构件，即在截面的一个主轴方向有偏心压力的情况。当轴向压力 N 在两个主轴方向都有偏心时，或构件同时承受轴向压力以及两个方向的弯矩时，称为双向偏心受压构件。在实际工程中双向偏心受压构件还是很常见的，如框架结构的角柱、管道支架等。

对于截面具有两个互相垂直对称轴的双向偏心受压构件，其正截面受压承载力有两种计算方法，一种是比较复杂的一般计算方法，另一种是简化计算方法。

对于一般计算方法，计算的基本假定与前述相同。首先将截面划分为有限多个混凝土单元、纵向钢筋单元（图 6-27），近似取单元内应变和应力均匀分布，其合力点在单元重心处。各单元的应变按平截面假定由以下公式确定。

$$\varepsilon_{ci}=\phi_u[(x_{ci}\sin\theta+y_{ci}\cos\theta)-r] \tag{6-35a}$$

$$\varepsilon_{sj}=-\phi_u[(x_{si}\sin\theta+y_{si}\cos\theta)-r] \tag{6-35b}$$

式中　ε_{ci}——第 i 个混凝土单元应变，受压时取正值；

ε_{sj}——第 j 根钢筋单元应变，受拉时取正值；

x_{ci}、y_{ci}——分别是第 i 个混凝土单元重心到 y 轴、x 轴的距离；

x_{sj}、y_{sj}——分别是第 j 根钢筋重心到 y 轴、x 轴的距离；

θ——x 轴与中和轴的夹角；

r——截面重心至中和轴的距离；

ϕ_u——截面达到承载能力极限状态时的极限曲率，按下面两种情况确定：

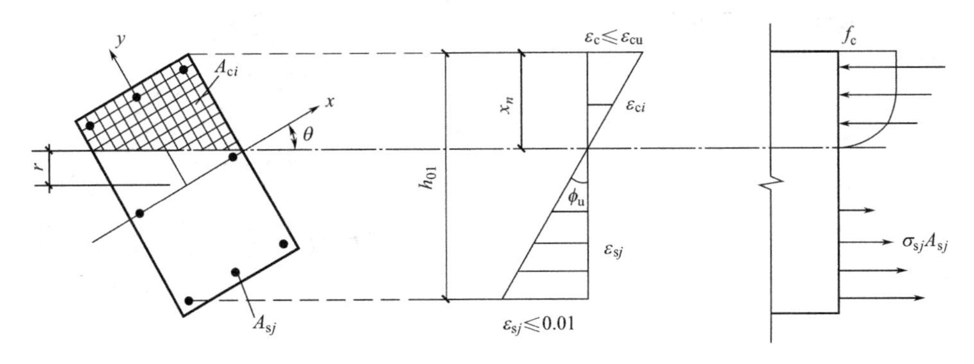

图 6-27　双向偏心受压构件截面

（1）当截面受压区外边缘的混凝土压应变 ε_c 达到混凝土极限压应变 ε_{cu} 且受拉区最外排钢筋应变小于 0.01 时，按以下公式计算：

$$\phi_u = \frac{\varepsilon_{cu}}{x_n} \tag{6-36a}$$

式中　x_n——中和轴至受压区最外侧边缘的距离。

（2）当受拉区最外侧钢筋应变 ε_{s1} 达到 0.01 且受压区外边缘的混凝土压应变 ε_c 小于混凝土极限压应变 ε_{cu} 时，按以下公式计算：

$$\phi_u = \frac{0.01}{h_{01} - x_n} \tag{6-36b}$$

式中　h_{01}——截面受压区外边缘至受拉区最外侧钢筋之间垂直于中和轴的距离。

将各钢筋和混凝土单元的应变，分别代入各自的应力-应变关系，即可得到各根钢筋和混凝土单元的应力 σ_{sj} 和 σ_{ci}。

由平衡条件得

$$N = \sum_{i=1}^{m} \sigma_{ci} A_{ci} - \sum_{j=1}^{n} \sigma_{sj} A_{sj} \tag{6-37a}$$

$$N e_{ix} = \sum_{i=1}^{m} \sigma_{ci} A_{ci} x_{ci} - \sum_{j=1}^{n} \sigma_{sj} A_{sj} x_{sj} \tag{6-37b}$$

$$N e_{iy} = \sum_{i=1}^{m} \sigma_{ci} A_{ci} y_{ci} - \sum_{j=1}^{n} \sigma_{sj} A_{sj} y_{sj} \tag{6-37c}$$

式中　N——轴向力设计值，当为压力时取正值；

A_{ci}、A_{sj}——分别是第 i 个混凝土单元面积和第 j 根钢筋截面面积；

e_{ix}、e_{iy}——分别是轴向力对 x 轴和 y 轴的初始偏心距，按下列公式计算：

$$e_{ix} = e_{0x} + e_{ax} \tag{6-38a}$$

$$e_{iy} = e_{0y} + e_{ay} \tag{6-38b}$$

式中　e_{0x}、e_{0y}——轴向压力对通过截面重心的 y 轴、x 轴的偏心距，即 M_{0x}/N 和 M_{0y}/N；

M_{0x}、M_{0y}——考虑二阶效应后的轴向压力在 x 轴、y 轴方向的弯矩设计值；

e_{ax}、e_{ay}——x 轴、y 轴方向上的附加偏心距，与前述单向偏压构件计算相同。

利用上述公式进行双向偏心受压计算的过程是烦琐的，只能利用计算机才能求解。显然，双向偏心受压轴力和弯矩之间是一个相关曲面，见图 6-28。

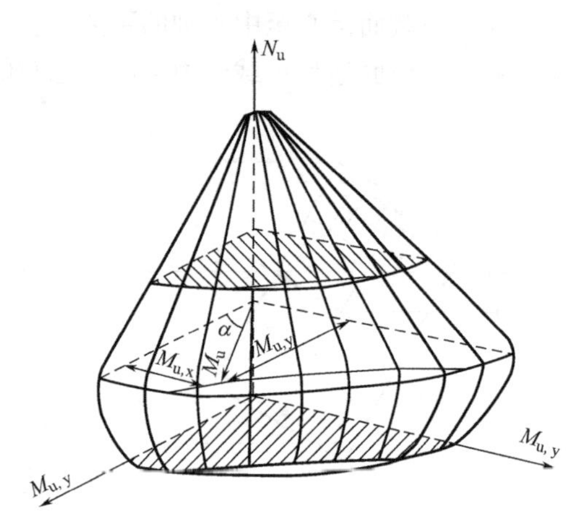

图 6-28　双向偏心受压 N_u-M_u 相关曲面

应用弹性阶段应力叠加的方法，《规范》中给出了适于手算的近似计算方法。设计时，先拟定构件的截面尺寸和钢筋布置方案，然后按下列公式复核所能承受的轴向力设计值 N_u：

$$N_u=\frac{1}{\dfrac{1}{N_{ux}}+\dfrac{1}{N_{uy}}-\dfrac{1}{N_{u0}}} \tag{6-39}$$

式中　N_{u0}——构件的截面轴向受压承载力设计值，此时计算中不考虑稳定系数 φ 和可靠度调整系数 0.9；

N_{ux}——轴向压力作用于 x 轴并考虑相应的计算偏心距 e_{ix} 后，按全部纵筋计算的构件偏心受压承载力设计值；

N_{uy}——轴向压力作用于 y 轴并考虑相应的计算偏心距 e_{iy} 后，按全部纵筋计算的构件偏心受压承载力设计值。

式（6-39）的推导如下：

假定材料处于弹性阶段，在荷载 N_{u0}、N_{ux}、N_{uy}、N 作用下，截面内的应力都达到材料所受的容许应力 $[\sigma]$，由材料力学原理，可得：

$$[\sigma]=\frac{N_{u0}}{A_0} \tag{6-40a}$$

$$[\sigma]=\left(\frac{1}{A_0}+\frac{e_{ix}}{W_{0x}}\right)N_{ux} \tag{6-40b}$$

$$[\sigma]=\left(\frac{1}{A_0}+\frac{e_{iy}}{W_{0y}}\right)N_{uy} \tag{6-40c}$$

$$[\sigma]=\left(\frac{1}{A_0}+\frac{e_{ix}}{W_{0x}}+\frac{e_{iy}}{W_{0y}}\right)N \tag{6-40d}$$

上式中 A_0、W_{0x}、W_{0y} 分别为考虑全部纵筋的换算面积和两个主轴方向的换算截面抵抗矩。

合并以上各式，即可得到式（6-39）。

6.9　偏心受压构件斜截面受剪承载力计算

偏心受压构件，一般情况下剪力相对较小，可不进行斜截面受剪承载力的计算，但对于有较大水平力作用的框架柱、有横向力作用的桁架上弦压杆等构件，剪力影响相对较大，必须予以考虑。

试验表明，轴压力的存在，能推迟垂直裂缝的出现，并使得裂缝宽度减小；出现受压区高度增大、斜裂缝倾角变小而水平投影长度基本不变以及纵筋拉力降低的现象。这些会使得构件的斜截面受剪承载力变高一些，但有一定限度，当轴压比 $N/f_c bh=0.3\sim0.5$ 时，斜截面受剪承载力达到最大，轴力再增加将转变为带有斜裂缝的小偏压的破坏情况，斜截面受剪承载力将下降。见图 6-29。

试验结果还表明，不同剪跨比构件的轴压力影响相差不多，见图 6-30。

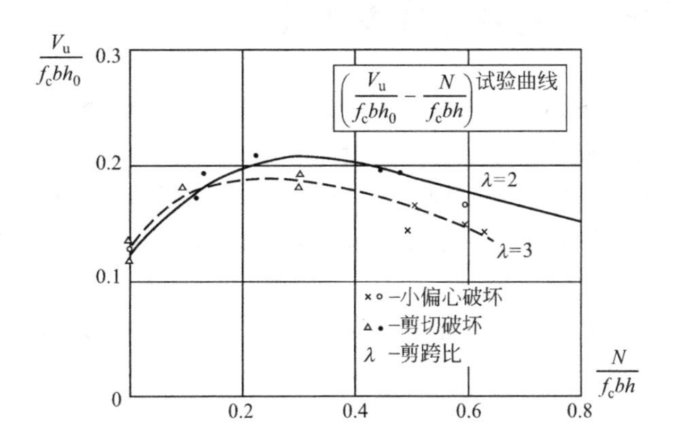

图 6-29 相对轴压力与剪力的关系

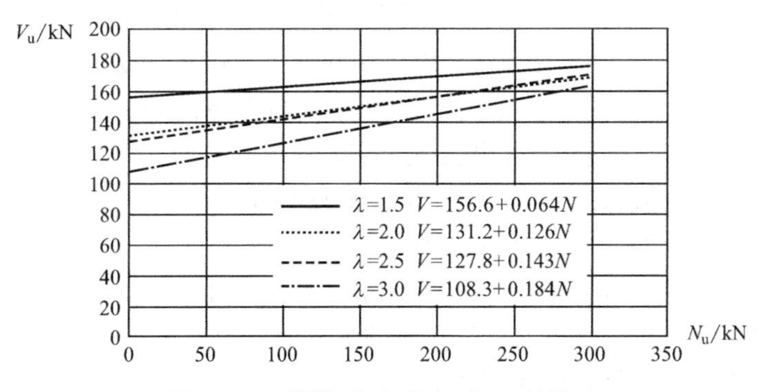

图 6-30 不同剪跨比下 N 对 V_u 的影响

通过试验资料分析和可靠度计算，对承受轴压力和横向力作用的矩形、T 形和 I 形截面的偏心受压构件，其斜截面受剪承载力应按下式计算：

$$V_u=\frac{1.75}{\lambda+1}f_c bh_0+f_{yv}\frac{A_{sv}}{s}h_0+0.07N \tag{6-41}$$

式中 λ——偏心受压构件计算截面的剪跨比；对各类结构的框架柱，取 $\lambda=M/(Vh_0)$；当框架柱的反弯点在层高范围内时，可取 $\lambda=H_n/2h_0$（H_n 为柱的净高）；当 $\lambda<1$ 时，取 $\lambda=1$；当 $\lambda>3$ 时，取 $\lambda=3$。对其他偏心受压构件，当承受均布荷载时，取 $\lambda=1.5$；当承受集中荷载时（包括作用有多种荷载且集中荷载对节点边缘所产生的剪力值占总剪力的 75%以上的情况），取 $\lambda=a/h_0$；当 $\lambda<1.5$ 时，取 $\lambda=1.5$；当 $\lambda>3$ 时，取 $\lambda=3$；此处 a 为集中荷载至节点边缘的距离。

当符合下式要求时，可不进行斜截面受剪承载力计算，而仅需根据构造要求配置箍筋。

$$V \leqslant \frac{1.75}{\lambda+1} f_c b h_0 + 0.07N \tag{6-42}$$

偏心受压钢筋的截面尺寸尚应满足第5章的相关要求。

6.10 本章课程目标和达成度测试

本章目标1：能够分析轴心受压构件的受力过程及收缩、徐变对轴压构件的影响；

本章目标2：能够完成轴心受压构件的设计（含构造要求）；

本章目标3：能够说明偏心受压构件破坏形态和破坏特征，以及二阶效应的影响；

本章目标4：能够根据矩形截面受压承载力的计算简图，建立偏压构件正截面承载力的基本公式；

本章目标5：能够进行矩形截面偏心受压构件的正截面和斜截面承载力计算。

思考题

1. 轴心受压构件进入弹塑性状态的标志是什么？
2. 轴心受压构件进入弹塑性状态后，钢筋和混凝土的应力是如何变化的？
3. 轴心受压构件配置钢筋后，改善了受压破坏的脆性的原因是什么？
4. 为什么说中、高强度钢筋用于抗压时并不能充分利用其强度？
5. 为什么对轴心受压构件要有最小配筋率和最大配筋率的限制？
6. 收缩、徐变对于轴心受压构件和混凝土应力的影响是什么？
7. 轴心受压普通箍筋短柱与长柱的破坏形态有何不同？
8. 螺旋箍筋柱正截面承载力提高的机理是什么？
9. 偏心受压短柱的破坏形态有哪几类？其破坏特征是什么？
10. 在什么情况下需要考虑偏心受压构件的 P-δ 效应？
11. 为什么说杆端弯矩异号时无需考虑 P-δ 效应？
12. 偏心受压构件正截面承载力计算公式是如何建立的？
13. 什么是小偏心受压构件的反向受压破坏？
14. 矩形截面不对称配筋大偏心受压构件计算中，若出现 $x<2a_s'$如何处理？
15. 对称配筋矩形截面偏心受压构件大、小偏心受压破坏的界限是什么？
16. 对称配筋矩形截面偏心受压构件的 N_u-M_u 相关曲线有何特点？
17. 怎样利用简化公式计算双向偏心受压构件的正截面承载力？
18. 轴压力的存在对构件斜截面受剪承载力有何影响？

达成度测试题（本章目标一题号）

1-1　轴心受压构件进入弹塑性状态标志是______。

A. 钢筋应力达到屈服强度　　B. 混凝土应变达到极限压应变

C. 混凝土开裂　　D. 混凝土压应力超过比例极限

1-2 轴心受压构件进入弹塑性状态后，钢筋应力的增长______混凝土应力的增加。

A. 快于　B. 慢于　C. 相等于　D. 不确定

1-3 配筋后钢筋与混凝土之间产生的应力重分布使混凝土应力的______。

A. 增长速度加快　B. 增长速度减慢

C. 增长幅度加大　D. 减小幅度加大

1-4 混凝土收缩使得构件在受荷前钢筋中就存在______、混凝土中存在______。

A. 拉应力、压应力　B. 压应力、拉应力

C. 压应力、剪应力　D. 剪应力、拉应力

1-5 ______越大，徐变引起的应力重分布程度越高。

A. 截面尺寸　B. 混凝土强度等级　C. 配筋率　D. 钢筋级别

2-1 柱中纵向钢筋的净间距不应小于______，其中距不宜大于______。

A. 50mm，300mm　B. 25mm，400mm

C. 1.5d，300mm　D. 30mm，400mm

2-2 箍筋间距不应大于______，且不应大于构件截面的______，而且不应大于______，此处 d 为纵向受力钢筋的最小直径。

A. 400mm，短边尺寸，15d　B. 400mm，长边尺寸，15d

C. 300mm，长边尺寸，12d　D. 300mm，短边尺寸，10d

2-3 当采用热轧钢筋作箍筋时，其直径不应小于 $d/4$，且不应小于 6mm；此处 d 为纵向受力钢筋的最大直径。

A. $d/4$，8mm　B. $d/4$，6mm　C. $d/3$，8mm　D. $d/3$，6mm

2-4 某现浇框架二层内柱，二层层高 3.6m，其计算高度是______。

A. 3.6m　B. 4.5m　C. 5.4m　D. 7.2m

2-5 柱的横向配置螺旋箍筋或焊接环筋可以提高柱承载力的原因是______。

A. 柱中的钢筋数量增加了　B. 减小了柱的压应变

C. 约束了混凝土的横向膨胀　D. 增加了钢筋与混凝土的粘结

2-6 考虑间接钢筋的作用要求 $l_0/d \leqslant 12$，其原因是______。

A. 长细比不能过小　B. 横向膨胀不宜过大

C. 横向弯曲不宜过大　D. 纵向弯曲不能过大

2-7 某装配式框架底层内柱，截面尺寸为450mm×450mm，混凝土强度等级为C35，轴心压力设计值 N=3980kN，钢筋用 HRB400 级，基础顶面至二层楼面的高度为 4.8m，试确定该柱的纵向钢筋，并绘出配筋截面图。

2-8 某圆形截面轴心受压构件，直径 d=600mm，计算长度 l_0=6.6m，混凝土强度等级 C35，一类环境，纵筋和箍筋均采用 HRB400 级钢筋。若要求轴心受压承载力达到 7800kN，试确定纵向钢筋和箍筋数量。

3-1 大偏心受压构件的破坏形态称为受拉破坏的原因是破坏开始于______。

A. 离纵向力较远一侧混凝土开裂　B. 离纵向力较远一侧混凝土压碎

C. 远侧钢筋受拉屈服　D. 近侧钢筋受压屈服

3-2 当相对偏心距很小时，若近侧钢筋比远侧钢筋多很多，也会发生离轴向力较远一侧的混凝土先压坏的现象，称为______。

A. 正向破坏　　B. 反向破坏　　C. 远侧破坏　　D. 近侧破坏

3-3　偏心受压破坏中属于延性破坏的是______。

A. 大偏心受压破坏　　B. 小偏心受压破坏　　C. 反向破坏　　D. 界限破坏

3-4　构件长细比的加大会降低构件的正截面受压承载力，其原因是______。

A. P-Δ 效应的影响　　B. 稳定性的影响

C. 二阶弯矩的影响　　D. 材料不均匀的影响

3-5　不需要考虑 P-δ 效应的条件包括______。

A. $M_1/M_2>0.9$　　B. 轴压比 $N/f_cA\leqslant 0.9$

C. $l_c/i>34-12\ (M_1/M_2)$　　D. 柱端弯矩反号

4-1　偏压构件正截面承载力计算公式中的式（6-12a）是对______取矩得到的。

A. 纵向力作用点　　B. 近侧钢筋合力点

C. 远侧钢筋合力点　　D. 截面重心

4-2　在大偏压构件计算中，若出现 $x<2a_s'$的情况，则对______取矩进行计算。

A. 纵向力作用点　　B. 近侧钢筋合力点

C. 远侧钢筋合力点　　D. 截面重心

4-3　在小偏压构件计算中，若出现 $x>h$ 的情况，则______。

A. 取 $x=h$　　B. 取 $x=h_0$　　C. 取 $x=2a_s'$　　D. 取 $x=\xi_b h_0$

4-4　需要验算反向受压破坏承载力的条件是______。

A. $N\leqslant\alpha_1 f_c bh$　　B. $N>f_c bh$　　C. 小偏压破坏　　D. 大偏压破坏

5-1　矩形截面 $b\times h=400\text{mm}\times600\text{mm}$，构件计算长度 6m，采用 C30 混凝土，纵筋采用 HRB400 级钢筋，$a_s=a_s'=40\text{mm}$。已知内力设计值 $N=1000\text{kN}$，$M_1=390\text{kN}\cdot\text{m}$，$M_2=420\text{kN}\cdot\text{m}$，采用不对称配筋，试确定纵向钢筋数量。

5-2　已知在混凝土受压区配有 2⌀18，其余条件同 5-1，试确定远侧纵向钢筋数量。

5-3　矩形截面 $b\times h=400\text{mm}\times550\text{mm}$，构件计算长度 4.5m，采用 C35 混凝土，纵筋采用 HRB400 级钢筋，$a_s=a_s'=40\text{mm}$。已知内力设计值 $N=330\text{kN}$，$M_1=330\text{kN}\cdot\text{m}$，$M_2=370\text{kN}\cdot\text{m}$，在混凝土受压区配有 4⌀22，试确定远侧纵向钢筋数量。

5-4　矩形截面 $b\times h=400\text{mm}\times650\text{mm}$，构件计算长度 4.2m，采用 C35 混凝土，纵筋采用 HRB400 级钢筋，$a_s=a_s'=40\text{mm}$。已知内力设计值 $N=3900\text{kN}$，$M_1=220\text{kN}\cdot\text{m}$，$M_2=380\text{kN}\cdot\text{m}$，采用不对称配筋，试确定纵向钢筋数量。

5-5　某框架柱截面尺寸 $b\times h=400\text{mm}\times500\text{mm}$，$a_s=a_s'=40\text{mm}$，计算长度 $l_0=4.2\text{m}$，采用强度等级为 C35 的混凝土，采用 HRB400 级钢筋，A_s'采用 4⌀20，$A_s'=1256\text{mm}^2$，A_s 采用 4⌀22，$A_s=1520\text{mm}^2$，$N=1500\text{kN}$，求该截面在 h 方向能承受的弯矩设计值。

5-6　已知条件同 5-1，采用对称配筋，试确定纵向钢筋数量。

5-7　已知条件同 5-4，采用对称配筋，试确定纵向钢筋数量。

5-8　某框架柱截面尺寸 $b\times h=400\text{mm}\times550\text{mm}$，$a_s=a_s'=40\text{mm}$，计算长度 $l_0=4.5\text{m}$，采用强度等级为 C35 的混凝土，采用 HRB400 级钢筋，对称配筋 4⌀20，$A_s'=A_s'=1256\text{mm}^2$，轴向力偏心距 $e_0=450\text{mm}$，求该截面能承受的轴力设计值。

第7章

受拉构件正截面承载力计算

以承受轴向拉力为主的构件称为受拉构件，在实际工程中，钢筋混凝土受拉构件虽不多见，但在某些情况下，也可能出现这类构件，如钢筋混凝土屋架下弦、水池壁等。

7.1 轴心受拉构件的受力性能及正截面承载力计算

7.1.1 轴心受拉构件的受力过程

两端作用轴向拉力 N 的对称配筋钢筋混凝土构件，钢筋截面总面积为 A_s，混凝土截面面积为 A_c，通过试验可以得到构件轴力 N 与平均拉应变的关系曲线如图 7-1（a）所示，钢筋应力、混凝土应力与轴拉力的关系曲线见图 7-1（b）。从图 7-1（a）中可以看出曲线有两个明显的转折点，将整个受力过程分为三个阶段。

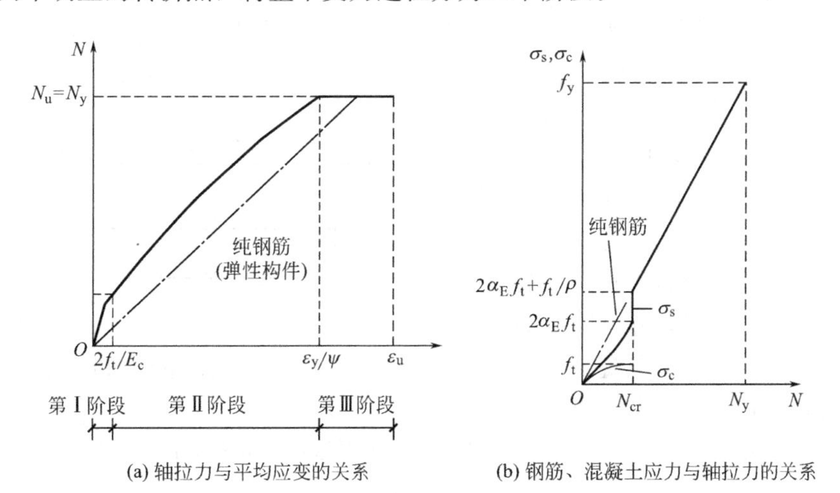

图 7-1 轴心受拉构件的受力性能

1. 第Ⅰ阶段（整体工作阶段）

从加载到混凝土开裂前，钢筋与混凝土共同承担轴拉力，混凝土拉应变和钢筋拉应变相等，混凝土的拉、压变形模量相同，钢筋屈服前混凝土应力、钢筋应力以及构件拉应变与轴向拉力的关系同式（6-2a）。

当荷载较小、混凝土拉应力不超过比例极限时，弹性系数 $\nu'=1$，构件拉应变 ε_t、混凝土应力和钢筋应力均与轴拉力 N 呈比例关系，构件处于弹性状态；随着混凝土拉应力的增加，弹性系数 ν' 从1逐渐减小到峰值应力时的 0.5，构件拉应变和钢筋应力的增长速度稍快于轴力的增长速度，而混凝土应力的增长速度会稍慢于轴力的增长速度，见图 7-1（b）。作为对比，弹性材料构件的应力、变形始终与轴力呈线性关系，见图 7-2 中的点画线。这种差异是由混凝土的非弹性性质（即弹性系数的变化）引起的。

当混凝土拉应力达到抗拉强度值 f_t、截面处于将裂未裂时，为第Ⅰ阶段末，用 $\mathrm{I_a}$ 表示。此时构件达到不开裂的极限，这一特定状态称为抗裂极限状态，它是进行截面抗裂计算的依据，相应的轴拉力用 N_{cr} 表示，称开裂轴力。此时 $\sigma_c = f_t$、$\nu' = 0.5$、$\varepsilon_t = 2f_t/E_c$，由式（6-2a）得：

$$\left.\begin{aligned} N &= (A_c + 2\alpha_E A_s) f_t \\ \sigma_c &= f_t \\ \sigma_s &= 2\alpha_E f_t \end{aligned}\right\} \tag{7-1}$$

2. 第Ⅱ阶段（带裂缝工作阶段）

由于混凝土是一种非匀质材料，沿构件轴线的各截面实际抗拉强度并不相同，当混凝土拉应力达到最弱的某个（某几个）截面的实际抗拉强度时，在这些截面将出现垂直于构件轴线的裂缝，将混凝土断开，构件就进入到受力的第Ⅱ阶段，一直到裂缝截面钢筋屈服。

开裂瞬间，裂缝截面的混凝土拉应力下降为零，原来由混凝土承担的抗力依靠钢筋与混凝土之间的粘结力传递给裂缝截面的钢筋，裂缝截面钢筋应力有一突然增量 $\Delta\sigma_s = f_t A_c / A_s$，从开裂前的 $2\alpha_E f_t$ 增加到开裂后的（$2\alpha_E + A_c/A_s$）f_t，见图 7-1（b）。这一应力增量与配筋率有关，配筋率越高，应力增量越小。截面应力出现应力重分布现象。

由于钢筋与混凝土之间存在粘结力，两相邻裂缝中间截面混凝土仍然参与抗拉工作；越靠近裂缝截面，混凝土参与受拉工作的程度越小，直至裂缝截面完全退出工作，钢筋的应力逐渐增大；各截面的应力（应变）沿构件长度分布不均匀，裂缝截面钢筋应力最大、相邻裂缝中间截面钢筋应力最小，其差值反映了混凝土参与受拉工作的程度，见图 7-2。截面开裂后根据裂缝截面的平衡条件，有 $\sigma_s A_s = N$。钢筋沿构件长度的平均应力用 σ_{sm} 表示。令

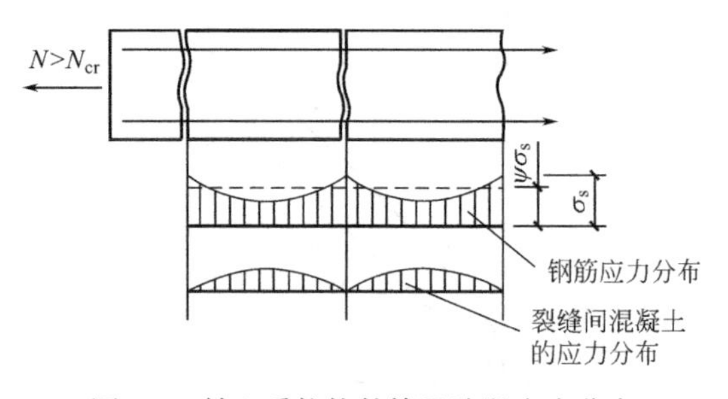

图 7-2　轴心受拉构件第Ⅱ阶段应力分布

$$\sigma_{sm} = \psi\sigma_s \tag{7-2}$$

式中　ψ——裂缝间纵向钢筋应力（应变）不均匀系数，$\psi \leqslant 1$；当裂缝间混凝土完全退出工作时，$\psi = 1$。

如果有一定的配筋数量，混凝土开裂后，荷载还可以继续增加。构件平均拉应变、裂缝截面钢筋应力与轴力的关系为：

$$\begin{aligned} N &= E_s A_s \varepsilon_t / \psi \\ \sigma_s &= N / A_s \end{aligned} \tag{7-3}$$

由于开裂瞬间裂缝截面混凝土突然退出工作，N-ε_t 曲线发生转折。试验研究表明，ψ 随荷载的增大而增大，所以构件平均拉应变的增长速度稍快于轴力的增长速度，第Ⅱ阶段曲线斜率小于第Ⅰ阶段。

裂缝截面的钢筋应力与轴力呈线性关系，见图 7-1(b)。随着荷载的增加，裂缝宽度不断增加，并在第一批裂缝之间出现新的裂缝。

当裂缝截面钢筋应力达到屈服强度值时，构件进入屈服状态，为第Ⅱ阶段末，用II_a表示，相应的轴拉力用N_y表示，称为屈服荷载。

$$N_y = A_s f_y \tag{7-4}$$

3. 第Ⅲ阶段（破坏阶段）

纵向钢筋屈服后，构件进入第Ⅲ阶段——破坏阶段。在该阶段裂缝截面钢筋应力保持不变，轴拉力维持N_y不变，变形不断增加，N-ε_t曲线为水平线，见图 7-1（b）。当构件变形增大到不适于继续承载时（如变形大于 5%，或者裂缝宽度大于 1.5mm），认为承载能力达到了极限，为第Ⅲ阶段末，用III_a表示。相应的轴拉力用N_u表示，称为极限承载力或极限轴力。对于钢筋混凝土轴心受拉构件，$N_u = N_y$。

7.1.2　截面轴向刚度

在材料力学中，弹性材料构件轴力N与正应变ε的比值定义为截面的轴向刚度，即：$EA = N/\varepsilon$，其中E为材料的弹性模量，A为截面面积；轴向刚度不随荷载变化，N-ε曲线保持为直线（见图 7-1a 中点画线）。而钢筋混凝土构件的轴力-应变关系为曲线，不同阶段的轴向刚度需采用不同的表达形式。为了区别于弹性材料构件，用B_N表示钢筋混凝土构件的轴向刚度。

1. 混凝土开裂前

式（6-2a）第一行，在整体工作阶段，钢筋混凝土构件的轴向刚度：

$$B_N = N/\varepsilon_t = (A_c + \alpha_E A_s/\nu')\nu' E_c \tag{7-5}$$

当混凝土应力不超过比例极限时，$\nu' = 1$，令：$A_0 = A_c + \alpha_E A_s$（称为构件换算截面面积，是指将截面上的钢筋按钢筋与混凝土的弹性模量之比折算成混凝土后的单一混凝土截面），此时的轴向刚度可表示为：

$$B_N = E_c A_0 \tag{7-6}$$

混凝土应力超过比例极限后，混凝土的弹性系数ν'随荷载增加而减小，轴向刚度也随之减小，使用起来很不方便。工程结构设计中，在混凝土开裂前轴向刚度往往取固定值，在弹性刚度的基础上乘一个小于 1 的折减系数。

2. 混凝土开裂后

混凝土开裂后钢筋应变（应力）沿构件长度呈波浪状变化，各截面的应变不等，见图 7-2。此时的截面轴向刚度是平均意义上的刚度。

由式（7-3）第一行，在带裂缝工作阶段，钢筋混凝土构件的轴向刚度（割线刚度）可表示为：

$$B_N = E_s A_s/\psi \tag{7-7}$$

上式中裂缝间纵向钢筋应力（应变）不均匀系数ψ反映了裂缝之间截面混凝土参与受拉工作对轴向刚度的贡献。ψ随荷载的增加而增加，相应地则有轴向刚度随荷载的增加而下降。当ψ趋向于 1 时，钢筋混凝土构件的轴向刚度就逐渐趋向于纯钢筋构件的轴向刚度。

7.1.3 混凝土收缩引起的应力

混凝土收缩使得构件在受荷前钢筋中就存在压应力、混凝土中存在拉应力，根据变形协调条件，可以计算出受荷前钢筋与混凝土的应力值，见式（6-4）。

由式（6-4）可见，混凝土收缩应变越大，钢筋压应力、混凝土拉应力越大；配筋率 ρ 越大，钢筋压应力越小、混凝土拉应力越大，混凝土应力是钢筋应力的 ρ 倍。因混凝土收缩在钢筋混凝土构件中引起混凝土拉应力，对于轴心受拉构件，考虑混凝土收缩后，构件的开裂荷载下降。

【例 7-1】 一钢筋混凝土构件，已测得混凝土抗拉强度 $f_t=1.54\text{N/mm}^2$、弹性模量 $E_c=2.55\times10^4\text{N/mm}^2$，自由收缩应变终极值 $\varepsilon_\infty=3\times10^{-4}$；采用对称配筋，已测得钢筋弹模量 $E_s=2.1\times10^5\text{N/mm}^2$。试计算当配筋率 ρ 为多少时，由混凝土收缩引起的混凝土拉应力达到抗拉强度，并绘出收缩引起的混凝土拉应力与配筋率 ρ 的关系曲线。

【解】 钢筋与混凝土弹性模量之比 $\alpha_E=8.24$。混凝土应力达到抗拉强度时，弹性系数 $\nu'=0.5$。令式（6-4）右式中的 $\sigma_c=f_t$，可求得：

$$\rho=\frac{f_t}{E_s\varepsilon_\infty-f_t\alpha_E/\nu'}=\frac{1.54}{2.1\times10^5\times3\times10^{-4}-1.54\times8.24/0.5}=0.041=4.1\%$$

混凝土拉应力不超过抗拉强度 f_t 的 0.4 倍时，弹性系数 $\nu'=1$；混凝土拉应力达到抗拉强度值时 $\nu'=0.5$；假定期间按线性变化，即取

$$\left.\begin{array}{ll}\nu'=1 & \sigma_c/f_t\leqslant0.4\\ \nu'=\dfrac{1.6-\sigma_c/f_t}{1.2} & 0.4<\sigma_c/f_t\leqslant1\end{array}\right\}$$

代入式（6-4）右式，可得混凝土拉应力与配筋率 ρ 的关系曲线如图 7-3 所示。

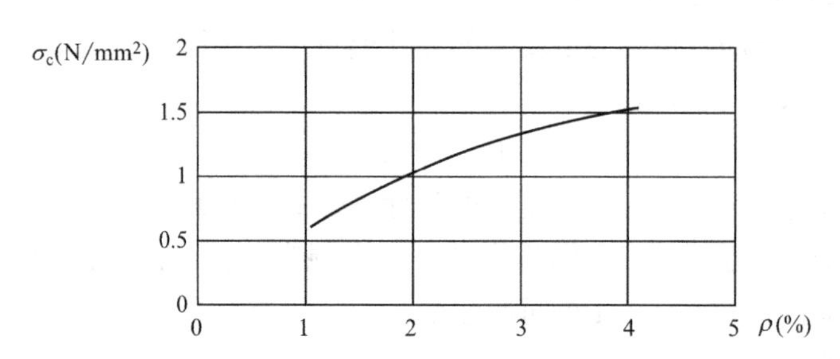

图 7-3　收缩引起的混凝土拉应力与配筋率的关系

7.1.4 轴心受拉构件的正截面承载力计算

钢筋混凝土轴心受拉构件破坏时，混凝土早就开裂，横向裂缝已将混凝土断开，裂缝截面处混凝土完全退出工作，所有荷载全部由钢筋承担，钢筋应力达到抗拉强度设计值。故轴心受拉构件的正截面承载力计算公式为：

$$N=f_yA_s \tag{7-8}$$

式中 N——轴心受拉承载力设计值；

A_s——受拉构件的全部截面面积。

7.2　矩形截面偏心受拉构件正截面承载力计算

按纵向拉力的位置不同，偏心受拉构件分为大偏心受拉构件和小偏心受拉构件。当纵向拉力 N 作用在两侧钢筋之间时，为小偏心受拉；位于两侧钢筋之外时为大偏心受拉。

7.2.1　小偏心受拉构件正截面承载力计算

当偏心距 $e_0=M_u/N_u$ 不超过 $h/2-a_s$ 时，拉力位于 A_s 合力点和 A'_s合力点之间，属于小偏拉。荷载作用下，距离纵向拉力较近的一侧首先出现裂缝，随后裂缝向距拉力较远的一侧延伸，最终贯通全截面；裂缝截面混凝土完全退出工作，荷载全部由 A_s 和 A'_s承担，为全截面受拉。破坏时如果 A_s 和 A'_s的比例恰当，则两者均能达到屈服强度。承载力计算采用的计算简图如图 7-4 所示。

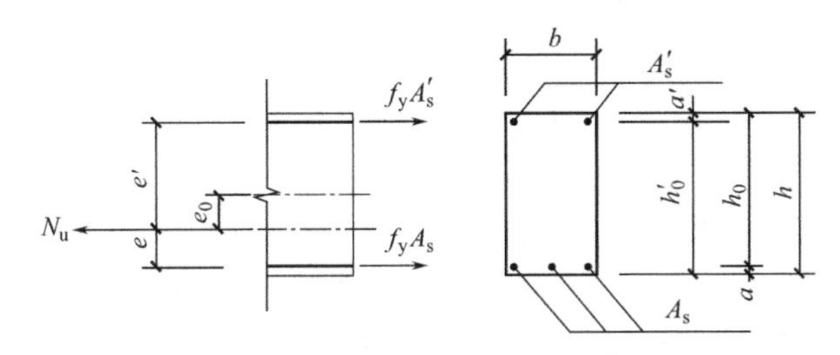

图 7-4　小偏心受拉构件正截面承载力计算简图

由轴力平衡条件和力矩平衡条件，可得：

$$N_u=f_yA_s+f_yA'_s \tag{7-9}$$

$$N_ue=f_yA'_s(h_0-a'_s) \tag{7-10a}$$

或

$$N_ue'=f_yA_s(h_0-a'_s) \tag{7-10b}$$

式中

$$e=h/2-e_0-a_s \tag{7-11a}$$

$$e'=h/2+e_0-a'_s \tag{7-11b}$$

式（7-9）和（7-10）要求 A_s 和 A'_s在破坏时均达到屈服，则要求有 $f_yA_se=f_yA'_se'$，即满足适用条件：

$$A'_s/A_s=e/e' \tag{7-12}$$

对称配筋时 A'_s不屈服，故偏于安全地取

$$A_s=A'_s=\frac{N_ue'}{f_y(h_0-a'_s)} \tag{7-13}$$

截面设计时，由式（7-10a）和式（7-10b）分别计算出 A_s 和 A'_s。

截面复核时，可分别按式（7-10a）和式（7-10b）计算受拉承载力，取其较小值作为构件的承载力。

7.2.2　大偏心受拉构件正截面承载力计算

当纵向拉力位于两侧钢筋之外时，在荷载作用下，距拉力较近一侧受拉，较远一侧受压，裂缝不会贯穿整个截面。受拉一侧混凝土开裂后退出工作，截面拉力由受拉钢筋承

担，较远一侧的压力由受压钢筋和混凝土共同承担。破坏时受拉钢筋首先屈服，随后受压边缘混凝土应变达到极限压应变，承载能力达到极限，受压钢筋一般能达到抗压强度。承载力计算采用的计算简图如图 7-5 所示。

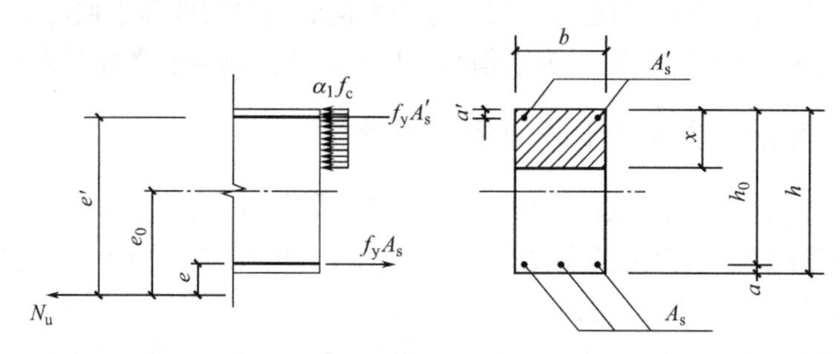

图 7-5　大偏心受拉构件正截面承载力计算简图

由轴力平衡条件和力矩平衡条件，可得：

$$N_u = f_y A_s - f_y A'_s - \alpha_1 f_c bx \tag{7-14}$$

$$N_u e = \alpha_1 f_c bx(h_0 - x/2) + f_y A'_s(h_0 - a'_s) \tag{7-15}$$

式中

$$e = e_0 - h/2 + a_s$$

公式的适用条件与双筋截面受弯构件相同，即

$$2a'_s \leqslant x \leqslant \xi_b h_0 \tag{7-16}$$

如果不满足 $x \geqslant 2a'_s$，意味着极限状态时 A_s 达不到抗压强度。采取与偏心受压构件相同的处理方法，即取 $x = 2a'_s$，并对 A'_s 合力点取矩和取 $A'_s = 0$ 分别计算 A_s 值，最后按所得较小值配筋。

如果 $x > \xi_b h_0$，则取 $x = \xi_b h_0$ 代入式（7-15）中，得

$$N_u e = \alpha_1 f_c bh_0^2 \xi_b(1 - 0.5\xi_b) + f_y A'_s(h_0 - a'_s) \tag{7-17}$$

由式（7-17）计算 A'_s，然后代入式（7-14）计算出 A_s。

截面设计时，可先按最小配筋率配置 A'_s，然后计算 x 或 ξ，按式（7-16）验算适用条件；若不满足，则再按上述不同的情况分别计算。

对称配筋时，由于 $A'_s = A_s$，代入式（7-14）后必然得到 $x < 0$，即属于 $x < 2a'_s$ 的情况。

【例 7-2】 某消防水池壁厚 350mm，已知每米宽度上的轴向拉力设计值为 $N=240\text{kN}$，相应的每米宽度上弯矩设计值 $M=180\text{kN}\cdot\text{m}$，$a_s = a'_s = 35\text{mm}$，混凝土强度等级 C30，HRB400 级钢筋，求水池在该处所需的钢筋。

【解】 $b \times h = 1000\text{mm} \times 350\text{mm}$，$h_0 = 315\text{mm}$

$e_0 = \dfrac{M}{N} = \dfrac{180 \times 1000}{240} = 750\text{mm}$，为大偏心受拉

$e = e_0 - h/2 + a_s = 750 - 350/2 + 35 = 610\text{mm}$

取 $A'_s = 0.002 \times 1000 \times 350 = 700\text{mm}$

由式（7-15）可得

$$x = h_0\left(1 - \sqrt{1 - \frac{2[Ne - f_y A'_s(h_0 - a'_s)]}{\alpha_1 f_c bh_0^2}}\right)$$

$$=315\times\left(1-\sqrt{1-\frac{2\times[240\times1000\times610-360\times700\times(315-35)]}{1.0\times14.3\times1000\times315^2}}\right)$$
$$=17.3<2a_s'=70\text{mm}$$

则需要取 $x=2a_s'$，并对 A_s'合力点取矩和取 $A_s'=0$ 分别计算 A_s 值，最后按所得较小值配筋。

取 $A_s'=0$，代入上式计算 x，得 $x=34.37\text{mm}$

代入式（7-14），并取 $A_s'=0$，得

$$A_s=(N_u+\alpha_1 f_c bx)/f_y$$
$$=(240\times1000+1.0\times14.3\times1000\times34.37)/360=2032\text{mm}^2$$

取 $x=2a_s'$，并对 A_s'合力点取矩，得

$$A_s=\frac{N_u e}{f_y(h_0-a_s')}=\frac{240\times1000\times610}{360\times(315-35)}=1452\text{mm}^2$$

故取$A_s=1452\text{mm}^2$，实配⌀ 14@100，$A_s=1539\text{mm}^2$；

$A_s'=700\text{mm}^2$，实配⌀ 10@100，$A_s'=785\text{mm}^2$

7.3　偏心受拉构件斜截面承载力计算

一般偏心受拉构件，在承受弯矩和拉力的同时，往往也存在剪力，需要进行斜截面受剪承载力的验算。

偏心受拉构件的受力特点是：在拉力的作用下，构件可能产生横贯全截面、垂直于杆周的初始垂直裂缝；施加横向荷载后，构件顶部裂缝闭合而底部裂缝加宽，且斜裂缝可能直接穿过初始垂直裂缝向上发展，也可能沿初始垂直裂缝延伸再斜向发展。斜裂缝呈现宽度较大、倾角较大，斜裂缝末端剪压区高度减小，甚至没有剪压区，从而截面的受剪承载力要比受弯构件的受剪承载力有明显的降低。根据试验结果并偏稳妥地考虑，偏心受拉钢筋的斜截面受剪承载力按下式计算：

$$V_u=\frac{1.75}{\lambda+1}f_t bh_0+f_{yv}\frac{A_{sv}}{s}h_0-0.2N \tag{7-18}$$

式中　λ——计算截面的剪跨比，按式（6-41）中的规定取用；

N——与剪力设计值 V 相应的轴向拉力设计值。

当式（7-18）右边的计算值小于 $f_{yv}\frac{A_{sv}}{s}h_0$ 时，应取等于 $f_{yv}\frac{A_{sv}}{s}h_0$，且 $f_{yv}\frac{A_{sv}}{s}h_0$ 值不应小于 $0.36f_t bh_0$。

偏心受拉构件的受剪截面尺寸与受弯构件的要求相同。

7.4　本章课程目标和达成度测试

本章目标 1：能分析轴心受拉构件受力各阶段的钢筋和混凝土的应力；

本章目标 2：能分析混凝土收缩后引起的应力；

本章目标 3：能够计算偏心受拉构件的正截面和斜截面承载力。

达成度测试题（本章目标一题号）

1-1　轴拉构件混凝土开裂前，随着混凝土拉应力的增加，构件拉应变和钢筋应力的增长速度______轴力的增长速度，而混凝土应力的增长速度会______轴力的增长速度。

A. 稍快于，稍快于　　B. 稍慢于，稍慢于

C. 稍快于，稍慢于　　D. 稍慢于，稍快于

1-2　当混凝土拉应力达到抗拉强度值 f_t、截面处于将裂未裂时，弹性系数 ν' 等于______。

A. 1.0　　B. 0.75　　C. 0.5　　D. 0.25

1-3　在轴拉构件受力的第Ⅱ阶段，裂缝间纵向钢筋应力（应变）不均匀系数 ψ 随荷载的______而______。

A. 增大，减小　　B. 增大，增大　　C. 减小，增大　　D. 减小，减小

1-4　混凝土应力超过比例极限后，随荷载______轴向刚度会______。

A. 增加，增加　　B. 增加，减小

C. 减小，增加　　D. 减小，减小

2-1　混凝土收缩应变越大，钢筋______应力、混凝土______应力越大。

A. 拉，压　　B. 压，压　　C. 拉，拉　　D. 压，拉

2-2　配筋率 ρ 越大，混凝土收缩引起的钢筋压应力______、混凝土拉应力______。

A. 越小，越小　　B. 越大，越小　　C. 越小，越大　　D. 越大，越大

2-3　已知条件同例 7-1，试分别计算当配筋率 $\rho=2.5\%$、4.1%，弹性系数分别为 0.7、0.5 时的钢筋应力。

3-1　矩形截面 $b\times h=400\text{mm}\times600\text{mm}$，$a_s=a'_s=35\text{mm}$，采用 C30 混凝土，HRB400 级钢筋，已知承受轴向拉力设计值为 $N=300\text{kN}$，弯矩设计值 $M=30\text{kN}\cdot\text{m}$，试为该构件配置纵筋。

3-2　矩形截面 $b\times h=400\text{mm}\times600\text{mm}$，$a_s=a'_s=35\text{mm}$，采用 C30 混凝土，HRB400 级钢筋，已知承受轴向拉力设计值为 $N=100\text{kN}$，弯矩设计值 $M=415\text{kN}\cdot\text{m}$，试为该构件配置纵筋。

第8章

受扭构件的扭曲截面承载力

8.1 扭曲截面受力性能

8.1.1 受扭构件的种类

工程结构中承受扭矩的构件称为受扭构件，如图 8-1 所示的雨篷梁、现浇框架的边梁等。受扭构件根据其受力状况又分为纯扭构件和复合受扭构件。只承受扭矩作用的称为纯扭构件，除了扭矩之外，还要承受弯矩，剪力和轴力其中一项或几项的称为复合受扭构件，实际结构中大部分受扭构件都属于复合受扭构件。

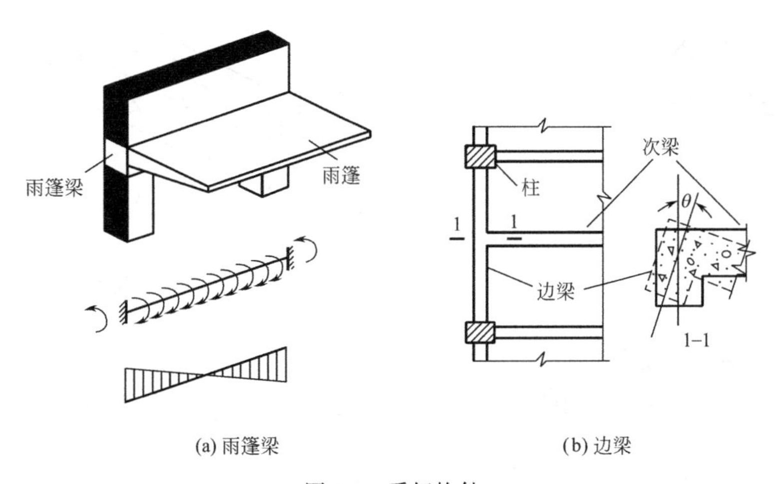

图 8-1　受扭构件

对于静定的受扭构件，通过构件的静力平衡条件可以直接求出扭矩，扭矩与构件的扭转刚度无关，这种扭转称为平衡扭转，例如图 8-1（a）中的雨篷梁。对于超静定的受扭构件，扭矩与构件的扭转刚度有关，根据静力平衡条件和相邻构件的变形协调条件才能确定，这种扭转称为协调扭转，例如图 8-1（b）中的边梁。

本章的内容主要针对平衡扭转，对于协调扭转，有两种设计方法。

由于协调扭转的钢筋混凝土构件在开裂后扭转刚度会降低，导致内力重分布，构件的扭矩会减小，因此为了简化计算，取扭转刚度为零，即忽略扭矩的作用，但应该按照构造要求配置受扭的纵向钢筋和箍筋，以保证构件的延性和使用时裂缝宽度的要求，这种方法被称为零刚度设计法，一些国外规范采用这个方法。我国《规范》没有采用零刚度设计法，而是规定宜考虑内力重分布的影响，将扭转设计值 T 降低，按弯剪扭构件进行承载力计算。

1. 无筋纯扭构件的受力性能

一根素混凝土梁在扭矩的作用下，在加载的初始阶段，发生弹性变形，截面的应力分布符合弹性分析，见图 8-2，最大剪应力出现在长边的中点，忽略截面的正应力，该点处于平面应力状态，则主拉应力和主压应力与最大剪应力相等，与构件轴线方向分别成 45°和 135°角，由于混凝土的抗拉强度小于其抗剪强度和抗压强度，这个地方最容易首先因为受拉而开裂。

随着扭矩增大，剪应力增加，开始出现少量塑性变形，截面应变增加，应力图趋于饱满。当主拉应力达到混凝土的抗拉强度（混凝土的应变达到极限拉应变），构件首先在截面长边的中点处出现裂缝，裂缝与主拉应力的方向垂直，此时构件的扭矩称为开裂扭矩 T_{cr}。之后，斜裂缝的两端沿 45°方向延伸至相邻两个侧面。当裂缝贯穿三个侧面后，沿着第四个侧面撕裂，形成扭曲破坏面，构件断成两截。裂缝的形式见图 8-3，试件断口的形状清晰、整齐，与受拉破坏的特征一致，其他位置一般不再发生裂缝，构件的极限扭矩 T_u 等于或稍大于（不超过 10%）开裂扭矩 T_{cr}。

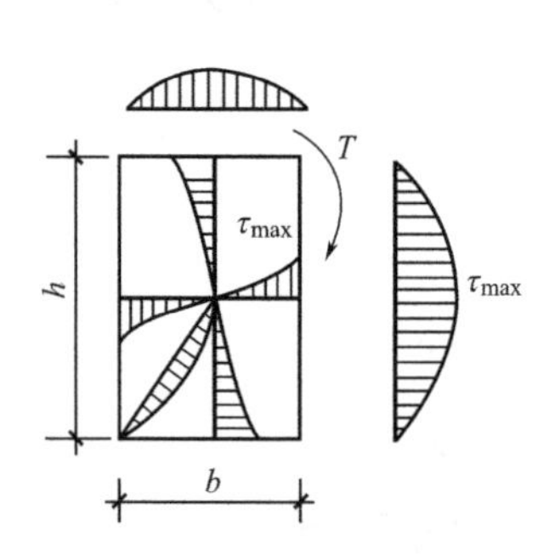

图 8-2 截面应力分布

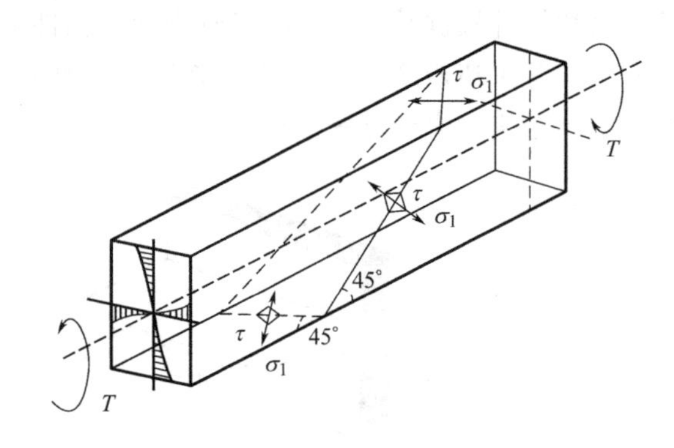

图 8-3 无筋纯扭构件的破坏特征

2. 开裂扭矩的理论分析

假设混凝土为弹性材料，根据弹性力学的理论，当主拉应力达到混凝土抗拉强度时，构件开裂，开裂扭矩 T_{cr} 为：

$$T_{cr}=f_t \cdot \alpha \cdot b^2 \cdot h \tag{8-1}$$

式中，α 为与 h/b 有关的参数，当 $h/b=1\sim10$ 时，$\alpha=0.208\sim0.313$。

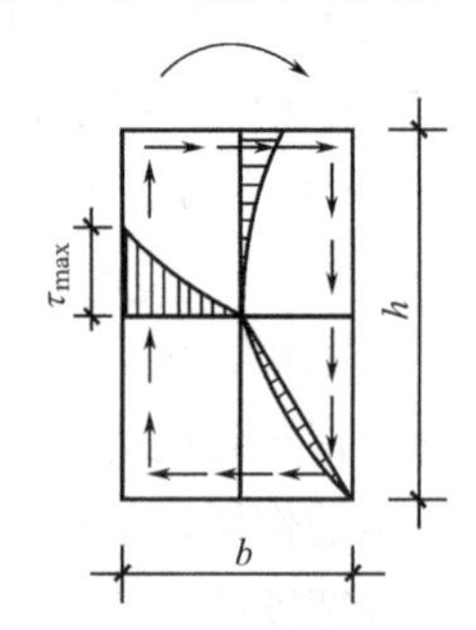

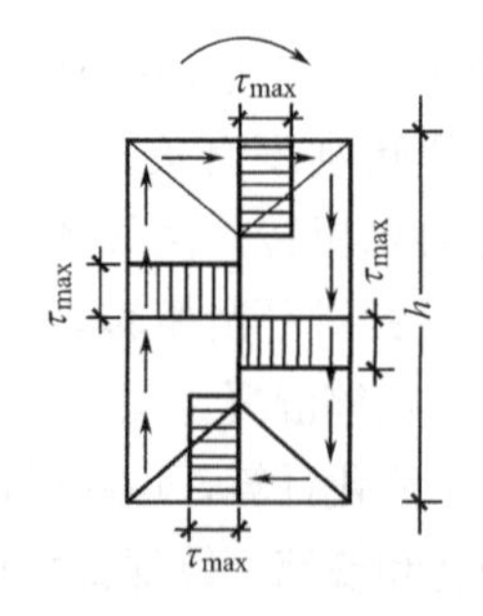

(a) 理想弹性材料(τ_{max}在截面表面长边中点上)　(b) 理想弹塑性材料(开裂时全截面应力都达到 τ_{max})

图 8-4 两种假设的截面应力分布

假设混凝土是理想的弹塑性材料，那么截面长边中点的主拉应力达到混凝土的抗拉强度之后，构件还能承受少量的扭矩，直至截面全部达到塑性变形阶段，中点处的拉应变达到混凝土的极限拉应变后，构件开裂。

根据塑性力学的理论，可以把截面上的扭剪应力划分为四个部分，如图 8-5 所示。

计算各部分的扭剪应力的合力偶，其总和为 T_{cr}。

$$T_{cr}=\tau_{max}W_t=f_tW_t \tag{8-2}$$

式中，W_t 为受扭构件的截面受扭塑性抵抗矩，对于矩形截面 $W_t=b^2(3h-b)/6$，h、b 分别为矩形截面的长和宽。

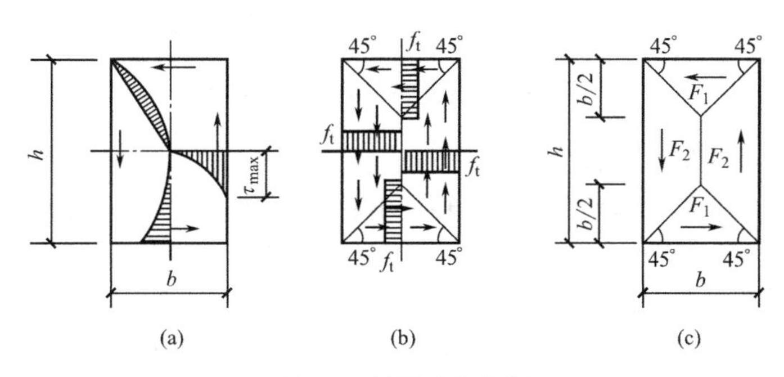

图 8-5　扭剪应力分布

实际上，混凝土既不是理想的弹性材料，也不是理想的塑性材料，而是介于两者之间的弹塑性材料。试验表明，实际的开裂扭矩值小于按式（8-2）计算的值，又大于按式（8-1）计算的值，为式（8-2）计算值的 0.7～0.8 倍，对于高强度混凝土约为 0.7 倍，对于低强度混凝土约为 0.8 倍。

《规范》取混凝土强度降低系数为 0.7，故开裂扭矩设计值为：

$$T_{cr}=0.7f_tW_t \tag{8-3}$$

8.1.2　钢筋混凝土构件纯扭构件的受扭性能

钢筋混凝土纯扭构件，在裂缝出现前，材料大体处于弹性阶段，纵筋和箍筋的应力都很小。随着扭矩增大，当裂缝出现后，部分混凝土退出工作，构件的受扭刚度显著降低，扭转角增大，由带裂缝的混凝土和钢筋共同承受扭矩。试验研究表明，裂缝出现后，混凝土受压，受扭纵筋和箍筋均受拉。钢筋混凝土构件截面的开裂扭矩比相应的素混凝土构件高 10%～30%。

试验也表明，矩形截面的钢筋混凝土受扭构件的初始裂缝一般发生在截面长边中点处，与构件轴线约呈 45°角，初始裂缝逐渐向截面的边缘延伸，并且与无筋构件不同，此后还会相继出现很多的新的螺旋形裂缝，见图 8-6。当扭矩进一步增大后，混凝土和钢筋的应力不断增长，直至构件破坏。

钢筋混凝土受扭构件的破坏形态与受扭纵筋和受扭箍筋的配筋率大小有关，可以分为适筋破坏、部分超筋破坏、超筋破坏和少筋破坏。

正常配筋的钢筋混凝土构件，在扭矩作用下，纵筋和箍筋先达到屈服，然后混凝土被压碎导致构件破坏，这种破坏属于延性破坏类型，因此这种构件称为适筋受扭构件。

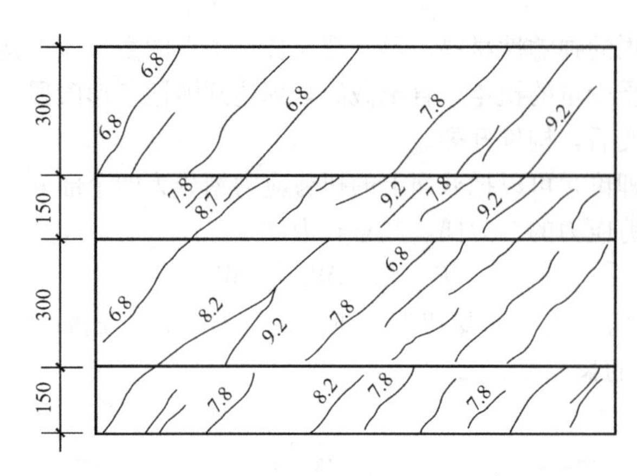

图 8-6 钢筋混凝土受扭试件的螺旋形裂缝展开图

当纵筋和箍筋不匹配，两者配筋比率与正常配筋相差较大，例如纵筋的配筋率比箍筋小很多，则破坏时可能出现纵筋屈服，而箍筋不屈服的现象。反之，则箍筋屈服，而纵筋不屈服，这类构件称为部分超筋受扭构件。部分超筋受扭构件在破坏时，具有一定的延性，但是延性比适筋受扭构件小。

当纵筋和箍筋配筋率都过高，致使纵筋和箍筋都没有达到屈服强度，而混凝土先被压碎，这种破坏属于受压脆性破坏，因而这种构件称为超筋受扭构件。

若纵筋和箍筋配置均过少，一旦裂缝出现，纵筋和箍筋马上达到屈服甚至进入强化阶段，构件立即发生破坏，这种破坏属于受拉脆性破坏，因而这种构件称为少筋受扭构件。在设计中应该避免出现少筋受扭构件和超筋受扭构件。

8.2 纯扭构件变角度空间桁架模型计算理论

试验表明，受扭的素混凝土构件，一旦出现斜裂缝就立即破坏。若配置适量的受扭纵筋和箍筋，则不但其承载力有较显著的提高，且构件破坏时，具有较好的延性。

迄今为止，钢筋混凝土受扭构件扭曲截面受扭承载力的计算，主要有以变角度空间桁架模型和以斜弯理论为基础的两种计算方法，《规范》采用的是前者。

图 8-7（a）的变角度空间桁架模型是 P. Lampert 和 B. Thurlimann 在 1968 年提出来的，它是 1929 年 E. Rausch 提出的 45°空间桁架模型的改进和发展。

变角度空间桁架模型的基本思路是，在裂缝充分发展且钢筋应力接近屈服强度时，截面核心混凝土退出工作，从而实心截面的钢筋混凝土受扭构件可以用一个空心的箱形截面构件来代替，它由螺旋形裂缝的混凝土外壳、纵筋和箍筋三者共同组成变角度空间桁架以抵抗扭矩。

变角度空间桁架模型的基本假定有：

（1）混凝土只承受压力，具有螺旋形裂缝的混凝土外壳组成桁架的斜拉杆，其倾角为 α；

（2）纵筋和箍筋只承受拉力，分别为桁架的弦杆和腹杆；

（3）忽略核心混凝土的受扭作用及钢筋的销栓作用。

按弹性薄壁管理论，在扭矩 T 作用下，沿箱形截面侧壁中将产生大小相等的环向剪力流 q，见图 8-7（b），且

$$q = \tau t_{\mathrm{d}} = \frac{T}{2A_{\mathrm{cor}}} \tag{8-4}$$

式中　A_{cor}——剪力流路线所围成的面积，取为箍筋内表面围成的核心部分的面积，$A_{\mathrm{cor}} = b_{\mathrm{cor}} \times h_{\mathrm{cor}}$；

τ——扭剪应力；

t_{d}——箱形截面侧壁厚度。

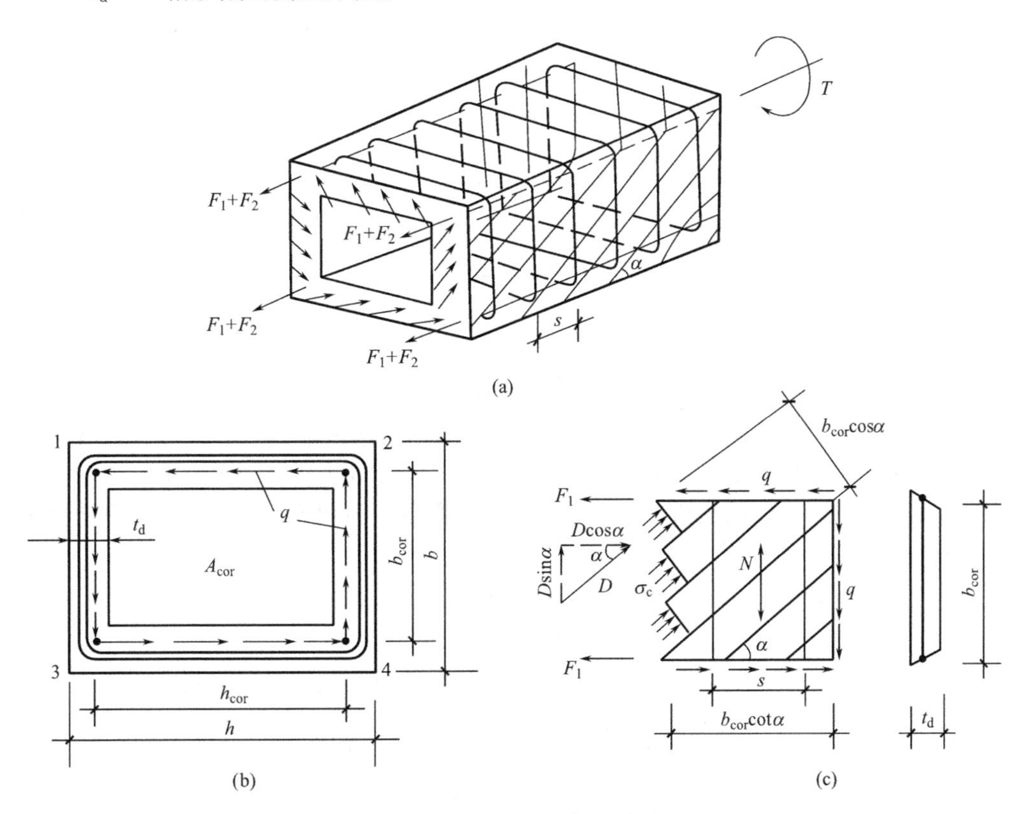

图 8-7　变角度空间桁架模型

由图 8-7 可知，变角度空间桁架模型是由两榀竖向的变角度平面桁架和两榀水平的变角度平面桁架组成的。现在先研究竖向的变角度平面桁架。

作用于侧壁的剪力流 q 所引起的桁架内力如图 8-7（c）所示。图中，混凝土斜压杆倾角为 α，其平均压应力为 σ_{c}，斜压杆的总压力为 D。由静力平衡条件知

斜压力

$$D = \frac{q \cdot b_{\mathrm{cor}}}{\sin\alpha} = \frac{\tau \cdot t_{\mathrm{d}} \cdot b_{\mathrm{cor}}}{\sin\alpha} \tag{8-5}$$

混凝土平均压应力

$$\sigma_{\mathrm{c}} = \frac{D}{t_{\mathrm{d}} b_{\mathrm{cor}} \cos\alpha} = \frac{q}{t_{\mathrm{d}} \cos\alpha \sin\alpha} = \frac{\tau}{\cos\alpha \sin\alpha} \tag{8-6}$$

纵筋拉力

$$F_1 = \frac{1}{2} D\cos\alpha = \frac{1}{2} q b_{\mathrm{cor}} \cot\alpha = \frac{1}{2} \tau t_{\mathrm{d}} b_{\mathrm{cor}} \cot\alpha = \frac{T b_{\mathrm{cor}}}{4A_{\mathrm{cor}}} \cot\alpha \tag{8-7}$$

箍筋拉力

$$N = \frac{qb_{cor}}{b_{cor}\cot\alpha} \cdot s \tag{8-8}$$

故

$$N = q \cdot s \cdot \tan\alpha = \tau \cdot t_d \cdot s \cdot \tan\alpha = \frac{T}{2A_{cor}} \cdot s \cdot \tan\alpha \tag{8-9}$$

设水平的变角度平面桁架的斜压杆倾角为 α，则同理可得纵向钢筋的拉力：

$$F_2 = \frac{Th_{cor}}{4A_{cor}} \cdot \cot\alpha \tag{8-10}$$

故全部纵筋的总拉力：

$$R = 4(F_1 + F_2) = q\cot\alpha u_{cor} = \frac{Tu_{cor}}{2A_{cor}}\cot\alpha \tag{8-11}$$

式中　u_{cor}——截面核心部分的周长，$u_{cor} = 2(b_{cor} + h_{cor})$。

混凝土平均压应力

$$\sigma_c = \frac{T}{2A_{cor}t_d\sin\alpha\cos\alpha} \tag{8-12}$$

式（8-5）、式（8-9）、式（8-11）、式（8-12）是按变角度空间桁架模型得出的四个基本的静力平衡方程。若属适筋受扭构件，即混凝土压坏前纵筋和箍筋先屈服，故它们的应力可分别取为 f_y 和 f_{yv}，设受扭构件的全部纵向钢筋截面面积为 A_{stl}，受扭的单肢箍筋截面面积为 A_{st1}，则 R 和 N 分别为：

$$R = R_y = f_y A_{stl} \tag{8-13}$$

$$N = N_y = f_{yv} A_{st1} \tag{8-14}$$

从而由式（8-11）和式（8-9）可得出适筋受扭构件扭曲截面受扭承载力计算公式：

$$T_u = 2R_y \frac{A_{cor}}{u_{cor}}\tan\alpha = 2f_y A_{stl} \frac{A_{cor}}{u_{cor}}\tan\alpha \tag{8-15}$$

$$T_u = 2N_y \frac{A_{cor}}{s}\cot\alpha = 2f_{yv} A_{st1} \frac{A_{cor}}{s}\cot\alpha \tag{8-16}$$

消去 T_u，得到

$$\tan\alpha = \sqrt{\frac{f_{yv}A_{st1}u_{cor}}{f_y A_{stl} s}} = \sqrt{\frac{1}{\zeta}} \tag{8-17}$$

$$T_u = 2A_{cor}\sqrt{\frac{f_{yv}A_{st1}f_y A_{stl}}{u_{cor}s}} = 2\sqrt{\zeta}\,\frac{f_{yv}A_{st1}A_{cor}}{s} \tag{8-18}$$

$$\zeta = \frac{f_y A_{stl} s}{f_{yv} A_{st1} u_{cor}} \tag{8-19}$$

式中　ζ——受扭构件纵筋与箍筋的配筋强度比，见式（8-19）。

当纵筋为不对称配筋截面时，按较少一侧的对称配筋截面计算。对于纵筋与箍筋的配筋强度比 ζ 为 1 的特殊情况，由式（8-17）可知，斜压杆倾角为 45°，此时，式（8-15）、式（8-16）分别简化为：

$$T_u = 2f_y A_{stl} \frac{A_{cor}}{u_{cor}} \tag{8-20}$$

$$T_u = 2f_{yv}A_{st1}\frac{A_{cor}}{s} \tag{8-21}$$

式（8-20）、式（8-21）则为 E. Rausch 45°空间桁架模型的计算公式。当 ζ 不等于 1 时，在纵筋（或箍筋）屈服后产生内力重分布，斜压杆倾角也会改变。试验结果表明，若斜压杆倾角 α 介于 30°和 60°之间，按式（8-17）得到的 $\zeta=0.333\sim3$，构件破坏时，若纵筋和箍筋用量恰当，则两种钢筋应力均能达到屈服强度。为了进一步限制构件在使用荷载作用下的裂缝宽度，一般取 α 角的限制范围为：

$$\frac{3}{5} \leqslant \tan\alpha \leqslant \frac{5}{3} \tag{8-22}$$

$$0.36 \leqslant \zeta \leqslant 2.778 \tag{8-23}$$

由式（8-19）可以看出，构件扭曲截面的受扭承载力主要取决于钢筋骨架尺寸、纵筋和箍筋用量及其屈服强度。为了避免发生超配筋构件的脆性破坏，必须限制两种钢筋（即纵筋和箍筋）的最大用量或者限制斜压杆平均压应力 σ_c 的大小。

8.3　受扭构件配筋计算方法

8.3.1　纯扭构件的配筋计算方法

《规范》基于变角度空间桁架模型的分析结果和试验资料的统计分析，并且考虑可靠度的要求，给出了不同形状截面纯扭构件的受扭承载力要求。

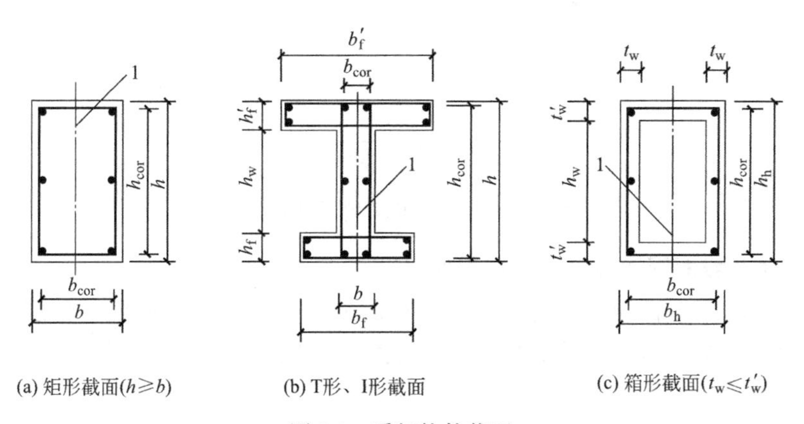

图 8-8　受扭构件截面

1. 矩形截面钢筋混凝土纯扭构件的受扭承载力应符合以下规定：

$$T \leqslant 0.35f_tW_t + 1.2\sqrt{\zeta}f_{yv}\frac{A_{st1}A_{cor}}{s} \tag{8-24}$$

$$\zeta = \frac{f_yA_{stl}s}{f_{yv}A_{st1}u_{cor}} \tag{8-25}$$

式中　ζ——受扭的纵向普通钢筋与箍筋的配筋强度比值，ζ 不应小于 0.6，当 ζ 大于 1.7 时，取 1.7；

A_{stl}——受扭计算中取对称布置的全部纵向普通钢筋截面面积；

A_{st1}——受扭计算中沿截面周边配置的箍筋单肢截面面积；

f_{yv}——受扭箍筋的抗拉强度设计值，按规范值采用；

A_{cor}——截面核心部分的面积，取为 $b_{cor} \cdot h_{cor}$，此处 b_{cor}、h_{cor} 分别为箍筋内表面范围内截面核心部分的短边、长边尺寸；

u_{cor}——截面核心部分的周长，取 $2(b_{cor}+h_{cor})$；

s——受扭箍筋间距。

式（8-24）中，不等式右边第一项代表了混凝土受扭承载力，第二项为钢筋的受扭承载力，其中系数 0.35 和 1.2 是根据试验资料，考虑可靠指标 β 的要求拟合得到的，如图 8-9 所示。图 8-9 为无量纲坐标系，实测结果用点表示，AB、BC 为回归分析求得的抗扭承载力双直线表达式，具体为：AB 段表示适筋抗扭构件的破坏特征；BC 段表示具有部分超筋抗扭构件的破坏特征。为简化设计公式，《规范》采用 $A'C'$段的表达式作为受扭构件的设计公式，见式（8-24）。

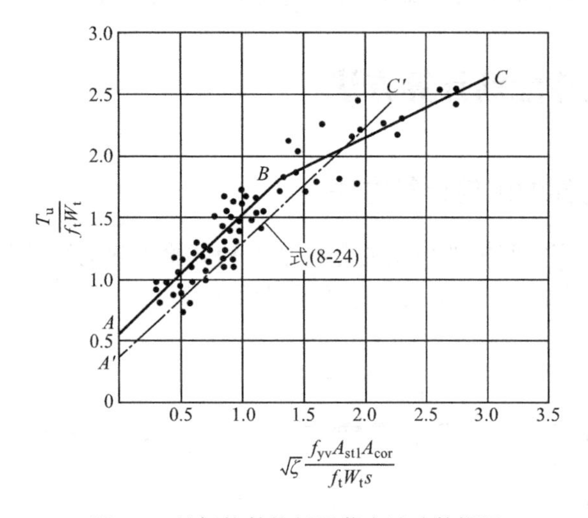

图 8-9　纯扭构件抗扭承载力试验数据图

2. T 形和 I 形截面钢筋混凝土纯扭构件

对于 T 形和 I 形截面纯扭构件，可以将截面划分为几个矩形截面，分别按式（8-24）进行配筋计算，各个矩形截面承受的扭矩，按各面的受扭塑性抵抗矩大小分配（图 8-10）。

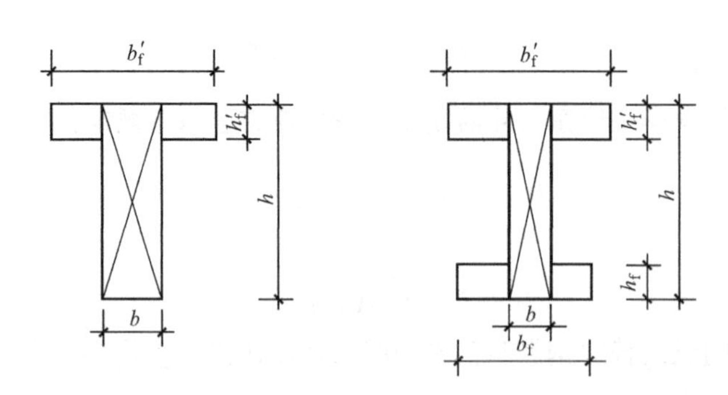

图 8-10　截面划分示意图

根据《规范》规定，腹板、受压翼缘及受拉翼缘部分的矩形截面受扭塑性抵抗矩 W_{tw}、W'_{tf} 和 W_{tf}，可按下列规定计算：

$$W_{tw}=\frac{b^2}{6}(3h-b) \tag{8-26}$$

$$W'_{tf}=\frac{h'^2_f}{2}(b'_f-b) \tag{8-27}$$

$$W_{tf}=\frac{h^2_f}{2}(b_f-b) \tag{8-28}$$

截面总的受扭塑性抵抗矩为：

$$W_t=W_{tw}+W'_{tf}+W_{tf} \tag{8-29}$$

各矩形截面承受的扭矩设计值可按下列规定计算：

（1）腹板

$$T_w=\frac{W_{tw}}{W_t}\cdot T \tag{8-30}$$

（2）受压翼缘

$$T'_f=\frac{W'_{tf}}{W_t}\cdot T \tag{8-31}$$

（3）受拉翼缘

$$T_f=\frac{W_{tf}}{W_t}\cdot T \tag{8-32}$$

式中，T 为整个截面所承受的扭矩设计值；T_w 为腹板截面所承受的扭矩设计值，T'_f 和 T_f 分别为受压翼缘、受拉翼缘截面所承受的扭矩设计值。

计算时取用的翼缘宽度尚应符合 $b'_f\leqslant b+6h'_f$ 及 $b_f\leqslant b+6h_f$ 的规定。

3. 箱形截面钢筋混凝土纯扭构件的受扭承载力应符合以下规定：

$$T\leqslant 0.35\alpha_h f_t W_t+1.2\sqrt{\zeta}\cdot f_{yv}\frac{A_{st1}\cdot A_{cor}}{s} \tag{8-33}$$

$$\alpha_h=2.5t_w/b_h \tag{8-34}$$

式中，α_h 箱形截面壁厚影响系数，当 $\alpha_h>1$ 时，取 $\alpha_h=1$；ζ 的取值按式（8-25）计算，并且符合本节第1条中对 ζ 的要求。

箱形截面的受扭塑性抵抗矩为

$$W_t=\frac{b_h^2}{6}(3h_h-b_h)-\frac{(b_h-2t_w)^2}{6}[3h_w-(b_h-2t_w)] \tag{8-35}$$

式中　h_h、b_h——箱形截面的高度和宽度；

h_w——箱形截面的腹板净高；

t_w——箱形截面壁厚。

8.3.2　弯剪扭构件的配筋计算方法

1. 在剪力和扭矩共同作用下的矩形截面剪扭构件，其受剪扭承载力应符合下列规定：

（1）一般剪扭构件

1）受剪承载力

$$V \leqslant (1.5-\beta_t)(0.7 f_t b h_0 + 0.05 N_{p0}) + f_{yv}\frac{A_{sv}}{s}h_0 \tag{8-36}$$

2）受扭承载力

$$T \leqslant \beta_t W_t\left(0.35 f_t + 0.05\frac{N_{p0}}{A_0}\right) + 1.2\sqrt{\zeta}\cdot f_{yv}\frac{A_{st1}\cdot A_{cor}}{s} \tag{8-37}$$

式中，β_t 为剪扭构件混凝土受扭承载力降低系数，一般剪扭构件的 β_t 值按下式计算：

$$\beta_t = \frac{1.5}{1+0.5\dfrac{V}{T}\dfrac{W_t}{bh_0}} \tag{8-38}$$

（2）集中荷载作用下的独立剪扭构件

1）受剪承载力

$$V \leqslant (1.5-\beta_t)\left(\frac{1.75}{\lambda+1} f_t b h_0 + 0.05 N_{p0}\right) + f_{yv}\frac{A_{sv}}{s}h_0 \tag{8-39}$$

2）受扭承载力

受扭承载力仍然按照式（8-37）计算，但是相应的混凝土受扭承载力降低系数应改用下式计算：

$$\beta_t = \frac{1.5}{1+0.2(\lambda+1)\dfrac{V}{T}\dfrac{W_t}{bh_0}} \tag{8-40}$$

按式（8-38）和式（8-40）计算得出的 β_t 若小于 0.5，则可不考虑扭矩对混凝土受剪承载力的影响，故此时取 $\beta_t=0.5$；若 β_t 大于 1.0，则可不考虑剪力对混凝土受扭承载力的影响，故此时取 $\beta_t=1.0$。

2. T 形和 I 形剪扭构件的承载力

受剪承载力，按式（8-36）和式（8-38）或式（8-39）和式（8-40）进行计算，但计算时应将 T 及 W_t 分别用 T_w 和 W_{tw} 代替，即假设剪力全部由腹板承担。

受扭承载力，可按纯扭构件的计算方法，将截面划分为几个矩形截面分别进行计算。其中，腹板可按剪扭构件，根据式（8-37）、式（8-38）或式（8-40）进行计算，但计算时应将 T 及 W_t 分别用 T_w 和 W_{tw} 代替；受压翼缘及受拉翼缘可按矩形截面纯扭构件的规定进行计算，但应将 T 及 W_t，分别代之以 T'_f 及 W'_{tf} 和 T_f 及 W_{tf}。

3. 箱形截面钢筋混凝土剪扭构件的受剪扭承载力可按以下规定计算：

（1）一般剪扭构件

1）受剪承载力

$$V \leqslant 0.7(1.5-\beta_t) f_t b h_0 + f_{yv}\frac{A_{sv}}{s}h_0 \tag{8-41}$$

2）受扭承载力

$$T \leqslant 0.35\alpha_h\beta_t f_t W_t + 1.2\sqrt{\zeta}\cdot f_{yv}\frac{A_{st1}\cdot A_{cor}}{s} \tag{8-42}$$

式中 β_t——按式（8-38）计算，但式中 W_t 应该代之以 $\alpha_h W_t$；

α_h——按式（8-34）计算；

ζ——按式（8-25）计算。

（2）集中荷载作用下的独立剪扭构件

1）受剪承载力

$$V \leqslant \frac{1.75}{\lambda+1}(1.5-\beta_t) f_t b h_0 + f_{yv} \frac{A_{sv}}{s} h_0 \tag{8-43}$$

式中　β_t——按式（8-40）计算，但式中的 W_t 应代之以 $\alpha_h W_t$。

2）受扭承载力

受扭承载力仍应按式（8-42）计算，但式中的 β_t 值应按式（8-40）计算，式中的 W_t 应代之以 $\alpha_h W_t$。

《规范》规定对于在弯矩、剪力和扭矩共同作用下矩形、T形、I形和箱形截面弯剪扭构件，其纵向钢筋截面面积应分别按受弯构件的正截面受弯承载力和剪扭构件的受扭承载力计算确定，并应配置在相应的位置；箍筋截面面积应分别按剪扭构件的受剪承载力和受扭承载力计算确定，并应配置在相应的位置。另外，当剪力或者扭矩较小时，可按下列规定进行承载力计算：

① 当 V 不大于 $0.35 f_t b h_0$ 或 V 不大于 $0.875 f_t b h_0/(\lambda+1)$ 时，可仅计算受弯构件的正截面受弯承载力和纯扭构件的受扭承载力；

② 当 T 不大于 $0.175 f_t W_t$ 或 T 不大于 $0.175 \alpha_h \beta_t f_t W_t$ 时，可仅验算受弯构件的正截面受弯承载力和斜截面受剪承载力。

8.3.3　在轴向力、弯矩、剪力扭矩共同作用下的钢筋混凝土矩形截面框架柱受扭承载力

1. 轴向力为压力时

《规范》规定，在轴向压力、弯矩、剪力和扭矩共同作用下的钢筋混凝土矩形截面框架柱，其受剪扭承载力可按下列规定计算：

（1）受剪承载力

$$V \leqslant (1.5-\beta_t)\left(\frac{1.75}{\lambda+1} f_t b h_0 + 0.07N\right) + f_{yv} \frac{A_{sv}}{s} h_0 \tag{8-44}$$

（2）受扭承载力

$$T \leqslant \beta_t \left(0.35 f_t + 0.07 \frac{N}{A}\right) W_t + 1.2\sqrt{\zeta} \cdot f_{yv} \frac{A_{st1} \cdot A_{cor}}{s} \tag{8-45}$$

式中　λ——计算截面的剪跨比；

β_t——按式（8-40）计算；

ζ——按式（8-25）计算。

《规范》又规定，在轴向压力、弯矩、剪力和扭矩共同作用下的钢筋混凝土矩形截面框架柱，当 $T \leqslant (0.175 f_t + 0.035 N/A) W_t$ 时，可仅计算偏心受压构件的正截面承载力和斜截面受剪承载力。

在轴向压力、弯矩、剪力和扭矩共同作用下的钢筋混凝土矩形截面框架柱，其纵向普通钢筋截面面积应分别按偏心受压构件的正截面承载力和剪扭构件的受扭承载力计算确定，并应配置在相应的位置；箍筋截面面积应分别按剪扭构件的受剪承载力和受扭承载力计算确定，并应配置在相应的位置。

2. 当轴向力为拉力时

在轴向拉力、弯矩、剪力和扭矩共同作用下的钢筋混凝土矩形截面框架柱，其受剪扭承载力应符合下列规定：

(1) 受剪承载力

$$V \leqslant (1.5-\beta_t)\left(\frac{1.75}{\lambda+1}f_t bh_0 - 0.2N\right)+f_{yv}\frac{A_{sv}}{s}h_0 \tag{8-46}$$

(2) 受扭承载力

$$T \leqslant \beta_t\left(0.35f_t - 0.2\frac{N}{A}\right)W_t + 1.2\sqrt{\zeta}\cdot f_{yv}\frac{A_{st1}\cdot A_{cor}}{s} \tag{8-47}$$

当式（8-46）右边的计算值小于 $f_{yv}\frac{A_{sv}}{s}h_0$，取 $f_{yv}\frac{A_{sv}}{s}h_0$；当式（8-47）右边的计算值小于 $1.2\sqrt{\zeta}\cdot f_{yv}\frac{A_{st1}\cdot A_{cor}}{s}$ 时，取 $1.2\sqrt{\zeta}\cdot f_{yv}\frac{A_{st1}\cdot A_{cor}}{s}$。

式中 λ——计算截面的剪跨比；

β_t——按式（8-40）计算；

ζ——按式（8-25）计算；

A_{sv}——受剪承载力所需要的箍筋截面面积；

N——与剪力、扭矩设计值 V、T 相应的轴向拉力设计值。

在轴向拉力、弯矩、剪力和扭矩共同作用下的钢筋混凝土矩形截面框架柱，当 $T \leqslant (0.175f_t - 0.1N/A)W_t$ 时，可仅计算偏心受拉构件的正截面承载力和斜截面受剪承载力。

在轴向拉力、弯矩、剪力和扭矩共同作用下的钢筋混凝土矩形截面框架柱，其纵向普通钢筋截面面积应分别按偏心受拉构件的正截面承载力和剪扭构件的受扭承载力计算确定，并应配置在相应的位置；箍筋截面面积应分别按剪扭构件的受剪承载力和受扭承载力计算确定，并应配置在相应的位置。

8.4 构造要求

1. 截面尺寸的构造要求

在弯矩、剪力和扭矩共同作用下，h_w/b 不大于 6 的矩形、T 形、I 形截面和 h_w/b 不大于 6 的箱形截面构件其截面应符合下列条件：

当 h_w/b(或 h_w/t_w) 不大于 4 时

$$\frac{V}{bh_0}+\frac{T}{0.8W_t}\leqslant 0.25\beta_c f_c \tag{8-48}$$

当 h_w/b(或 h_w/t_w) 等于 6 时

$$\frac{V}{bh_0}+\frac{T}{0.8W_t}\leqslant 0.2\beta_c f_c \tag{8-49}$$

当 h_w/b(或 h_w/t_w) 大于 4 但小于 6 时，按线性内插法确定。

式中 T——扭矩设计值；

b——矩形截面的宽度，T 形或 I 形截面取腹板宽度，箱形截面取两侧壁总厚

度 $2t_w$；

W_t——受扭构件的截面受扭塑性抵抗矩；

h_w——截面的腹板高度：对矩形截面，取有效高度 h_0；对T形截面，取有效高度减去翼缘高度；对I形和箱形截面，取腹板净高；

t_w——箱形截面壁厚，其值不应小于 $b_h/7$，此处，b_h 为箱形截面的宽度。

注：当 h_w/b（或 h_w/t_w）大于6时，受扭构件的截面尺寸要求及扭曲截面承载力计算应符合专门规定。

2. 按构造要求配置受扭纵向钢筋和受扭箍筋的条件

在弯矩、剪力和扭矩共同作用下的构件，当符合下列要求时，可不进行构件受剪扭承载力计算，但应按规定配置构造纵向钢筋和箍筋。

$$\frac{V}{bh_0}+\frac{T}{W_t}\leqslant 0.7f_t \tag{8-50}$$

或

$$\frac{V}{bh_0}+\frac{T}{W_t}\leqslant 0.7f_t+0.07\frac{N}{bh_0} \tag{8-51}$$

式中　N——与剪力、扭矩设计值 V、T 相应的轴向压力设计值，当 N 大于 $0.3f_cA$ 时，取 $0.3f_cA$，此处，A 为构件的截面面积。

3. 受扭纵向钢筋的构造要求

梁内受扭纵向钢筋的最小配筋率 $\rho_{tl,\min}$ 应符合下列规定：

$$\rho_{tl,\min}=0.6\sqrt{\left(\frac{T}{Vb}\right)}\frac{f_t}{f_y} \tag{8-52}$$

当 $T/(Vb)>2.0$ 时，取 $T/(Vb)=2.0$。

式中　$\rho_{tl,\min}$——受扭纵向钢筋的最小配筋率，取 $A_{stl}/(bh)$；

b——受剪的截面宽度，按截面尺寸的构造要求中规定取用，对箱形截面构件，b 应以 b_h 代替；

A_{stl}——沿截面周边布置的受扭纵向钢筋总截面面积。

沿截面周边布置受扭纵向钢筋的间距不应大于200mm及梁截面短边长度；除应在梁截面四角设置受扭纵向钢筋外，其余受扭纵向钢筋宜沿截面周边均匀对称布置。受扭纵向钢筋应按受拉钢筋锚固在支座内。

在弯剪扭构件中，配置在截面弯曲受拉边的纵向受力钢筋，其截面面积不应小于按受弯构件受拉钢筋最小配筋率计算的钢筋截面面积与按受扭纵向钢筋最小配筋率计算并分配到弯曲受拉边的钢筋截面面积之和。

4. 受扭箍筋的构造要求

（1）为了防止发生少筋破坏，弯剪扭构件中，箍筋的配筋率 ρ_{sv} 不应小于 $0.28\frac{f_t}{f_y}$，即

$$\rho_{sv}=\frac{nA_{sv1}}{bs}\geqslant 0.28\frac{f_t}{f_y} \tag{8-53}$$

（2）受扭所需的箍筋应做成封闭式，且应沿截面周边布置。当采用复合箍筋时，位于截面内部的箍筋不应计入受扭所需的箍筋面积。

（3）受扭所需箍筋的末端应做成135°弯钩，弯钩端头平直段长度不应小于$10d$，d为箍筋直径。

（4）在超静定结构中，考虑协调扭转而配置的箍筋，其间距不宜大于$0.75b$，但对箱形截面构件，b均应以b_h代替。

【例8-1】 已知：均布荷载作用下的矩形截面构件，截面尺寸$b \times h = 300\text{mm} \times 500\text{mm}$，弯矩设计值$M = 100\text{kN} \cdot \text{m}$，扭矩设计值$T = 12\text{kN} \cdot \text{m}$，剪力设计值$V = 100\text{kN}$，混凝土强度等级为C30，纵筋采用HRB400级钢筋；箍筋采用HPB300级钢筋，环境类别为一类，求该构件的配筋。

【解】 $f_c = 14.3\text{N/mm}^2$，$f_t = 1.43\text{N/mm}^2$，$f_y = 360\text{N/mm}^2$，$f_{yv} = 270\text{N/mm}^2$

（1）验算构件的截面尺寸

$$h_0 = h - a_s = 500 - 40 = 460\text{mm}$$

$$W_t = \frac{b^2}{6}(3h - b) - \frac{300^2}{6} \times (3 \times 500 - 300) = 1.8 \times 10^7\text{mm}^3$$

根据式（8-48）和式（8-50）

$$\frac{V}{bh_0} + \frac{T}{0.8W_t} = \frac{100 \times 10^3}{300 \times 460} + \frac{12 \times 10^6}{0.8 \times 1.8 \times 10^7} = 1.56\text{N/mm}^2$$
$$\leqslant 0.25\beta_c f_c = 0.25 \times 1.0 \times 14.3 = 3.58\text{N/mm}^2$$

$$\frac{V}{bh_0} + \frac{T}{W_t} = \frac{100 \times 10^3}{300 \times 460} + \frac{12 \times 10^6}{1.8 \times 10^7} = 1.39\text{N/mm}^2$$
$$\geqslant 0.7f_t = 0.7 \times 1.0 \times 1.43 = 1.0\text{N/mm}^2$$

截面尺寸满足要求，但仍需要计算配筋。

（2）确定计算方法

$$T = 12\text{kN} \cdot \text{m} > 0.175f_tW_t = 0.175 \times 1.43 \times 1.8 \times 10^7 = 4.50\text{kN} \cdot \text{m}$$

$$V = 120\text{kN} > 0.35f_tbh_0 = 0.35 \times 1.43 \times 300 \times 460 = 69.07\text{kN}$$

需要考虑扭矩和剪力对构件受剪和受扭承载力的影响。

（3）计算受弯纵筋

$$\alpha_s = \frac{M}{\alpha_1 f_c b h_0^2} = 100 \times \frac{10^6}{1.0 \times 14.3 \times 300 \times 460^2} = 0.110$$

$$\gamma_0 = 0.5(1 + \sqrt{1 - 2\alpha_s}) = 0.5 \times (1 + \sqrt{1 - 2 \times 0.110}) = 0.942$$

$$A_s = \frac{M}{f_y \gamma_0 h_0} = 100 \times \frac{10^6}{360 \times 0.942 \times 460} = 641\text{mm}^2$$

（4）计算受剪钢筋

设箍筋直径为φ8，混凝土保护层厚度为20mm，则

$$A_{cor} = b_{cor} \times h_{cor} = 244 \times 444 = 108336\text{mm}^2$$

$$u_{cor} = 2(b_{cor} + h_{cor}) = 2 \times (244 + 444) = 1376\text{mm}$$

1）受扭箍筋的计算

由式（8-38）

$$\beta_t = \frac{1.5}{1 + 0.5\dfrac{V}{T}\dfrac{W_t}{bh_0}} = \frac{1.5}{1 + 0.5 \times \dfrac{100 \times 10^3}{12 \times 10^6} \times \dfrac{1.8 \times 10^7}{300 \times 460}} = 0.972$$

取 $\zeta=1.2$，$T=T_u$，由式（8-45）可得

$$\frac{A_{stl}}{s}=\frac{T-0.35\beta_t f_t W_t}{1.2\sqrt{\zeta}f_{yv}A_{cor}}$$

$$=\frac{12\times10^6-0.35\times0.972\times1.43\times1.8\times10^7}{1.2\times\sqrt{1.2}\times270\times108336}$$

$$=0.076\text{mm}^2/\text{mm}$$

2）受剪箍筋的计算

采用双肢箍筋，由式（8-41）可得

$$\frac{2A_{sv,1}}{s}=\frac{V-0.7(1.5-\beta_t)f_t bh_0}{f_{yv}h_0}$$

$$=\frac{100\times10^3-0.7\times(1.5-0.972)\times1.43\times250\times460}{270\times460}$$

$$=0.316\text{mm}^2/\text{mm}$$

所以截面需要的单肢箍筋的总面积为

$$\frac{A_{stl}}{s}+\frac{A_{sv,1}}{s}=0.076+\frac{0.316}{2}=0.234\text{mm}^2/\text{mm}$$

取箍筋直径为 φ 8 的 HPB300 级钢筋，其截面面积为 50.3mm^2，所以箍筋间距为

$$s=50.3/0.234=215\text{mm}，取 s=210\text{mm}$$

（5）计算受扭纵筋

由式（8-19）可得

$$A_{stl}=\frac{\zeta f_{yv}A_{st1}u_{cor}}{f_y s}=\frac{1.2\times270\times0.076\times1376}{360}=94.12\text{mm}$$

总的纵向受拉钢筋的面积为

$$A_s+\frac{A_{stl}}{3}=641+94.12\times\frac{1}{3}=672.37\text{mm}^2$$

选用 3 根直径 18mm 的 HRB400 级钢筋，其截面面积为 763mm^2。

受压钢筋的面积为

$$\frac{A_{stl}}{3}=94.12\times\frac{1}{3}=31.37\text{mm}^2$$

选用两根直径为 2 根直径 10mm 的 HRB400 级钢筋，其截面面积为 157mm^2。截面中间各配一根直径 10mm 的 HRB400 级钢筋。

（6）最小配筋率的验算

受扭纵筋的最小配筋率：

$$\rho_{stl,\min}=\frac{A_{stl,\min}}{bh}=0.6\sqrt{\frac{T}{Vb}}\cdot\frac{f_t}{f_y}=0.6\times\sqrt{12\times\frac{10^6}{100\times10^3\times300}}\times\frac{1.43}{360}=0.15\%$$

受弯构件的最小配筋率：

$$\rho_{s,\min}=\frac{0.45f_t}{f_y}=0.45\times\frac{1.43}{360}=0.178\%<0.2\%，取 \rho_{s,\min}=0.2\%$$

所以纵向受拉钢筋的最小配筋量为：

$$\rho_{s,\min}bh+\rho_{stl,\min}bh\times\frac{1}{3}=0.2\%\times300\times500+0.0015\times300\times500\times\frac{1}{3}$$
$$=375\text{mm}^2<763\text{mm}^2\text{（实配钢筋面积）}$$

容易验证纵向受压钢筋的配筋量同样满足要求。

箍筋最小配筋率：

$$\rho_{sv}=\frac{nA_{sv1}}{bs}=2\times\frac{50.3}{300\times210}=0.0016>\frac{0.28f_t}{f_y}=0.28\times\frac{1.43}{360}=0.0011$$

满足要求。

8.5 本章课程目标和达成度测试

本章目标 1：能够说明受扭构件的开裂和破坏的过程；

本章目标 2：理解变角度空间桁架模型，能够通过这个模型计算受扭构件的扭曲截面承载力；

本章目标 3：能够对复合受扭构件进行配筋计算；了解受扭构件的构造要求。

思考题

1. 简述纯扭适筋、少筋和超筋构件的破坏特征是什么？

2. 按变角度空间桁架模型计算扭曲截面承载力的基本思路是什么，有哪些基本假设，计算公式是什么？

3. 配筋强度比的含义是什么？为什么要限制配筋强度比的大小？

4. β_t 有什么意义？确定 β_t 的依据是什么？

5. 协调扭转的钢筋混凝土构件的扭曲截面承载力采用什么方法计算？

6. 为了防止弯剪扭构件发生超筋破坏，《规范》对混凝土截面尺寸有什么要求？

7. 按构造要求配置受扭纵向钢筋和受扭箍筋的条件？

习题

8.1 有一钢筋混凝土纯扭构件，截面尺寸为 $b\times h=300\text{mm}\times600\text{mm}$，配有 4 根直径为 18mm 的 HRB335 级纵向钢筋。箍筋为直径 8mm 的 HPB300 级钢筋，间距为 100mm。混凝土的等级为 C30，试求该构件的受扭承载力。

8.2 有一均布荷载作用下的钢筋混凝土矩形截面的弯、剪、扭构件，环境类别为二类，设计使用年限为 50 年，截面尺寸 $b\times h=200\text{mm}\times500\text{mm}$。构件的扭矩设计值为 $T=5\text{kN}\cdot\text{m}$，弯矩设计值为 $M=60\text{kN}\cdot\text{m}$，剪力设计值为 60kN，采用 HRB335 级钢筋和 C25 级混凝土，计算该构件配筋。

第9章

钢筋混凝土构件的变形及裂缝宽度验算

9.1 钢筋混凝土受弯构件的挠度验算

9.1.1 截面弯曲刚度

结构或结构构件受力后将在截面上产生内力，并使截面产生变形。截面上的材料抵抗内力的能力就是截面承载力；抵抗变形的能力就是截面刚度。对于承受弯矩 M 的截面来说，抵抗截面转动的能力，就是截面弯曲刚度。截面的转动是以截面曲率 ϕ 来度量的，因此截面弯曲刚度就是使截面产生单位曲率需要施加的弯矩值。

由材料力学知，匀质弹性材料梁的跨中挠度为：

$$f=S\frac{Ml_0^2}{EI}=S\phi l_0^2 \tag{9-1}$$

式中，$\phi=M/EI$ 是截面曲率；S 是与荷载形式、支承条件有关的挠度系数；$EI=M/\phi$ 是梁的截面弯曲刚度，即截面产生单位曲率需要施加的弯矩值。由式（9-1）可知，截面弯曲刚度 EI 愈大，挠度 f 愈小。

截面弯曲刚度的特点有：（1）匀质弹性梁，当梁的截面形状、尺寸和材料已知时，EI 为常数；（2）对于钢筋混凝土构件，由于非匀质非弹性，因此在梁受弯的全过程中，EI 是变化的。

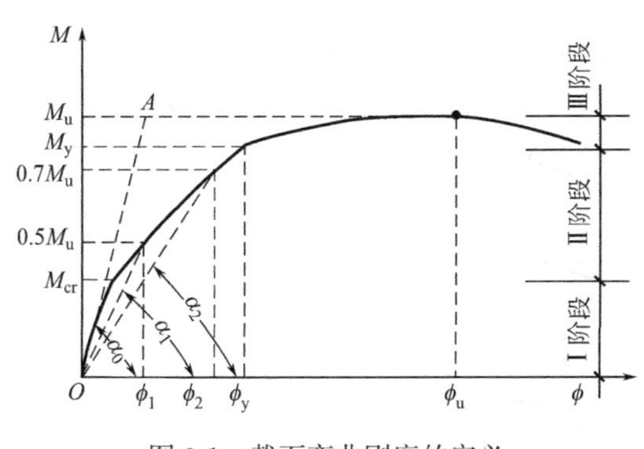

图 9-1 截面弯曲刚度的定义

钢筋混凝土是非匀质的非弹性材料，钢筋混凝土受弯构件的正截面在其受力全过程中，弯矩与曲率的关系是在不断变化的，所以截面弯曲刚度不是常数，而是变化的，记作 B。图 9-1 示出了适筋梁正截面的 M-ϕ 曲线，曲线上任一点处切线的斜率 $\mathrm{d}M/\mathrm{d}\phi$ 就是该点处的截面弯曲刚度 B。虽然这样做在理论上是正确的，但既有困难，又不实用。

为了便于工程应用，对截面弯曲刚度的确定，采用以下两种简化方法：

1. 混凝土未裂时的截面弯曲刚度

在混凝土开裂前的第Ⅰ阶段，可近似地把混凝土开裂前的 M-ϕ 曲线视为直线，它的斜率就是截面弯曲刚度，考虑到受拉区混凝土的塑性，故把混凝土的弹性模量降低 15%，即截面弯曲刚度取为

$$B=0.85E_cI_0 \tag{9-2}$$

式中 E_c——混凝土的弹性模型；

I_0——换算截面的截面惯性矩。

换算截面是指把截面上的钢筋换算成混凝土后的纯混凝土截面。换算的方法是把钢筋截面面积乘以钢筋弹性模量 E_s 与混凝土弹性模量 E_c 的比值 E_s/E_c，把钢筋换算成混凝土后，其重心应仍在钢筋原来的重心处。式（9-2）也可用于要求不出现裂缝的预应力混凝土构件。

2. 正常使用阶段的截面弯曲刚度

钢筋混凝土受弯构件的挠度验算是按正常使用极限状态的要求进行的，正常使用时它是带裂缝工作的，即处于第Ⅱ阶段、这时 M-ϕ 不能简化成直线，所以截面弯曲刚度应该比 $0.85E_cI_0$ 小，而且是随弯矩的增大而变小的，是变化的值。

研究表明，钢筋混凝土受弯构件正常使用时正截面承受的弯矩大致是其受弯承载力 M_u 的 50%～70%。

此外，还要求所给出的截面弯曲刚度必须适合于用手算的方法来进行挠度验算。

9.1.2 纵向受拉钢筋应变不均匀系数

1. 短期截面弯曲刚度 B_s

图 9-2 给出了纯弯区段内，弯矩 $M=0.5M_u^0\sim0.7M_u^0$ 时，测得的钢筋和混凝土的应变情况：(1) 沿梁长，各正截面上受拉钢筋的拉应变和受压区边缘混凝土的压应变都是不均匀分布的，裂缝截面处最大，分别为 ε_s、ε_c，裂缝与裂缝之间逐渐变小，呈曲线变化；

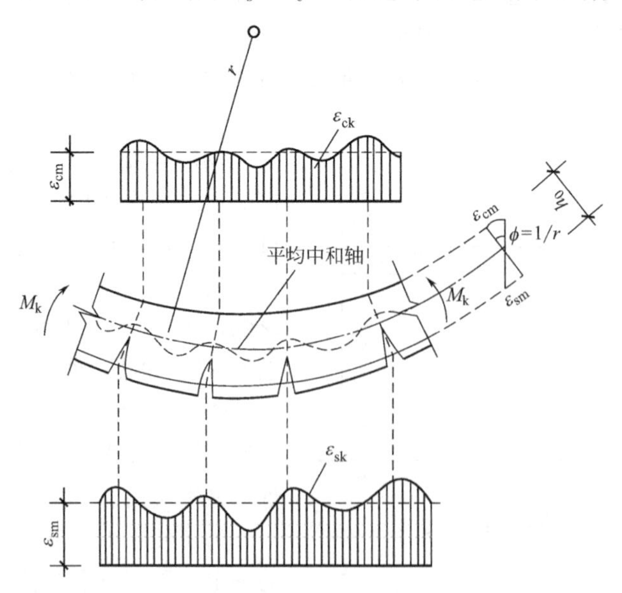

图 9-2 纯弯段内的平均应变

(2) 沿梁，截面受压区高度是变化的，裂缝面处最小，因此沿梁长中和轴呈波形变化；
(3) 当量测范围比较长（≥750mm）时，则各水平纤维的平均应变沿截面高度的变化符合平截面假定。

由平截面假定，可得纯弯区段的平均曲率：

$$\phi=\frac{1}{r}=\frac{\varepsilon_{sm}+\varepsilon_{cm}}{h_0}=\frac{M_k}{EI} \tag{9-3}$$

式中　r——与平均中和轴相对应的平均曲率半径；

ε_{sm}、ε_{cm}——分别为纵向受拉钢筋重心处的平均拉应变和受压区边缘混凝土的平均压应变，这里第二个下标 m 表示平均值；

h_0——截面的有效高度。

截面弯曲刚度就是使截面产生单位曲率需要施加的弯矩值。因此，短期截面弯曲刚度

$$B_s=\frac{M_k}{\phi}=\frac{M_k h_0}{\varepsilon_{cm}+\varepsilon_{sm}} \tag{9-4}$$

2. 平均应变

纵向受拉钢筋的平均应变 ε_{sm} 可以由裂缝截面处纵向受拉钢筋的应变 ε_{sk} 来表达，即

$$\varepsilon_{sm}=\psi\varepsilon_{sk} \tag{9-5}$$

式中　ψ——裂缝间纵向受拉钢筋重心处的拉应变不均匀系数。

图 9-3 给出了第Ⅱ阶段裂缝截面的应力图。对受压区合压力点取矩，可得裂缝截面处纵向受拉钢筋的应力

$$\sigma_{sk}=\frac{M_k}{A_s\eta h_0} \tag{9-6}$$

式中　η——正常使用阶段裂缝截面处的内力臂系数。

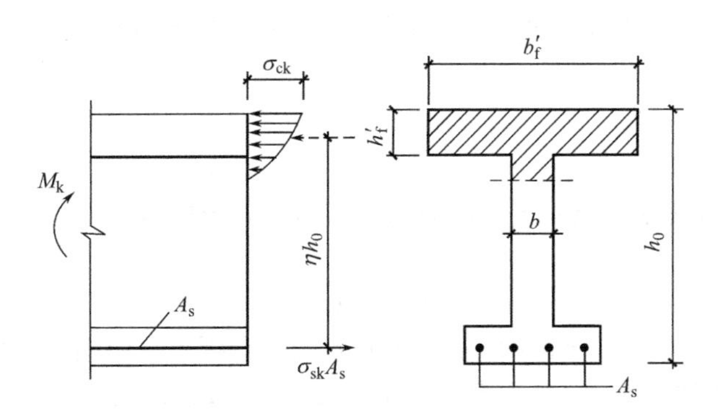

图 9-3　第Ⅱ阶段裂缝截面的应力图

研究表明，对常用的混凝土强度等级及配筋率，可近似的取 $\eta=0.87$，因此

$$\varepsilon_{sm}=\psi\varepsilon_{sk}=\psi\frac{\sigma_{sk}}{E_s}=\psi\frac{M_k}{A_s\eta h_0 E_s}=1.15\psi\frac{M_k}{A_s h_0 E_s} \tag{9-7}$$

另外，通过试验研究，对受压区边缘混凝土的平均压应变 ε_{cm} 可取为

$$\varepsilon_{cm}=\psi_c\varepsilon_{ck}=\psi_c\frac{\sigma_{ck}}{\nu E_c}=\frac{M_k}{\zeta b h_0^2 E_c} \tag{9-8}$$

式中　ε_{sk}、σ_{sk}——分别为按荷载效应的标准组合计算的裂缝截面处纵向受拉钢筋重心处

的拉应变和拉应力；

ε_{ck}、σ_{ck}——分别为按荷载效应的标准组合计算的裂缝截面处受压区边缘混凝土的压应变和压应力；

ψ、ψ_c——分别为裂缝间纵向受拉钢筋重心处的拉应变不均匀系数和受压区边缘混凝土压应变不均匀系数；

ζ——受压区边缘混凝土平均应变综合系数。

3. 裂缝间纵向受拉钢筋应变不均匀系数 ψ

如图 9-4 所示为沿一根试验梁的梁长，实测的纵向受拉钢筋的应变分布图。由图可见，在纯弯区段 A-A 内，钢筋应变是不均匀的，裂缝截面处最大，其应变为 ε_s，离开裂缝截面就逐渐减小，这是由于裂缝间的受拉混凝土参加工作，承担部分拉力的缘故。图中的水平虚线表示平均应变 $\varepsilon_{sm}=\psi\varepsilon_s$。因此，系数中反映了受拉钢筋应变的不均匀性，其物理意义就是表明了裂缝间受拉混凝土参加工作，对减小变形和裂缝宽度的贡献。ψ 愈小，说明裂缝间受拉混凝土帮助纵向受拉钢筋承担拉力的程度愈大，使 ε_{sm} 降低得愈多，对增大截面弯曲刚度、减小变形和裂缝宽度的贡献愈大。ψ 愈大，则效果相反。

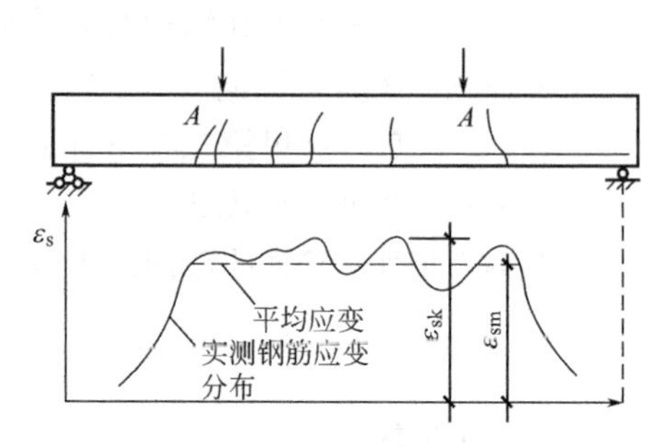

图 9-4　纯弯区段内钢筋应变分布

试验表明，随着荷载（或弯矩）的增大，ε_{sm} 与 ε_s 间的差距逐渐减小，也就是说，随着弯矩的增大，裂缝间受拉混凝土是逐渐退出工作的，当 $\varepsilon_{sm}=\varepsilon_s$ 时，$\psi=1$，表明裂缝间受拉混凝土全部退出工作。

系数 ψ 的物理意义就是反映裂缝间受拉混凝土对纵向受拉钢筋应变的影响程度。与裂缝间受拉区混凝土参与工作的程度、钢筋的数量、钢筋的粘结性能以及钢筋的布置等因素有关。可近似取：

$$\psi=1.1-0.65\frac{f_{tk}}{\rho_{te}\sigma_{sq}} \tag{9-9}$$

式中，ρ_{te} 为按有效受拉混凝土截面面积计算的纵向受拉钢筋配筋率。

$$\rho_{te}=\frac{A_s}{A_{te}} \tag{9-10}$$

当 $\rho_{te}<0.01$ 时，取 $\rho_{te}=0.01$。A_{te} 为有效受拉混凝土截面面积。对受弯、偏拉、偏压构件，按图 9-5 采取，有 $A_{te}=0.5bh+(b_f-b)h_f$；对轴拉构件有 $A_{te}=bh$。

当 $\psi<0.2$ 时，取 $\psi=0.2$；当 $\psi>1.0$ 时，取 $\psi=1.0$；对直接承受重复荷载的构件，取 $\psi=1.0$。

9.1.3　截面弯曲刚度计算公式

1. 短期截面弯曲刚度 B_s 计算公式

国内外试验资料表明，受压区边缘混凝土平均应变综合系数 ζ 与 $\alpha_E\rho$ 及受压翼缘加强系数 γ_f' 有关，为简化计算，可直接给出 $\alpha_E\rho/\zeta$ 的值：

$$\frac{\alpha_E\rho}{\zeta}=0.2+\frac{6\alpha_E\rho}{1+3.5\gamma_f'} \tag{9-11}$$

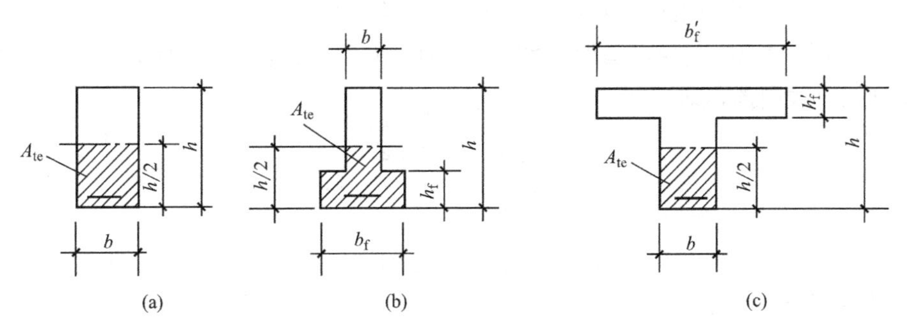

图 9-5　有效受拉混凝土面积

式中，$\alpha_E = E_s/E_c$，$\gamma'_f = (b'_f - b)h'_f/bh_0$。

把式（9-5）、式（9-7）和式（9-8）、式（9-11）代入 B_s 的基本表达式（9-4）中，即得短期截面弯曲刚度 B_s 的计算公式

$$B_s = \frac{E_s A_s h_0^2}{1.15\psi + 0.2 + \dfrac{6\alpha_E \rho}{1 + 3.5\gamma'_f}} \tag{9-12}$$

式中，当 $\gamma'_f > 0.2h_0$ 时，取 $h'_f = 0.2h_0$ 计算 γ'_f。

综上可知，短期截面弯曲刚度 B_s 是受弯构件的纯弯区段在承受 50%～70%的正截面受弯承载力 M_u 的第Ⅱ阶段区段内，考虑了裂缝间受拉混凝土的工作，即纵向受拉钢筋应变不均匀系数 ψ，也考虑了受压区边缘混凝土压应变的不均匀性，从而用纯弯区段的平均曲率来求得 B_s 的。对 B_s 可有以下认识：

(1) B_s 若用纵向受拉钢筋来表达，其计算公式表面复杂，实际上比用混凝土表达的反而简单。

(2) B_s 不是常数，是随弯矩而发生改变的，弯矩 M_k 增大，B_s 减小；M_k 减小，B_s 增大，这种影响是通过 ψ 来反映的。

(3) 当其他条件相同时，截面有效高度 h_0 对截面弯曲刚度的影响最显著。

(4) 当截面有受拉翼缘或有受压翼缘时，都会使 B_s 有所增大。

(5) 计算表明，纵向受拉钢筋配筋率 ρ 增大，B_s 也略有增大。

(6) 在常用配筋率 $\rho = 1\% \sim 2\%$ 的情况下，提高混凝土强度等级对提高 B_s 的作用不大。

(7) B_s 的单位与弹性材料的 EI 是一样的，都是“N・mm^2”，因为弯矩的单位是“N・mm”，截面曲率的单位是“1/mm”。

2. 受弯构件的截面弯曲刚度 *B* 计算公式

受弯构件挠度验算时采用的截面弯曲刚度 B，是在它的短期刚度 B_s 的基础上，用弯矩的准永久组合值 M_q 对挠度增大的影响系数 θ 来考虑荷载长期作用部分的影响。钢筋混凝土受弯构件挠度验算时采用的截面弯曲刚度 B，是在它的短期刚度基础上，用弯矩的准永久组合值 M_q 对挠度增大的影响系数 θ 来考虑长期作用部分的影响。公式为

$$B = B_s/\theta \tag{9-13a}$$

该式即为弯矩的准永久组合并考虑荷载长期作用影响的刚度，实质上是考虑荷载长期

作用部分使刚度降低的因素后，对短期刚度 B_s 进行修正。

《规范》建议对混凝土受弯构件，当 $\rho'=0$ 时，$\theta=2.0$；当 $\rho'=\rho$ 时，$\theta=1.6$；当为中间值时，θ 按直线内插，即

$$\theta=2.0-0.4\frac{\rho'}{\rho} \tag{9-13b}$$

式中 ρ'、ρ——分别为受拉及受压钢筋的配筋率。

预应力混凝土受弯构件需对在 M_q 作用下的那部分长期挠度乘以 θ，而在 (M_k-M_q) 作用下产生的短期挠度部分是不必增大的。参照式（9-1），则受弯构件的挠度

$$f=S\frac{(M_k-M_q)l_0^2}{B_s}+S\frac{M_q l_0^2}{B_s}\cdot\theta \tag{9-14}$$

式中 θ——考虑荷载长期作用对挠度增大的影响系数。

如果上式仅用刚度 B 表达时，有

$$f=S\frac{M_k l_0^2}{B}\cdot\theta \tag{9-15}$$

当荷载作用形式相同时，使式（9-15）等于式（9-14），即可得截面刚度 B 的计算公式

$$B=\frac{M_k}{M_q(\theta-1)+M_k}B_s \tag{9-16}$$

9.1.4 影响截面弯曲刚度的主要因素

在荷载长期作用下，受压混凝土将发生徐变，即荷载不增加而变形却随时间增长。在配筋率不高的梁中，由于裂缝间受拉混凝土的应力松弛以及混凝土和钢筋的徐变滑移，使受拉混凝土不断退出工作，因而受拉钢筋平均应变和平均应力亦将随时间而增大，同时，由于裂缝不断向上发展，使其上部原来受拉的混凝土脱离工作，以及由于受压混凝土的塑性发展力臂减小，也将引起钢筋应变和应力的增大。以上这些情况都会导致曲率增大、刚度降低。此外，由于受拉区和受压区混凝土的收缩不一致，使梁发生翘曲，亦将导致曲率增大度的降低。总之，凡是影响混凝土徐变和收缩的因素都将导致刚度的降低，使构件挠度增大。

9.1.5 最小刚度原则

上面讲的刚度计算公式都是指纯弯区段内平均的截面弯曲刚度。但是，一个受弯构件，例如图 9-6 所示的简支梁，在剪跨范围内各截面弯矩是不相等的，靠近支座的截面弯曲刚度要比纯弯区段内的大，如果都用纯弯区段的截面弯曲刚度，似乎会使挠度计算值偏大，但实际情况却不是这样，因为在剪跨段内还存在着剪切变形，甚至可能出现少量斜裂缝，它们都会使梁的挠度增大，而这在计算中是没有考虑到的。为了简化计算，图 9-6 所示的梁，可近似地都按纯弯区段平均的截面弯曲刚度采用，这就是“最小刚度原则”。

“最小刚度原则”就是在简支梁全跨长范围内，可都按弯矩最大处的截面弯曲刚度，亦即按最小的截面弯曲刚度（如图 9-6b 中虚线所示），用材料力学方法中不考虑剪切变形影响的公式来计算挠度。当构件上存在正、负弯矩时，可分别取同号弯矩区段内 $|M_{max}|$

处截面的最小刚度计算挠度。

试验分析表明，一方面按 B_{min} 计算的挠度值偏大，即如图 9-6（c）中多算了用阴影线示出的两小块 M_k/B_{min} 面积；另一方面，不考虑剪切变形的影响，对出现如图 9-7 所示的斜裂缝的情况，剪跨内钢筋应力大于按正截面的计算值，这些均导致挠度计算值偏小，然而上述两方面的影响大致可以相互抵消，对国内外约 350 根试验梁验算的结果表明计算值与试验值符合较好。因此，采用“最小刚度原则”是可以满足工程要求的。

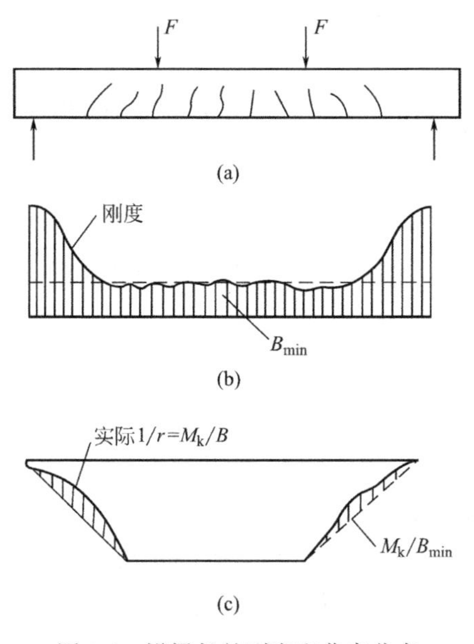

图 9-6　沿梁长的刚度和曲率分布

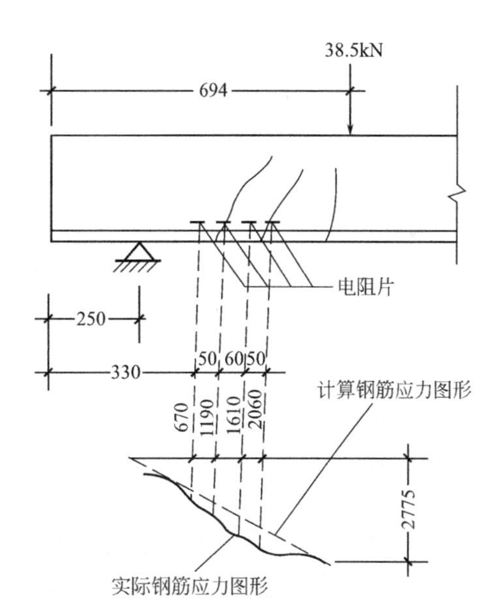

图 9-7　梁剪跨段内钢筋应力分布

当用 B_{min} 代替匀质弹性材料梁截面弯曲刚度 EI 后，梁的挠度计算就十分简便了。按《规范》要求，挠度验算应满足

$$f = S\frac{M_k l_0^2}{B} \leqslant [f] \tag{9-17}$$

式中　$[f]$——允许挠度值；

f——根据最小刚度原则采用的刚度 B 进行计算的挠度。

【例 9-1】 已知在教学楼楼盖中一矩形截面简支梁，截面尺寸为 200mm×500mm，配置 4Φ16HRB400 受力钢筋，混凝土强度等级为 C30，保护层厚度 c=25mm，箍筋直径 8mm，l_0=5.6m；承受均布荷载，其中永久荷载（包括自重在内）标准值 g_k = 12.4kN/m，楼面活荷载 q_k = 8kN/m，楼面活荷载的准永久值系数 ψ_q = 0.5。试验算其挠度 f。

【解】 （1）求 M_k 及 M_q

$$M_k = \frac{1}{8}(g_k + q_k)l_0^2 = \frac{1}{8}(12.4+8)\times 5.6^2 = 79.97\text{kN}\cdot\text{m}$$

$$M_q = \frac{1}{8}(g_k + \psi_q q_k)l_0^2 = \frac{1}{8}(12.4+0.5\times 8)\times 5.6^2 = 64.29\text{kN}\cdot\text{m}$$

（2）计算有关参数

$h_0 = 500 - 25 - 8 - 0.5\times 16 = 459\text{mm}$

$$\alpha_E\rho=\frac{E_s}{E_c}\cdot\frac{A_s}{bh_0}=\frac{2\times10^5}{3\times10^4}\times\frac{804}{200\times459}=0.058$$

$$\rho_{te}=\frac{A_s}{A_{te}}=\frac{804}{0.5\times200\times500}=0.016$$

$$\sigma_{sq}=\frac{M_q}{\eta h_0A_s}=\frac{64.29\times10^6}{0.87\times459\times804}=200.24\text{N/mm}^2$$

$$\psi=1.1-0.65\frac{f_{tk}}{\rho_{te}\sigma_{sq}}=1.1-0.65\times\frac{2.01}{0.016\times200.24}=0.692$$

$$B_s=\frac{E_sA_sh_0^2}{1.154+0.2+\dfrac{6\alpha_E\rho}{1+3.5\gamma_f'}}=\frac{2\times10^5\times804\times459^2}{1.15\times0.692+0.2+6\times0.058}=2.52\times10^{13}\text{N}\cdot\text{mm}^2$$

(3) 计算 B

$$B=\frac{M_k}{M_q(\theta-1)+M_k}B_s=\frac{79.97}{64.29\times(2-1)+79.97}\times2.52\times10^{13}=1.397\times10^{13}\text{N}\cdot\text{mm}^2$$

(4) 变形验算

$$f=\frac{5}{48}\cdot\frac{M_kl_0^2}{B}=\frac{5}{48}\times\frac{79.97\times10^6\times5600^2}{1.397\times10^{13}}=18.7\text{mm}$$

查附表知，$f_{lim}/l_0=1/200$，故

$f/l_0=17.08/5600=1/299<1/200$，变形满足要求。

【例 9-2】 简支截面矩形梁的截面尺寸为 250mm×600mm，设计使用年限为 50 年，环境类别为一类，配置 HRB400 级，混凝土强度等级为 C30，保护层厚度 $c=20$mm，承受均布荷载，按荷载的标准组合计算的跨中弯矩 $M_k=75$kN·m 按荷载的准永久组合计算的跨中弯矩 $M_q=60$kN·m，梁的计算跨度 $l_0=6.5$m，纵筋 4⌀18，箍筋直径 6mm，挠度允许值为 $l_0/250$。试验算挠度 f 是否符合要求。

【解】 查表可得：$f_{tk}=2.01\text{N/mm}^2$，$E_s=200\times10^3\text{N/mm}^2$，$E_c=30\times10^3\text{N/mm}^2$，$\alpha_E=\dfrac{E_s}{E_c}=6.67$。

$h_0=600-20-6-0.5\times18=565\text{mm}$，$A_s=1017\text{ mm}^2$

$$\rho_{te}=\frac{A_s}{A_{te}}=\frac{1017}{0.5\times250\times600}=0.0136$$

$$\sigma_{sq}=\frac{M_q}{\eta h_0A_s}=\frac{60\times10^6}{0.87\times565\times1017}=120\text{ N/mm}^2$$

$$\psi=1.1-0.65\frac{f_{tk}}{\rho_{te}\sigma_{sq}}=1.1-0.65\times\frac{2.01}{0.0136\times120}=0.299$$

$$B_s=\frac{E_sA_sh_0^2}{1.15\psi+0.2+6\alpha_E\rho}=\frac{200\times10^3\times1017\times565^2}{1.15\times0.299+0.2+6\times6.67\times0.0072}$$

$$=7.804\times10^{13}\text{N}\cdot\text{mm}^2$$

受压区未配受力钢筋，$\rho'=0$，故 $\theta=2.0$。考虑荷载长期影响的刚度为：

$$B=\frac{M_k}{M_q(\theta-1)+M_k}B_s=\frac{75}{60\times(2-1)+75}\times7.804\times10^{13}$$

$=4.336\times10^{13}\text{N}\cdot\text{mm}^2$

此简支梁在均布荷载作用下的挠度为：

$$f=\frac{5}{48}\cdot\frac{M_k l_0^2}{B}=\frac{5}{48}\times\frac{75\times10^6\times6500^2}{4.336\times10^{13}}=7.61\text{mm}<\frac{l_0}{250}=26\text{mm}$$

符合要求。

9.2　钢筋混凝土构件裂缝宽度验算

裂缝按其形成的原因可分为两大类：一类是由荷载引起的裂缝；另一类是由变形因素（非荷载）引起的裂缝，如由材料收缩、温度变化、钢筋锈蚀膨胀以及地基不均匀沉降等原因引起的裂缝。很多裂缝往往是几种因素共同作用的结果。调查表明，工程实践中结构物的裂缝属于变形因素为主引起的约占 80%，属于荷载为主引起的约占 20%。非荷载引起的裂缝十分复杂，目前主要是通过构造措施（如加强配筋、设变形缝等）进行控制。本节所讨论的为荷载引起的正截面裂缝验算。裂缝宽度验算采用荷载准永久组合和材料强度的标准值。

9.2.1　裂缝的出现、分布与开展

1. 裂缝的出现

未出现裂缝时，在受弯构件纯弯区段内，各截面受拉混凝土的拉应力、拉应变大致相同；由于这时钢筋和混凝土间的粘结没有被破坏，因而钢筋拉应力、拉应变沿纯弯区段长度亦大致相同。

当受拉区外边缘的混凝土达到其抗拉强度 f_t^0 时，由于混凝土的塑性变形，因此还不会马上开裂：当其拉应变接近混凝土的极限拉应变值时，就处于即将出现裂缝的状态，这就是第 I_a 阶段，如图 9-8（a）所示。

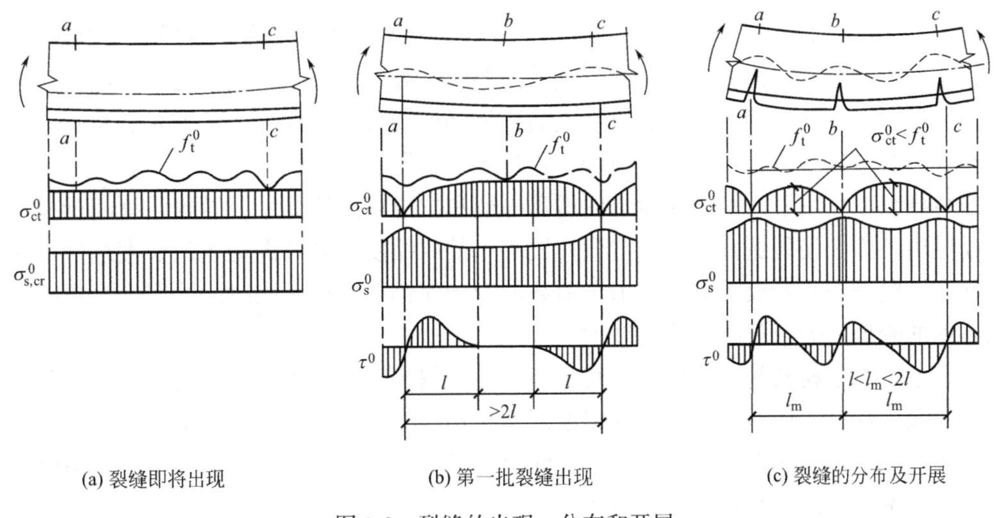

(a) 裂缝即将出现　(b) 第一批裂缝出现　(c) 裂缝的分布及开展

图 9-8　裂缝的出现、分布和开展

当受拉区外边缘混凝土在最薄弱的截面处达到其极限拉应变值 ε_{ct}^0 后，就会出现第一

批裂缝，一条或几条，如图 9-8（b）中的 a-a、c-c 截面处。

混凝土一开裂，张紧的混凝土就像剪断了的橡皮筋那样向裂缝两侧回缩，但这种回缩是不自由的，它受到钢筋的约束，直到被阻止。在回缩的那一段长度 l 中，混凝土与钢筋之间有相对滑移、产生粘结应力 τ^0，通过粘结应力的作用，随着离裂缝截面距离的增大，混凝土拉应力由裂缝处的零逐渐增大，达到 l 后，粘结应力消失，混凝土的应力又趋于均匀分布，如图 9-8（b）所示。在此，l 即为粘结应力作用长度，也可称传递长度。

裂缝处，钢筋的情况与混凝土相反。在裂缝出现瞬间，裂缝处的混凝土应力突然降至零，使得钢筋的拉应力突然增大。通过粘结应力的作用，随着离开裂缝截面距离的增大，钢筋拉应力逐渐降低，混凝土逐渐张紧达到 l 后，混凝土又处于要开裂的状态。

2. 裂缝的出齐

第一批裂缝出现后，在粘结应力作用长度 l 以外的那部分混凝土仍处于受拉张紧状态，因此当弯矩继续增大时，就有可能在离裂缝截面大于等于 l 的另一薄弱截面处出现新裂缝，如图 9-8（b）、（c）中的 b-b 截面处。

按此规律，随着弯矩的增大，裂缝将逐条出现，当截面弯矩达到 $0.5M_u^0 \sim 0.7M_u^0$ 时，裂缝将基本“出齐”，即裂缝的分布处于稳定状态。从图 9-8（c）可见，此时，在两条裂缝之间，混凝土拉应力 σ_{ct}^0 将小于实际混凝土抗拉强度，即不足以产生新的裂缝。

3. 裂缝间距

假设材料是匀质的，则两条相邻裂缝的最大间距应为 $2l$。比 $2l$ 稍大一点时，就会在其中央再出现一条新裂缝，使裂缝间距变为 l。因此，从理论上讲，裂缝间距在 $l \sim 2l$ 之间，其平均裂缝间距为 $1.5l$。

4. 裂缝宽度

同一条裂缝，不同位置处的裂缝宽度是不同的，例如梁底面的裂缝宽度比梁侧表面的大。试验表明，沿裂缝深度，裂缝宽度也是不相等的，钢筋表面处的裂缝宽度大约只有构件混凝土表面裂缝宽度的 1/5～1/3。

《规范》定义的裂缝开展宽度是指受拉钢筋重心水平处构件侧表面混凝土的裂缝宽度。

由于裂缝的开展是混凝土的回缩，钢筋的伸长，导致混凝土与钢筋之间不断产生相对滑移而造成的，因此裂缝的宽度就等于裂缝间钢筋的伸长减去混凝土的伸长。可见，裂缝间距小，裂缝宽度就小，即裂缝密而细，这是工程中所希望的。

在荷载长期作用下，由于混凝土的滑移徐变和拉应力的松弛，将导致裂缝间受拉混凝土不断退出工作，使裂缝开展宽度增大；混凝土的收缩使裂缝间混凝土的长度缩短，这也会引起裂缝的进一步开展；此外，由于荷载的变动使钢筋直径时胀时缩等因素，也将引起粘结强度的降低，导致裂缝宽度的增大。

实际上，由于材料的不均匀性以及截面尺寸的偏差等因素的影响，裂缝的出现具有某种程度的偶然性，因而裂缝的分布和宽度同样是不均匀的。但是，对大量试验资料的统计分析表明，从平均的观点来看，平均裂缝间距和平均裂缝宽度是有规律的，平均裂缝宽度与最大裂缝宽度之间也具有一定的规律性。

下面讲述平均裂缝间距和平均裂缝宽度以及根据统计求得的“扩大系数”来确定最大裂缝宽度的验算方法。

9.2.2　裂缝的平均间距

前面讲过，平均裂缝间距 $l_m=1.5l$。对粘结应力传递长度 l 可由平衡条件求得。

以轴心受拉构件为例。当即将出现裂缝时（I_a 阶段），截面上混凝土拉应力为 f_t，钢筋的拉应力为 $\sigma_{s,cr}$。如图 9-8 所示，当薄弱截面 a-a 出现裂缝后，混凝土拉应力降至零，钢筋应力由 $\sigma_{s,cr}$ 突然增加至 σ_{s1}。如前所述，通过粘结应力的传递，经过传递长度 l 后，混凝土拉应力从截面 a-a 处为 0 提高到截面 b-b 处的 f_t，钢筋应力则降至 σ_{s2}，又回复到出现裂缝时的状态。

按图 9-9（a）的内力平衡条件，有

$$\sigma_{s1}A_s=\sigma_{s2}A_s+f_tA_{te} \tag{9-18}$$

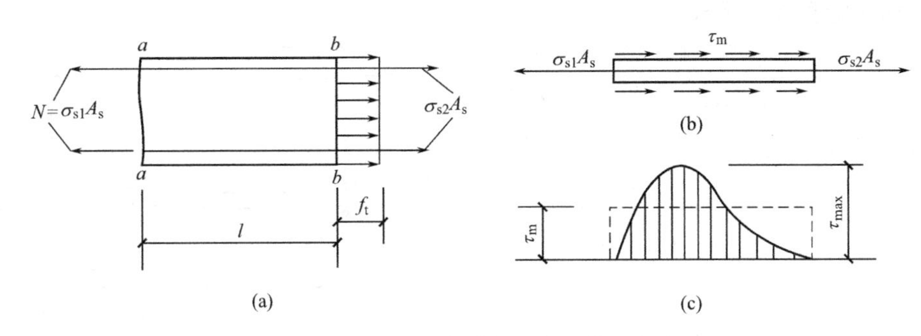

图 9-9　轴心受拉构件粘结应力传递长度

取 l 段内的钢筋为隔离体，作用在其两端的不平衡力由粘结力来平衡。粘结力为钢筋表面积上粘结应力的总和，考虑到粘结应力的不均匀分布，在此取平均粘结应力 τ_m。由图 9-9（b）有

$$\sigma_{s1}A_s=\sigma_{s2}A_s+\tau_m ul \tag{9-19}$$

将式（9-19）代入式（9-18）即得

$$l=\frac{f_t}{\tau_m}\frac{A_{te}}{u} \tag{9-20}$$

钢筋直径相同时，$A_{te}/u=d/4\rho_{te}$，乘以 1.5 后得平均裂缝间距

$$l_m=\frac{3}{8}\frac{f_t}{\tau_m}\frac{d}{\rho_{te}} \tag{9-21}$$

式中　u——钢筋总周界长度。

试验表明，混凝土和钢筋间的粘结强度大致与混凝土抗拉强度成正比例关系，且可取为 f_t^0/τ_m 常数。因此，式（9-21）可表示为

$$l_m=k_1\frac{d}{\rho_{te}} \tag{9-22}$$

式中　k_1——经验系数。

试验还表明，l_m 不仅与 d/ρ_{te} 有关，而且与混凝土保护层厚度 c 有较大的关系。此外，用带肋变形钢筋时比用光圆钢筋的平均裂缝间距要小些，钢筋表面特征同样影响平均裂缝间距，对此可用钢筋的等效直径 d_{eq} 代替 d。据此，对 l_m 采用两项表达式，即

$$l_{m}=k_{2}c+k_{1}\frac{d_{eq}}{\rho_{te}} \tag{9-23}$$

对受弯构件、偏心受拉和偏心受压构件，均可采用式（9-23）的表达式，但其中的经验系数 k_2、k_1 的取值不同。在下面讨论最大裂缝宽度表达式时，k_2 及 k_1 值还将与其他影响系数合并起来。

9.2.3 裂缝的平均宽度

如前所述，裂缝宽度是指受拉钢筋截面重心水平处构件侧表面的裂缝宽度。试验表明，裂缝宽度的离散性比裂缝间距更大些。因此，平均裂缝宽度的确定，必须以平均裂缝间距为基础。

1. 平均裂缝宽度计算式

平均裂缝宽度 w_m 等于构件裂缝区段内钢筋的平均伸长与相应水平处构件侧表面混凝土平均伸长的差值，如图 9-10 所示。表达式为：

$$w_{m}=\varepsilon_{sm}l_{m}-\varepsilon_{ctm}l_{m}=\varepsilon_{sm}(1-\frac{\varepsilon_{ctm}}{\varepsilon_{sm}})l_{m} \tag{9-24}$$

式中 ε_{sm}——纵向受拉钢筋的平均拉应变，$\varepsilon_{sm}=\psi\varepsilon_{sq}=\psi\sigma_{sq}/E_s$；

ε_{ctm}——与纵向受拉钢筋相同水平处侧表面混凝土的平均拉应变。

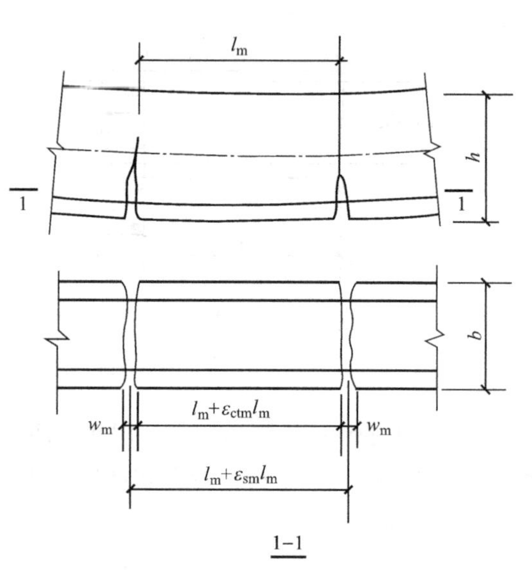

图 9-10 平均裂缝宽度计算图式

令

$$\alpha_{c}=1-\varepsilon_{ctm}/\varepsilon_{sm} \tag{9-25}$$

α_c 称为裂缝间混凝土自身伸长对裂缝宽度的影响系数。

试验研究表明，系数 α_c 虽然与配筋率、截面形状和混凝土保护层厚度等因素有关，但在一般情况下，α_c 变化不大，且对裂缝开展宽度的影响也不大，为简化计算，对受弯、轴心受拉、偏心受力构件，均可近似取 $\alpha_c=0.85$。则

$$w_{m}=\alpha_{c}\psi\frac{\sigma_{sq}}{E_{s}}l_{m}=0.85\frac{\sigma_{sq}}{E_{s}}l_{m} \tag{9-26}$$

2. 裂缝截面处的钢筋应力 σ_{sq}

式（9-26）中，ψ 可按式（9-9）采取；σ_{sq} 是指按荷载准永久组合计算的钢筋混凝土构件裂缝截面处纵向受拉普通钢筋的应力。对于受弯、轴心受拉、偏心受拉以及偏心受压构件，σ_{sq} 均可按裂缝截面处力的平衡条件求得。

（1）受弯构件

σ_{sq} 按式（9-27a）计算：

$$\sigma_{sq}=\frac{M_{q}}{0.87A_{s}h_{0}} \tag{9-27a}$$

（2）轴心受拉构件

$$\sigma_{sq}=\frac{N_q}{A_s} \tag{9-27b}$$

式中　N_q——按荷载准永久组合计算的轴向力值；

A_s——受拉钢筋总截面面积。

（3）偏心受拉构件

大、小偏心受拉构件裂缝截面应力图形分别如图 9-11（a）、（b）所示。

若近似采用大偏心受拉构件（图 9-11a）的截面内力臂长度 $\eta h_0=h_0-a'_s$，则大、小偏心受拉构件的 σ_{sq} 计算可统一由式（9-28）表达：

$$\sigma_{sq}=\frac{N_q e'}{A_s(h_0-a'_s)} \tag{9-28}$$

式中　e'——轴向拉力作用点至受压区或受拉较小边纵向钢筋合力点的距离，$e'=e_0+y_c-a'_s$；

y_c——截面重心至受压或较小受拉边缘的距离。

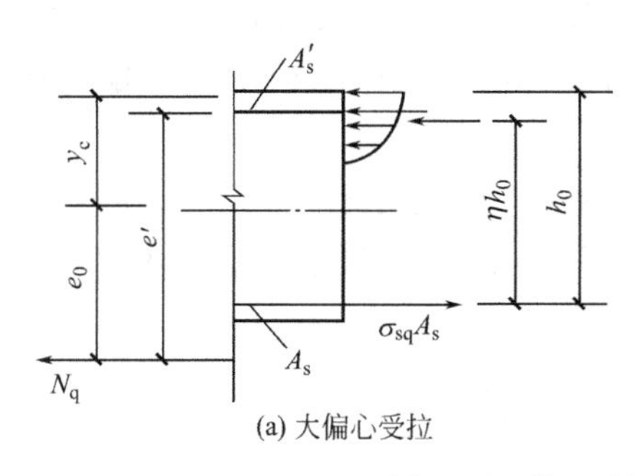

(a) 大偏心受拉

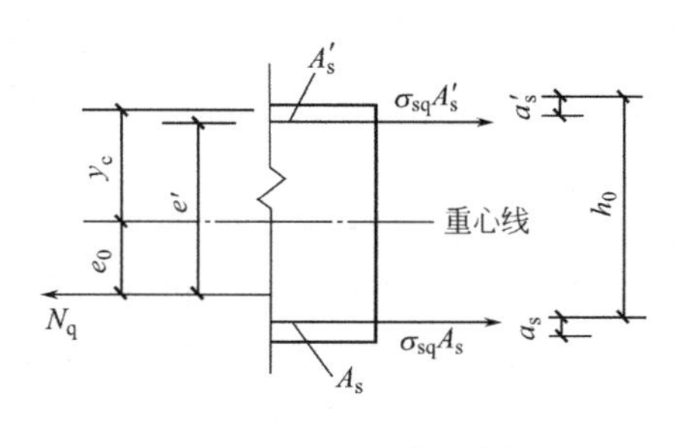

(b) 小偏心受拉

图 9-11　偏心受拉构件钢筋应力计算图式

（4）偏心受压构件

偏心受压构件裂缝截面的应力图形如图 9-12 所示。对受压区合力点取矩，得

$$\sigma_{sq}=\frac{N_q(e-z)}{A_s z} \tag{9-29}$$

式中　N_q——按荷载准永久组合计算的轴向压力值；

e——N_q 至受拉钢筋 A_s 合力点的距离，$e=\eta_s e_0+y_s$，即考虑了侧向挠度的影响，此处，y_s 为截面重心至纵向受拉钢筋合力点的距离，η_s 是指使用阶段的轴向压力偏心距增大系数，可近似地取

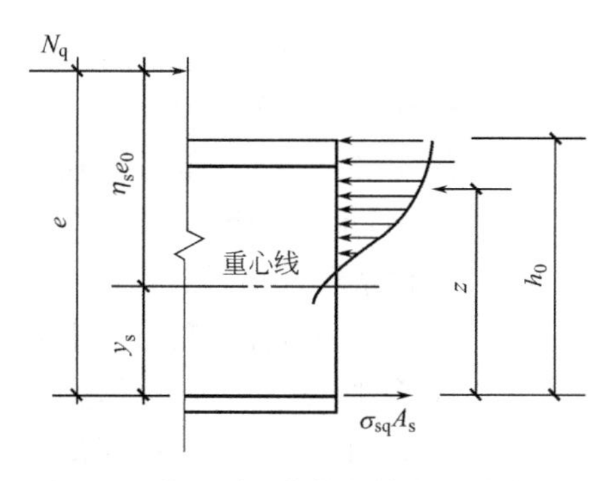

图 9-12　偏心受压构件钢筋应力计算图式

$$\eta_s=1+\frac{1}{4000e_0/h_0}(l_0/h)^2 \tag{9-30}$$

当 $l_0/h\leqslant 14$ 时，取 $\eta_s=1.0$。

z——纵向受拉钢筋合力点至受压区合力点的距离，近似地取

$$z=\left[0.87-0.12(1-\gamma_{\mathrm{f}}')(\frac{h_0}{e})^2\right]h_0 \tag{9-31}$$

9.2.4 最大裂缝宽度及其验算

1. 短期荷载作用下的最大裂缝宽度 $w_{s,max}$

可根据平均裂缝宽度乘以裂缝宽度扩大系数 τ 得到，即

$$w_{s,max}=\tau w_{m} \tag{9-32}$$

2. 长期荷载作用下的最大裂缝宽度 w_{max}

在长期荷载作用下，由于混凝土收缩将使裂缝宽度不断增大；同时由于受拉区混凝土的应力松弛和滑移徐变，裂缝间受拉钢筋的平均应变将不断增大，从而也使裂缝宽度不断增大。研究表明，长期荷载作用下的最大裂缝宽度可由短期荷载作用下的最大裂缝宽度乘以裂缝扩大系数 τ_l 得到，即

$$w_{max}=\tau_l w_{s,max}=\tau\tau_l w_{m} \tag{9-33}$$

东南大学两批长期加载试验梁的试验结果，分别给出了荷载标准组合下的扩大系数 τ 以及荷载长期作用下的扩大系数 τ_l：轴心受拉构件和偏心受拉构件 $\tau=1.9$，偏心受压构件 $\tau=1.66$；$\tau_l=1.5$。

根据试验结果，将相关的各种系数归并后，《规范》规定对矩形、T 形、倒 T 形和 I 形截面的钢筋混凝土受拉、受弯和偏心受压构件，按荷载效应的准永久组合并考虑长期作用影响的最大裂缝宽度可按下列公式计算：

$$w_{max}=\alpha_{cr}\psi\frac{\sigma_{sq}}{E_s}(1.9c_s+0.08\frac{d_{eq}}{\rho_{te}}) \tag{9-34}$$

式中，ψ、ρ_{te} 分别按式（9-9）、式（9-10）计算，若 $\rho_{te}<0.01$，取 $\rho_{te}=0.01$；

c_s——最外层纵向受拉钢筋外边缘至受拉区底边的距离（mm）；当 $c_s<20$mm 时，取 $c_s=20$mm；当 $c_s>65$mm 时，取 $c_s=65$mm；

σ_{sq}——按荷载准永久组合计算的钢筋混凝土构件纵向受拉普通钢筋应力；

d_{eq}——纵向受拉钢筋的等效直径（mm），$d_{eq}=\sum n_i d_i^2/\sum n_i\nu_i d_i$；$n_i$、$d_i$ 分别为受拉区第 i 种纵向钢筋的根数、公称直径（mm），ν_i 为第 i 种纵向钢筋的相对粘结特性系数，光面钢筋 $\nu_i=0.7$，带肋钢筋 $\nu_i=1.0$；

α_{cr}——构件受力特征系数，对钢筋混凝土构件有：轴心受拉构件，$\alpha_{cr}=2.7$；偏心受拉构件，$\alpha_{cr}=2.4$；受弯和偏心受压构件，$\alpha_{cr}=1.9$。

应该指出，由式（9-34）计算出的最大裂缝宽度，并不就是绝对最大值，而是具有 95%保证率的相对最大裂缝宽度。

3. 最大裂缝宽度验算

《规范》把钢筋混凝土构件和预应力混凝土构件的裂缝控制分为 3 个等级。一级和二级指的是要求不出现裂缝的预应力混凝土构件，见第 10 章；三级裂缝控制等级时，钢筋混凝土构件的最大裂缝宽度可按荷载准永久组合并考虑长期作用影响的效应计算，最大裂缝宽度应符合下列规定：

$$w_{max}\leqslant w_{lim} \tag{9-35}$$

式中　w_{lim}——《规范》规定的最大裂缝宽度限值。

与受弯构件挠度验算相同，裂缝宽度的验算也是在满足构件承载力的前提下进行的，因而诸如截面尺寸、配筋率等均已确定。在验算中，可能会出现满足了挠度的要求，不满足裂缝宽度的要求，这通常在配筋率较低而选用的钢筋直径较大的情况下出现。因此，当计算最大裂缝宽度超过允许值不大时，最常可用减小钢筋直径的方法解决；必要时可适当增加配筋率。

从式（9-34）可知，w_{max} 主要与钢筋应力、有效配筋率及钢筋直径等有关。为简化起见，根据 σ_{sq}、ρ_{te} 及 d_s 三者的关系，可以给出钢筋混凝土构件不需作裂缝宽度验算的最大钢筋直径图表，可供参考。

对于受拉及受弯构件，当承载力要求较高时，往往会出现不能同时满足裂缝宽度或变形限值要求的情况，这时增大截面尺寸或增加用钢量，显然是不经济也是不合理的。对此，有效的措施是施加预应力。

此外，尚应注意《规范》中的有关规定。例如，对直接承受吊车荷载的受弯物件，因吊车荷载满载的可能性较小，且已取 $\psi=1$，所以可将计算求得的最大裂缝宽度乘以 0.85；对 $e_0/h_0 \leqslant 0.55$ 的偏心受压构件，试验表明最大裂缝宽度小于允许值，因此可不予验算。

4. 最大裂缝宽度限值

确定最大裂缝宽度限值，主要考虑两个方面的理由，一是外观要求；二是耐久性要求，并以后者为主。

从外观要求考虑，裂缝过宽将给人以不安全感，同时也影响对结构质量的评价。满足外观要求的裂缝宽度限值，与人们的心理反应、裂缝开展长度、裂缝所处位置，乃至光线条件等因素有关。这方面尚待进一步研究，目前有提出可取 0.25～0.3mm 的。

对于斜裂缝宽度，当配置受剪承载力所需的腹筋后，使用阶段的裂缝宽度一般小于 0.2mm，故不必验算。

【例 9-3】 已知钢筋混凝土矩形截面简支梁，处于室内正常环境，对应的类别为一类（保护层厚度 20mm，$\omega_{lim}=0.3$mm）；截面尺寸 $b\times h=220\text{mm}\times 500\text{mm}$，计算跨度为 $l_0=5.6$m，混凝土强度等级为 C35，钢筋采用 HRB400 级，配置纵向受拉钢筋 3 Φ 20（$A_s=942\text{mm}^2$），箍筋直径ϕ 8mm，该梁承受的永久荷载标准值 $g_k=9$kN/m（包括梁的自重），可变荷载标准值 $q_k=12$kN/m，可变荷载的准永久值系数为 $\psi_q=0.4$。验算该梁的最大裂缝宽度是否满足要求。

注：$E_s=2\times 10^5\ \text{N/mm}^2$，受力特征值系数 $\alpha_{cr}=1.9$。

【解】 $a_s=20+8+20/2=38$mm，故 $h_0=h-a_s=462$mm

$$M_q=\frac{1}{8}(g_k+\psi_q q_k)l_0^2=54.10\text{kN}\cdot\text{m}$$

$$\sigma_{sq}=\frac{M_q}{0.87\times A_s h_0}=142.88\text{N/mm}^2$$

$$\rho_{te}=\frac{A_s}{0.5bh}=0.017>0.01，\text{故取 }0.017\text{ 计算}$$

$$\psi=1.1-0.65\frac{f_{tk}}{\rho_{te}\sigma_{sq}}=0.511，\text{满足 }0.2<\psi<1，\text{故取 }0.511$$

最外层纵向受拉钢筋外边缘至受拉区底边的距离 $c_s=20+8=28$mm

故最大裂缝宽度为

$$\omega_{\max}=\alpha_{cr}\psi\frac{\sigma_{sq}}{E_s}\left(1.9c_s+0.08\frac{d_{eq}}{\rho_{te}}\right)=1.9\times0.511\times\frac{142.99}{2\times10^5}\left(1.9\times28+0.8\frac{20}{0.017}\right)$$

$$=0.102\text{mm}$$

满足 $\omega<\omega_{lim}=0.3$mm，满足要求。

【例 9-4】 有一矩形截面的对称配筋偏心受压柱，截面尺寸 $b\times h=350\text{mm}\times600\text{mm}$。计算长度 l_0 为 5m，受拉及受压钢筋均为 4Φ20 HRB335 级钢筋（$A_s=A'_s=1256\text{mm}^2$），采用混凝土强度等级为 C30，混凝土保护层厚度 c=30mm，箍筋直径 10mm；荷载效应准永久组合的 $N_q=380$kN，$M_q=160\text{kN}\cdot\text{m}$。试验算是否满足一类环境中使用的裂缝宽度要求。（$w_{lim}=0.3$mm）

【解】 $l_0=5000/600=8.33<14$，$\eta_s=1.0$

$a_s=30+10+20/2=50\text{mm}$

$h_0=h-a_s=600-50=550\text{mm}$

$e_0=M_q/N_q=160\times10^3/380=421\text{mm}$

$e=\eta_s e_0+h/2-a_s=1\times421+300-50=671\text{mm}$

$$\eta h_0=\left[0.87-0.12\left(\frac{h_0}{e}\right)^2\right]h_0=\left[0.87-0.12\left(\frac{550}{671}\right)^2\right]\times550=434\text{mm}$$

$\sigma_{sq}=N_q(e-\eta h_0)/(A_s\eta h_0)=380\times10^3\times(671-434)/(1256\times434)=165\text{N/mm}^2$

$\rho_{te}=A_s/0.5bh=1256/(0.5\times350\times600)=0.012$

$\psi=1.1-0.65f_{tk}/(\rho_{te}\sigma_{sq})=1.1-0.65\times2.01/(0.012\times165)=0.44$

$$\omega_{\max}=\alpha_{cr}\psi\frac{\sigma_{sq}}{E_s}\left(1.9c_s+0.08\frac{d_{eq}}{\rho_{te}}\right)=1.9\times0.44\times\frac{165}{2\times10^5}\times\left(1.9\times40+0.08\times\frac{20}{0.012}\right)$$

$$=0.14\text{mm}<w_{lim}=0.3\text{mm}$$

满足要求。

9.3 钢筋混凝土构件的截面延性

9.3.1 延性的概念

前面讲了钢筋混凝土构件在正常使用阶段的变形和裂缝，下面再讲述它们在破坏阶段的变形能力，即延性问题。

结构、构件或截面的延性是指从屈服到破坏的变形能力。也就是说，延性是反映它们的后期变形能力的。“后期”是指从钢筋开始屈服进入破坏阶段直到最大承载能力（或下降到最大承载能力的 85%）时的整个过程，如图 9-1 中从 ϕ_y 至 ϕ_u 的过程。延性差的结构、构件或截面，其后期变形能力小，刚进入破坏阶段就会破坏，这是不好的。因此，对结构、构件或截面除了要求它们满足承载能力以外，还要求它们具有一定的延性，其目的在于：

（1）有利于吸收和耗散地震能量，满足抗震方面的要求；

（2）防止发生像超筋梁那样的脆性破坏，以确保生命和财产的安全；

（3）在超静定结构中，能更好地适应地基不均匀沉降以及温度变化等情况；

（4）使超静定结构能够充分地进行内力重分布，并避免配筋疏密悬殊，便于施工，节约钢材。

延性通常是用延性系数来表达的，包括截面曲率延性系数、结构顶点水平位移延性系数等。

9.3.2　受弯构件的截面曲率延性

在研究截面曲率延性系数时，仍采用平截面假定。

1. 受弯构件的截面曲率延性系数表达式

图 9-13（a）、（b）分别表示适筋梁截面受拉钢筋开始屈服和达到截面最大承载力时的截面应力及应变图形。由截面应变图知：

$$\phi_y = \frac{\varepsilon_y}{(1-k)h_0} \tag{9-36}$$

$$\phi_u = \frac{\varepsilon_{cu}}{x_a} \tag{9-37}$$

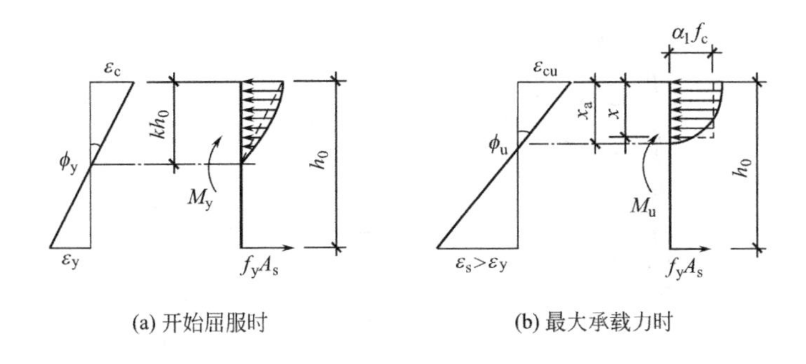

(a) 开始屈服时　　　(b) 最大承载力时

图 9-13　适筋梁截面开始屈服及最大承载力时应力、应变图

则截面曲率延性系数

$$\mu_\phi = \frac{\phi_u}{\phi_y} = \frac{\varepsilon_{cu}(1-k)h_0}{\varepsilon_y x_a} \tag{9-38}$$

式中　ε_{cu}——受压区边缘混凝土极限压应变；

x_a——达到截面最大承载力时混凝土受压区的压应变高度；

ε_y——钢筋开始屈服时的钢筋应变，$\varepsilon_y = f_y/E_s$；

k——钢筋开始屈服时的受压区高度系数。

式（9-36）中，钢筋开始屈服时的钢筋混凝土受压区高度系数 k，可按图 9-13（a）虚线所示的混凝土受压区压应力图形为三角形，由平衡条件求得。

对单筋截面：

$$k = \sqrt{(\rho\alpha_E)^2 + 2\rho\alpha_E} - \rho\alpha_E \tag{9-39}$$

对双筋截面：

$$k = \sqrt{(\rho+\rho')^2\alpha_E^2 + 2(\rho+\rho' a'_s/h_0)\alpha_E} - (\rho+\rho')\alpha_E \tag{9-40}$$

式中　ρ、ρ'——分别为受拉及受压钢筋的配筋率，$\rho = A_s/(bh_0)$，$\rho' = A'_s/(bh_0)$；

α_E——钢筋与混凝土弹性模量之比，$\alpha_E = E_s/E_c$。

由承载力计算公式求得破坏时的受压区高度 x_a 可由混凝土受压区高度 x 来表示

$$x_a = \frac{x}{\beta_1} = \frac{(\rho - \rho')f_y h_0}{\beta_1 \alpha_1 f_c} \tag{9-41}$$

将式（9-41）代入式（9-37），得

$$\phi_u = \frac{\varepsilon_{cu}}{x_c} = \frac{\beta_1 \alpha_1 \varepsilon_{cu} f_c}{(\rho - \rho')f_y h_0} \tag{9-42}$$

因此，截面曲率延性系数

$$\mu_\phi = \frac{\beta_1 \alpha_1 \varepsilon_{cu} f_c (1-k)}{(\rho - \rho')f_y \varepsilon_y} \tag{9-43}$$

2. 影响截面曲率延性的主要因素

（1）纵向受拉钢筋配筋率 ρ 增大，延性系数减小，如图 9-14 所示。这是由于当配筋率高时，k 和 x_a 均增大，导致 ϕ_y 增大而 ϕ_u 减小。

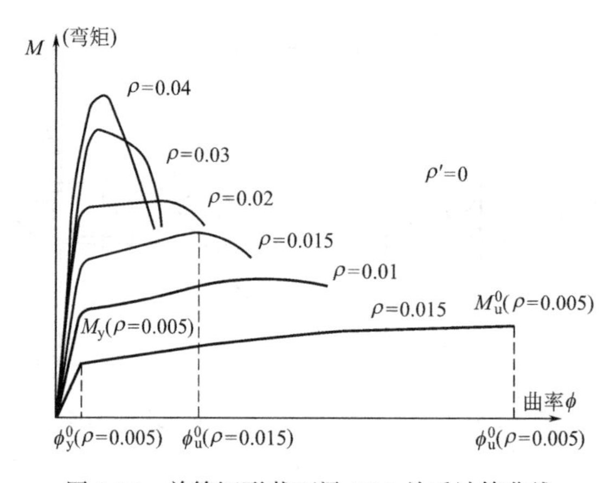

图 9-14 单筋矩形截面梁 M-ϕ 关系计算曲线

（2）受压钢筋配筋率 ρ' 增大，延性系数增大。因这时 k 和 x_a 均减小，导致 ϕ_y 减小而 ϕ_u 增大。

（3）混凝土极限压应变 ε_{cu} 增大，则延性系数提高。大量试验表明，采用密排箍筋能增加对受压混凝土的约束，使极限压应变值增大，从而提高延性系数。

（4）混凝土强度等级提高，而钢筋屈服强度适当降低，也可使延性系数有所提高。因为此时相应的 k 和 x_a 均略有减小，使 f_c/f_y 比值增高，ϕ_u 增大。

提高截面曲率延性系数的措施主要有：

（1）限制纵向受拉钢筋的配筋率，一般不应大于 2.5%，受压区高度 $x \leqslant (0.25 \sim 0.35)h_0$；

（2）规定受压钢筋和受拉钢筋的最小比例，一般使 A'_s/A_s 保持在 0.3～0.5；

（3）在弯矩较大的区段适当加密箍筋。

9.3.3 偏心受压构件的截面曲率延性

影响偏心受压构件截面曲率延性系数的两个综合因素是和受弯构件相同的，其差别主要是偏心受压构件存在轴向压力，致使受压区的高度增大，截面曲率延性系数降低较多。

试验研究表明，轴压比 $\mu_N = N/(f_c A)$ 是影响偏心受压构件截面曲率延性系数的主要因素之一，在相同混凝土极限压应变值的情况下，轴压比越大，截面受压区高度越大，则截面曲率延性系数越小。为了防止出现小偏心受压破坏形态，保证偏心受压构件截面具有一定的延性，应限制轴压比，《规范》规定，考虑地震作用组合的框架柱，根据不同的抗震等级，轴压比限值为 0.65～0.95。

偏心受压构件配箍率的大小，对截面曲率延性系数的影响较大。图 9-15 为一组配箍率不同的混凝土棱柱体应力-应变关系曲线。在图中，配箍率以含箍特征值 $\lambda_s = \rho_s f_y / f_c$ 表示，可见 λ_s 对于 f_c^0 的提高作用不十分显著，但对破坏阶段的应变影响较大。当 λ_s 较高时，下降段平缓，混凝土极限压应变值增大，使截面曲率延性系数提高。

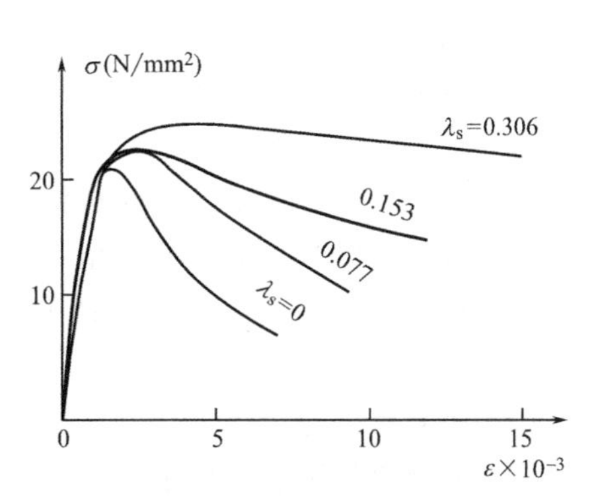

图 9-15　配筋率对棱柱体试件 σ-ε 曲线的影响

试验还表明，如采用密排的封闭箍筋或在矩形、方形箍内附加其他形式的箍筋（如螺旋形、井字形等构成复式箍筋）以及采用螺旋箍筋，都能有效地提高受压区混凝土的极限压应变值，从而增大截面曲率延性。

在工程中，常采取一些抗震构造措施以保证地震区的框架柱等具有一定的延性。这些措施中最主要的是综合考虑不同抗震等级对延性的要求，确定轴压比限值，规定加密筋的要求及区段等。

9.4　本章课程目标和达成度测试

思考题

1. 何谓“最小刚度原则”？试分析应用该原则的合理性。

2. 计算受弯构件正截面受弯承载力时，忽略了受拉区混凝土的贡献，在验算挠度和裂缝宽度时是通过什么来考虑受拉区混凝土作用的？

3. 最大裂缝宽度计算公式是怎样建立起来的？为什么不用裂缝宽度的平均值而用最大值作指标？

4. 简述配筋率对受弯构件正截面承载力、挠度和裂缝宽度的影响。三者不能同时满足时采用何种措施？

5. 何谓混凝土构件截面的延性？其主要的表达方式及影响因素是什么？

6. 确定混凝土保护层最小厚度、构件变形和裂缝限值时考虑哪些因素？

习题

9.1　承受均布荷载的矩形简支梁，计算跨度 $l_0 = 4.0$m，活荷载标准值 $q_k = 16$kN/m，其准永久系数 $\psi_q = 0.5$，混凝土强度等级为 C30，钢筋为 HRB400 级。环境类别为一类，安全等级为二级。试进行梁的截面设计，并验算梁的挠度。如混凝土强度等级改为C40，其他条件不变，重新计算并将结果进行对比分析。

9.2 已知：矩形截面偏心受拉构件的截面尺寸 $b\times h=160\text{mm}\times 200\text{mm}$，配置4Φ16钢筋（$A_s=804\text{mm}^2$），箍筋直径为6mm，混凝土强度等级为C30，混凝土保护层厚度为20mm，按荷载效应的准永久组合的轴向拉力值 $N_q=140\text{kN}$，偏心距 $e_0=30\text{mm}$，$w_{lim}=0.3\text{mm}$，试验算最大裂缝宽度是否符合要求。

9.3 已知：T形截面简支梁，$l_0=6\text{m}$，$b'_f=600\text{mm}$，$b=200\text{mm}$，$h'_f=60\text{mm}$，$h=500\text{mm}$，采用C30强度混凝土，HRB335级钢筋，承受均布线荷载：

永久荷载：5.0kN/m；

可变荷载：3.5kN/m；准永久值系数 $\psi_{q1}=0.4$；

雪荷载：0.8kN/m；准永久值系数 $\psi_{q2}=0.2$。

求：(1) 正截面受弯承载力所要求的纵向受拉钢筋面积，并选用钢筋直径（在18～22mm之间选择）。

(2) 验算挠度是否小于 $f_{lim}=l_0/250$。

(3) 验算裂缝宽度是否小于 $w_{lim}=0.3\text{mm}$。

9.4 已知钢筋混凝土矩形截面简支梁，处于室内正常环境，对应的环境类别为一类（保护层厚度20mm，$\omega_{lim}=0.3\text{mm}$）；截面尺寸 $b\times h=220\text{mm}\times 500\text{mm}$，计算跨度为 $l_0=5.6\text{m}$，混凝土强度等级为C35，钢筋采用HRB400级，配置纵向受拉钢筋3Φ20（$A_s=942\text{mm}^2$），箍筋直径为Φ8mm，该梁承受的永久荷载标准值 $g_k=9\text{kN/m}$（包括梁的自重），可变荷载标准值 $q_k=12\text{kN/m}$，可变荷载的准永久值系数为 $\psi_q=0.4$。验算该梁的最大裂缝宽度是否满足要求。

第10章

预应力混凝土

10.1 概述

10.1.1 预应力混凝土的概念

当混凝土达到抗拉强度时，可取弹性系数 $\nu'=0.5$，此时混凝土的拉应变 $\varepsilon_t=f_t/\nu' E_c$，为 $1.0\times10^{-4}\sim1.5\times10^{-4}$，即每米的伸长量仅为 0.1～0.15mm；此时钢筋的应力为 20～30N/mm²，对于不允许开裂的构件，钢筋的强度是不能被充分利用的；对于允许开裂的构件，当钢筋应力达到 250N/mm² 时（钢筋应变约为 1.25×10^{-3}），裂缝宽度已达到 0.2～0.3mm，已基本达到正常使用极限状态（即最大裂缝宽度的限值）。如果采用高强度钢筋，在使用荷载下，钢筋应力可达 500～1000N/mm²，此时钢筋应变为 $2.5\times10^{-3}\sim5.0\times10^{-3}$，混凝土的裂缝宽度将远超正常使用下的最大裂缝宽度限值，所以，在钢筋混凝土结构中是无法采用高强度钢筋的。

为了避免钢筋混凝土结构的裂缝过早出现，或控制裂缝宽度不至于过大，充分利用高强度钢筋和高强度混凝土材料，可以在混凝土构件承受荷载之前，对混凝土受拉区预先施加压应力来减小由荷载产生的拉应力，从而控制构件中的拉应力，甚至使之不产生拉应力。如图 10-1 中的混凝土简支梁，在荷载作用之前，预先在梁的下部受拉区施加压力，使梁截面的下部产生预压应力，上部产生预拉应力；在荷载作用下，梁截面下部产生拉应力而上部产生压应力；在预压力和荷载的共同作用下则为上述两种情况的叠加，从而使得

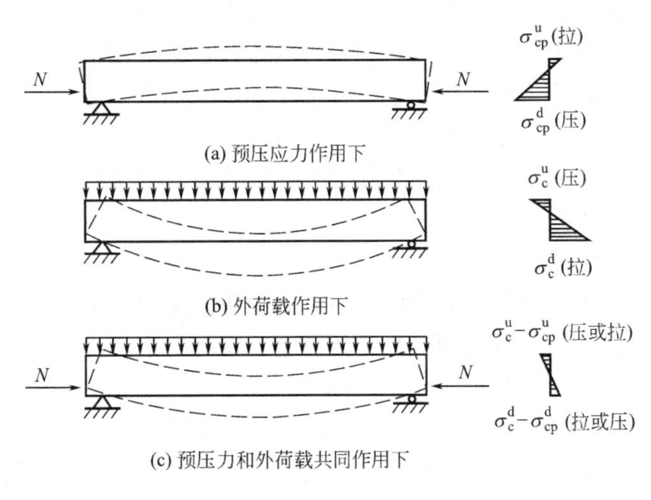

图 10-1 预应力混凝土简支梁

梁下部仅有较小的拉应力甚至仍然是压应力。另外，截面受到偏心预压力作用后使构件形成了反拱，也抵消了一部分由荷载作用产生的变形。

由此可见，施加预应力可以延缓混凝土构件的开裂，提高了构件的抗裂度和刚度；裂缝的控制，解决了在钢筋混凝土结构中无法充分利用高强度钢筋的主要问题，使得高强度钢筋和高强度混凝土能够应用于混凝土构件中。高强度材料的应用，减小了受力构件的截面尺寸，从而减轻了结构自重，克服了钢筋混凝土的主要缺点。预应力混凝土构件具有很多优点，也有构造、施工和计算均较复杂，延性较差的缺点。

根据施加预应力值对构件截面裂缝控制程度的不同，预应力混凝土分为全预应力和部分预应力两类。

在使用荷载下，截面受拉区混凝土中不允许出现拉应力的构件，称为全预应力混凝土，大致相当于《规范》中裂缝的控制等级为一级，即严格要求不出现裂缝的构件。

在使用荷载下，截面上允许出现裂缝，但最大裂缝宽度不超过允许值的构件，称为部分预应力混凝土，大致相当于《规范》中裂缝的控制等级为三级，即允许出现裂缝的构件。

在使用荷载下，截面受拉区混凝土中允许出现拉应力，但拉应力不超过混凝土抗拉强度标准的构件，称为有限预应力混凝土，大致相当于《规范》中裂缝的控制等级为二级，即一般要求不出现裂缝的构件。有限预应力混凝土也属于部分预应力混凝土。

早期预应力混凝土结构多设计成全预应力混凝土，配筋量往往超过承载力的需要，施工复杂、费用高，构件常发生过大的反拱而影响正常使用。采用部分预应力混凝土，既克服了全预应力的缺点，又推迟了裂缝形成，提高了刚度，减轻了自重，改善了混凝土构件的性能。根据结构的使用要求、使用环境和所用材料，设计成不同预应力“程度”的构件，可以取得良好的经济效果。

10.1.2 张拉预应力钢筋的方法

对混凝土构件施加预应力的方法主要是张拉预应力筋，分为先张法和后张法两种。

1. 先张法

在浇筑混凝土之前张拉预应力钢筋的方法称为先张法。施工的主要设备有台座、拉伸机、传力架和夹具等，其工序见图 10-2。当构件较小时，可不用台座，而在钢模上直接张拉。主要工序为：钢筋就位；张拉钢筋；浇筑混凝土，混凝土养护到一定强度，使钢筋与混凝土建立起粘结；切断（放张）钢筋，预应力钢筋回缩，在混凝土中形成预压应力。所以，先张法中钢筋的预应力是依靠钢筋与混凝土的粘结力传递给混凝土的。先张法一般用于中、小型预应力混凝土构件的制作。

2. 后张法

构件混凝土结硬后，在预留孔道中传入预应力钢筋张拉的施工方法称为后张法。其工序见图 10-3。后张法预应力构件的预应力是依靠钢筋端部的锚具传递的。后张法一般用于大、中型预应力混凝土构件的制作。

张拉预应力筋后，通过高压向孔道内压入水泥浆，确保预应力钢筋与孔道内壁粘结的，称为有粘结预应力混凝土。如果在预先在预应力钢筋上涂抹油脂并包以塑料套管等措施，预应力钢筋与孔道内壁不粘结的称为无粘结预应力。施工时，可以先把无粘结预应力

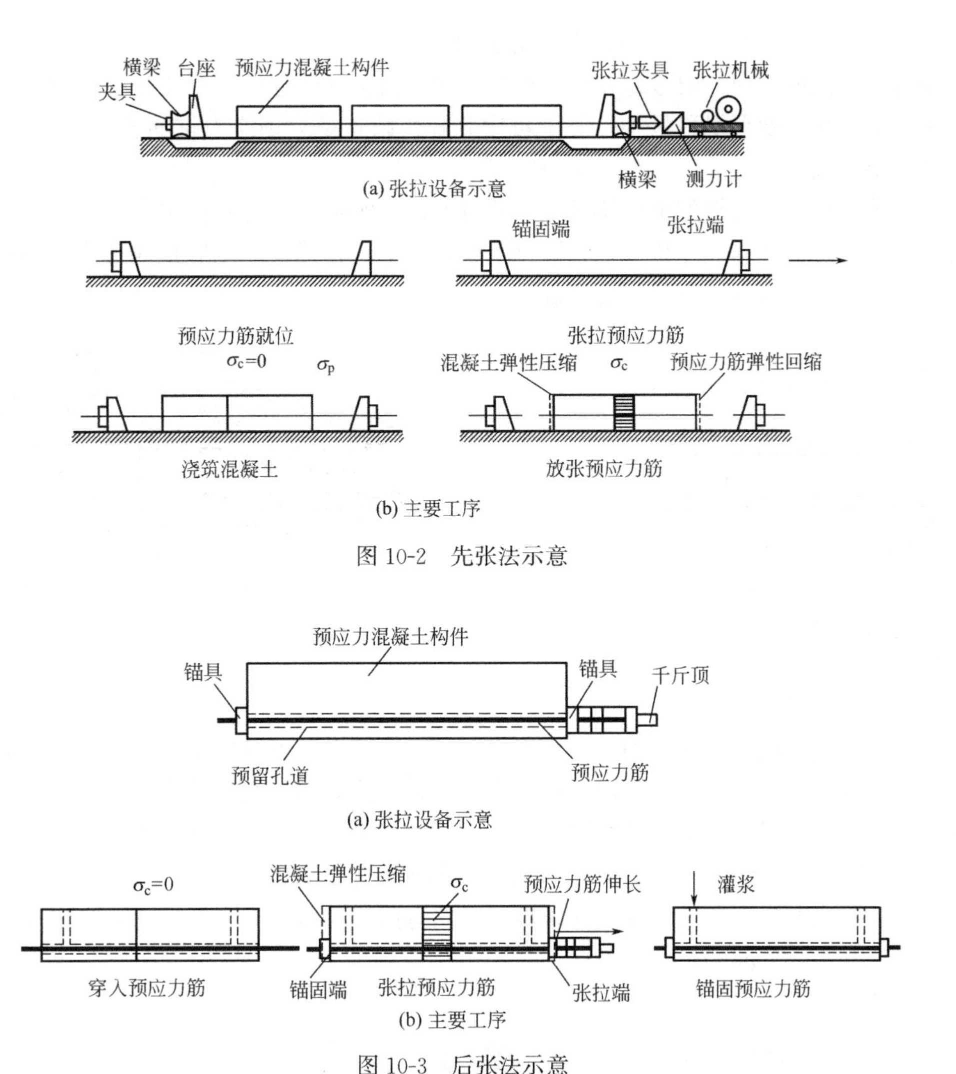

图 10-2　先张法示意

图 10-3　后张法示意

钢筋像普通非预应力钢筋一样铺设在模板内，浇筑混凝土，待混凝土达到一定强度后，再张拉和锚固预应力钢筋。无粘结预应力混凝土技术日益广泛地应用于各类建筑的楼盖系统中，适应性强，并具有良好的经济效益。

10.1.3　锚具与夹具

锚具和夹具是用于锚固预应力筋的工具，要求传力可靠、变形滑移小、具有良好的适用性、价格便宜。当预应力构件制作完毕后能够取下重复使用的称夹具（grip），用于先张法预应力；而留在构件上不再取下的称锚具（anchorage），用于后张法预应力。

预应力筋锚固体系由张拉端锚具、固定端锚具和连接器组成。根据其锚固原理和构造形式的不同，可分为四种：支承式、夹片式、握裹式和锥塞式。

1. 支承式锚具

支承式锚具有两类：螺丝端杆锚具和镦头锚具。

在单根预应力筋的两端各焊上一小段螺丝端杆，套上螺帽和垫板，即形成螺丝端杆锚具，见图 10-4，既可用于张拉端，也可用于固定端。

预应力钢筋的预应力通过螺纹传给螺母，再经过垫板传递给混凝土构件。这种锚具的优点是构造简单，变形滑移量小，便于再次张拉。缺点是对预应力钢筋长度的精确度高，焊接质量要求高。

镦头锚具用于平行钢丝束或钢筋束（图 10-5）。预应力钢筋的预拉力依靠镦头的承压力传到锚环，再由螺帽经过垫板传到混凝土构件上。这种锚具的锚固性能可靠，张拉操作方便，但要求预应力筋的下料长度精确。

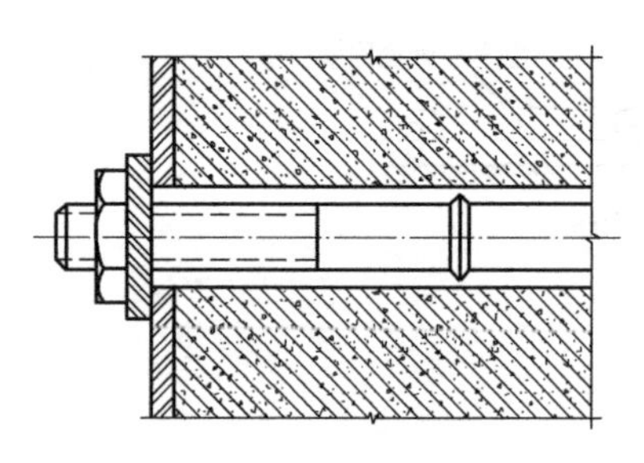

图 10-4　螺丝端杆锚具

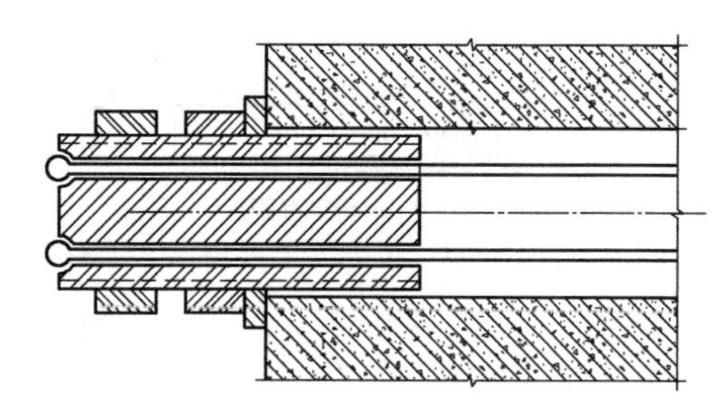

图 10-5　镦头锚具

2. 夹片式锚具

夹片式锚具由锚块、夹片和锚垫板组成（图 10-6a），既可以用于固定端、也可以用于张拉端。销块内的孔洞和夹片外形呈锥形或楔形，张拉时锚块能自动卡住夹片；夹片内设有圆弧形齿纹，以增强与钢筋的摩擦力。每根钢绞线或钢筋的夹片分若干瓣，常见的有三瓣（图 10-6b）和双瓣（图 10-6c），各瓣由弹簧圈固定。双瓣夹片的大头一般开有竖缝，挤压时夹片大头的受力状态从环向受压转为纵向弯曲，径向易于压缩，从而可增加夹片与锚块、钢筋与夹片之间的挤压面积。

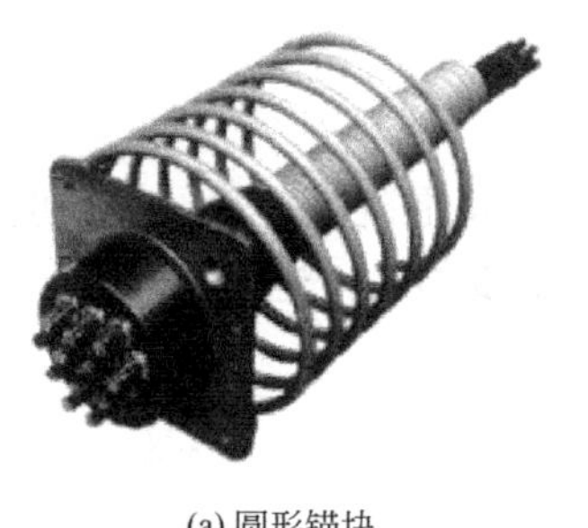

(a) 圆形锚块

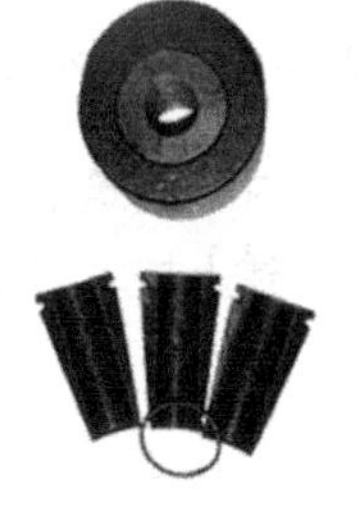

(b) 三瓣夹片

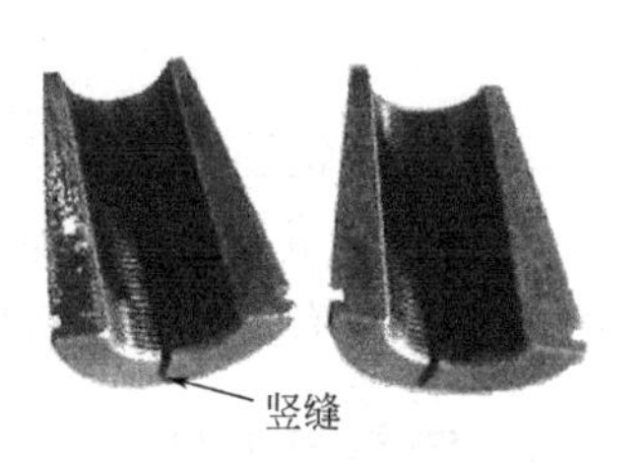

(c) 双瓣夹片

图 10-6　夹片式锚具

3. 握裹式锚具

握裹式锚具依靠预应力筋与混凝土之间的粘结作用或挤压作用承受预拉力，有压花锚具和挤压锚具两类。前者将钢绞线端头用压花机压成灯笼状，以增强钢绞线与混凝土之间的粘结力（图 10-7a）；后者通过挤压套将钢绞线端头固定在承压板上，由承压板提供挤压力（图 10-7b）。这类锚具只能用于后张法的固定端，需将固定端一定长度的预应力筋与混凝土浇筑在一起。

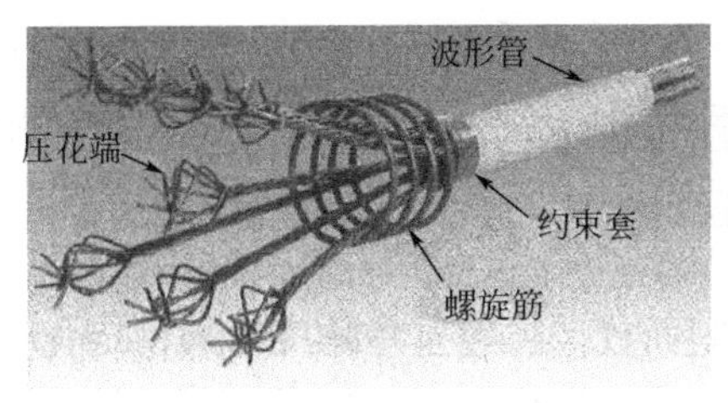

(a) 压花锚具

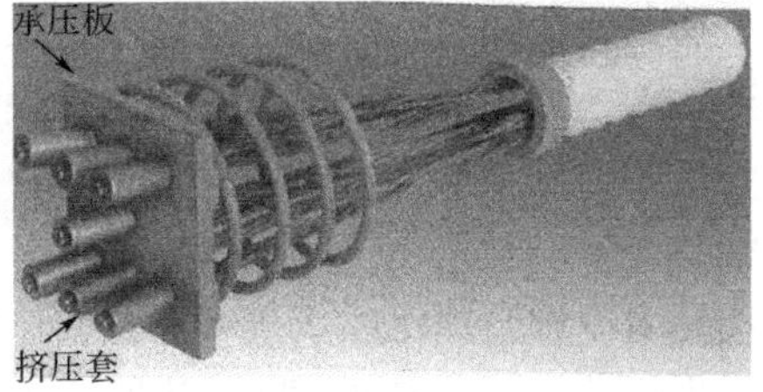

(b) 挤压锚具

图 10-7 握裹式锚具

4. 锥塞式锚具

锥塞式锚具由钢质锚环和锚塞组成，用于锚固钢丝束。锚环内孔的锥度应与锚塞的锥度一致。锚塞上刻有细齿槽，夹紧钢丝防止滑动（图 10-8）。

图 10-8 锥塞式锚具

锥塞式锚具的尺寸较小，便于分散布置。缺点是易产生单根滑丝现象，钢丝回缩量较大，所引起的应力损失也很大，并且滑丝后无法重复张拉和接长，应力损失很难补救。

10.1.4 预应力混凝土材料

1. 混凝土

预应力混凝土结构要求混凝土具有较高的强度，收缩、徐变小，快硬早强等。采用较高强度的混凝土才能在混凝土中建立较高的预压应力，减小构件的截面尺寸，减轻构件自重。收缩、徐变小，混凝土的变形小，可减小由于混凝土变形引起的预应力损失。混凝土快硬早强，可尽早施加预应力，加快施工进度。《预应力混凝土结构设计规范》JGJ 369—2016 规定，预应力混凝土结构的混凝土强度等级不宜低于 C40，且不应低于 C30。

2. 预应力筋

预应力混凝土结构要求预应力筋强度高、具有一定的塑性、低松弛性能和较好的粘结性能。预应力构件中混凝土预压应力的大小，取决于预应力筋张拉应力的大小。考虑到在施工和使用阶段，预应力筋中的预应力会出现各种损失，因此需要较高的张拉应力，这就要求预应力筋有较高的抗拉强度。一定的塑性要求可避免预应力混凝土构件发生脆性破坏，要求预应力筋在拉断前有一定的伸长率。《预应力混凝土结构设计规范》JGJ 369—2016 中要求预应力筋在最大力下的总伸长率 δ_{gt} 不应小于 3.5%。低松弛性能可减小预应力损失；对于先张法，较好的粘结性能可以改善与混凝土之间的粘结，保证预应力筋与混凝土之间的应力传递。

预应力混凝土结构中预应力筋宜采用预应力钢丝、钢绞线和预应力螺纹钢筋，也可采用纤维增强复合材料预应力筋。

（1）预应力钢丝

预应力钢丝是碳钢线材加工而成的。公称直径有 5、7、9mm 等规格，按照强度级别可分为中强度预应力钢丝 800～1200MPa；高强度预应力钢丝 1470～1860MPa 等。按照表面镀层可分为无镀层预应力钢丝、涂环氧树脂预应力钢丝和镀锌预应力钢丝。按照处理工艺可分为冷拉预应力钢丝（没有松弛性能要求）和低松弛预应力钢丝。冷拉预应力钢丝一般用于管道，低松弛预应力钢丝广泛应用于铁路轨枕和预应力混凝土电杆，少量用于建筑构件。

（2）钢绞线

钢绞线是由冷拉光圆钢丝，按一定数量捻制而成，再经过消除应力的稳定化处理（在一定张力下进行的短时间热处理），以盘卷状供应。规格有1×2（公称直径5～12mm）、1×3（公称直径6.2～12.9mm）、1×7（公称直径9.5～21.6mm）等，见图10-9。

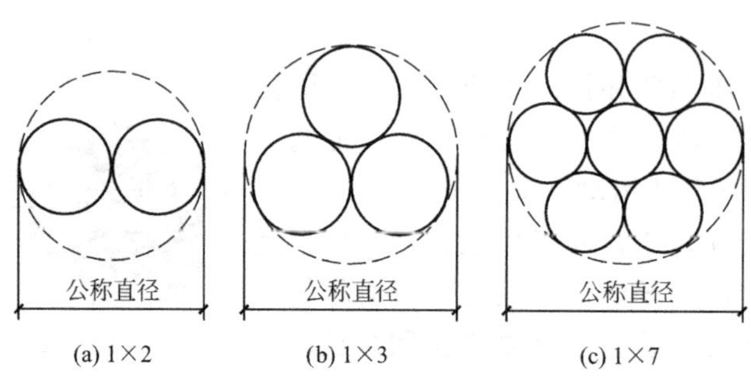

图10-9 钢绞线外形示意

预应力筋往往由多根钢绞线组成，如15-7ϕ9.5表示一束由15根7丝（每丝直径9.5mm）钢绞线组成的预应力钢筋。

钢绞线的特点是强度高（公称抗拉强度可达1960MPa）、抗松弛性能好，展开时较挺直。钢绞线要求内部不应有折断、横纹和相互交叉的钢丝，表面不得有油污、润滑脂等物质。表面允许有轻微的浮锈，但不得有目视的锈蚀麻坑。

（3）预应力螺纹钢筋

预应力混凝土用螺纹钢筋是采用热轧、轧后余热处理或热处理等工艺制作带有不连续无纵肋外螺纹的直条钢筋（图10-10）。该钢筋在任意截面处均可用带内螺纹的连接器或锚具进行连接或锚固。公称直径有15～75mm，推荐直径为25、32mm。具有高强度、高韧性等特点。

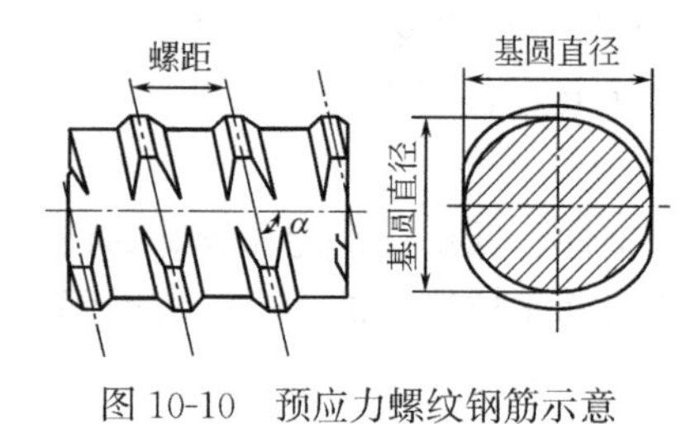

图10-10 预应力螺纹钢筋示意

10.2 张拉控制应力与预应力损失

10.2.1 张拉控制应力

张拉控制应力是预应力筋在张拉时所达到的最大应力，即张拉设备测力仪表（如千斤顶油压表）所显示的总张拉力除以预应力筋截面积所得到的拉应力值，用σ_{con}表示。

从概念上，张拉控制应力越高，最后在构件中形成的有效预压应力就越高，对提高构件的抗裂能力和刚度都有利。但过高的张拉控制应力可能引起以下问题：①构件出现裂缝时的荷载值与极限荷载值过于接近，破坏前无明显预兆，构件的延性太差；②可能使得预拉区的拉应力过大、甚至开裂；③由于每根钢筋的力学性能不会完全相同，如果张拉应力过高，可能使个别钢筋在张拉过程中达到屈服甚至被拉断，造成工程事故；更何况有时为了减少预应力损失，需要进行超张拉，预应力筋中的拉应力会超过张拉控制应力。

张拉控制应力值的大小与钢种有关，考虑到预应力螺纹钢筋有明显的屈服平台，有较好的塑性，张拉控制应力值可以取得高些。《规范》规定，预应力筋的张拉控制应力应符合下列要求：

（1）消除应力钢丝、钢绞线：$\sigma_{con} \leqslant 0.75 f_{ptk}$

（2）中强度预应力钢丝：$\sigma_{con} \leqslant 0.70 f_{ptk}$

（3）预应力螺纹钢筋：$\sigma_{con} \leqslant 0.85 f_{pyk}$

其中：f_{ptk} 为预应力筋极限强度标准值；f_{pyk} 为预应力螺纹钢筋屈服强度标准值。

为提高构件在施工阶段的抗裂性能而在使用阶段受压区设置的预应力筋，或者为了部分抵消由于应力松弛、摩擦、钢筋分批张拉以及预应力筋与张拉台座之间的温差等因素产生的预应力损失时，上述张拉控制应力限值可提高 $0.05 f_{ptk}$ 或 $0.05 f_{pyk}$。

消除应力钢丝、钢绞线、中强度预应力钢丝的张拉控制应力值不应小于 $0.4 f_{ptk}$，预应力螺纹钢筋的张拉控制应力值不应小于 $0.5 f_{pyk}$。

10.2.2 预应力损失

在预应力混凝土构件施工和使用过程中，预应力筋的应力会从张拉时的 σ_{con} 不断下降，发生预应力损失，即预应力筋中的实际拉应力是小于张拉时仪表显示的拉应力的，其差值即为预应力损失。

引起预应力损失的原因有很多，在结构设计中一般应考虑以下几种损失。

1. 张拉端锚具变形和钢筋内所引起的预应力损失 σ_{l1}

直线预应力筋被锚固在台座或构件上时，张拉端锚具受力变形而挤紧垫板缝隙，预应力筋在锚具中滑移内缩，由此引起的预应力损失 σ_{l1}，简称锚具损失，预应力损失值按式（10-1）计算：

$$\sigma_{l1} = \frac{a}{l} E_p \tag{10-1}$$

式中 a——张拉端锚具变形和预应力筋内缩值（mm），可按表10-1采用；

l——张拉端至锚固端的距离（mm）。

锚具变形和预应力筋内缩值 a（mm） 表10-1

锚具类别		a
支承式锚具(钢丝束镦头锚具等)	螺帽缝隙	1
	每块加垫板的缝隙	1
夹片式锚具	有顶压时	5
	无顶压时	6～8

注：1. 表中的锚具变形和预应力筋内缩值也可根据实测数据确定；
2. 其他类型的锚具变形和预应力筋内缩值应根据实测数据确定。

锚具损失只考虑张拉端，锚固端因在张拉过程中已经被挤紧，不会产生锚具损失。

对于块体拼成的结构，其预应力损失尚应计及块体填缝的预压变形。当采用混凝土或砂浆为填缝材料时，每条填缝的预压变形值可取为 1mm。

减少锚具损失的措施有：①选择锚具变形小或是预应力筋内缩小的锚具、夹具，并尽量少用垫板。②增加台座长度。因 σ_{l1} 与台座长度成反比，采用先张法生产的构件，当台座长度为 100m 以上时，可 σ_{l1} 忽略不计。

2. 预应力筋与孔道壁之间的摩擦引起的预应力损失 $\boldsymbol{\sigma_{l2}}$

采用后张法配置直线预应力筋时，由于预留孔道的位置偏差、内表面不平及预应力筋表面粗糙等原因，张拉时在预应力筋与孔道之间产生摩擦，摩擦力的积累使预应力筋的应力随张拉端距离的增大而减小；当采用曲线预应力筋时，由于曲线孔道的曲率使预应力筋与孔道之间产生附加的法向力和摩擦力，这些都会引起预应力损失 σ_{l2}，简称摩擦损失。

从图 10-11 所示的预应力混凝土梁中截取预应力筋微段 $\mathrm{d}x$，如图 10-11（b）所示，设 $\mathrm{d}x$ 段两端的拉力分别为 N 和 $N-\mathrm{d}N'$，$\mathrm{d}x$ 两端的预拉力对孔壁产生的法向压力为

$$F=N\sin\frac{1}{2}\mathrm{d}\theta+(N-\mathrm{d}N')\sin\frac{1}{2}\mathrm{d}\theta=2N\sin\frac{1}{2}\mathrm{d}\theta-\mathrm{d}N'\sin\frac{1}{2}\mathrm{d}\theta$$

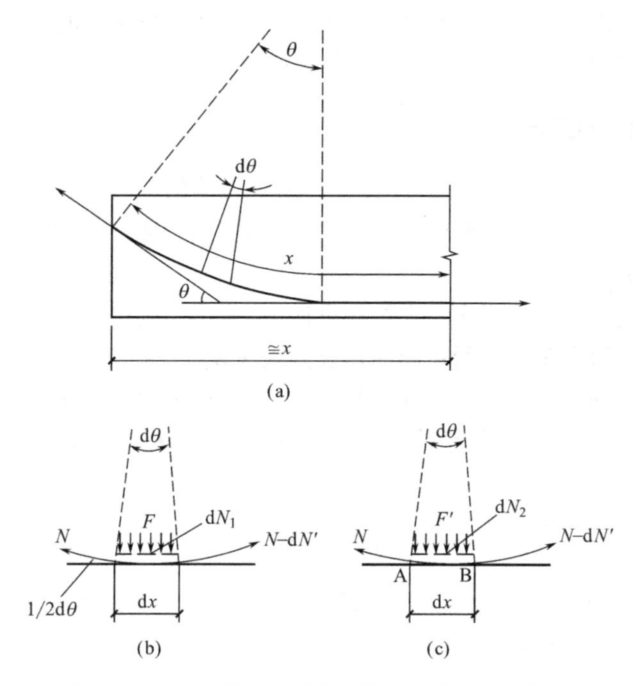

图 10-11　预留孔道中张拉钢筋与孔道壁的摩擦力

令 $\sin\frac{1}{2}\mathrm{d}\theta\approx\frac{1}{2}\mathrm{d}\theta$，忽略数值较小的项，则有

$$F\approx N\mathrm{d}\theta$$

设钢筋与孔道壁之间的摩擦系数为 μ，则 $\mathrm{d}x$ 段产生的摩擦阻力 $\mathrm{d}N_1$ 为

$$\mathrm{d}N_1\approx-\mu N\mathrm{d}\theta$$

令孔道位置偏差以偏离系数平均值 κ' 表示，κ' 为单位长度上的偏离值（以弧度计），则 B 端偏离 A 端的角度为 $\kappa'\mathrm{d}x$（即 $\mathrm{d}\theta=\kappa'\mathrm{d}x$），$\mathrm{d}x$ 段中钢筋对孔壁所承受的法向压力 F' 为（图 10-11c）：

$$F' = N\sin\frac{1}{2}\kappa'\mathrm{d}x + (N - \mathrm{d}N')\sin\frac{1}{2}\kappa'\mathrm{d}x \approx N\kappa'\mathrm{d}x$$

$\mathrm{d}x$ 段产生的摩擦阻力 $\mathrm{d}N_2$ 为

$$\mathrm{d}N_2 \approx -\mu N\kappa'\mathrm{d}x$$

将以上两个摩擦阻力相加，并从张拉端到计算截面 B 积分，得

$$\mathrm{d}N = \mathrm{d}N_1 + \mathrm{d}N_2 = -(\mu N\mathrm{d}\theta + \mu N\kappa'\mathrm{d}x)$$

$$\int_{N_0}^{N_\mathrm{B}}\frac{\mathrm{d}N}{N} = -\mu\int_0^\theta \mathrm{d}\theta - \mu\kappa'\int_0^x \mathrm{d}x$$

式中 μ、κ' 都为实验值。用考虑每米长度局部偏差对摩擦影响系数 κ 代替 $\mu\kappa'$，则有

$$\ln\frac{N_\mathrm{B}}{N_0} = -(\kappa x + \mu\theta),\quad N_\mathrm{B} = N_0 e^{-(\kappa x + \mu\theta)}$$

上式中 N_0 为张拉端的张拉力，N_B 为 B 点的张拉力。

设张拉端到 B 点的张拉力损失为 N_{l2}，则

$$N_{l2} = N_0 - N_\mathrm{B} = N_0[1 - e^{-(\kappa x + \mu\theta)}]$$

上式除以预应力筋截面积，即得

$$\sigma_{l2} = \sigma_\mathrm{con}[1 - e^{-(\kappa x + \mu\theta)}] = \sigma_\mathrm{con}\left[1 - \frac{1}{e^{(\kappa x + \mu\theta)}}\right] \qquad (10\text{-}2)$$

式中　x——从张拉端至计算截面的孔道长度，可近似取该段孔道在纵轴上的投影长度（m）；

θ——从张拉端至计算截面曲线孔道各部分切线的夹角之和（rad）；

κ——考虑每米长度局部偏差的摩擦系数，按表 10-2 采用；

μ——预应力筋与孔道壁的摩擦系数，按表 10-2 采用。

当 $\kappa x + \mu\theta \leqslant 0.3$ 时，可按下列近似公式计算：

$$\sigma_{l2} = (\kappa x + \mu\theta)\sigma_\mathrm{con} \qquad (10\text{-}2\text{a})$$

摩擦系数　　**表 10-2**

孔道成型方式	κ	μ	
		钢绞线、钢丝束	预应力螺纹钢筋
预埋金属波纹管	0.0015	0.25	0.50
预埋塑料波纹管	0.0015	0.15	—
预埋钢管	0.0010	0.30	—
抽芯成型	0.0014	0.55	0.60
无粘结预应力筋	0.0040	0.09	—

注：摩擦系数可根据实测数据定。

减少摩擦损失的措施有：①对于较长的构件可在两端进行张拉，这样孔道长度值只有一端张拉的一半；②采用超张拉工艺：$0 \rightarrow 1.1\sigma_\mathrm{con} \xrightarrow{\text{停 2min}} 0.85\sigma_\mathrm{con} \xrightarrow{\text{停 2min}} \sigma_\mathrm{con}$。

3. 混凝土加热养护时，受张拉钢筋与承受拉力设备之间温差引起的预应力损失 σ_{l3}

为缩短先张法构件的生产周期，常采用蒸汽养护的方法加速混凝土的凝结硬化。升温时，预应力筋受热膨胀，而锚固预应力筋的台座固定不变，从而使张紧的预应力筋变松，

预应力下降，产生预应力损失 σ_{l3}；降温时混凝土已有一定的强度，与钢筋之间有粘结强度，两者共同回缩，已产生的预应力损失无法恢复。这种预应力损失简称温差损失。

设混凝土加热养护时，预应力筋与承受拉力的设备（台座）之间的温差为 Δt（℃），钢筋的线膨胀系数取 10^{-5}/℃，温差损失 σ_{l3} 为：

$$\sigma_{l3}=10^{-5}\Delta tE_{\mathrm{p}}=10^{-5}\times 2\times 10^{5}\Delta t=2\Delta t \tag{10-3}$$

减少温差损失的措施有：①采用两次升温养护。先升温20～25℃，待混凝土强度达到5.5～10N/mm^2 后，混凝土与预应力筋之间已有足够的粘结强度；当再次升温时，两者可共同变形，不再引起预应力损失。引起预应力损失的只是先期的20～25℃，比起一次升温至75～80℃，σ_{l3} 大为减少。②钢模上张拉预应力钢筋。钢模与构件一起加热养护时，升温两者温度相同，该项预应力损失为零。

4. 预应力钢筋应力松弛引起的预应力损失 $\boldsymbol{\sigma_{l4}}$

钢筋在高应力作用下具有塑性变形随时间增长的性质，当长度保持不变时，其应力将随时间而降低，这一性质称为应力松弛。在预应力构件中，应力松弛引起预应力筋的预应力损失 σ_{l4}，简称松弛损失。

《规范》根据相关国家标准综合给出：

（1）消除应力钢丝、钢绞线

普通松弛

$$\sigma_{l4}=0.4\left(\frac{\sigma_{\mathrm{con}}}{f_{\mathrm{ptk}}}-0.5\right)\sigma_{\mathrm{con}} \tag{10-4}$$

低松弛

当 $\sigma_{\mathrm{con}}\leqslant 0.7f_{\mathrm{ptk}}$ 时

$$\sigma_{l4}=0.125\left(\frac{\sigma_{\mathrm{con}}}{f_{\mathrm{ptk}}}-0.5\right)\sigma_{\mathrm{con}} \tag{10-5}$$

当 $0.7f_{\mathrm{ptk}}<\sigma_{\mathrm{con}}\leqslant 0.8f_{\mathrm{ptk}}$ 时

$$\sigma_{l4}=0.2\left(\frac{\sigma_{\mathrm{con}}}{f_{\mathrm{ptk}}}-0.575\right)\sigma_{\mathrm{con}} \tag{10-6}$$

（2）中强度预应力钢丝：$\sigma_{l4}=0.08\sigma_{\mathrm{con}}$

（3）预应力螺纹钢筋：$\sigma_{l4}=0.03\sigma_{\mathrm{con}}$

当 $\sigma_{\mathrm{con}}/f_{\mathrm{ptk}}\leqslant 0.5$ 时，$\sigma_{l4}=0$。

试验表明，预应力筋应力松弛与下列因素有关：

1）应力松弛与时间有关，开始阶段发展较快，第一小时松弛损失可达全部松弛损失的50%左右，24h后可达80%左右，以后发展缓慢。

2）松弛损失与钢材的初始应力和极限强度有关。当初始应力小于 $0.7f_{\mathrm{ptk}}$ 时，松弛与初应力呈线性关系，初应力高于 $0.7f_{\mathrm{ptk}}$ 时，松弛显著增大。

3）张拉控制应力值高，应力松弛大；反之则小。

减少的 σ_{l4} 措施有：进行超张拉，先控制张拉应力达 $1.05\sigma_{\mathrm{con}}\sim 1.1\sigma_{\mathrm{con}}$，持荷2～5min，然后卸载再施加张拉应力至 σ_{con}。因为在高应力短时间所产生的应力松弛损失可达到低应力下需要较长时间才能完成的松弛数值。

5. 混凝土收缩、徐变引起的预应力损失 $\boldsymbol{\sigma_{l5}}$

混凝土收缩使得构件体积变小，在预压应力长期作用下混凝土沿压力方向发生徐变而缩短，两者都使预应力筋缩短造成预应力损失 σ_{l5}，简称收缩徐变损失。一般情况下，收缩徐变损失在总预应力损失中所占的比例最大。

一般情况下，混凝土收缩、徐变引起受拉区和受压区纵向预应力筋的预应力损失 σ_{l5} 和 σ'_{l5} 可按下式计算：

先张法构件

$$\sigma_{l5}=\frac{60+340\frac{\sigma_{pc}}{f'_{cu}}}{1+15\rho} \tag{10-7a}$$

$$\sigma'_{l5}=\frac{60+340\frac{\sigma'_{pc}}{f'_{cu}}}{1+15\rho'} \tag{10-7b}$$

后张法构件

$$\sigma_{l5}=\frac{55+300\frac{\sigma_{pc}}{f'_{cu}}}{1+15\rho} \tag{10-8a}$$

$$\sigma'_{l5}=\frac{55+300\frac{\sigma'_{pc}}{f'_{cu}}}{1+15\rho'} \tag{10-8b}$$

式中　σ_{pc}、σ'_{pc}——受拉区、受压区预应力筋在各自合力点处混凝土法向压应力，此时预应力损失仅考虑混凝土预压前（第一批）的损失，其普通钢筋中的 σ_{l5}、σ'_{l5} 应力值应取等于零；为了将徐变控制在线性徐变范围内，σ_{pc}、σ'_{pc} 值不得大于 $0.5f'_{cu}$；当 σ'_{pc} 为拉应力时，式（10-7b）、式（10-8b）中的 σ'_{pc} 应取为 0；计算混凝土法向应力 σ_{pc}、σ'_{pc} 时可根据构件制作情况考虑自重的影响；

f'_{cu}——施加预应力时混凝土立方体抗压强度；

ρ、ρ'——受拉区、受压区预应力钢筋和普通钢筋的配筋率。对先张法构件，$\rho=(A_p+A_s)/A_0$，$\rho'=(A'_p+A'_s)/A_0$；对后张法构件，$\rho=(A_p+A_s)/A_n$，$\rho'=(A'_p+A'_s)/A_n$；此处 A_0 为混凝土换算截面积，A_n 为混凝土净面积。对于对称配置预应力筋和普通钢筋的构件，配筋率应分别按钢筋总截面积的一半计算。

由式（10-7）和式（10-8）可以看出：

（1）σ_{l5} 与相对初应力 σ_{pc}/f'_{cu} 为线性关系，公式给出的是线性徐变条件下的应力损失，因此要符合 σ_{pc}、$\sigma'_{pc}<0.5f'_{cu}$ 的条件，否则将导致预应力损失值显著增大。

（2）后张法构件 σ_{l5} 的取值要比先张法低，因为后张法的构件在施加预应力时，混凝土收缩应已完成了一部分。

当结构处于年平均相对湿度地域 40%的环境下，σ_{l5} 和 σ'_{l5} 应增加 30%。

减少的 σ_{l5} 措施有：①采用高强度等级水泥，减少水泥用量，降低水胶比，采用干硬性混凝土；②采用级配良好的骨料，加强振捣，提高混凝土的密实度；③加强养护。

对重要的结构构件，当需要考虑与时间相关的混凝土收缩、徐变及预应力筋应力松弛预应力损失时，宜按《规范》附录 K 进行计算。

6. 用螺旋式预应力钢筋做配筋的环形构件，由于混凝土的局部挤压引起的预应力损失 σ_{l6}

采用螺旋式预应力钢筋做配筋的环形构件，由于混凝土的局部挤压使环形构件的直径减小，预应力筋中的拉应力就会降低，从而引起预应力钢筋的应力损失 σ_{l6}，简称压陷损失。

σ_{l6} 的大小与环形构件的直径成反比，直径越小，损失越大。《规范》规定：

当 $d \leqslant 3\text{m}$ 时
$$\sigma_{l6}=30\text{N/mm}^2 \tag{10-9}$$

当 $d>3\text{m}$ 时，σ_{l6} 取为零。

10.2.3 预应力损失值的组合

上述六项预应力损失是分批出现的，先张法和后张法构件的预应力损失也不相同，不同的受力阶段应考虑相应的预应力损失组合值。按混凝土受到预压的前后划分，各阶段预应力损失的组合见表 10-3。

各阶段预应力损失值的组合　　表 10-3

预应力损失值的组合	先张法构件	后张法构件
混凝土预压前(第一批)的损失 $\sigma_{l\text{I}}$	$\sigma_{l1}+\sigma_{l2}+\sigma_{l3}+\sigma_{l4}$	$\sigma_{l1}+\sigma_{l2}$
混凝土预压后(第二批)的损失 $\sigma_{l\text{II}}$	σ_{l5}	$\sigma_{l4}+\sigma_{l5}$

注：1. 先张法构件由于预应力筋应力松弛引起的损失值 σ_{l4} 在第一批和第二批损失中所占的比例，如需区分，可根据实际情况确定；

2. 先张法构件当采用折线形预应力筋时，由于转向装置处的摩擦，故在混凝土预压前（第一批）的损失计入 σ_{l2}，其值按实际情况确定。

当计算求得的预应力总损失值小于下列数值时，应按下列数值取用：

先张法构件：100N/mm^2

后张法构件：80N/mm^2

后张法构件的预应力筋采用分批张拉时，应考虑后批张拉预应力筋所产生的混凝土弹性压缩或伸长时对先批张拉预应力筋的影响，可将先批张拉预应力筋的张拉控制应力 σ_{con} 增加或减少 $\alpha_{\text{E}}\sigma_{\text{pc}i}$，此处，$\sigma_{\text{pc}i}$ 为后批张拉预应力筋在先批张拉预应力筋重心处产生的混凝土法向应力。

10.3 预应力钢筋的传递长度和构件端部锚固区局部受压承载力计算

10.3.1 先张法构件预应力钢筋的传递长度

先张法构件的预压应力是靠构件两端预应力筋与周围混凝土之间的粘结力传递的，这需要一定的长度。在放张预应力筋时，预应力筋发生内缩，端部处预拉应力为零，而在构件端面以内，由于预应力筋与混凝土的粘结，预应力筋内缩受混凝土的阻止，使得预应力筋受拉而混凝土受压（图 10-12）。随着离端部距离 x 的增大，预应力筋的预拉应力和混凝土的预压应力将增大，当粘结力的合力能平衡全部预拉力 $\sigma_{\text{pe}}A_{\text{p}}$ 时的 x 称为预应力筋的传递长度 l_{tr}，按下式计算：

$$l_{tr}=\alpha \frac{\sigma_{pe}}{f'_{tk}}d \tag{10-10}$$

式中 σ_{pe}——放张时预应力筋的有效预应力值；

f'_{tk}——放张时混凝土抗拉强度标准值；

d——预应力筋的公称直径；

α——预应力钢筋外形系数（表 10-4）。

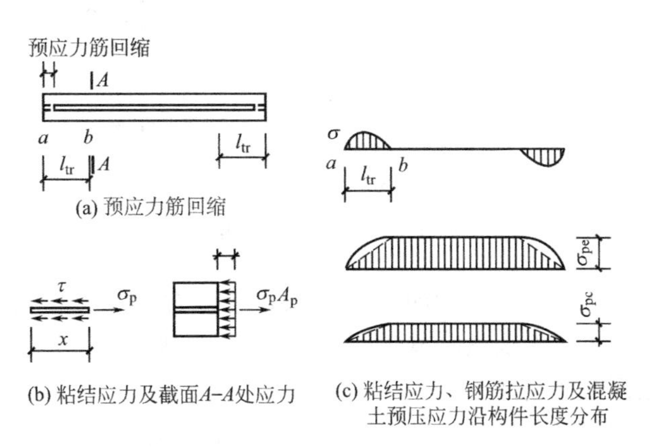

图 10-12 预应力的传递

预应力钢筋外形系数 α 表 10-4

钢筋类型	光面钢筋	带肋钢筋	螺旋肋钢丝	三股钢绞线	七股钢绞线
α	0.16	0.14	0.13	0.16	0.17

在进行先张法构件端部的斜截面承载力计算以及正截面、斜截面抗裂验算时，应考虑实际预应力传递长度内的变化；钢筋端部为零，预应力传递长度末端 σ_{pe}，中间近似认为线性变化。

当采用骤然放松预应力筋的施工工艺时，因钢筋端部一定范围内预应力筋与混凝土之间的粘结力遭到破坏，对光面预应力钢丝，l_{tr} 的起点从距钢筋端部 $0.25l_{tr}$ 处算起。

10.3.2 后张法构件端部锚固区局部受压承载力计算

后张法构件的预压应力是通过锚具经垫板传递给混凝土的，由于预压力很大而垫板与混凝土的接触面积较小，锚具下的混凝土将承受较大的局部压力，在局部压力作用下，若混凝土的强度不足时，构件端部将产生裂缝，甚至会发生局部受压破坏。

构件端部混凝土在局部受压的应力分布如图 10-13 所示，图中 A_b 为构件截面面积，A_l 是垫板面积。显然，在需要经过一段距离才能将作用于 A_l 上的总预压力逐渐扩散到整个截面上，使得在这个截面上是全截面均匀受压的（图 10-13b）。这个从端部局部受压过渡到全截面均匀受压的区段，称为预应力混凝土构件的锚固区。试验研究表明，这个锚固区的长度约等于构件的截面高度。

由弹性力学的平面应力问题分析可知，在局部压力 P_l 作用下，锚固区中将产生沿纵向的正应力 σ_x，沿横向的正应力 σ_y 和剪应力 τ。其中 σ_x 主要为压应力，在纵轴上其值较大，在 O 点最大；σ_y 在 A_1OB_1GFE 范围内为压应力，其余部分为拉应力，在 H 点横向

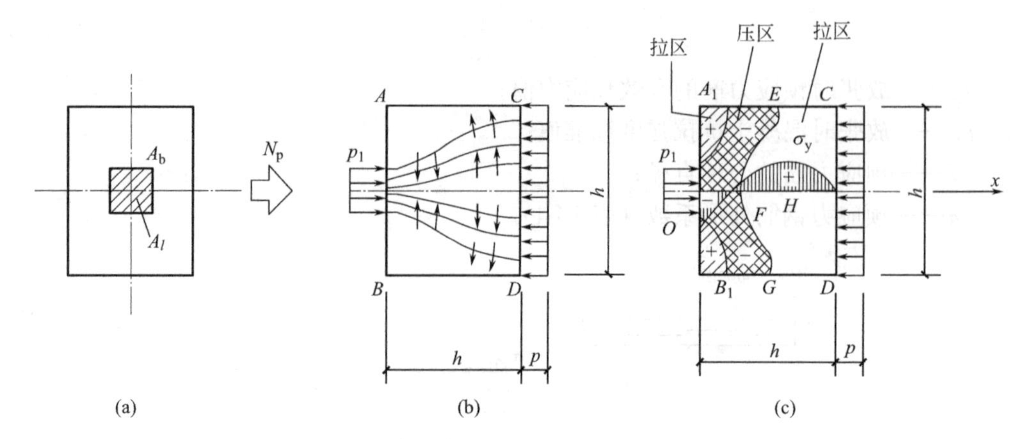

图 10-13 构件端部混凝土局部受压时的应力分布

拉应力值为最大，见图 10-13（c）。当预压力很大，使得 H 点处的混凝土拉应力超过混凝土的抗拉强度时，混凝土将出现纵向裂缝，导致局部受压破坏。

1. 构件局部受压区截面尺寸

试验表明，当局部配筋过多时，局部受压板底面下的混凝土会产生过大的下沉变形，为限制下沉量不致过大，对配置有间接钢筋的混凝土构件，其局部受压区的截面尺寸应符合下列要求：

$$F_l \leqslant 1.35\beta_c\beta_l f_c A_{ln} \tag{10-11a}$$

$$\beta_l = \sqrt{\frac{A_b}{A_l}} \tag{10-11b}$$

式中 F_l——局部受压面上作用的局部荷载或局部压力设计值；

f_c——混凝土轴心抗压强度设计值；在后张法预应力混凝土构件的张拉阶段验算中，可根据相应阶段的混凝土立方体抗压强度 f'_{cu}值，按混凝土强度等级线性内插法取用；

β_c——混凝土强度影响系数；当混凝土强度等级不超过 C50 时，取 $\beta_c=1.0$，C80 时，取 $\beta_c=0.8$，其间按线性内插法取用；

β_l——混凝土局部受压时的强度提高系数；

A_{ln}——混凝土局部受压净面积，对于后张法构件，应在混凝土局部受压面积中扣除孔道、凹槽部分的面积；

A_b——局部受压的计算底面积；可根据局部受压面积与计算底面积同心、对称的原则确定，一般情况下按图 10-14 取用；

A_l——混凝土局部受压面积；当有垫板时可考虑预压力沿锚具边缘在垫板中按 45°扩散后传至混凝土的受压面积。

2. 局部受压承载力计算

在锚固区配置间接钢筋（焊接钢筋网或螺旋式钢筋）可以有效提高锚固区段的局部受压承载力，防止局部受压破坏。当配置方格网式或螺旋式间接钢筋时，局部受压承载力按下式计算

$$F_l \leqslant 0.9(\beta_c\beta_l f_c + 2\alpha\rho_v\beta_{cor} f_{yv})A_{ln} \tag{10-12a}$$

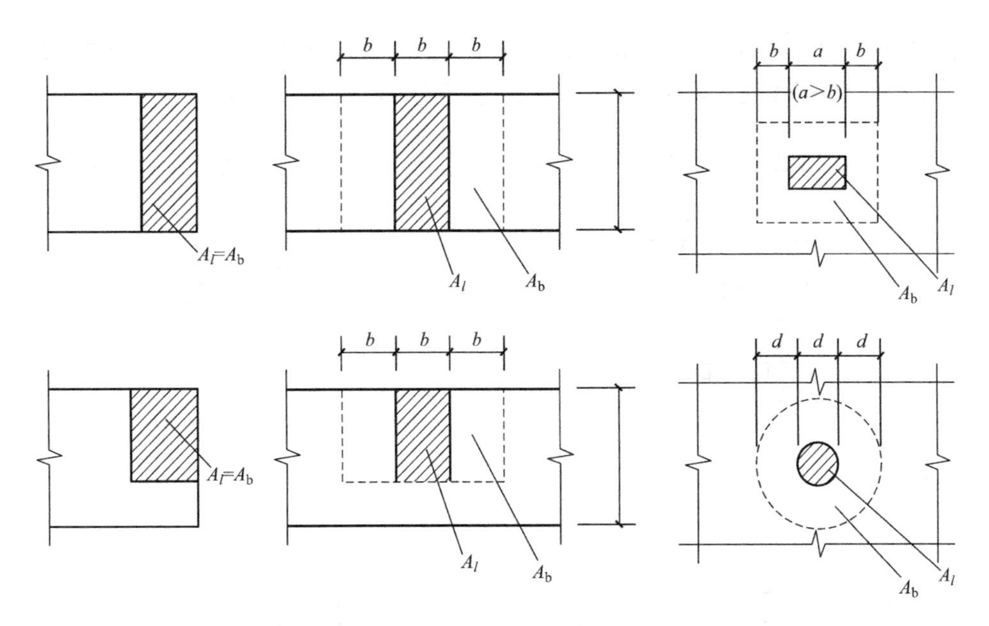

图 10-14 局部受压的计算底面积

式中 β_{cor}——配置间接钢筋的局部受压承载力提高系数；

$$\beta_{cor}=\sqrt{\frac{A_{cor}}{A_l}} \tag{10-12b}$$

当 $A_{cor}>A_b$ 时，取 $A_{cor}=A_b$；当 A_{cor} 不大于混凝土局部受压面积的 1.25 倍时，$\beta_{cor}=1.0$；

α——间接钢筋对混凝土约束的折减系数，当混凝土强度等级不超过 C50 时，取 $\alpha=1.0$，C80 时，取 $\alpha=0.85$，其间按线性内插法取用；

A_{cor}——方格网式或螺旋式间接钢筋内表面范围内的混凝土核心截面面积，应大于混凝土局部受压面积 A_l，其重心应与 A_l 的重心重合，计算按同心、对称的原则取值；

f_{yv}——间接钢筋的抗拉强度设计值；

ρ_v——间接钢筋的体积配筋率（核心面积范围内的单位混凝土体积所含间接钢筋的体积）。

当为方格网式配筋时（图 10-15a），钢筋网两个方向上单位长度内钢筋截面面积的比值不宜大于 1.5，其体积配筋率按式（10-12c）计算：

$$\rho_v=\frac{n_1A_{s1}l_1+n_2A_{s2}l_2}{A_{cor}s} \tag{10-12c}$$

当为螺旋式配筋时（图 10-15b），其体积配筋率按式（10-12d）计算：

$$\rho_v=\frac{4A_{ss1}}{d_{cor}s} \tag{10-12d}$$

式中 n_1、A_{s1}——分别为方格网沿 l_1 方向的钢筋根数、单根钢筋的截面面积；

n_2、A_{s2}——分别为方格网沿 l_2 方向的钢筋根数、单根钢筋的截面面积；

A_{ss1}——单根螺旋式间接钢筋的截面面积；

d_{cor}——螺旋式间接钢筋内表面范围内的混凝土截面直径；

s——方格网式或螺旋式间接钢筋的间距，宜取 30～80mm。

间接钢筋应配置在图 10-15 规定的高度 h 范围内，方格网式钢筋，不应少于 4 片；螺旋式钢筋，不应少于 4 圈。柱接头，h 尚不应小于 $15d$，d 为柱纵筋直径。

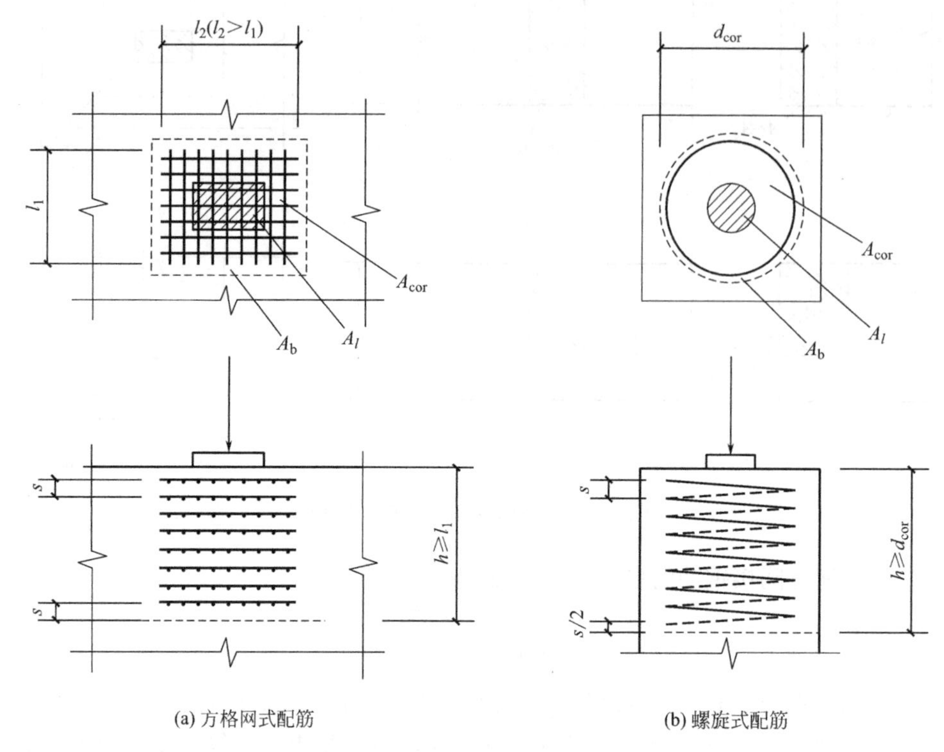

图 10-15　局部受压区的间接钢筋

10.4　预应力混凝土轴心受拉构件的设计计算

10.4.1　轴心受拉构件各阶段的应力分析

1. 先张法构件

先张法轴心受拉钢筋的施工阶段考虑完成第一批预应力损失、放松钢筋、完成第二批预应力损失三个阶段的应力分析；使用阶段考虑消压状态、抗裂极限状态和承载力极限状态三个阶段的应力分析。混凝土的截面面积、预应力筋和非预应力筋的截面面积分别用 A_c、A_p 和 A_s 表示，混凝土、预应力筋和非预应力筋的应力分别用 σ_{pc}、σ_p 和 σ_s 表示。

（1）施工阶段

1）完成第一批损失

先张法构件首先在台座上张拉预应力筋至张拉控制应力 σ_{con}，将预应力筋锚固在台座上，浇筑混凝土，蒸汽养护构件。张拉端固定于台座时即刻发生锚具损失 σ_{l1}，随后发生预应力筋的应力松弛损失 σ_{l4}，采用蒸汽养护将产生温差损失。第一批预应力损失完成后，预应力筋的应力从张拉控制应力 σ_{con} 下降为（$\sigma_{con}-\sigma_{l1}$），此时混凝土和非预应力筋尚未受力，应力为 0，见表 10-5 中阶段 a。

2）放松预应力筋

当混凝土达到 75％以上的强度设计值后，放松预应力筋，预应力筋回缩，依靠预应力筋与混凝土的粘结力使混凝土受压缩短，钢筋（预应力筋和非预应力筋）也将随之缩短，拉应力减小。设放松预应力筋时混凝土所获得的预压应力为 σ_{pcI}，则混凝土的压缩应变为 σ_{pcI}/E_c；根据变形协调条件，钢筋与混凝土具有相同的压应变，预应力筋的拉应力相应减小了 $\alpha_{Ep}\sigma_{pcI}$，即

$$\sigma_{peI}=\sigma_{con}-\sigma_{lI}-\alpha_{Ep}\sigma_{pcI} \tag{10-13a}$$

非预应力筋获得预压应力

$$\sigma_{sI}=\alpha_E\sigma_{pcI} \tag{10-13b}$$

由轴力平衡条件：$\sigma_{peI}A_p=\sigma_{pcI}A_c+\sigma_{sI}A_s$，可求得混凝土的预压应力

$$\sigma_{pcI}=\frac{(\sigma_{con}-\sigma_{lI})A_p}{A_c+\alpha_E A_s+\alpha_{Ep}A_p}=\frac{N_{pI}}{A_0} \tag{10-13c}$$

式中　σ_{pcI}——完成第一批预应力损失后先张法混凝土的预压应力；

α_{Ep}、α_E——分别是预应力筋、非预应力筋的弹性模量与混凝土弹性模量的比值；

A_0——换算截面面积，$A_0=A_c+\alpha_E A_s+\alpha_{Ep}A_p$；

N_{pI}——完成第一批预应力损失后预应力筋的总拉力，$N_{pI}=(\sigma_{con}-\sigma_{lI})A_p$。

截面应力见表 10-5 中受力阶段 b。

先张法轴心受拉构件各阶段截面应力情况　　　　**表 10-5**

受力阶段		截面应力分布	预应力筋应力 σ_p	混凝土应力 σ_{pc}	非预应力筋应力 σ_s
施工阶段	a. 完成第一批损失	σ_pA_p　σ_pA_p	$\sigma_p=\sigma_{con}-\sigma_{lI}$	$\sigma_{pc}=0$	$\sigma_s=0$
	b. 放松预应力筋	σ_{pcI}　$\sigma_{sI}A_s/2$　$\sigma_{peI}A_p$　$\sigma_{sI}A_s/2$	$\sigma_{peI}=\sigma_{con}-\sigma_{lI}-\alpha_{Ep}\sigma_{pcI}$	$\sigma_{pcI}=\dfrac{(\sigma_{con}-\sigma_{lI})A_p}{A_0}=\dfrac{N_{pI}}{A_0}$ (压)	$\sigma_{sI}=\alpha_E\sigma_{pcI}$ (压)
	c. 完成第二批预应力损失	σ_{peII}　$\sigma_{sII}A_s/2$　$\sigma_{peII}A_p$　$\sigma_{sII}A_s/2$	$\sigma_{peII}=\sigma_{con}-\sigma_l-\alpha_{Ep}\sigma_{pcII}$	$\sigma_{pcII}=\dfrac{(\sigma_{con}-\sigma_l)A_p-\sigma_{l5}A_s}{A_0}$ (压)	$\sigma_{sII}=\alpha_E\sigma_{pcII}+\sigma_{l5}$ (压)
使用阶段	d. 消压状态	N_0　$\sigma_{s0}A_s/2$　$\sigma_{p0}A_p$　$\sigma_{s0}A_s/2$	$\sigma_{p0}=\sigma_{con}-\sigma_l$	$\sigma_{pc}=0$	$\sigma_{sII}=\sigma_{l5}$ (压)
	e. 抗裂极限状态	f_{tk}　N_{cr}　$\sigma_sA_s/2$　σ_pA_p　$\sigma_sA_s/2$	$\sigma_p=\sigma_{con}-\sigma_l+\alpha_{Ep}f_{tk}$	$\sigma_{pc}=f_{tk}$ (拉)	$\sigma_s=\alpha_{Ep}f_{tk}-\sigma_{l5}$ (拉)

续表

受力阶段		截面应力分布	预应力筋应力 σ_p	混凝土应力 σ_{pc}	非预应力筋应力 σ_s
使用阶段	f. 抗裂极限状态	N_u；$f_yA_s/2$；$f_{py}A_p$；$f_yA_s/2$	裂缝截面 $\sigma_p=f_{py}$	裂缝截面 $\sigma_{pc}=0$	裂缝截面 $\sigma_s=f_y$

3）完成第二批预应力损失

随时间增长，混凝土发生收缩、徐变而产生第二批预应力损失值 $\sigma_{l\mathrm{II}}$。这时混凝土和钢筋进一步缩短，预应力筋的应力减小 $\sigma_{l\mathrm{II}}$，混凝土的预压应力由 $\sigma_{pc\mathrm{I}}$ 降低至 $\sigma_{pc\mathrm{II}}$；此外，由于混凝土的预压应力降低，构件的弹性压缩有所恢复，预应力筋中的拉应力会相应地增加 α_{Ep}（$\sigma_{pc\mathrm{I}}-\sigma_{pc\mathrm{II}}$），所以，此时的预应力筋的应力

$$\sigma_{pe\mathrm{II}}=\sigma_{con}-\sigma_{l\mathrm{I}}-\alpha_{E_p}\sigma_{pc\mathrm{I}}\quad\sigma_{l\mathrm{II}}+\alpha_{Ep}(\sigma_{pc\mathrm{I}}-\sigma_{pc\mathrm{II}})=\sigma_{con}-\sigma_l-\alpha_{Fp}\sigma_{pc\mathrm{II}} \tag{10-14a}$$

在第二批预应力损失过程中，非预应力筋增加的压应力为混凝土收缩、徐变损失 σ_{l5}；此外，因构件的弹性压缩有所恢复，非预应力筋减少压应力 α_E（$\sigma_{pc\mathrm{I}}-\sigma_{pc\mathrm{II}}$），所以此时非预应力筋的应力

$$\sigma_{s\mathrm{II}}=\alpha_E\sigma_{pc\mathrm{I}}+\sigma_{l5}-\alpha_E(\sigma_{pc\mathrm{I}}-\sigma_{pc\mathrm{II}})=\alpha_E\sigma_{pc\mathrm{II}}+\sigma_{l5} \tag{10-14b}$$

由轴力的平衡条件，$\sigma_{pe\mathrm{II}}A_p=\sigma_{pc\mathrm{II}}A_c+\sigma_{s\mathrm{II}}A_s$，可求得混凝土的预压应力

$$\sigma_{pc\mathrm{II}}=\frac{(\sigma_{con}-\sigma_l)A_p-\sigma_{l5}A_s}{A_c+\alpha_EA_s+\alpha_{Ep}A_p}=\frac{N_{p\mathrm{II}}-\sigma_{l5}A_s}{A_0} \tag{10-14c}$$

式中 $\sigma_{pc\mathrm{II}}$——预应力混凝土所建立的“有效预压应力”；

σ_l——全部预应力损失，$\sigma_l=\sigma_{l\mathrm{I}}+\sigma_{l\mathrm{II}}$；

σ_{l5}——混凝土收缩、徐变损失。

$N_{p\mathrm{II}}$——完成全部损失后预应力筋的总预拉力，$N_{p\mathrm{II}}=$（$\sigma_{con}-\sigma_{l\mathrm{I}}$）$A_p$。

（2）使用阶段

1）消压状态

加载至混凝土应力为零，即 $\sigma_{pc\mathrm{II}}=0$。此时预应力筋的拉应力相应增加 $\alpha_{Ep}\sigma_{pc\mathrm{II}}$，消压状态下预应力筋的应力

$$\sigma_{p0}=\sigma_{con}-\sigma_l-\alpha_{Ep}\sigma_{pc\mathrm{II}}+\alpha_{Ep}\sigma_{pc\mathrm{II}}=\sigma_{con}-\sigma_l \tag{10-15a}$$

非预应力筋的压应力相应减小 $\alpha_E\sigma_{pc\mathrm{II}}$，消压状态的应力

$$\sigma_{s0}=\alpha_E\sigma_{pc\mathrm{II}}+\sigma_{l5}-\alpha_E\sigma_{pc\mathrm{II}}=\sigma_{l5} \tag{10-15b}$$

根据截面轴力平衡条件和式（10-14c），可得消压轴力

$$N_0=\sigma_{p0}A_p-\sigma_{s0}A_s=(\sigma_{con}-\sigma_l)A_p-\sigma_{l5}A_s=\sigma_{pc\mathrm{II}}A_0 \tag{10-15c}$$

式中 N_0——混凝土应力为零时的轴向拉力。

2）抗裂极限状态

混凝土拉应力达到抗拉强度标准值时，混凝土即将出现裂缝。当混凝土应力达到 f_{tk} 时，预应力筋和非预应力筋分别增加拉应力 $\alpha_{Ep}f_{tk}$ 和 α_Ef_{tk}，此时预应力筋和非预应力筋的应力

$$\sigma_p=\sigma_{con}-\sigma_l+\alpha_{Ep}f_{tk} \tag{10-16a}$$

$$\sigma_s = \alpha_{Ep} f_{tk} - \sigma_{l5} \quad (10\text{-}16b)$$

根据截面轴力平衡条件和式（10-14c），可得开裂轴力

$$\begin{aligned} N_{cr} &= \sigma_p A_p + \sigma_s A_s + \sigma_{pc} A_c \\ &= (\sigma_{con} - \sigma_l + \alpha_{Ep} f_{tk}) A_p + (\alpha_{Ep} f_{tk} - \sigma_{l5}) A_s + f_{tk} A_c = (\sigma_{pcII} + f_{tk}) A_0 \end{aligned} \quad (10\text{-}16c)$$

式中 N_{cr}——开裂轴力。

由上式可见，施加预应力可以极大地提高混凝土构件的抗裂度。

3）承载能力极限状态

当轴力超过 N_{cr} 后，混凝土开裂，裂缝截面的混凝土不再承受拉力，拉力全部由预应力筋和非预应力筋承担，破坏时，预应力筋和非预应力筋的应力分别达到抗拉强度设计值。由截面轴力平衡，有

$$N_u = f_{py} A_p + f_y A_s \quad (10\text{-}17)$$

式中 N_u——极限轴力。

2. 后张法构件

（1）施工阶段

1）张拉预应力筋

后张法构件张拉预应力筋的同时，混凝土和非预应力筋同时受压，并发生摩擦损失 σ_{l2}。当预应力筋张拉至 σ_{con} 时，最大摩擦损失截面处的预应力筋应力为

$$\sigma_p = \sigma_{con} - \sigma_{l2} \quad (10\text{-}18a)$$

设此时混凝土的预压应力为 σ_{pc}，则非预应力筋的应力

$$\sigma_s = \alpha_E \sigma_{pc} \quad (10\text{-}18b)$$

根据截面轴力平衡条件 $\sigma_{pe} A_p = \sigma_{pc} A_c + \sigma_s A_s$，可得混凝土的预压应力

$$\sigma_{pc} = \frac{(\sigma_{con} - \sigma_{l2}) A_p}{A_c + \alpha_E A_s} = \frac{(\sigma_{con} - \sigma_{l2}) A_p}{A_n} \quad (10\text{-}18c)$$

式中 A_n——净截面面积，$A_n = A_c + \alpha_E A_s$。

2）完成第一批预应力损失

张拉完毕，将预应力筋锚固在构件上即刻发生锚具损失，至此第一批预应力损失完成，预应力筋的应力

$$\sigma_{peI} = \sigma_{con} - \sigma_{l1} - \sigma_{l2} = \sigma_{con} - \sigma_{lI} \quad (10\text{-}19a)$$

设此时混凝土的预压应力为 σ_{pcI}，则非预应力筋的应力

$$\sigma_{sI} = \alpha_E \sigma_{pcI} \quad (10\text{-}19b)$$

根据截面轴力平衡条件 $\sigma_{peI} A_p = \sigma_{pcI} A_c + \sigma_s A_s$，可得混凝土的预压应力

$$\sigma_{pcI} = \frac{(\sigma_{con} - \sigma_{lI}) A_p}{A_c + \alpha_E A_s} = \frac{(\sigma_{con} - \sigma_{lI}) A_p}{A_n} \quad (10\text{-}19c)$$

3）完成第二批预应力损失

后张法第二批预应力损失完成后，预应力筋的应力降至

$$\sigma_{peI} = \sigma_{con} - \sigma_{lI} - \sigma_{l4} - \sigma_{l5} = \sigma_{con} - \sigma_{lII} \quad (10\text{-}20a)$$

预应力筋的应力松弛不会引起非预应力筋的应力变化；混凝土收缩、徐变会使得非预应力筋增加压应力 σ_{l5}；设此时的混凝土预压应力为 σ_{pcII}，由于混凝土预压应力减小，非预

应力筋减小的压应力为α_E（$\sigma_{pcI}-\sigma_{pcII}$）。此时非预应力筋的应力

$$\sigma_{sII}=\alpha_E\sigma_{pcI}+\sigma_{l5}-\alpha_E(\sigma_{pcI}-\sigma_{pcII})=\alpha_E\sigma_{pcII}+\sigma_{l5} \tag{10-20b}$$

由轴力的平衡条件，$\sigma_{peII}A_p=\sigma_{pcII}A_c+\sigma_{sII}A_s$，可求得混凝土的预压应力

$$\sigma_{pcII}=\frac{(\sigma_{con}-\sigma_l)A_p-\sigma_{l5}A_s}{A_c+\alpha_E A_s}=\frac{N_{pII}-\sigma_{l5}A_s}{A_n} \tag{10-20c}$$

（2）使用阶段

1）消压状态

混凝土应力由压应力σ_{pcII}下降为0时，预应力筋的拉应力相应增加$\alpha_{Ep}\sigma_{pcII}$，此时预应力筋的应力

$$\sigma_{p0}=\sigma_{con}-\sigma_l+\alpha_{Ep}\sigma_{pcII} \tag{10-21a}$$

非预应力筋的压应力相应减小$\alpha_E\sigma_{pcII}$，消压状态的应力

$$\sigma_{s0}=\alpha_E\sigma_{pcII}+\sigma_{l5}-\alpha_E\sigma_{pcII}=\sigma_{l5} \tag{10-21b}$$

根据截面轴力平衡条件和式（10-20c），可得消压轴力

$$N_0=(\sigma_{con}-\sigma_l+\alpha_E\sigma_{pcII})A_p-\sigma_{l5}A_s=\sigma_{pcII}(A_n+\alpha_E A_p)=\sigma_{pcII}A_0 \tag{10-21c}$$

2）抗裂极限状态

当混凝土应力由零增加到抗拉强度标准值f_{tk}时，预应力筋和非预应力筋分别增加拉应力$\alpha_{Ep}f_{tk}$和$\alpha_E f_{tk}$，此时预应力筋和非预应力筋的应力

$$\sigma_p=\sigma_{con}-\sigma_l+\alpha_E\sigma_{pcII}+\alpha_{Ep}f_{tk} \tag{10-22a}$$

$$\sigma_s=\alpha_{Ep}f_{tk}-\sigma_{l5} \tag{10-22b}$$

根据截面轴力平衡条件和式（10-20c），可得开裂轴力

$$\begin{aligned}N_{cr}&=\sigma_p A_p+\sigma_s A_s+\sigma_{pc}A_c\\&=(\sigma_{con}-\sigma_l+\alpha_E\sigma_{pcII}+\alpha_{Ep}f_{tk})A_p+(\alpha_{Ep}f_{tk}-\sigma_{l5})A_s+f_{tk}A_c=(\sigma_{pcII}+f_{tk})A_0\end{aligned} \tag{10-22c}$$

各阶段截面应力情况见表10-6。

后张法轴心受拉构件各阶段截面应力情况 **表10-6**

受力阶段		截面应力分布	预应力筋应力σ_p	混凝土应力σ_{pc}	非预应力筋应力σ_s
施工阶段	a. 张拉预应力筋	σ_{pc} $\sigma_s A_s/2$ $\sigma_p A_p$ $\sigma_s A_s/2$	$\sigma_p=\sigma_{con}-\sigma_{l2}$	$\sigma_{pc}=\frac{(\sigma_{con}-\sigma_{l2})A_p}{A_n}$（压）	$\sigma_s=\alpha_E\sigma_{pc}$（压）
	b. 完成第一批预应力损失	σ_{pcI} $\sigma_{sI}A_s/2$ $\sigma_{peI}A_p$ $\sigma_{sI}A_s/2$	$\sigma_{peI}=\sigma_{con}-\sigma_{lI}$	$\sigma_{pcI}=\frac{(\sigma_{con}-\sigma_{lI})A_p}{A_n}$（压）	$\sigma_{sI}=\alpha_E\sigma_{pcI}$（压）
	c. 完成第二批预应力损失	σ_{peII} $\sigma_{sII}A_s/2$ $\sigma_{peII}A_p$ $\sigma_{sII}A_s/2$	$\sigma_{peII}=\sigma_{con}-\sigma_l$	$\sigma_{pcII}=\frac{(\sigma_{con}-\sigma_l)A_p-\sigma_{l5}A_s}{A_n}$（压）	$\sigma_{sII}=\alpha_E\sigma_{pcII}+\sigma_{l5}$（压）

续表

受力阶段		截面应力分布	预应力筋应力 σ_p	混凝土应力 σ_{pc}	非预应力筋应力 σ_s
使用阶段	d. 消压状态	N_0；$\sigma_{s0}A_s/2$；$\sigma_{p0}A_p$；$\sigma_{s0}A_s/2$	$\sigma_{p0}=\sigma_{con}-\sigma_l+\alpha_{Ep}\sigma_{pcII}$	$\sigma_{pc}=0$	$\sigma_{sII}=\sigma_{l5}$ (压)
	e. 抗裂极限状态	N_{cr}；f_{tk}；$\sigma_sA_s/2$；σ_pA_p；$\sigma_sA_s/2$	$\sigma_p=\sigma_{con}-\sigma_l+\alpha_E\sigma_{pcII}+\alpha_{Ep}f_{tk}$	$\sigma_{pc}=f_{tk}$ (拉)	$\sigma_s=\alpha_{Ep}f_{tk}-\sigma_{l5}$ (拉)
	f. 抗裂极限状态	N_u；$f_yA_s/2$；$f_{py}A_p$；$f_yA_s/2$	裂缝截面 $\sigma_p=f_{py}$	裂缝截面 $\sigma_{pc}=0$	裂缝截面 $\sigma_s=f_y$

3）承载能力极限状态

后张法构件承载能力极限状态与先张法相同，计算公式同式（10-17）。

对比表10-5和表10-6可知：①在施工阶段，有效预压应力 σ_{pcII} 的计算公式，先张法与后张法的表达形式基本相同，只是分母中先张法用换算截面 A_0，后张法用净面积 A_n，同时预应力损失的计算不同；②先张法和后张法在使用阶段 N_0、N_{cr}、N_u 的三个计算公式形式相同；③非预应力筋的应力表达式均相同；④预应力混凝土构件出现裂缝比混凝土构件迟得多，构件的抗裂度大为提高，但出现裂缝的荷载值与破坏荷载较为接近，延性较差；⑤当其他条件相同时，预应力混凝土轴心受拉构件与钢筋混凝土轴心受拉构件的承载力相同。

10.4.2　预应力混凝土轴心受拉构件的设计计算

预应力混凝土轴心受拉构件除了需进行使用阶段的承载力计算、抗裂度验算或裂缝宽度验算外，还要进行施工阶段张拉或放松预应力筋时的承载力验算，以及对后张法构件的端部锚固区局部受压的验算。

1. 使用阶段承载力计算

预应力混凝土轴心受拉构件正截面受拉承载力按下式计算：

$$N \leqslant N_u = f_{py}A_p + f_yA_s \tag{10-23}$$

式中　N——轴向拉力设计值；

f_{yp}、f_y——预应力筋及非预应力筋抗拉强度设计值；

A_p、A_s——预应力筋及非预应力筋的全部截面面积。

2. 抗裂度验算

如果轴向拉力小于 N_{cr}，则构件不会开裂。由式（10-16c）和式（10-22c），得

$$N \leqslant N_{cr} = (\sigma_{pcII} + f_{tk})A_0 \tag{10-24}$$

上式用应力形式表达，则有 $\dfrac{N}{A_0} \leqslant \sigma_{pcII} + f_{tk}$，即

$$\sigma_{c}-\sigma_{pcII}\leqslant f_{tk} \quad (10\text{-}25)$$

3. 裂缝宽度验算

《规范》将预应力混凝土构件正截面的受力裂缝控制等级分为三级，即

（1）一级——严格要求不出现裂缝的构件

按荷载标准组合计算时，构件受拉边缘混凝土不应产生拉应力：

$$\sigma_{ck}-\sigma_{pcII}\leqslant 0 \quad (10\text{-}26)$$

（2）二级——一般要求不出现裂缝的构件

按荷载标准组合计算时，构件受拉边缘混凝土不应大于混凝土的抗拉强度标准值：

$$\sigma_{ck}-\sigma_{pcII}\leqslant f_{tk} \quad (10\text{-}27)$$

式中 σ_{ck}——荷载标准组合下抗裂验算边缘混凝土的法向应力；

$$\sigma_{ck}=\frac{N_{k}}{A_{0}} \quad (10\text{-}28)$$

N_{k}——荷载标准组合下计算的轴向拉力值；

其余符号同前。

（3）三级——允许出现裂缝的构件

按荷载标准组合并考虑长期作用影响的最大裂缝宽度，应符合下列规定：

$$w_{max}=\alpha_{cr}\psi\frac{\sigma_{s}}{E_{s}}\left(1.9c_{s}+0.08\frac{d_{eq}}{\rho_{te}}\right)\leqslant w_{lim} \quad (10\text{-}29a)$$

式中 σ_{s}——按荷载标准组合计算的预应力混凝土构件纵向受拉钢筋的等效应力，对于轴心受拉构件，$\sigma_{s}=\frac{N_{k}-N_{p0}}{A_{p}+A_{s}}$；

N_{p0}——计算截面上混凝土法向应力为零时预加力（对于轴心受拉构件为消压轴力）；

d_{eq}——受拉区纵向钢筋的等效直径（mm）；

$$d_{eq}=\frac{\sum n_{i}d_{i}^{2}}{\sum n_{i}\nu_{i}d_{i}} \quad (10\text{-}29b)$$

d_{i}——受拉区第 i 种纵向钢筋的公称直径；对于有粘结预应力钢绞线束的直径取为 $\sqrt{n_{1}}d_{p1}$，其中 d_{p1} 为单根钢绞线的公称直径，n_{1} 为单束钢绞线根数；

n_{i}——受拉区第 i 种纵向钢筋的根数，对于有粘结预应力钢绞线，取为钢绞线束数；

ν_{i}——受拉区第 i 种纵向钢筋的相对粘结特性系数，按表 10-7 采用。

钢筋的相对粘结特性系数 **表 10-7**

钢筋类别	钢筋		先张法预应力筋			后张法预应力筋		
	光圆钢筋	带肋钢筋	带肋钢筋	螺旋肋钢丝	钢绞线	带肋钢筋	钢绞线	光面钢丝
ν_{i}	0.1	1.0	1.0	0.8	0.6	0.8	0.5	0.4

注：对环氧树脂涂层带肋钢筋，其相对粘结特性系数按表中系数的 80%取用。

其余符号同第 9 章式（9-34）说明。

对环境类别为二 a 类的预应力混凝土构件，在荷载准永久组合下，受拉边缘应力尚应符合下列规定：

$$\sigma_{cq}-\sigma_{pcII}\leqslant f_{tk} \tag{10-30}$$

式中 σ_{cq}——荷载准永久组合下抗裂验算边缘混凝土的法向应力。

4. 施工阶段验算

当放张预应力筋（先张法）或张拉预应力筋完毕（后张法）时，混凝土将受到最大预压应力 σ_{cc}，而这时混凝土强度通常仅为设计强度的 75%，应验算此时的构件强度是否满足要求。

（1）张拉（或放松）预应力筋时，构件的承载力验算

为保证在张拉（或放松）预应力筋时，混凝土不被压碎，混凝土的预压应力应符合下列条件：

$$\sigma_{cc}\leqslant 0.8f'_{ck} \tag{10-31}$$

式中 f'_{ck}——张拉（或放松）预应力筋时，与混凝土立方体抗压强度 f'_{cu} 相应的轴心抗压强度标准值，可按线性内插法取用。

先张法构件在放松（或切断）钢筋时，仅按第一批损失出现后计算 σ_{cc}，即

$$\sigma_{cc}=\frac{(\sigma_{con}-\sigma_{lI})A_p}{A_0} \tag{10-32}$$

后张法张拉钢筋完毕至 σ_{con}，而又未锚固时，按不考虑预应力损失计算 σ_{cc}，即

$$\sigma_{cc}=\frac{\sigma_{con}A_p}{A_n} \tag{10-33}$$

（2）构件端部锚固区的局部受压承载力验算

按式（10-11）、式（10-12）进行验算。

【例 10-1】 某 30m 跨预应力混凝土屋架的下弦截面尺寸如图 10-16 所示。已求得恒载标准值和屋面可变荷载标准值作用下的屋架下弦最大轴拉力分别为 $N_G=738\text{kN}$、$N_Q=130\text{kN}$，可变荷载的组合值系数 $\psi_c=0.7$、准永久值系数 $\psi_q=0$。结构安全等级一级；环境类别 I 类，裂缝控制等级二级。后张法预应力筋拟采用强度标准值 $f_{ptk}=1860\text{N/mm}^2$、公称直径为 15.2mm（1×7）的低松弛钢绞线，孔道采用预埋金属波纹管成型，一端张拉、夹片式锚具；非预应力筋采用 HRB400；混凝土采用 C50，混凝土强度达到设计等级时张拉。试设计该下弦杆。

【解】

（1）使用阶段承载力计算

承载能力极限状态计算应采用基本组合值。

$$N_d=\gamma_G N_G+\gamma_Q N_Q=1.3\times738+1.5\times130=1154.4\text{kN}$$

结构重要性系数 $\gamma_0=1.1$，轴力设计值

$$N=\gamma_0 N_d=1.1\times1154.4=1269.8\text{kN}$$

非预应力筋按构造配置 4Φ12，$A_s=452\text{mm}^2$，并配置Φ6@200 箍筋。查表，得 $f_{py}=1320\text{N/mm}^2$，$f_y=360\text{N/mm}^2$。由式（10-17），所需预应力筋面积：

$$A_p\geqslant\frac{N-f_yA_s}{f_{py}}=\frac{1269.8\times10^3-360\times452}{1320}=838.7\text{mm}^2$$

采用 2 束钢绞线，每束 3ϕ^s15.2，$A_p=2\times3\times140\text{mm}^2=840\text{mm}^2$。

（2）预应力损失计算

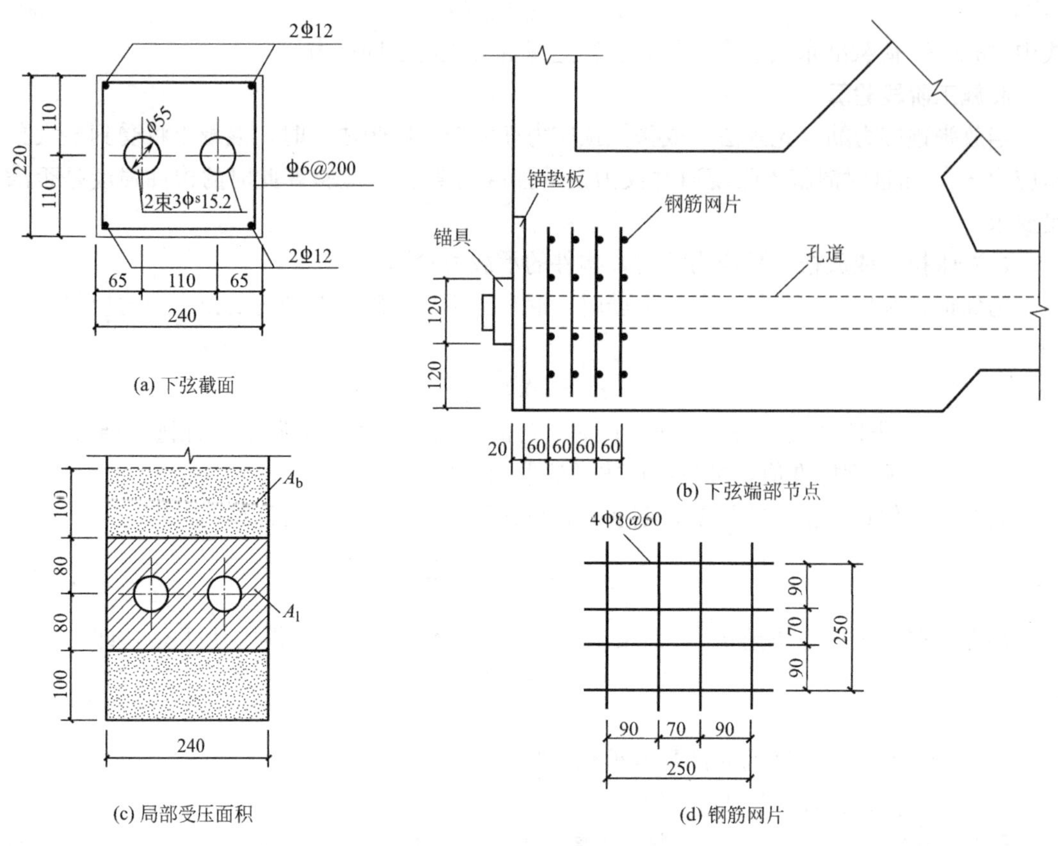

图 10-16　30m 跨屋架下弦

1）截面几何特征

C50 混凝土弹性模量 $E_c=3.45\times10^4\text{N/mm}^2$、预应力筋弹性模量 $E_p=1.95\times10^5\text{N/mm}^2$、非预应力筋弹性模量 $E_c=2.0\times10^5\text{N/mm}^2$。弹性模量比 $\alpha_{Ep}=5.652$ 和 $\alpha_E=5.797$。

混凝土截面面积：$A_c=240\times220-2\times3.14\times552/4-452=47599\text{mm}^2$

净截面面积：$A_n=A_c+\alpha_E A_s=47599+5.797\times452=50219\text{mm}^2$

换算截面面积：$A_0=A_n+\alpha_{Ep}A_p=50219+5.652\times840=54967\text{mm}^2$

2）张拉控制应力

张拉控制应力取 $0.65f_{ptk}$。夹片式锚具的锚口损失 33N/mm^2，预应力筋锚下控制应力：

$$\sigma_{con}=0.65\times1860-33=1176\text{N/mm}^2$$

3）锚具损失

由表 10-1，无顶压时夹片式锚具变形、钢筋内缩值取 6mm，由式（10-1），得：

$$\sigma_{l1}=\frac{a}{l}E_p=\frac{6}{30000}\times1.95\times10^5=39\text{N/mm}^2$$

4）摩擦损失

张拉端至计算截面的孔道长度 $x=30\text{m}$，直线预应力筋，$\theta=0$，查表 10-2，得 $\kappa=0.0015$，由式（10-2），得：

$$\sigma_{l2}=\sigma_{con}[1-e^{-(\kappa x+\mu\theta)}]=1176\times[1-e^{-0.0015\times30}]=51.75\text{N/mm}^2$$

5）预应力筋应力松弛损失

低松弛预应力筋，$\sigma_{con}/f_{ptk}=1176/1860=0.63<0.7$，由式（10-5），得：

$$\sigma_{l4}=0.125\left(\frac{\sigma_{con}}{f_{ptk}}-0.5\right)\sigma_{con}=0.125\times(0.63-0.5)\times1176=19.11\text{N/mm}^2$$

6）混凝土收缩、徐变损失

第一批预应力损失：$\sigma_{l\text{I}}=\sigma_{l1}+\sigma_{l2}=39+51.75=90.75\text{N/mm}^2$，由式（10-19c），得：

$$\sigma_{pc\text{I}}=\frac{(\sigma_{con}-\sigma_{l\text{I}})A_p}{A_n}=\frac{(1176-90.75)\times840}{50219}=18.15\text{N/mm}^2$$

张拉时混凝土强度 $f'_{cu}=50\text{N/mm}^2$，$\sigma_{pc\text{I}}/f'_{cu}=18.15/50=0.363<0.5$，满足要求。

配筋率 $\rho=0.5\ (A_p+A_s)/A_n=0.5\times\ (840+452)/50219=0.01286$

由式（10-8a），得：

$$\sigma_{l5}=\frac{55+300\dfrac{\sigma_{pc}}{f'_{cu}}}{1+15\rho}=\frac{55+300\times\dfrac{18.15}{50}}{1+15\times0.1286}=137.40\text{N/mm}^2$$

第二批预应力损失：$\sigma_{l\text{II}}=\sigma_{l4}+\sigma_{l5}=19.11+137.40=156.51\text{N/mm}^2$

总损失：$\sigma_{l\text{II}}=\sigma_{l\text{I}}+\sigma_{l\text{II}}=90.75+156.51=247.26\text{N/mm}^2>80\text{N/mm}^2$

（3）抗裂度验算

由式（10-20c）得混凝土有效预压应力：

$$\sigma_{pc\text{II}}=\frac{(\sigma_{con}-\sigma_l)A_p-\sigma_{l5}A_s}{A_c+\alpha_E A_s}=\frac{(1176-247.26)\times840-137.40\times452}{50219}=14.30\text{N/mm}^2$$

在荷载的标准组合下，$N_k=N_G+N_Q=738+130=868\text{kN}$，换算截面的混凝土法向应力：

$$\sigma_{ck}=\frac{N_k}{A_0}=\frac{868000}{54967}=15.79\text{N/mm}^2$$

C50 混凝土抗拉强度标准值 $f_{tk}=2.85\text{N/mm}^2$，由式（10-26）

$$\sigma_{ck}-\sigma_{pc\text{II}}=15.79-14.30=1.49\text{N/mm}^2\leqslant f_{tk}=2.85\text{N/mm}^2$$

（4）施工阶段验算

最大张拉力：$N_p=\sigma_{con}A_p=1176\times840=987840\text{N}$，截面上混凝土压应力：

$$\sigma_{cc}=\frac{N_p}{A_n}=\frac{987840}{50219}=19.67\text{N/mm}^2<0.8f'_{ck}=0.8\times32.4=25.9\ \text{N/mm}^2$$，满足要求。

（5）锚具下局部承压验算

锚具直径 120mm，垫板厚 20mm，局部受压面积可按锚具边缘在垫板中按 45°扩散的面积，近似用图 10-16（c）中阴影面积代替两个圆面积。

混凝土局部受压面积：$A_l=240\times\ (120+2\times20)\ =38400\text{mm}^2$

局部受压计算底面积：$A_b=240\times\ (160+2\times100)\ =86400\text{mm}^2$

扣除孔道后的局部受压净面积：$A_{ln}=38400-2\times3.14\times55^2/4=33650\text{mm}^2$

由式（10-11b）得混凝土局部受压强度提高系数：

$$\beta_l=\sqrt{A_b/A_l}=\sqrt{86400/38400}=1.5$$

间接钢筋采用 4 片Φ 8（HPB300）方格焊接网片，间距 $s=60\text{mm}$，尺寸见图 10-16（d）。网格内表面范围内的混凝土核心面积：

$A_{cor}=250\times250=62500\text{mm}^2>A_l=38400\text{mm}^2$

由式（10-12b）　$\beta_{cor}=\sqrt{A_{cor}/A_l}=\sqrt{62500/38400}=1.28$

间接钢筋体积配筋率

$$\rho_v=\frac{n_1A_{s1}l_1+n_2A_{s2}l_2}{A_{cor}s}=\frac{4\times50.3\times250+4\times50.3\times250}{62500\times60}=0.0268$$

局部压力设计值：$F_l=1.2\sigma_{con}A_p=1.2\times1176\times840=1185408\text{N}$

$1.35\beta_c\beta_l f_c A_{ln}=1.35\times1\times1.5\times23.1\times33648=1573969\text{N}>F_l$，满足要求。

由式（10-12a），得间接配筋混凝土构件局部受压承载力：

$$0.9(\beta_c\beta_l f_c+2\alpha\rho_v\beta_{cor}f_{yv})A_{ln}$$
$$=0.9\times(1.0\times1.5\times23.1+2\times1.0\times0.0268\times1.28\times270)\times33650$$
$$=1608564\text{N}>F_l$$

满足要求。

10.5 预应力混凝土受弯构件的计算

预应力受弯构件中预应力筋 A_p 一般放置在使用阶段的截面受拉区。当梁底预应力筋较多，可能出现反拱时，梁顶往往也需要配置预应力筋 A'_p。为了防止在制作、运输和吊装等施工阶段时出现裂缝，通常会配置一些非预应力钢筋。

预应力受弯构件的预应力筋是不对称配置的，预应力筋的总拉力对截面是偏心的，相当于对于截面同时作用轴向压力和偏心力矩。至于先张法与后张法的区别与轴心受拉构件一样。工程中预应力混凝土受弯构件主要应用后张法，故以下主要介绍后张法的计算。

10.5.1 后张法预应力混凝土受弯构件的各阶段应力分析

与预应力轴心受拉构件类似，受弯构件的受力过程也分为施工和使用两个阶段。

1. 完成第一批预应力损失

图 10-17 为受拉区和受压区都配置有预应力筋的受弯构件截面应力。参照后张法轴心受拉构件，完成第一批预应力损失时，预应力筋和非预应力筋的应力分别为：

$$\sigma_{pe,\text{I}}=\sigma_{con}-\sigma_{l\text{I}}\qquad \sigma'_{pe,\text{I}}=\sigma'_{con}-\sigma'_{l\text{I}} \tag{10-34a}$$

$$\sigma_{s\text{I}}=\alpha_E\sigma_{pc\text{I},s}\qquad \sigma'_{s\text{I}}=\alpha_E\sigma'_{pc\text{I},s} \tag{10-34b}$$

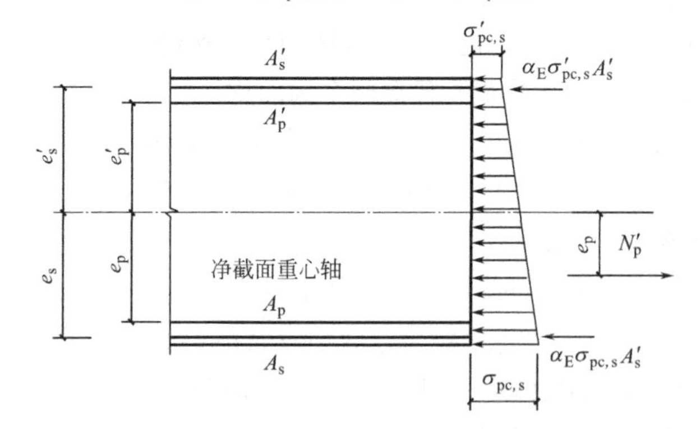

图 10-17　预应力受弯构件施工阶段截面应力

式中　$\sigma_{pcⅠ,s}$、$\sigma'_{pcⅠ,s}$——分别是完成第一批预应力损失后，A_s、A'_s重心位置处混凝土预压应力，按式（10-34c）计算。

距离净截面重心 y_n 处（重心轴以下取正，重心轴以上取负）的混凝土预压应力：

$$\sigma_{pcⅠ}(y_n)=\frac{N_{pⅠ}}{A_n}+\frac{N_{pⅠ}e_{pⅠ}}{I_n}y_n \tag{10-34c}$$

预加力 $N_{pⅠ}$ 为：

$$N_{pⅠ}=(\sigma_{con}-\sigma_{lⅠ})A_p+(\sigma'_{con}-\sigma'_{lⅠ})A'_p \tag{10-34d}$$

预加力到净截面重心轴的距离：

$$e_{pⅠ}=\frac{(\sigma_{con}-\sigma_{lⅠ})A_pe_{pn}-(\sigma'_{con}-\sigma'_{lⅠ})A'_pe'_{pn}}{N_{pⅠ}} \tag{10-34e}$$

2. 完成第二批预应力损失

完成第二批预应力损失时，预应力筋和非预应力筋的应力分别为：

$$\sigma_{pe,Ⅱ}=\sigma_{con}-\sigma_l \qquad \sigma'_{pe,Ⅱ}=\sigma'_{con}-\sigma'_l \tag{10-35a}$$

$$\sigma_{sⅠ}=\alpha_E\sigma_{pcⅡ,s}+\sigma_{l5} \qquad \sigma'_{sⅠ}=\alpha_E\sigma'_{pcⅡ,s}+\sigma'_{l5} \tag{10-35b}$$

完成第二批预应力损失时，非预应力筋应力多了一项 σ_{l5}（σ'_{l5}），相当于减小了预压力。此时的预压力为：

$$N_{pⅡ}=(\sigma_{con}-\sigma_l)A_p+(\sigma'_{con}-\sigma'_l)A'_p-\sigma_{l5}A_p-\sigma'_{l5}A'_p \tag{10-35d}$$

此时预加力到净截面重心轴的距离：

$$e_{pⅡ}=\frac{(\sigma_{con}-\sigma_l)A_pe_{p0}-(\sigma'_{con}-\sigma'_l)A'_pe'_{p0}-\sigma_{l5}A_pe_{s0}+\sigma'_{l5}A'_pe'_{s0}}{N_{pⅡ}} \tag{10-35e}$$

距离净截面重心轴 y_n 处的混凝土预压应力为：

$$\sigma_{pcⅡ}(y_n)=\frac{N_{pⅡ}}{A_n}+\frac{N_{pⅡ}e_{pⅡ}}{I_n}y_n \tag{10-35c}$$

3. 消压状态

在消压荷载下，预应力筋合力点处混凝土法向应力等于零，此时预应力筋的拉应力分别为：

$$\sigma_{p0}=\sigma_{con}-\sigma_l+\alpha_{Ep}\sigma_{pcⅡ,p} \qquad \sigma'_{p0}=\sigma'_{con}-\sigma'_l+\alpha_{Ep}\sigma'_{pcⅡ,p} \tag{10-36a}$$

式中　$\sigma_{pcⅡ,p}$、$\sigma'_{pcⅡ,p}$——分别是完成第二批预应力损失后，A_p、A'_p重心位置处混凝土预压应力，按式（10-35c）计算。

非预应力筋的压应力从（$\sigma_{sⅠ}=\alpha_E\sigma_{pcⅡ,s}+\sigma_{l5}$）、（$\sigma'_{sⅠ}=\alpha_E\sigma'_{pcⅡ,s}+\sigma'_{l5}$）下降到 σ_{l5}、σ'_{l5}，消压拉力：

$$N_0=(\sigma_{con}-\sigma_l+\alpha_{Ep}\sigma_{pcⅡ,p})A_p+(\sigma'_{con}-\sigma'_l+\alpha_{Ep}\sigma'_{pcⅡ,p})A'_p-\sigma_{l5}A_p-\sigma'_{l5}A'_p \tag{10-36b}$$

消压拉力偏心距：

$$e_0=\frac{(\sigma_{con}-\sigma_l+\alpha_{Ep}\sigma_{pcⅡ,p})A_pe_{pn}-(\sigma'_{con}-\sigma'_l+\alpha_{Ep}\sigma'_{pcⅡ,p})A'_pe'_{pn}-\sigma_{l5}A_pe_{sn}+\sigma'_{l5}A'_pe'_{sn}}{N_0} \tag{10-36c}$$

当加载至受拉边缘混凝土预压应力为零时，设此时截面承受的弯矩为 M_0，则截面下边缘混凝土的法向拉应力为：

$$\sigma=\frac{M_0}{W_0} \tag{10-37a}$$

显然，此处的拉应力应抵消混凝土的预压应力 σ_{pcII}，即 $\sigma-\sigma_{pcII}=0$，则有：

$$M_0=\sigma_{pcII}W_0 \tag{10-37b}$$

式中　W_0——换算截面受拉边缘的弹性抵抗矩。

4. 加载至裂缝即将出现

混凝土受拉边缘的拉应力达到混凝土抗拉强度标准值 f_{tk} 时，截面受到的弯矩为 M_{cr}，相当于截面在承受弯矩 M_0 后，再增加了混凝土的开裂弯矩 $f_{tk}W_0$，此时预应力混凝土受弯构件的截面弯矩为：

$$M_{cr}=\sigma_{pcII}W_0+f_{tk}W_0 \tag{10-38a}$$

即

$$\sigma=\frac{M_{cr}}{W_0}=\sigma_{pcII}+f_{tk} \tag{10-38b}$$

5. 加载至破坏

预应力混凝土受弯构件的受拉区出现裂缝后，裂缝截面处拉力全部由钢筋承担。当截面达到正截面承载力极限状态时，截面应力状态与钢筋混凝土受弯构件正截面承载力相似，计算方法也基本相同。

10.5.2　预应力混凝土受弯构件正截面受弯承载力计算

1. 破坏阶段的截面应力状态

试验表明，预应力混凝土受弯构件与钢筋混凝土受弯构件相似，在适筋范围内，受拉钢筋首先屈服，受压区混凝土被压碎，截面应变符合平截面假定。在计算上，预应力混凝土受弯构件与构件混凝土相比，有以下不同。

(1) 界限破坏时的相对受压区高度 ξ_b 的计算

设预应力筋合力点处混凝土预压力为零时，预应力筋中的应力为 σ_{p0}，预拉应变为 $\varepsilon_{p0}=\sigma_{p0}/E_p$。界限破坏时，预应力筋应力达到抗拉强度设计值 f_{py}，截面受拉区预应力筋的应力增量为 $f_{py}-\sigma_{p0}$，应变增量为 $(f_{py}-\sigma_{p0})/E_p$。由平截面假定（图 10-18），有：

$$\frac{x_c}{h_0}=\frac{\varepsilon_{cu}}{\varepsilon_{cu}+\dfrac{f_{py}-\sigma_{p0}}{E_p}}$$

界限破坏时，受压区高度 $x_b=\beta_1 x_c$，则

$$\frac{x_b}{\beta_1 h_0}=\frac{\varepsilon_{cu}}{\varepsilon_{cu}+\dfrac{f_{py}-\sigma_{p0}}{E_p}}$$

$$\xi_b=\frac{x_b}{h_0}=\frac{\beta_1}{1+\dfrac{f_{py}-\sigma_{p0}}{E_p\varepsilon_{cu}}} \tag{10-39a}$$

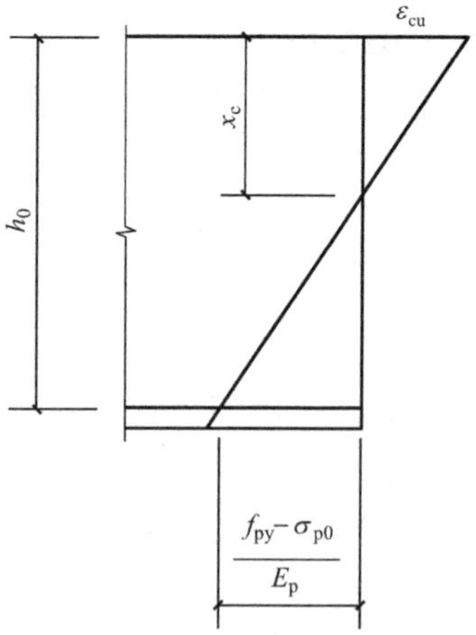

ε_{cu}　x_c　h_0　$\dfrac{f_{py}-\sigma_{p0}}{E_p}$

图 10-18　相对受压区高度

对于无屈服点的预应力筋，由条件屈服强度的定义，钢筋达到条件屈服点时的拉应变为：

$$\varepsilon_{py}=0.002+\frac{f_{py}-\sigma_{p0}}{E_p}$$

相应的无屈服点预应力筋的界限破坏受压区高度为：

$$\xi_b=\frac{x_b}{h_0}=\frac{\beta_1}{1+\dfrac{0.002}{\varepsilon_{cu}}+\dfrac{f_{py}-\sigma_{p0}}{E_p\varepsilon_{cu}}} \tag{10-39b}$$

如果在受弯构件受拉区配置有不同种类的预应力筋，其相对界限受压区高度应分别计算，并取小值。

（2）预应力筋和非预应力筋的应力计算

由平截面假定（图 10-19），第 i 根预应力筋的拉应力为：

$$\sigma_{pi}=E_p\varepsilon_{cu}\left(\frac{\beta_1 h_{0i}}{x}-1\right)+\sigma_{p0i} \tag{10-40a}$$

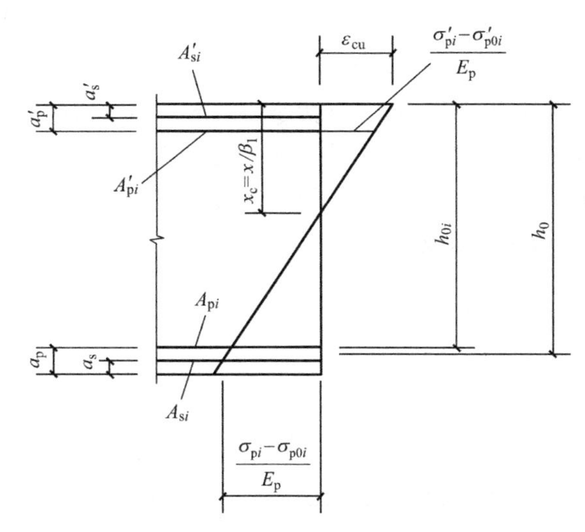

图 10-19　钢筋应力计算

同理非预应力筋的应力为

$$\sigma_{si}=E_s\varepsilon_{cu}\left(\frac{\beta_1 h_{0i}}{x}-1\right) \tag{10-41a}$$

以上公式也可以按下列近似公式计算：

预应力筋的拉应力

$$\sigma_{pi}=\frac{f_{py}-\sigma_{p0i}}{\xi_b-\beta_1}\left(\frac{x}{h_{0i}}-\beta_1\right)+\sigma_{p0i} \tag{10-40b}$$

非预应力筋的应力

$$\sigma_{si}=\frac{f_y}{\xi_b-\beta_1}\left(\frac{x}{h_{0i}}-\beta_1\right) \tag{10-41b}$$

式中　σ_{pi}、σ_{si}——分别是第 i 层预应力筋、非预应力筋的应力；正值代表拉应力，负值代表压应力；

h_{0i}——第 i 层钢筋截面重心至混凝土受压区边缘的距离；

σ_{p0i}——第 i 层预应力筋截面重心处混凝土法向应力为 0 时预应力筋的应力。

(3) 受压区预应力筋应力的计算

受压区预应力筋 A'_p 重心处的混凝土压应力随着荷载的增加而增加，相应的 A'_p 的应力随之减小，破坏时，A'_p 的应力可能是拉应力，也可能是压应力，但达不到其抗压强度，A'_p 应力为：

后张法构件
$$\sigma'_p=(\sigma'_{con}-\sigma'_l)-f'_{py}=\sigma'_0-f'_{py} \tag{10-42}$$

2. 正截面受弯承载力计算

预应力混凝土受弯构件正截面破坏时，受拉区预应力筋和非预应力筋首先屈服，然后受压区混凝土被压碎，受压区非预应力钢筋 A'_s 达到屈服，受压区预应力筋 A'_p 不屈服，其应力按式（10-42）计算。因此，矩形截面预应力混凝土受弯构件正截面承载力计算基本公式为：

$$\alpha_1 f_c bx = f_y A_s - f'_y A'_s + f_{py} A_p + (\sigma'_{p0} - f'_{py}) A'_p \tag{10-43}$$

$$M \leqslant M_u = \alpha_1 f_c bx\left(h_0-\frac{x}{2}\right)+f'_y A'_s(h_0-a'_s)+(\sigma'_{p0}-f'_{py})A'_p(h_0-a'_p) \tag{10-44}$$

适用条件：
$$x \leqslant \xi_b h_0,\ x \geqslant 2a' \tag{10-45}$$

式中 a'——纵向受压钢筋合力点至受压区边缘的距离，当受压区未配置预应力筋或其应力值 $\sigma'_p=\sigma'_{p0}-f'_{py}$ 为拉应力时，则 a' 用 a'_s 代替；

a'_p——受压区纵向预应力筋合力点至受压区边缘的距离。

当 $x\leqslant 2a'$ 时，正截面受弯承载力按下式计算。

当为拉应力时，取 $x=2a'_s$（图 10-20）

$$M \leqslant M_u = f_{py}A_p(h-a_p-a'_s)+f'_y A'_s(h_0-a_s-a'_s)+(\sigma'_{p0}-f'_{py})A'_p(a'_p-a'_s) \tag{10-46}$$

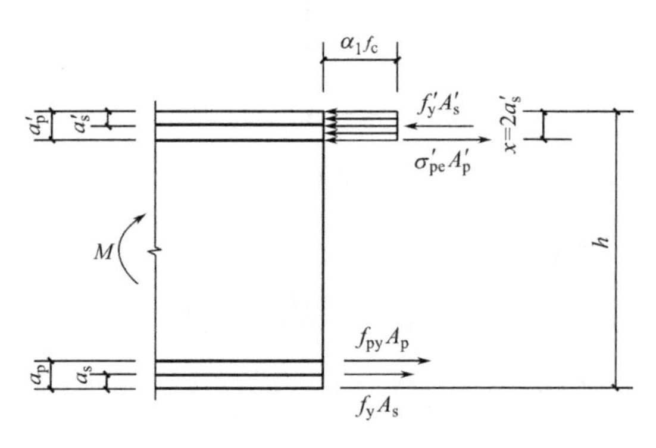

图 10-20 $x\leqslant 2a'$ 时截面受力

式中 a_s、a_p——受拉区纵向非预应力筋、预应力筋合力点至受拉边缘的距离。

为了控制受拉钢筋总配筋量不能过少，使构件具有应有的延性，防止预应力受弯构件开裂后的突然断裂，《规范》规定，预应力混凝土受弯构件的正截面受弯承载力设计值应满足：

$$M_u \geqslant M_{cr} \tag{10-47}$$

式中 M_{cr}——构件的正截面开裂弯矩值，按式（10-38a）计算。

10.5.3 预应力混凝土受弯构件斜截面承载力计算

由于预应力混凝土构件中的预压应力抑制了斜裂缝的出现和发展，增加了混凝土剪压区的高度，从而提高了混凝土剪压区的受剪承载力，使得预应力混凝土受弯构件的斜截面受剪承载力比钢筋混凝土受弯构件的要大一些。因此，在预应力混凝土受弯构件斜截面承载力计算公式中，增加一项由预应力而提高的斜截面受剪承载力设计值 V_p，根据试验结果，V_p 的计算公式为

$$V_p = 0.05N_{p0} \tag{10-48}$$

式中　N_{p0}——计算截面上混凝土法向应力等于零时，预应力筋和非预应力筋的合力，按式（10-36b）计算，当大于 $0.3f_cA_0$ 时，取 $0.3f_cA_0$，此处 A_0 为构件的换算截面面积。

对于矩形、T形、I字形截面的预应力混凝土受弯构件，当仅配箍筋时，其斜截面受剪承载力为：

$$V = 0.7f_tbh_0 + f_{yv}\frac{A_{sv}}{s}h_0 + 0.05N_{p0} \tag{10-49}$$

当符合以下条件时，可不进行斜截面受剪承载力计算，仅按构造要求配置箍筋。

$$V \leqslant 0.7f_tbh_0 + 0.05N_{p0} \tag{10-50}$$

对于其他情况（如配有弯起钢筋、集中荷载为主等）的斜截面受剪承载力计算公式，按以上相同的方法调整即可。

为防止出现斜压破坏，最小受剪截面的要求与钢筋混凝土受弯构件相同。

10.5.4　受弯构件施工阶段的验算

对于预制的预应力受弯构件，在制作、运输和吊装等施工阶段的受力状态，与使用阶段是不同的。在制作时，截面下边缘受压，上边缘受拉（图10-21a）；在运输、吊装时，搁置点和吊装点通常与梁端有一定距离，两端悬臂部分因自重引起负弯矩，与预应力引起的负弯矩是叠加的（图10-21b）；如果上边缘混凝土的拉应力超过了混凝土的抗拉强度，预拉区将出现裂缝，并随时间不断展开。在截面下边缘，如果混凝土压应力过大，也会出现纵向裂缝。试验表明，预拉区的裂缝虽可在使用荷载下闭合，对构件的影响不大，但会使构件在使用阶段的抗裂度和刚度下降。因此，在施工阶段，除了应进行承载能力极限状态验算外，还应对杆件施工阶段的抗裂度进行验算。《规范》采用限制边缘处混凝土的应力值的方法，来满足预拉区的抗裂度要求，同时保证预压区的抗压强度。

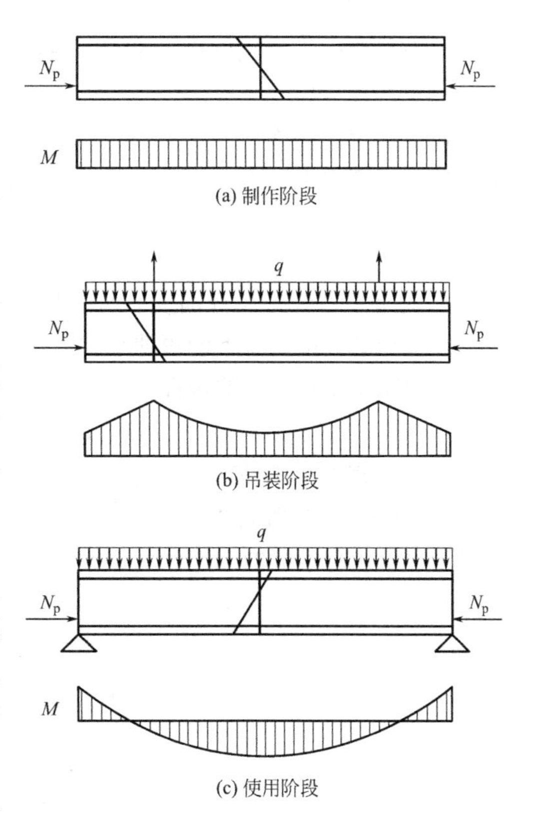

图10-21　预制受弯构件受力状态

对制作、运输、吊装等施工阶段预拉区允许出现拉应力的构件，或预压时全截面受

压的构件，在预加力、自重及施工荷载（必要时考虑动力系数）作用下，截面边缘纤维的混凝土法向应力宜符合下列规定：

$$\sigma_{ct} \leqslant f'_{tk} \tag{10-51a}$$

$$\sigma_{cc} \leqslant f'_{ck} \tag{10-51b}$$

式中　σ_{ct}、σ_{cc}——相应施工阶段计算截面边缘纤维的混凝土拉应力（预拉区）和压应力（预压区）；

f'_{tk}、f'_{ck}——与各施工阶段混凝土立方体抗压强度 f'_{cu} 相应的抗拉强度标准值、抗压强度标准值。

简支构件端部区段预拉区边缘纤维的混凝土拉应力允许大于 f'_{tk}，但不应大于 $1.2f'_{tk}$。

截面边缘的混凝土法向应力可按下列公式计算：

$$\sigma_{cc} \text{或} \sigma_{ct} = \sigma_{pc} + \frac{N_k}{A_0} \pm \frac{M_k}{W_0} \tag{10-52}$$

式中　N_k、M_k— 构件自重及施工荷载的标准组合在计算截面产生的轴向力值、弯矩值；当 N_k 为轴向压力时，取正值；当 N_k 为轴向拉力时，取负值；对由 M_k 产生的边缘纤维应力，压应力取正号，拉应力时取负号；

W_0——验算边缘的换算截面弹性抵抗矩。

其余符号按构件的截面几何特征代入。

10.5.5　受弯构件使用阶段变形验算

预应力受弯构件的挠度由荷载产生的挠度 f_{1l} 和预加力产生的反拱 f_{2l} 两部分叠加而成。

1. 荷载产生的挠度

荷载作用下产生的挠度可以按材料力学的方法计算，即：

$$f_{1l} = S\frac{Ml^2}{B} \tag{10-53}$$

其中截面弯曲刚度 B 分别按下列情况计算：

(1) 按荷载标准组合下的短期刚度，可由下列公式计算：

对于要求不出现裂缝的构件

$$B_s = 0.85E_cI_0 \tag{10-54a}$$

式中　E_c——混凝土弹性模量；

I_0——换算截面惯性矩。

对于允许出现裂缝的构件

$$B_s = \frac{0.85E_cI_0}{\kappa_{cr} + (1-\kappa_{cr})\omega} \tag{10-54b}$$

$$\kappa_{cr} = \frac{M_{cr}}{M_k} \tag{10-54c}$$

$$\omega = \left(1.0 + \frac{0.21}{\alpha_E\rho}\right)(1 + 0.45\gamma_f) - 0.7 \tag{10-54d}$$

$$M_{cr} = (\sigma_{pc} + \gamma f_{tk})W_0 \tag{10-54e}$$

$$\gamma_{\mathrm{f}}=\frac{(b_{\mathrm{f}}-b)h_{\mathrm{f}}}{bh_0} \tag{10-54f}$$

式中　κ_{cr}——预应力混凝土受弯构件开裂弯矩 M_{cr} 与弯矩 M_{k} 的比值，当 $\kappa_{\mathrm{cr}}>1.0$ 时，取 $\kappa_{\mathrm{cr}}=1.0$；

ρ——纵向受拉钢筋配筋率，$\rho=(\alpha_1 A_{\mathrm{p}}+A_{\mathrm{s}})/bh_0$；对灌浆的后张预应力筋，取 $\alpha_1=1.0$，对无粘结后张预应力筋，取 $\alpha_1=0.3$；

γ_{f}——受拉翼缘截面面积与腹板有效截面面积的比值，$\gamma_{\mathrm{f}}=\frac{(b_{\mathrm{f}}-b)h_{\mathrm{f}}}{bh_0}$，其中 b_{f}、b_{f} 为受拉翼缘的宽度、高度；

γ——混凝土构件的截面抵抗矩塑性影响系数，按式（4-4）计算。

其余符号同前。

对预压时预拉区出现裂缝的构件，B_{s} 应降低10%。

（2）按荷载标准组合并考虑预加力长期影响的刚度，可按第9章截面刚度 B 的公式计算，其中取 $\theta=2.0$，B_{s} 按式（10-54a）或式（10-54b）计算。

2. 预加力产生的反拱

预应力混凝土构件在偏心距为 e_{p} 的总预压力 N_{p} 作用下将产生反拱 f_{2l}，反拱值可以按照结构力学公式计算，即按两端由弯矩（等于 $N_{\mathrm{p}}e_{\mathrm{p}}$）作用的简支梁计算。梁的跨度为 l，截面弯曲刚度为 B，则梁的反拱为：

$$f_{2l}=\frac{N_{\mathrm{p}}e_{\mathrm{p}}l^2}{8B} \tag{10-55}$$

上式中的各个参数根据不同的情况，按下列规定取用不同的数值。

（1）施加预应力引起的反拱值

按荷载标准组合，$B=0.85E_{\mathrm{c}}I_0$ 计算，此时的 N_{p} 和 e_{p} 均按扣除第一批预应力损失值后的情况计算，后张法为 N_{pI} 和 e_{pnI}。

（2）使用阶段的预加力反拱值

预应力混凝土受弯构件在使用阶段的预加力反拱值，可用结构力学方法按刚度 $E_{\mathrm{c}}I_0$ 进行计算，并考虑预压应力长期作用的影响，计算中 N_{p} 和 e_{p} 应按扣除全部预应力损失后的情况计算，后张法为 N_{pII} 和 e_{pnII}。简化计算时，可将计算的反拱值乘以增大系数2.0。

3. 挠度计算

由荷载标准组合下构件产生的挠度扣除预应力产生的反拱，即为预应力受弯构件的挠度值，即：

$$f=f_{1l}-f_{2l} \tag{10-56}$$

10.6　预应力混凝土构件的构造要求

预应力混凝土构件除了应满足钢筋混凝土构件的有关构造要求外，还应满足与预应力有关的构造要求。

1. 截面形状和尺寸

预应力轴心受拉构件常采用正方形或矩形截面。受弯构件可采用矩形、T形、I形、箱形等截面形式。

矩形截面外形简单、施工方便，但自重大，多用于跨度较小的梁和板。为便于布置预应力筋、充分利用受压翼缘的作用，可采用上、下翼缘不对称的I形截面，其下部受拉翼缘宽度小于上部翼缘，但高度大于上部翼缘。

由于预应力构件的抗裂度和刚度较大，其截面尺寸可比钢筋混凝土构件小些。对预应力受弯构件，其截面高度 h 可为其跨度的 1/20～1/14，最小可为 1/35，大致可取为钢筋混凝土梁高的 70%。翼缘宽度一般可取为 $h/3$～$h/2$，翼缘厚度可取为 $h/10$～$h/6$，腹板宽度可取为 $h/15$～$h/8$。

2. 预应力筋的配置形式

直线布置：最简单的预应力筋布置形式，可采用先张法或后张法张拉，适用于荷载和跨度不大时。

当荷载和跨度较大时，可布置成曲线形或折线形。

折线布置：施工时一般采用后张法张拉，有时也采用先张法张拉。

曲线布置：采用后张法张拉。当采用曲线预应力束时，其曲率半径 r_p 可按式（10-57）确定，且不宜小于 4m。

$$r_p \geqslant \frac{P}{0.35 f_c d_p} \tag{10-57}$$

式中 P——预应力束合力设计值，对有粘结预应力混凝土构件取 1.2 倍张拉控制力；

r_p——预应力束曲率半径（m）；

d_p——预应力束孔道外径；

f_c——混凝土轴心抗压强度设计值；当验算张拉阶段曲率半径时，可取与施工阶段混凝土立方体抗压强度 f'_{cu} 对应的抗压强度设计值。

为了承受支座附近区段的主拉应力、防止由于施加预应力在预拉区产生裂缝，以及在构件端部产生沿截面中部的纵向裂缝，在靠近支座部位，宜将一部分预应力筋弯起，弯起的预应力筋宜沿构件端部均匀布置。

3. 普通纵向钢筋配置

预应力构件中，为了防止施工阶段因混凝土收缩、温差以及预加力过程中引起预拉区裂缝，防止构件在制作、运输、吊装过程中出现裂缝或减小裂缝宽度，以及改善构件延性，可在构件截面内设置足够的普通钢筋。

在后张法预应力混凝土构件的预拉区和预压区，宜设置纵向普通构造钢筋；在预应力筋转折处，应加密箍筋或沿弯折处内侧布置普通钢筋网片。

预应力筋在构件端部全部弯起的受弯构件或直线配筋的先张法构件，当构件端部与下部支承结构焊接时，应考虑混凝土收缩、徐变及温度变化所产生的不利影响，宜在构件端部可能产生裂缝部位设置纵向构造钢筋。

4. 预应力筋的净间距

先张法预应力筋的净间距应满足浇筑混凝土、施加预应力和钢筋锚固的要求。预应力筋的净间距不宜小于其公称直径的 2.5 倍和混凝土骨料最大粒径的 1.25 倍，且对预应力钢丝不应小于 15mm、三股钢绞线不应小于 20mm，七股钢绞线不应小于 25mm。

后张法预应力筋及预留孔道布置应符合下列构造规定：

（1）预制构件中预留孔道之间的水平净间距不宜小于 50mm，且不宜小于粗骨料粒径的 1.25 倍；孔道至构件边缘的净间距不宜小于 30mm，且不宜小于孔道直径的 50%；

（2）现浇混凝土梁中预留孔道在竖直方向上的净间距，不应小于孔道外径，水平方向的净间距不宜小于 1.5 倍孔道外径，且不应小于粗骨料粒径的 1.25 倍；从孔道外壁至构件边缘的净间距，梁底不宜小于 50mm，梁侧不宜小于 40mm，裂缝控制等级为三级的梁，梁底、梁侧分别不宜小于 60mm 和 50mm；

（3）预留孔道的内径宜比预应力束外径及需穿过孔道的连接器外径大 6～15mm，且孔道的截面面积宜为传入预应力束截面面积的 3～4 倍；

（4）在构件的两端即跨中应设置灌浆孔或排气孔，其孔距不宜大于 12m；

（5）凡制作时需要起拱的构件，预留孔道宜随构件同时起拱。

5. 端部混凝土的局部加强

对先张法预应力混凝土构件单根配置的预应力筋，其端部宜设置螺旋筋；分散布置的多根预应力筋，在构件端部 $10d$（d 为预应力筋的公称直径）且不小于 100mm 长度范围内，宜设置 3～5 片与预应力筋垂直的钢筋网片。

后张法构件端部尺寸，应考虑锚具的布置、张拉设备的尺寸和局部受压的要求，必要时应适当加大。

在预应力筋锚具下及张拉设备的支撑处，应设置预埋钢垫板和构造横向钢筋网片或螺旋式钢筋等局部加强措施。

对外漏的金属锚具应采取可靠的防腐及防火措施。

在局部受压间接钢筋配置区外，在构件端部长度 l 不小于 $3e$（e 为截面重心线上部或下部预应力筋合力点至邻近边缘的距离）、但不大于构件端部截面高度 h 的 1.2 倍，高度为 2 倍的附加配筋区范围内，应均匀配置附加防劈裂箍筋或网片（图 10-22），配筋面积可按下式计算：

$$A_{sb} \geqslant 0.18\left(1-\frac{l_l}{l_b}\right)\frac{P}{f_{yv}} \tag{10-58}$$

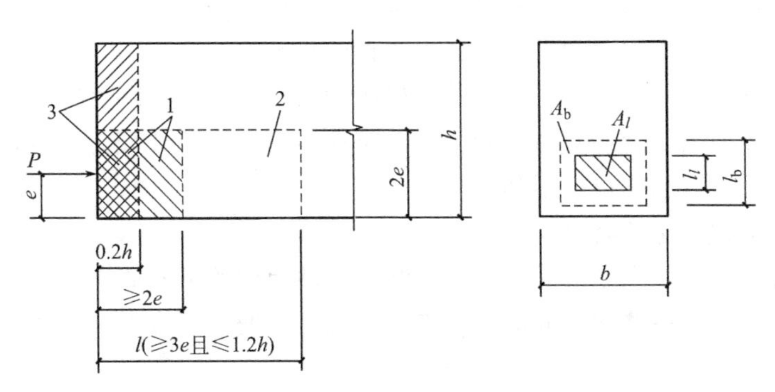

图 10-22　防止端部裂缝的配筋范围

1—局部受压间接钢筋配置区；2—附加防劈裂配置区

3—附加防端面劈裂配置区

式中　P——作用在构件端部截面重心线上部或下部预应力筋的合力设计值，对有粘结预应力混凝土构件取 1.2 倍张拉控制力；

l_l、l_b——分别为沿构件高度方向 A_l、A_b 的边长或直径，A_l、A_b 见式（10-11）说明。

当构件端部预应力筋需集中布置在截面下部或布置在截面上部和下部时，应在构件端部 $0.2h$ 范围内设置附加竖向防端面裂缝构造钢筋（图 10-22），其截面面积应符合下列公式要求：

$$A_{sv} \geqslant \frac{T_s}{f_{yv}} \qquad T_s = \left(0.25 - \frac{e}{h}\right)P \tag{10-59}$$

式中 T_s——锚固端端面拉力；

e——截面重心线上部或下部预应力筋合力点至邻近边缘的距离；

h——构件端部截面高度。

10.7 部分预应力混凝土与无粘结预应力混凝土

10.7.1 部分预应力混凝土

裂缝控制等级为一级（即严格不允许出现裂缝）的预应力混凝土称为全预应力混凝土；而裂缝控制等级为二级（一般要求不出现裂缝）和三级（允许出现裂缝）的预应力混凝土称为部分预应力混凝土。

1. 全预应力混凝土的特点

（1）抗裂性能好。由于全预应力混凝土不开裂，所以构件的刚度大，常用于对抗裂或抗腐蚀性能要求较高的结构构件，如储液罐、吊车梁、核电站安全壳等。

（2）抗疲劳性能好。全预应力混凝土从张拉完毕到使用的整个过程中，应力值大而应力值的变化幅度相对较小，且没有裂缝，因而在重复荷载作用下抗疲劳性能好。

（3）设计计算简单。由于截面不开裂，则混凝土可以视为弹性材料，在荷载作用下，截面应力和变形的计算可以用弹性理论，计算简单。

（4）反拱值往往过大。由于截面预加应力值高，尤其对永久荷载小、可变荷载大的情况，会使构件的反拱值过大，导致混凝土在垂直于张拉方向产生裂缝，同时由于混凝土的徐变会使反拱值随时间的增长而发展，影响结构的正常使用。

（5）张拉端的局部承压应力高，需采取措施加强混凝土的局部承压力。

（6）延性较差。由于全预应力混凝土的开裂荷载与破坏荷载较为接近，致使构件破坏时的变形能力较差，对结构抗震不利。

2. 部分预应力混凝土的特点

（1）可合理控制裂缝和变形。因可根据结构构件使用的不同要求、可变荷载的作用情况及环境条件等因素对裂缝和变形进行合理的控制，降低了预应力值，从而减少了锚具的用量，降低了费用。

（2）可控制反拱值不至过大。由于预加应力值相对较小，构件的反拱值小，徐变变形小。

（3）延性较好。在部分预应力混凝土构件中，通常配置有非预应力钢筋，所以其正截面受弯的延性较好，有利于结构抗震，并可改善裂缝分布，减小裂缝宽度。

（4）与全预应力混凝土相比，可简化张拉、锚固等工艺，取得较好的综合经济效果。

（5）计算较为复杂。部分预应力混凝土构件需按开裂截面分析，计算较为复杂。如部分预应力混凝土多层框架内力分析中，需考虑框架在预加应力作用下轴向压缩变形引起的内力。在超静定结构中还需考虑预应力次弯矩和次剪力的影响，需计算和配置非预应力钢筋。

由以上说明可知，对于在使用中不允许开裂的构件，应设计为全预应力混凝土；对于允许开裂或恒载小、活载较大且持续作用时间较小的构件应设计为部分预应力混凝土。

10.7.2　无粘结预应力混凝土

1. 有粘结预应力束和无粘结预应力束

预应力混凝土构件采用后张法施工时，在预留孔道中的预应力束张拉锚固完毕后，需要用压力灌浆将预留孔道的空隙填实，这样预应力束全长均与混凝土粘结为一体而不能发生纵向相对滑动的为有粘结预应力束。如果预应力束全长与混凝土之间没有粘结、能够发生纵向相对滑动的则为无粘结预应力束。

无粘结预应力束的一般做法是，将预应力束的外表面涂以沥青、油脂或其他润滑防锈材料，然后用纸袋或塑料袋包裹或套以塑料管，以防止施工过程中破坏涂料层，并使预应力束与混凝土隔离，将预应力束按设计放入构件模板中浇捣混凝土，待混凝土达到规定的强度后进行张拉。

无粘结预应力束可以在工厂生产，不需要在构件中预留孔道、穿束和灌浆，可以大大简化现场施工工艺，但无粘结预应力束对锚具的质量和防腐要求较高，锚具区应用混凝土或环氧树脂进行封口处理，防止潮气入侵。

2. 无粘结预应力混凝土梁的受弯性能

当无粘结预应力混凝土梁的配筋率较低时，在荷载的作用下，梁的最大弯矩截面附近只出现一条或少数几条裂缝，随荷载加大，裂缝迅速开展，最终发生脆性破坏，类似于带拉杆的拱。

试验表明，如果在无粘结预应力混凝土梁中配置了一定数量的普通钢筋，则能改善梁的使用性能并改变其破坏形态。

无粘结预应力混凝土结构构件的抗震设计应按专门规定执行。

10.8　本章课程目标和达成度测试

本章目标1：能够说明预应力混凝土的相关概念；
本章目标2：能够进行预应力混凝土轴心受拉构件各阶段的应力分析；
本章目标3：能够设计预应力混凝土轴心受拉构件；
本章目标4：能够说明预应力混凝土受弯构件设计计算内容。

思考题

1. 对混凝土构件施加预应力主要目的是什么？预应力混凝土的主要优缺点有哪些？
2. 什么是部分预应力混凝土？
3. 影响张拉控制应力取值的主要影响因素有哪些？

4. 什么是预应力损失？产生预应力损失的原因有哪些？减少各项预应力损失的措施有哪些？

5. 预应力损失分为第一批和第二批损失的目的是什么？

6. 先张法和后张法预应力损失是如何组合的？

7. 对于先张法构件，预应力筋的传递长度是如何计算的？为什么要分析预应力筋的传递长度？

8. 后张法构件端部锚固区局部受压承载力是如何计算的？为什么要控制局部受压区的截面尺寸？

9. 先张法和后张法预应力轴心受拉构件在施工、使用各阶段的预应力筋、非预应力筋的应力是如何变化的？

10. 先张法和后张法预应力轴心受拉构件的有效预压应力是如何计算的？

11. 如果采用相同的张拉控制应力，预应力损失也相同，当加载至消压状态时，先张法和后张法两种构件中预应力筋的应力是否相同？哪个大？

12. 预应力混凝土轴心受拉构件有哪些设计计算内容？

13. 对混凝土构件施加预应力后，能否提高其正截面承载力？

14. 预应力混凝土受弯构件的界限相对受压区高度 ξ_b 与钢筋混凝土受弯构件的 ξ_b 是否相同？

15. 预应力混凝土受弯构件的正截面、斜截面承载力是如何计算的？

16. 预应力混凝土受弯构件的抗裂度和变形是如何计算的？

17. 预应力混凝土构件主要构造要求有哪些？

18. 部分预应力混凝土有哪些特点？

达成度测试题（本章目标—题号）

1-1　钢筋混凝土结构中无法采用高强钢筋的原因是______。

A. 钢筋应力过大　B. 混凝土应力过大　C. 裂缝宽度过大　D. 混凝土应变过大

1-2　预应力混凝土构件是在混凝土______预先施加______的混凝土构件。

A. 受拉区、拉应力　B. 受拉区、压应力

C. 受压区、拉应力　D. 受压区、压应力

1-3　相比于钢筋混凝土，预应力混凝土解决的主要问题是______。

A. 提高了混凝土构件的承载力　B. 提高了混凝土构件的刚度

C. 减小了混凝土构件的截面尺寸　D. 能够充分利用高强钢筋

1-4　在使用荷载下，截面受拉区混凝土中不允许出现拉应力的构件，称为______混凝土。

A. 全预应力　B. 有限预应力　C. 部分预应力　D. 高预应力

1-5　一般要求不出现裂缝和允许出现裂缝的预应力混凝土构件，称为______混凝土。

A. 全预应力　B. 有限预应力　C. 部分预应力　D. 低预应力

1-6　在浇筑混凝土之前张拉预应力钢筋的方法称为______。

A. 先张法　B. 后张法　C. 部分张拉法　D. 同时张拉法

1-7　后张法一般用于______预应力混凝土构件的制作。

A. 中、小型　　B. 大、中型　　C. 小型　　D. 特殊型

1-8 根据其锚固原理，螺丝端杆锚具属于______锚具。

A. 支承式　　B. 夹片式　　C. 握裹式　　D. 锥塞式

1-9 混凝土的______，可减小由于混凝土变形引起的预应力损失。

A. 强度高　　B. 收缩、徐变小　　C. 快硬　　D. 早强

1-10 预应力混凝土结构的混凝土强度等级不宜低于______，且不应低于______。

A. C60、C50　　B. C50、C40　　C. C45、C35　　D. C40、C30

1-11 预应力混凝土结构中预应力筋不宜采用______。

A. 预应力钢丝　　B. 钢绞线　　C. HBR500 级钢筋　　D. 热处理螺纹钢筋

1-12 预应力筋在张拉时所达到的最大应力称为______。

A. 张拉最大应力　　B. 张拉控制应力　　C. 张拉应力设计值　　D. 张拉应力标准值

1-13 张拉控制应力取值最高的钢种是______。

A. 消除应力钢丝　　B. 钢绞线

C. 中强度预应力钢丝　　D. 预应力螺纹钢筋

1-14 关于预应力损失，以下说法错误的是______。

A. 预应力损失是预应力筋中实际应力与 σ_{con} 之间的差值

B. 锚具损失只考虑张拉端，不考虑锚固端

C. 预应力损失值是不变的，与时间无关

D. 两端进行张拉时，会减少摩擦损失，但锚具损失会增加

1-15 采用超张拉工艺可以减少______。

A. 锚具损失　　B. 摩擦损失　　C. 温差损失　　D. 收缩徐变损失

1-16 一般情况下，______在总预应力损失中所占的比例最大。

A. 锚具损失　　B. 摩擦损失　　C. 温差损失　　D. 收缩徐变损失

1-17 先张法构件的第一批预应力损失不包括______。

A. 锚具损失　　B. 摩擦损失　　C. 温差损失　　D. 收缩徐变损失

1-18 预应力混凝土构件锚固区的长度约等于构件的______。

A. 截面高度　　B. 截面厚度　　C. 截面长度　　D. 跨度的 1/10

2-1 先张法轴心受拉构件完成第二批预应力损失时预应力筋的应力为____。

A. $\sigma_{con}-\sigma_{l\mathrm{I}}$　　B. $\sigma_{con}-\sigma_{l\mathrm{I}}-\alpha_{Ep}\sigma_{pc\mathrm{I}}$

C. $\sigma_{con}-\sigma_{l}-\alpha_{Ep}\sigma_{pc\mathrm{II}}$　　D. $\sigma_{con}-\sigma_{l}$

2-2 先张法轴心受拉构件消压状态时预应力筋的应力为______。

A. $\sigma_{con}-\sigma_{l\mathrm{I}}$　　B. $\sigma_{con}-\sigma_{l\mathrm{I}}-\alpha_{Ep}\sigma_{pc\mathrm{I}}$

C. $\sigma_{con}-\sigma_{l}-\alpha_{Ep}\sigma_{pc\mathrm{II}}$　　D. $\sigma_{con}-\sigma_{l}$

2-3 先张法轴心受拉构件完成第二批预应力损失时混凝土的应力为______。

A. $\dfrac{(\sigma_{con}-\sigma_{l})A_p-\sigma_{l5}A_s}{A_0}$　　B. $\dfrac{(\sigma_{con}-\sigma_{l\mathrm{I}})A_p}{A_0}$

C. $\dfrac{(\sigma_{con}-\sigma_{l\mathrm{I}})A_p}{A_n}$　　D. $\dfrac{(\sigma_{con}-\sigma_{l})A_p-\sigma_{l5}A_s}{A_n}$

2-4 后张法轴心受拉构件完成第二批预应力损失时混凝土的应力为______。

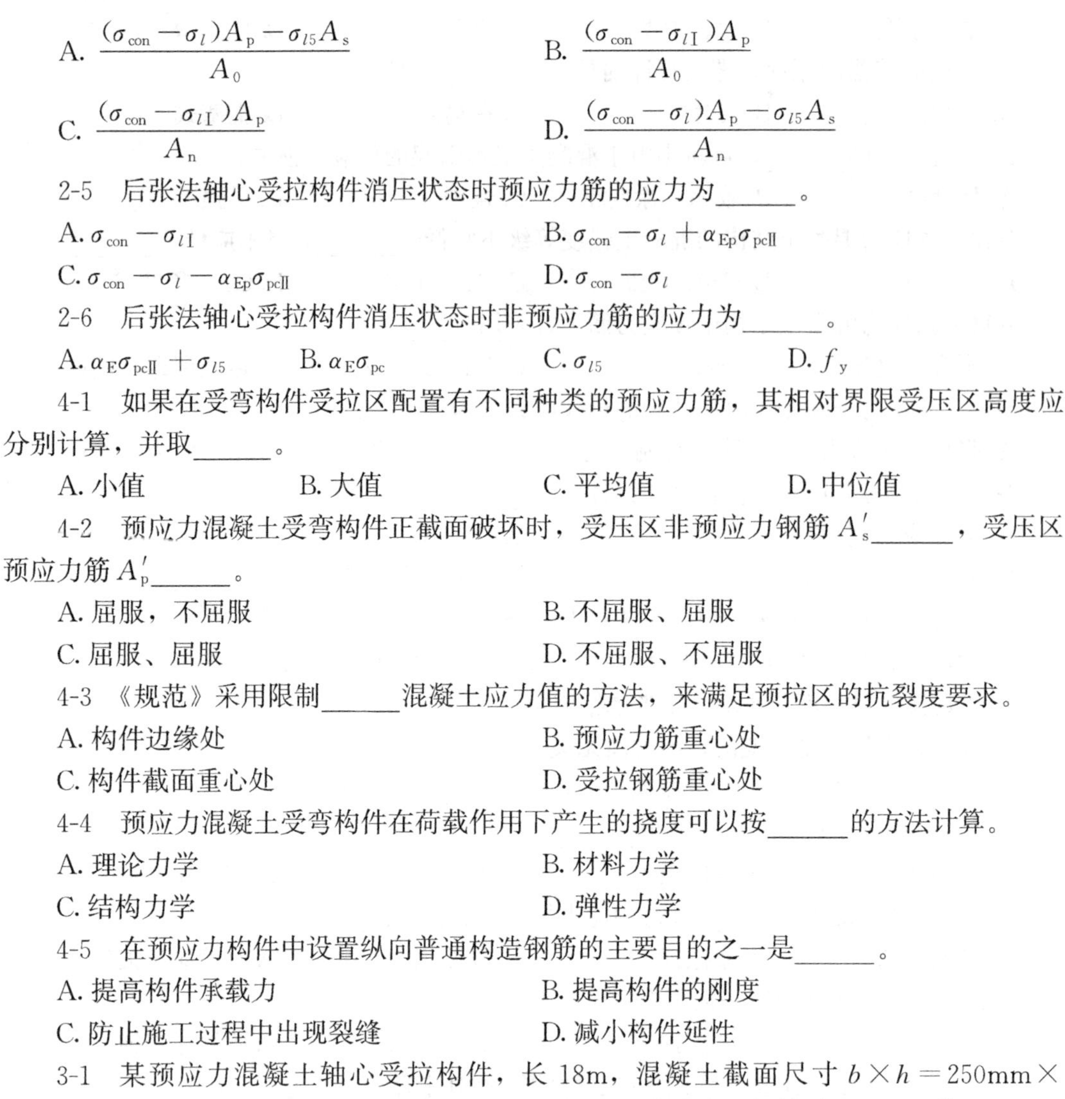

A. $\dfrac{(\sigma_{con}-\sigma_l)A_p-\sigma_{l5}A_s}{A_0}$　　B. $\dfrac{(\sigma_{con}-\sigma_{l\mathrm{I}})A_p}{A_0}$

C. $\dfrac{(\sigma_{con}-\sigma_{l\mathrm{I}})A_p}{A_n}$　　D. $\dfrac{(\sigma_{con}-\sigma_l)A_p-\sigma_{l5}A_s}{A_n}$

2-5 后张法轴心受拉构件消压状态时预应力筋的应力为______。

A. $\sigma_{con}-\sigma_{l\mathrm{I}}$　　B. $\sigma_{con}-\sigma_l+\alpha_{Ep}\sigma_{pc\mathrm{II}}$

C. $\sigma_{con}-\sigma_l-\alpha_{Ep}\sigma_{pc\mathrm{II}}$　　D. $\sigma_{con}-\sigma_l$

2-6 后张法轴心受拉构件消压状态时非预应力筋的应力为______。

A. $\alpha_E\sigma_{pc\mathrm{II}}+\sigma_{l5}$　　B. $\alpha_E\sigma_{pc}$　　C. σ_{l5}　　D. f_y

4-1 如果在受弯构件受拉区配置有不同种类的预应力筋，其相对界限受压区高度应分别计算，并取______。

A. 小值　　B. 大值　　C. 平均值　　D. 中位值

4-2 预应力混凝土受弯构件正截面破坏时，受压区非预应力钢筋 A_s'______，受压区预应力筋 A_p'______。

A. 屈服，不屈服　　B. 不屈服、屈服

C. 屈服、屈服　　D. 不屈服、不屈服

4-3 《规范》采用限制______混凝土应力值的方法，来满足预拉区的抗裂度要求。

A. 构件边缘处　　B. 预应力筋重心处

C. 构件截面重心处　　D. 受拉钢筋重心处

4-4 预应力混凝土受弯构件在荷载作用下产生的挠度可以按______的方法计算。

A. 理论力学　　B. 材料力学

C. 结构力学　　D. 弹性力学

4-5 在预应力构件中设置纵向普通构造钢筋的主要目的之一是______。

A. 提高构件承载力　　B. 提高构件的刚度

C. 防止施工过程中出现裂缝　　D. 减小构件延性

3-1 某预应力混凝土轴心受拉构件，长 18m，混凝土截面尺寸 $b\times h=250\text{mm}\times160\text{m}$，选用混凝土强度等级 C60，预应力筋采用低松弛消除应力螺旋肋钢丝 10 ϕ^H9（$f_{ptk}=1570\text{N/mm}^2$，$A_p=636\text{mm}^2$），张拉控制应力取 $0.75f_{ptk}$，先张法施工，在 100m 台座上张拉，端头采用墩头夹具固定预应力筋，考虑养护时台座与预应力筋之间的温差 $\Delta t=20$℃，混凝土达到强度设计值的 80%时放松钢筋。试计算各项预应力损失值。

3-2 某预应力混凝土轴心受拉构件，已求得恒载标准值和屋面可变荷载标准值作用下的屋架下弦最大轴拉力分别为 $N_G=500\text{kN}$、$N_Q=50\text{kN}$。结构安全等级一级；环境类别Ⅰ类，裂缝控制等级一级。若已知第一批和第二批预应力损失值分别为 81.2N/mm^2、235.6N/mm^2，其余条件同 3-1，试对该构件进行使用阶段的抗裂度验算和施工阶段承载力验算。

3-3 试对图 10-23 所示后张法预应力混凝土屋架下弦进行锚具的局部受压验算。混凝土强度等级为 C60，预应力筋采用 2 束钢绞线（$f_{ptk}=1860\text{N/mm}^2$），每束 2 ϕ^s15.2（$A_p=560\text{mm}^2$），张拉控制应力取 $0.75f_{ptk}$，一端张拉、夹片式锚具，锚具直径为 100mm，锚具下垫板后 20mm，端部横向钢筋采用 4 片ϕ 8 焊接网片，间距为 50mm。

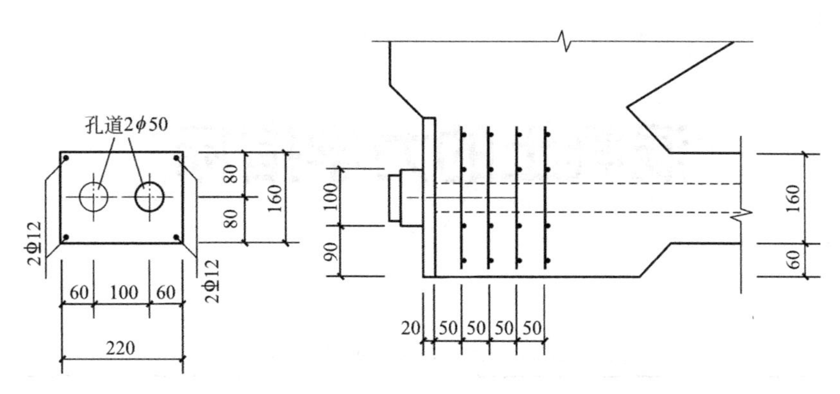
孔道2φ50
2Φ12
2Φ12
80
80
160
60
100
60
220
100
90
20
50
50
50
50
160
60

图 10-23　题 3-3 附图

附录 1

混凝土的力学指标

混凝土轴心抗压强度标准值（N/mm^2） 附表 1-1

强度	混凝土强度等级													
	C15	C20	C25	C30	C35	C40	C45	C50	C55	C60	C65	C70	C75	C80
f_{ck}	10.0	13.4	16.7	20.1	23.4	26.8	29.6	32.4	35.5	38.5	41.5	44.5	47.4	50.2

混凝土轴心抗拉强度标准值（N/mm^2） 附表 1-2

强度	混凝土强度等级													
	C15	C20	C25	C30	C35	C40	C45	C50	C55	C60	C65	C70	C75	C80
f_{tk}	1.27	1.54	1.78	2.01	2.20	2.39	2.51	2.64	2.74	2.85	2.93	2.99	3.05	3.11

混凝土轴心抗压强度设计值（N/mm^2） 附表 1-3

强度	混凝土强度等级													
	C15	C20	C25	C30	C35	C40	C45	C50	C55	C60	C65	C70	C75	C80
f_c	7.2	9.6	11.9	14.3	16.7	19.1	21.1	23.1	25.3	27.5	29.7	31.8	33.8	35.9

混凝土轴心抗拉强度设计值（N/mm^2） 附表 1-4

强度	混凝土强度等级													
	C15	C20	C25	C30	C35	C40	C45	C50	C55	C60	C65	C70	C75	C80
f_t	0.91	1.10	1.27	1.43	1.57	1.71	1.80	1.89	1.96	2.04	2.09	2.14	2.18	2.22

混凝土的弹性模量（$\times 10^4 N/mm^2$） 附表 1-5

强度	混凝土强度等级													
	C15	C20	C25	C30	C35	C40	C45	C50	C55	C60	C65	C70	C75	C80
E_c	2.20	2.55	2.80	3.00	3.15	3.25	3.35	3.45	3.55	3.60	3.65	3.70	3.75	3.80

混凝土受压疲劳强度修正系数 γ_p 附表 1-6

ρ_c^f	$0 \leqslant \rho_c^f < 0.1$	$0.1 \leqslant \rho_c^f < 0.2$	$0.2 \leqslant \rho_c^f < 0.3$	$0.3 \leqslant \rho_c^f < 0.4$	$0.4 \leqslant \rho_c^f < 0.5$	$\rho_c^f \geqslant 0.5$
γ_p	0.68	0.74	0.80	0.86	0.93	1.00

混凝土受拉疲劳强度修正系数 γ_p　　附表 1-7

ρ_c^f	$0\leqslant\rho_c^f<0.1$	$0.1\leqslant\rho_c^f<0.2$	$0.2\leqslant\rho_c^f<0.3$	$0.3\leqslant\rho_c^f<0.4$	$0.4\leqslant\rho_c^f<0.5$
γ_p	0.63	0.66	0.69	0.72	0.74
ρ_c^f	$0.5\leqslant\rho_c^f<0.6$	$0.6\leqslant\rho_c^f<0.7$	$0.7\leqslant\rho_c^f<0.8$	$\rho_c^f\geqslant0.8$	
γ_p	0.76	0.80	0.90	1.00	

混凝土的疲劳变形模量（$\times10^4 N/mm^2$）　　附表 1-8

混凝土强度等级	C30	C35	C40	C45	C50	C55	C60	C65	C70	C75	C80
E_c	1.30	1.40	1.50	1.55	1.60	1.65	1.70	1.75	1.80	1.85	1.90

附录2

钢筋的力学指标

普通钢筋强度标准值（N/mm^2） **附表 2-1**

牌号	符号	公称直径 d(mm)	屈服强度标准值 f_{yk}	极限强度标准值 f_{stk}
HPB300	ϕ	6～14	300	420
HRB335	ϕ	6～14	335	455
HRB400 HRBF400 RRB400	ϕ $ϕ^{F}$ $ϕ^{R}$	6～50	400	540
HRB500 HRBF500	ϕ $ϕ^{F}$	6～50	500	630

预应力钢筋强度标准值（N/mm^2） **附表 2-2**

种类		符号	公称直径 d(mm)	屈服强度标准值 f_{pyk}	极限强度标准值 f_{ptk}
中强度预应力钢丝	光面 螺旋肋	$ϕ^{PM}$ $ϕ^{HM}$	5、7、9	620	800
				780	970
				980	1270
预应力螺纹钢筋	螺纹	$ϕ^{T}$	18、25、32、40、55	785	980
				930	1080
				1080	1230
消除应力钢丝	光面 螺旋肋	$ϕ^{T}$ $ϕ^{H}$	5	—	1570
				—	1860
			7	—	1570
			9	—	1470
				—	1570
钢绞线	1×3（三股）	$ϕ^{S}$	8.6、10.8、12.9	—	1570
				—	1960
				—	1960
	1×7（七股）		9.5、12.7、15.2、17.8	—	1720
				—	1860
				—	1960
			21.6	—	1860

普通钢筋强度设计值（N/mm^2） **附表 2-3**

牌号	抗拉强度设计值 f_y	抗压强度设计值 f'_y
HPB300	270	270
HRB335	300	300
HRB400、HRBF400、RRB400	360	360
HRB500、HRBF500	435	435

普通钢筋及预应力筋在最大力下的总伸长率限值 **附表 2-4**

钢筋品种	普通钢筋			预应力筋
	HPB300	HRB335、HRB400、HRBF400、HRB500、HRBF500	RRB400	
δ_{gt}(%)	10.0	7.5	5.0	3.5

预应力钢筋强度标准值（N/mm^2） **附表 2-5**

种类	极限强度标准值 f_{ptk}	抗拉强度设计值 f_{py}	抗拉强度设计值 f'_{py}
中强度预应力钢丝	800	510	410
	970	650	
	1270	810	
消除应力钢丝	1470	1040	410
	1570	1110	
	1860	1320	
钢绞线	1570	1110	390
	1720	1220	
	1860	1320	
	1960	1390	
预应力螺纹钢筋	980	650	400
	1080	770	
	1230	900	

钢筋的弹性模量（$\times 10^5 N/mm^2$） **附表 2-6**

牌号或种类	弹性模量 E_s
HPB300	2.10
HRB335、HRB400、HRBF400、RRB400、HRB500、HRBF500	2.00
消除应力钢丝、中强度预应力钢丝	2.05
钢绞线	1.95

普通钢筋疲劳应力幅值限值（N/mm^2） **附表 2-7**

疲劳应力比值 ρ_s^f	疲劳应力幅值限值 Δf_y^f	
	HRB335	HRB400
0	175	175

续表

疲劳应力比值 ρ_s^f	疲劳应力幅值限值 Δf_y^f	
	HRB335	HRB400
0.1	162	162
0.2	154	156
0.3	144	149
0.4	131	137
0.5	115	123
0.6	97	106
0.7	77	85
0.8	54	60
0.9	28	31

预应力筋疲劳应力幅值限值（N/mm^2） **附表 2-8**

疲劳应力比值 ρ_s^f	钢绞线 $f_{ptk}=1570$	消除应力钢丝 $f_{ptk}=1570$
0.7	144	240
0.8	118	168
0.9	70	88

附录3

钢筋的计算截面面积

钢筋的公称直径和公称截面面积　　附表 3-1

公称直径(mm)	不同根数钢筋的计算截面面积(mm^2)								
	1	2	3	4	5	6	7	8	9
6	28.3	57	85	113	142	170	198	226	225
8	50.3	101	151	201	252	302	3520	402	453
10	78.5	157	236	314	393	471	550	628	707
12	113	226	339	452	565	678	791	904	1017
14	153.9	308	461	615	769	923	1077	1231	1385
16	201	402	603	804	1005	1206	1407	1608	1809
18	254.5	509	763	1017	1272	1526	1780	2036	2290
20	341	628	941	1256	1570	1884	2200	2513	2827
22	380	760	1140	1520	1900	2281	2661	3041	3421
25	490.9	982	1473	1964	2454	2945	3436	3927	4418
28	615.8	1232	1847	2463	3079	3695	4310	4926	5542
32	804.2	1609	2413	3217	4021	4826	5630	6434	7238
36	1017.9	2036	3054	4072	5089	6107	7125	8143	9161
40	1256.6	2513	3770	5027	6283	7540	8796	10053	11310
50	1963.5	3928	5892	7856	9820	11784	13748	15712	17676

每米板宽各种钢筋间距的截面面积　　附表 3-2

钢筋间距(mm)	钢筋直径(mm)										
	6	6/8	8	8/10	10	10/12	12	12/14	14	14/16	16
70	404	561	719	920	1121	1369	1616	1907	2199	2536	2872
75	377	524	671	859	1047	1277	1508	1780	2053	2367	2681
80	354	491	629	805	981	1198	1414	1669	1924	2218	2513
85	333	462	592	758	924	1127	1331	1571	1811	2088	2365
90	314	437	559	716	872	1064	1257	1483	1710	1972	2234
100	283	393	503	644	785	958	1131	1335	1539	1775	2011
110	257	357	457	585	714	871	1028	1214	1399	1614	1828
120	236	327	419	537	654	798	942	1113	1283	1480	1676

续表

钢筋间距(mm)	钢筋直径(mm)										
	6	6/8	8	8/10	10	10/12	12	12/14	14	14/16	16
125	226	314	402	515	628	766	905	1068	1231	1420	1608
130	218	302	387	495	604	737	870	1027	1184	1366	1547
140	202	281	359	460	561	684	808	954	1099	1268	1436
150	189	262	335	429	523	639	754	890	1026	1183	1340
160	177	246	314	403	491	599	707	834	962	1110	1257
170	166	231	296	379	462	564	665	785	905	1044	1183
180	157	218	279	358	436	532	628	742	855	985	1117
190	149	207	265	339	413	504	595	703	810	934	1058
200	141	196	251	322	393	479	565	668	770	888	1005
220	129	179	229	293	357	436	514	607	700	807	914
240	118	164	210	268	327	399	471	556	641	740	838
250	113	157	201	258	314	383	452	534	616	710	804

附录4

《混凝土结构设计规范》GB 50010—2010的有关规定

混凝土结构的环境类别　　附表 4-1

环境类别	条　件
一	室内干燥环境； 无侵蚀性静水环境
二 a	室内潮湿环境； 非严寒和非寒冷地区的露天环境； 非严寒和非寒冷地区与无侵蚀性的水或土壤直接接触的环境； 严寒和寒冷地区的冰冻线以下与无侵蚀性的水或土壤直接接触的环境
二 b	干湿交替环境； 水位频繁变动环境； 严寒和寒冷地区的露天环境； 严寒和寒冷地区冰冻线以上与无侵蚀性的水或土壤直接接触的环境
三 a	严寒和寒冷地区冬季水位变动区环境； 受除冰盐影响环境； 海风环境
三 b	盐渍土环境； 受除冰盐作用环境； 海岸环境
四	海水环境
五	受人为或自然的侵蚀性物质影响的环境

注：1. 室内潮湿环境是指构件表面经常处于结露或湿润状态的环境；
2. 严寒和寒冷地区的划分应符合现行国家标准《民用建筑热工设计规范》GB 50176 的有关规定；
3. 海岸环境和海风环境宜根据当地情况，考虑主导风向及结构所处迎风、背风部位等因素的影响，由调查研究和工程经验确定；
4. 受除冰盐影响环境是指受到除冰盐盐雾影响的环境；受除冰盐作用环境是指被除冰盐溶液溅射的环境以及使用除冰盐地区的洗车房、停车楼等建筑；
5. 暴露的环境是指混凝土结构表面所处的环境。

受弯构件的挠度限值　　附表 4-2

构件类型		挠度限值
吊车梁	手动吊车	$l_0/500$
	电动吊车	$l_0/600$
屋盖、楼盖及楼梯构件	当 $l_0<7\text{m}$ 时	$l_0/200(l_0/250)$
	当 $7\text{m}\leqslant l_0<9\text{m}$ 时	$l_0/250(l_0/300)$
	当 $l_0>9\text{m}$ 时	$l_0/300(l_0/400)$

注：1. 表中 l_0 为构件的计算跨度；计算悬臂构件的挠度限值时，其计算跨度 l_0 按实际悬臂长度的 2 倍取用；
2. 表中括号内的数值适用于使用上对挠度有较高要求的构件；
3. 如果构件制作时预先起拱，且使用上也允许，则在验算挠度时，可将计算所得的挠度值减去起拱值；对预应力构件，尚可减去预加力所产生的反拱值；
4. 构件制作时的起拱值和预加力所产生的反拱值，不宜超过钢筋在相应荷载组合作用下的计算挠度值。

结构构件的裂缝控制等级及最大裂缝宽度的限值（mm）　　附表 4-3

环境类别	钢筋混凝土结构		预应力混凝土结构	
	裂缝控制等级	最大裂缝宽度限值	裂缝控制等级	最大裂缝宽度限值
一	三级	0.30(0.40)	三级	0.20
二 a		0.2		0.10
二 b			二级	—
三 a、三 b			一级	—

注：1. 对处于年平均相对湿度小于 60%地区一类环境下的受弯构件，其最大裂缝宽度限值可采用括号内的数值；
2. 在一类环境下，对钢筋混凝土屋架、托架及需做疲劳验算的吊车梁，其最大裂缝宽度限值应取为 0.2mm；对钢筋混凝土屋面梁和托梁，其最大裂缝宽度限值应取为 0.3mm；
3. 在一类环境下，对预应力混凝土屋架、托架及双向板体系，应按二级裂缝控制等级进行验算；对一类环境下，预应力混凝土屋面梁、托梁、单向板，应按表中二 a 类环境的要求进行验算；在一类和二 a 类环境下需做疲劳验算的预应力混凝土吊车梁、应按裂缝控制等级不低于二级的构件进行验算；
4. 表中规定的预应力混凝土构件的裂缝控制等级和最大裂缝宽度限值仅适用于正截面验算；
5. 对于烟囱、筒仓和处于液体压力下的结构，其裂缝控制要求应符合专门标准的有关规定；
6. 对于处于四、五类环境下的结构构件，其裂缝控制要求应符合专门标准的有关规定；
7. 表中的最大裂缝宽度限值为用于验算荷载作用引起的最大裂缝宽度。

混凝土保护层的最小厚度 c（mm）　　附表 4-4

环境类别	板、墙、壳	梁、柱、杆
一	15	20
二 a	20	25
二 b	35	30
三 a	30	40
三 b	40	50

注：1. 混凝土强度等级不大于 C25 时，混凝土保护层厚度应增加 5mm；
2. 基础中钢筋的保护层厚度从垫层算起，且不应小于 40mm。

参考文献

[1] 中华人民共和国国家标准. 混凝土物理力学性能试验方法标准 GB/T 50081—2019 [S]. 北京：中国建筑工业出版社，2003.

[2] 中华人民共和国国家标准. 混凝土结构设计规范 GB 50010—2010（2015 年版）[S]. 北京：中国建筑工业出版社，2015.

[3] 中华人民共和国国家标准. 建筑结构可靠性设计统一标准 GB 50068—2018 [S]. 北京：中国建筑工业出版社，2019.

[4] 中华人民共和国国家标准. 钢筋混凝土用钢 第 1 部分：热轧光圆钢筋 GB/T 1499.1—2017 [S]. 北京：中国标准出版社，2018.

[5] 中华人民共和国国家标准. 钢筋混凝土用钢 第 2 部分：热轧带肋钢筋 GB/T 1499.2—2018 [S]. 北京：中国标准出版社，2018.

[6] 中华人民共和国国家标准. 预应力混凝土用螺纹钢筋 GB/T 20065—2016 [S]. 北京：中国标准出版社，2016.

[7] 中华人民共和国国家标准. 预应力混凝土用钢绞线 GB/T 5224—2014 [S]. 北京：中国标准出版社，2014 .

[8] 中华人民共和国国家标准. 建筑结构荷载规范 GB 50009—2012 [S]. 北京：中国建筑工业出版社，2012.

[9] 中华人民共和国国家标准. 预应力混凝土结构设计规范 JGJ 369—2016 [S]. 北京：中国建筑工业出版社，2016.

[10] 邱洪兴. 混凝土结构设计原理 [M]. 北京：高等教育出版社，2017.

[11] 东南大学，天津大学，同济大学. 混凝土结构（上册）：混凝土结构设计原理 [M]. 北京：中国建筑工业出版社，2001.

[12] 天津大学，同济大学，东南大学. 混凝土结构 [M]. 北京：中国建筑工业出版社，2001.

[13] 林宗凡. 建筑结构原理及设计（第 3 版）[M]. 北京：高等教育出版社，2013.

[14] 沈蒲生，梁兴文. 混凝土结构设计原理（第 4 版）[M]. 北京：高等教育出版社，2012..

参考文献

[illegible]